建筑与市政工程施工现场专业人员培训教材

建筑电工知识

祁政敏 编

中国环境出版社·北京

图书在版编目（CIP）数据

建筑电工知识/祁政敏编. —4 版. —北京：中国环境出版社，2013.1（2014. 11 重印）
建筑与市政工程施工现场专业人员培训教材
ISBN 978-7-5111-1278-1

Ⅰ. ①建… Ⅱ. ①祁… Ⅲ. ①建筑工程—电工技术—技术培训—教材 Ⅳ. ①TU85

中国版本图书馆 CIP 数据核字（2013）第 009437 号

出 版 人 王新程
策划编辑 易 萌
责任编辑 张于嫣
责任校对 扣志红
封面设计 马 晓

出版发行 中国环境出版社
（100062 北京市东城区广渠门内大街 16 号）
网 址：http://www.cesp.com.cn
电子邮箱：bjgl@cesp.com.cn
联系电话：010-67112765（编辑管理部）
出版电话：010-67112739（建筑图书出版中心）
发行热线：010-67125803，010-67113405（传真）
印 刷 北京市联华印刷厂
经 销 各地新华书店
版 次 2013 年 1 月第 4 版
印 次 2014 年 11 月第 3 次印刷
开 本 787×1092 1/16
印 张 16.5
字 数 390 千字
定 价 36.00 元

建筑与市政工程施工现场专业人员培训教材

编审委员会

出版说明

住房和城乡建设部2011年7月13日发布，2012年1月1日实施的《建筑与市政工程施工现场专业人员职业标准》（JGJ/T 250—2011），对加强建筑与市政工程施工现场专业人员队伍建设提出了规范性要求。为做好该《职业标准》的贯彻实施工作，受贵州省住房和城乡建设厅人事处委托，贵州省建设教育协会组织贵州省建设教育协会所属会员单位10多所高、中等职业院校、培训机构和大型国有建筑施工企业与中国环境出版社合作，对《建筑企业专业管理人员岗位资格培训教材》进行了专题研究。以《建筑与市政工程施工现场专业人员职业标准》和《建筑与市政工程施工现场专业人员考核评价大纲》（试行2012年8月）为指导，面向施工企业、中高职院校和培训机构调研咨询，对相关培训人员及培训授课教师进行回访问卷及电话调查咨询，结合贵州省建筑施工现场专业人员的实际，组织专家论证，完成了对该培训教材的编审工作。在调查研究中，广大施工企业和受培人员及授课教师强烈要求提供与大纲配套的培训、自学教材。为满足需要，在贵州省住房和城乡建设厅人教处的领导下，在中国环境出版社的大力支持下，由贵州省建设教育协会牵头，组织建设职业院校、施工企业等有关专家组成教材编审委员会，组织编写和审定了这套岗位资格培训教材供目前培训所使用。

本套教材的编审工作得到了贵州省住建厅相关处室、各高等院校及相关施工企业的大力支持。在此谨致以衷心感谢！由于编审者经验和水平有限，加之编审时间仓促，书中难免有疏漏、错误之处，恳请读者谅解和批评指正。

建筑与市政工程施工现场专业人员培训教材编审会

2012年9月

常用物理量的符号和单位

A、B、C——三相交流电的相序
A（或 S）——面积（平方米，m^2）
AC——交流电
B——磁通密度（特斯拉，T）
DC——直流电
d——直径，厚度（米，m）
E、E_m、e——电动势的有效值、最大值和瞬时值（伏，V）
f——频率（赫兹，Hz）
F_m——磁通势（安匝，Gb）
I、I_m、i——电流的有效值、最大值和瞬时值（安培，A）
K——变压器的变比
L——自感量（亨，H）
L（l）——长度（米，m）
M——互感量（亨，H），力矩（牛米，N·m）
N——绕组的匝数
n——转速（C/S 或 rpm）
P——功率（瓦，W）
Q——热量（焦耳，J），电荷（库仑，C），无功功率（乏，var）
R——电阻（欧姆，Ω）
S——视在功率（伏安，V·A）
s（g）——转差率（%）
T——周期（秒，s），转矩（牛米，N·m）
t——时间（秒、分、小时，s、min、h）
U、U_m、u——电压有效值、最大值和瞬时值（伏、V）
V——电位（伏，V）
v——速度（m/s）
W（或 E）——有功电能（焦耳，J；千瓦小时，kWh）
δ——铁心气隙（间隙，米，m）
ε——电容率（F/m）
η——效率（%）
λ（或 $\cos\varphi$）——功率因数
μ——磁导率（H/m）
ρ——电阻率（$\Omega\cdot mm^2/m$）
τ（或 T）——时间常数（秒，s）
Φ——磁通（韦伯，Wb）相位角（弧度，rad）
ω——角频率（rad/s）
$\Delta\theta$——温升（K）

常用十进倍数和分数单位的词头

T——10^{15}，太［拉］
G——10^9，吉［咖］
M——10^6，兆
k——10^3，千
h——10^2，百
da——10^1，十
d——10^{-1}，分
c——10^{-2}，厘
m——10^{-3}，毫
μ——10^{-6}，微
n——10^{-9}，纳［诺］
p——10^{-12}，皮［可］

常用电器和电子元器件的文字符号

A——放大器、调节器
B——变换器、传感器、三极管的基极
C——电容器、三极管的集电极
E——照明灯、发热元件、三极管的发射极
F——保护器件（含避雷器）
FQ——漏电保护器
FU——熔断器
G——发电机
H（或 HL）——指示灯
IT——中性点不接地、保护接地系统
K——接触器、继电器
KA——电流继电器
KM——接触器
KMF——控制电动机正转的接触器
KM—Q——接触器主触头
KMR——控制电动机反转的接触器
KM—S——接触器辅助触头
KM—Y——接触器吸引线圈
KR——热继电器
KR—E——热继电器的发热元件

KT——时间继电器
KV——电压或速度继电器
L——电感器、电抗器
M——电动机
P——测量仪表
Q——主回路开关电器（含接触器的主触头）
QF——断路器
QK——刀开关
QS——隔离开关
R——电阻器
RP——电位器
S——控制回路的开关电器（含接触器的辅助触头和继电器的触头）
SB——按钮
SF——正转按钮
SR——反转按钮
SS——启动按钮
ST——停车按钮
T——变压器
TA——电流互感器
TN——中性点接地、保护接零系统
TN—C——三相四线制系统
TN—C—S——前面线路采用四线制、后面采用五线制的系统
TN—S——三相五线制系统
TT——中性点接地、保护接地系统
TV——电压互感器
U——整流器、逆变器、变频器
Ucc——集电极电源
Us——电源
V——晶体管
VD（或 D）——二极管
VT（或 T）——三极管
W——绕组、电线
X——端子、插头、插座
Y——电气操作的机械部件（含电磁机构的吸引线圈）
YB——制动电磁铁

常用设备端子和导线的符号

CC——等电位连接端子
E——接地导体的端子
L1、L2、L3——三相交流电系统输电线（相线）
N——三相交流电系统的中性线
PE——三相五线制的专用保护接零线
PEN——三相四线制的中性线兼保护接零线
U、V、W——三相交流电器的端子

目　录

第一章　直流电路

本章简要复习直流电路知识，内容有：基本概念和电量单位；欧姆定律和电阻串、并联电路；电位和电容器。这些内容都是最基本的电工知识。

第一节　基本概念和电量单位

① **电荷**　电荷（Q）是带电的粒子。电荷分为两种：正电荷和负电荷。异性电荷相吸，同性电荷相斥。电荷的计算主单位（下面简称单位）是库仑（C）。

② **电流**　导体中的电荷作定向移动就形成了电流。正电荷的移动方向和负电荷的移动方向相反，规定正电荷的移动方向为电流的方向。电子带负电，其流动的方向和电流的方向相反。

电流的强弱用电流强度（I）表示。电流强度的计算单位是安培（A），简称安。若 1 秒钟（s）通过导体任一截面的电量为 1 库仑，则称此时通过导体电流的强度是 1 安培。电流强度的常用倍数单位有千安（kA）、毫安（mA）和微安（μA）。

③ **电源、电动势和电压**　电源（U_S）是向外提供电能的装置，如发电机、蓄电池、干电池等。电源的图形符号见图 1-1。电源有正极和负极两个极，分别用加号和减号表示。规定电流流出的极是正极，电流流入的极是负极。

由于电源的两端分别聚集着正电荷和负电荷，所以电源具有向外提供电能的能力。电源具有提供电能的能力，这时我们说电源具有电动势。电动势用 E 表示，电源的正极和负极也是电动势的正极和负极。电动势的方向规定为：在电源内部从负极指向正极，见图 1-1。

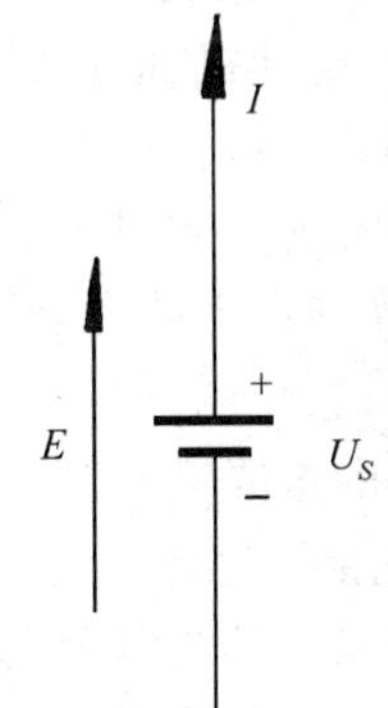

图 1-1　电源的符号、极性和电动势的方向

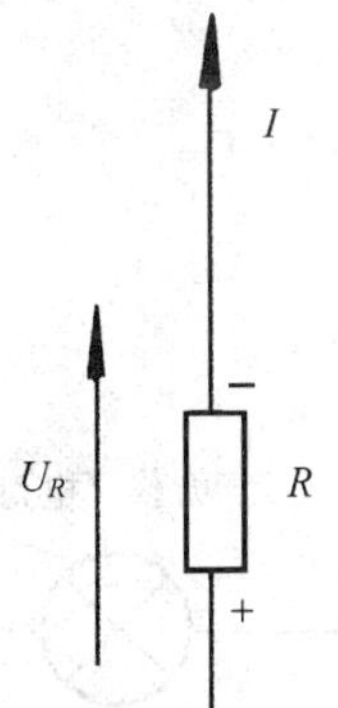

图 1-2　电压的极性和方向

电流流过负载时，在负载两端测得的电压称负载的电压降（U），简称电压。规定电流流入的一端是电压的正极，流出的一端是电压的负极。规定电压的方向从正极指向

负极，电压的极性和方向见图 1-2。注意电压的极性和方向同电动势的极性和方向的区别。

电动势和电压的计算单位都是伏特（V），简称伏。电阻为 1 欧姆的负载流过 1 安培的电流时，负载两端的电压为 1 伏。电压常用的倍数单位有千伏（kV）、毫伏（mV）和微伏（μV）。

④ 电阻和电阻器 电流在物体中流动时遇到的阻力称电阻（R），R 的计算主单位是欧姆（Ω），简称欧。常用的倍数单位有千欧（kΩ）和兆欧（MΩ），M 表示 10^6 倍。线电阻用下式（电阻定律）计算：

$$R = \rho \frac{L}{S} \tag{1-1}$$

式中：L——导线的长度，单位为米（m）；

S——导线的横截面积，单位为平方毫米（mm^2）；

ρ——电阻率，单位为 $\Omega \cdot mm^2/m$。

电阻率是指在温度为 20℃时，长 1m，截面为 $1mm^2$ 的导体的电阻值。不同材料的导体有不同的 ρ 值，ρ 值在有关书籍中可以查到。

具有一定电阻值的电路元件称电阻器，简称电阻，是常用的电路元件。

⑤ 导体、半导体和绝缘体 能很好传导电流的物体叫导体；基本上不能传导电流的物体叫绝缘体；介于二者之间的物体称为半导体。三者之间没有绝对界限。

导体的电阻率约为 $10^{-2} \sim 1\Omega \cdot mm^2/m$，半导体的电阻率约为 $10 \sim 10^{12}\Omega \cdot mm^2/m$，绝缘体约为 $10^{12} \sim 10^{20}\Omega \cdot mm^2/m$。

物体的电阻率不是恒定不变的，特别是绝缘体。外界条件（如湿度大、温度高、工作电压高、灰尘大、长久使用等）和自然老化会使绝缘体的绝缘性能大大降低甚至失去绝缘性能，前者称绝缘劣化，后者称绝缘击穿。关于绝缘等级见第五章第三节。

⑥ 电路 最基本的电工电路由电源、导线、负载和控制器组成，见图 1-3。表示电路联接情况的图称电路图。常用的电灯、电动机、电热器、电冰箱和电视机等都是负载。在电源的作用下，回路中流有电流。电流流过负载使负载发热、发光和产生动力等。控制器用于控制电路的开、关等。另外，仪表也是很多电路的重要组成部分。

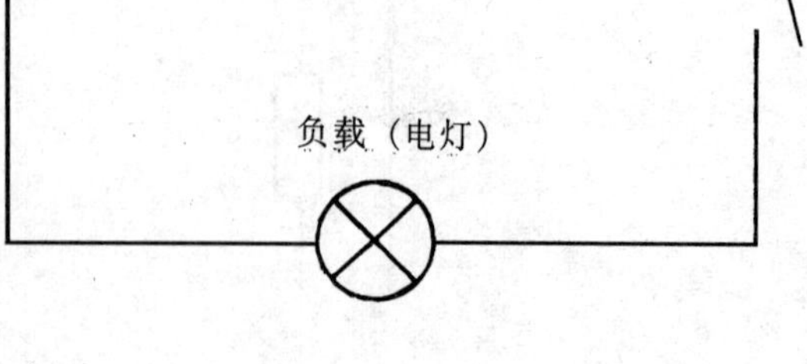

图 1-3 基本的电路图

⑦ 电能 电流流过负载时电源对负载做了功。即电源通过电流把电能传输给负载，负载把电能变成为光能、热能和机械能等。负载消耗的电能（W）用下式计算：

$$W = UIt \tag{1-2}$$

式中：U——负载电压，单位 V；

I——负载电流，单位 A；

t——电流流过负载作功的时间，单位 s；

W——负载消耗的电能，单位是焦耳（J）。

电能最实用的单位是千瓦·小时（kW·h），俗称度。它是功率为 1kW 的负载工作 1 小时所消耗的电能。千瓦·小时和焦耳的换算关系是：1kW·h＝3.6MJ（兆焦）。

⑧ **电功率** 电源单位时间对负载提供的电能称电源的电功率。负载单位时间消耗的电能称负载的电功率。电功率（P）的计算公式为：

$$P=\frac{W}{t}=UI=\frac{U^2}{R}=I^2R \tag{1-3}$$

电功率的单位是瓦特（W），简称瓦，倍数单位有千瓦（kW）、毫瓦（mW）等。过去常用的功率单位是马力（HP），1HP＝736W。

⑨ **焦耳定律** 当电流 I 流过电阻 R 时，电能变为热能。若电流流过电阻的时间为 t 秒，R 的端电压为 U，则这部分热能 Q 的计算公式（焦耳定律）为：

$$Q=I^2Rt \tag{1-4}$$

热能的单位和电能的单位一样也是焦耳。历史上定义热量的单位为卡（cal），1cal＝4.1868J，倍数单位有千卡（kcal），千卡又称“大卡”。

⑩ **短路和开路** 如果电源、负载等元器件的两端被直接接通，则我们说电路发生了短路。短路有完全短路、部分短路、外部短路和内部短路之分。短路时电路中的电流剧增，会造成电路过热损坏，还会造成火灾、人员触电等次生灾害。若电路中电流通路被断开，则称电路开路。开路会造成电路不能正常工作。

然而，在自动控制电路中，电路被有意设计成按一定规律开路或短路，以达到对电路进行控制的目的。

⑪ **元件、器件、芯片、部件和电器** 在电子技术领域，组成电路的最基本的部分统称元器件，其中电阻、电容、电感以及开关、接插件、变压器等称元件，晶体管、电子管称器件。在微电子技术中，集成电路块称芯片。在电工技术中，接通、断开、控制和保护电路与设备的器具统称电器。在设备、仪器中，由上述元器件、芯片或电器组成的具有局部功能的独立部分称部件，如计算机中的存储器，电源，驱动器，电动机的启动器、制动器等。

第二节 欧姆定律和电阻串并联电路

一、欧姆定律

欧姆定律反映了电路中电压、电流和电阻之间的关系，是电路最基本的定律。

1. 一段线路的欧姆定律

设一个电阻 R 上的电压为 U，其中流过的电流为 I，则各量之间的关系（一段线路的欧姆定律）为：

$$U=IR \tag{1-5}$$

即：一段线路中的电流与电压成正比，与电阻成反比。

例 1-1　某半导体收音机工作时，测得其电源端电压为 3V，并测得其静态电流（没有电台信号时的电流）为 10mA，求该收音机的等效电阻为多少？

解：收音机打开时测得的电源端电压实际是负载电压，所以 $U=3V$，又知，$I=10mA=0.01A$，据式（1-5）得

$$R=\frac{U}{I}=\frac{3}{0.01}=300(\Omega)$$

2. 全电路欧姆定律

全电路欧姆定律用于计算闭合回路，其表达式为：

$$\Sigma E=I\Sigma R \tag{1-6}$$

式中：ΣE——电动势的代数和；

ΣR——总电阻。

从式（1-6）可以看出：闭合回路中的电流与回路中电动势的代数和成正比，与回路中的总电阻成反比。

例 1-2　在图 1-4 中，已知 $E_1=12V$，$E_2=6V$，$r_1=r_2=0.5\Omega$，$R=17\Omega$，求 U_R

解：对于有多个电源的闭合回路，先把它们画在同一条直线上、并标出电动势的方向；然后任意假定某一方向的电动势为正、则反方向的电动势为负；最后求出电动势的代数和。

设方向向下的 E_1 为正、则反方向的 E_2 为负。电动势的代数和是：

$$\Sigma E=E_1+E_2=12+(-6)=6(V)$$

回路中的总电阻为：

$$\Sigma R=R+r_1+r_2=17+0.5+0.5=18(\Omega)$$

$$\therefore\quad I=\Sigma E/\Sigma R=6/18=0.33\ (A)$$

$$\therefore\quad U_R=IR=0.33\times17=5.6\ (V)$$

讨论：两个电源反向串联，电动势较小的电源工作在被充电状态，相当于负载。在电路中，若电动势的方向与电流的方向相反，则称此电动势为反电动势。上述 E_2 就是反电动势。

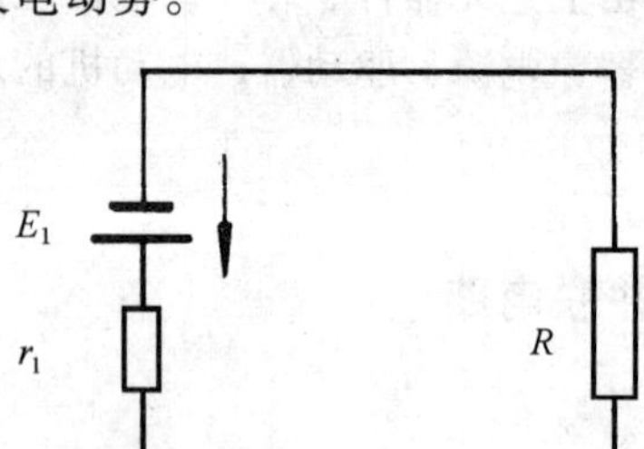

图 1-4　例 1-2 图

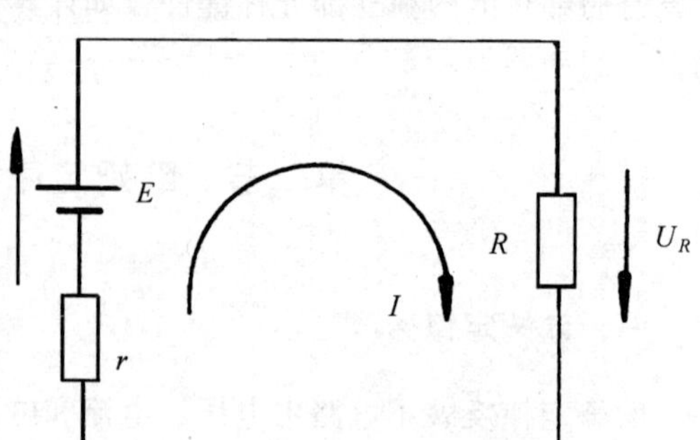

图 1-5　例 1-3 图

例 1-3　在图 1-5 中 $E=12V$，$R=9.5\Omega$，电源内阻 $r=0.5\Omega$，求回路电流 I、负载电压 U_R 和内阻电压 U_r，并讨论 E、U_R、U_r 之间的关系。

解：任何实际的电源都是有内阻的。当内阻足够小，计算时可以忽略它。内阻为零的电源称理想电源，当必须考虑内阻时，电源要用电源符号和一个电阻相串联来表示。

$$\because \quad I = \Sigma E / \Sigma R = \frac{E}{R+r} = \frac{12}{9.5+0.5} = 1.2\ (\text{A})$$

$$\therefore \quad U_R = I \cdot R = 1.2 \times 9.5 = 11.4\ (\text{V})$$

$$\therefore \quad U_r = I \cdot r = 1.2 \times 0.5 = 0.6\ (\text{V})$$

讨论：E、U_R、U_r 三者之间的关系为：

$$E = U_R + U_r$$

上式说明：对于理想电源，负载压降等于电动势；对于实际电源，由于内阻要降掉小部分电动势，故负载压降小于电动势，电动势等于负载压降和内阻压降之和。

测量电动势的方法是：对于理想电源，在回路开路或闭合时，用电压表测得的电源两端的电压值就是电动势的值；对于实际电源，只有在回路开路时，用电压表测得的电源两端的电压值才是电动势的值。

二、电阻的串联电路

把若干个电阻相联、而剩下一个首端和一个尾端与电源相联的接法称为串联，如图 1-6 所示，**串联电路有如下特点**：

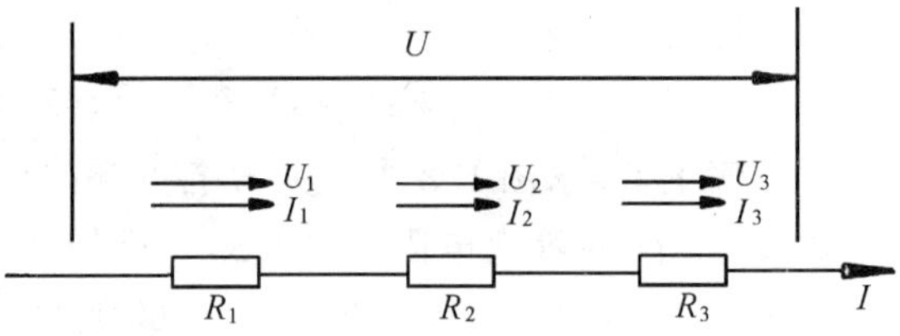

图 1-6　电阻串联电路

① **电路中的电流强度处处相等**，即

$$I_1 = I_2 = I_3 = I \tag{1-7}$$

② **总电压等于各电阻电压的代数和**，即

$$U = U_1 + U_2 + U_3 \tag{1-8}$$

③ **各电阻分得的电压 U_i 与其阻值成正比**，正比分压公式为，

$$U_i = \frac{R_i}{R_1 + R_2 + R_3} \cdot U \tag{1-9}$$

式中：$i = 1, 2, 3$。

④ **总电阻（等效电阻）R 等于各电阻之和**，即

$$R = R_1 + R_2 + R_3 \tag{1-10}$$

⑤ **总消耗功率 P 等于各电阻消耗功率之和**，即

$$P = P_1 + P_2 + P_3 \tag{1-11}$$

三、电阻的并联电路

几个电阻一起接在两个相同节点之间的联接方式称为并联，如图 1-7 所示。**并联电路的特点如下**：

① **各电阻承受的电压相等**，即

$$U_{R1} = U_{R2} = U_{R3} = U \tag{1-12}$$

② **总电流等于并联各支路电流之和**，即

$$I = I_1 + I_2 + I_3 \tag{1-13}$$

③ **各支路分得的电流与支路电阻的倒数（即电导）成正比，即**

$$I_1 : I_2 : I_3 = \frac{1}{R_1} : \frac{1}{R_2} : \frac{1}{R_3} \tag{1-14}$$

对于两个电阻 R_1、R_2 并联的电路，反比分流公式为，

$$I_1 = \frac{R_2}{R_1 + R_2} \cdot I \tag{1-15}$$

$$I_2 = \frac{R_1}{R_1 + R_2} \cdot I \tag{1-16}$$

④ **等效电阻比每一个电阻都小，其倒数等于各电阻的倒数之和，即**

$$\frac{1}{R} = \frac{1}{R_1} + \frac{1}{R_2} + \frac{1}{R_3} \tag{1-17}$$

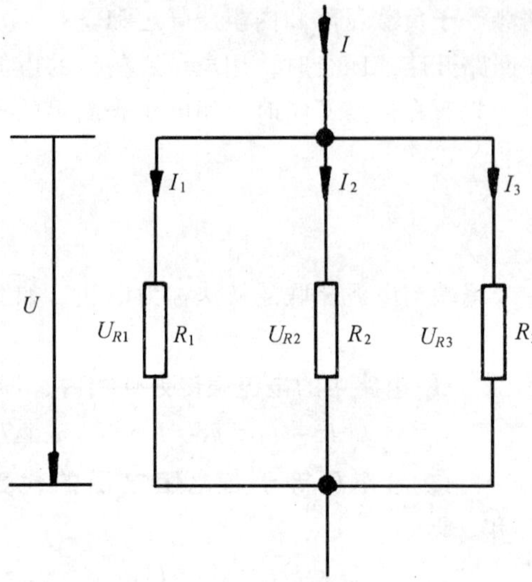

图 1-7　电阻并联电路

若有 n 个相同的电阻 R_0 并联在一起，则等效电阻 $R = R_0/n$　(1-18)

对于只有两个电阻 R_1、R_2 并联的电路，其等效电阻为

$$R = \frac{R_1 R_2}{R_1 + R_2} \tag{1-19}$$

⑤ **总消耗功率等于各电阻消耗功率之和，即**

$$P = P_1 + P_2 + P_3 \tag{1-20}$$

例 1-4　求图 1-8 中开关 S 打开和闭合时 a、b 间的等效电阻 R_K 和 R_b，已知 $R_1 = R_2 = R_3 = R_4 = 30\Omega$，$R_5 = R_6 = 60\Omega$。

解：图 1-8 的电阻既有串联又有并联、称为混联电路。当混联电路的串并联关系不容易看清楚时，可以采用“顺藤摸瓜”的办法改画电路图，使串并联关系一目了然。

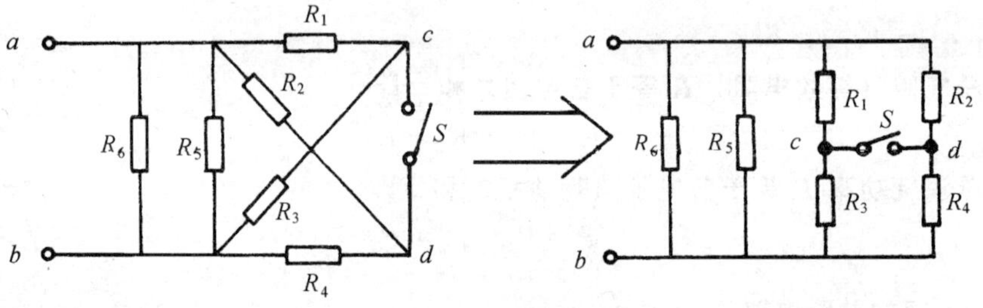

图 1-8　例 1-4 图

1. 当 S 打开时：

$$\begin{aligned}\frac{1}{R_K} &= \frac{1}{R_6} + \frac{1}{R_5} + \frac{1}{R_1 + R_3} + \frac{1}{R_2 + R_4} \\ &= \frac{1}{60} + \frac{1}{60} + \frac{1}{30+30} + \frac{1}{30+30} \\ &= \frac{1}{15}(\Omega)\end{aligned}$$

$$\therefore \quad R_K = 15(\Omega)$$

2. 当 S 闭合时，R_1 与 R_2 并联，R_3 与 R_4 并联之后又串联在一起，故

$$\frac{1}{R_b} = \frac{1}{R_6} + \frac{1}{R_5} + \frac{1}{\dfrac{R_1R_2}{R_1+R_2} + \dfrac{R_3R_4}{R_3+R_4}}$$

$$= \frac{1}{60} + \frac{1}{60} + \frac{1}{\dfrac{30\times30}{30+30} + \dfrac{30\times30}{30+30}}$$

$$= \frac{1}{15}(\Omega)$$

$$\therefore \quad R_b = 15(\Omega)$$

例 1-5 在图 1-9 中，$U = 24\text{V}$，$R_1 = 10\Omega$，$R_2 = 10\Omega$，$R_3 = 20\Omega$，求 I_3。

解：先求 U_{ab}。根据串联电路的分压公式得：

$$U_{ab} = \frac{\dfrac{R_2\times R_3}{R_2+R_3}}{R_1 + \dfrac{R_2\times R_3}{R_2+R_3}}\cdot U$$

$$= \frac{\dfrac{10\times20}{10+20}}{10 + \dfrac{10\times20}{10+20}}\times 24$$

$$= 9.6(\text{V})$$

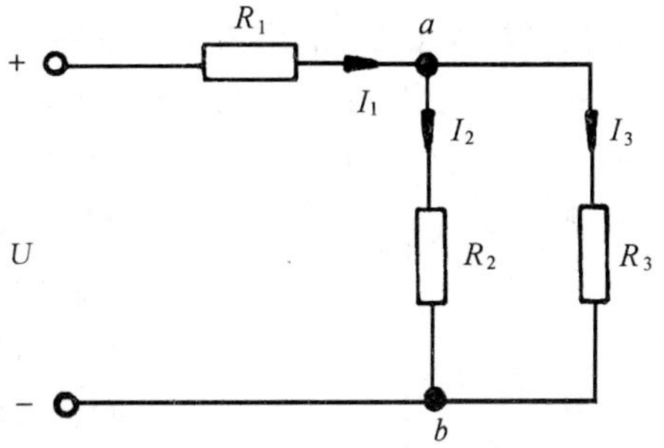

图 1-9 例 1-5 图

$$\therefore \quad I_3 = \frac{U_{ab}}{R_3} = \frac{9.6}{20} = 0.48(\text{A})$$

或先求 I_1：

$$I_1 = \frac{U}{R_1 + \dfrac{R_2\times R_3}{R_2+R_3}} = \frac{24}{10 + \dfrac{10\times20}{10+20}} = 1.44(\text{A})$$

根据并联电路的分流公式得：

$$I_3 = \frac{R_2}{R_2+R_3}\cdot I_1$$

$$= \frac{10}{10+20}\times 1.44$$

$$= 0.48(\text{A})$$

四、电源的串、并联

电源也可以串、并联使用。把几个电源正向串联起来能提高电源电动势，同时内阻也加大了，总内阻等于各电源内阻之和。电源并联使用时能增加输出电流，此时总内阻减小，等于各电源内阻的并联值。注意：不要把电动势不同、内阻不同的电源并联使用。把几个旧电源串联起来虽然能提高电动势，但电路一闭合，电源的输出电压（即负载电压）值比电动势值小得多。这是因为旧电源的内阻比新电源大得多。

第三节 电 位

在分析电路的工作原理时，经常要用到电位的概念。任意假定电路的某一点为零电位点，这一点称参照电位点，用符号⊥表示。在实际电路中，通常选电源的正极或负极作为参考电位点。参照电位点在电子线路中称为接地点，仅指任意选定的参照零电位点，与电力工程中的接地含义不同。某一点和参照电位点之间的电压就是那一点的电位。

计算 a 点的电位 U_a 的方法是：任选一条从 a 点到接地点的路径，a 点的电位等于路径上各电阻电压和电动势的代数和。对于电阻电压，其方向和路径方向（从 a 点沿路径指向接地点）一致时取正，反之取负。对于电动势，其方向和路径方向一致时取负，反之取正。U_a 的值为正，说明 a 点的电位高于零电位，反之说明低于零电位。

例 1-6 在图 1-10 中，$U_1=U_2=5\text{V}$。设 c 点为参照点，求 U_a 和 U_b。设 a 点为参照点，求 U_b 和 U_c。

解：设 $U_c=0(\text{V})$

则 $U_b=U_2=5(\text{V})$

$U_a=U_1+U_2=5+5=10(\text{V})$

设 $U_a=0(\text{V})$

则 $U_b=-U_1=-5(\text{V})$

$U_c=-U_1+(-U_2)=-5-5=-10(\text{V})$

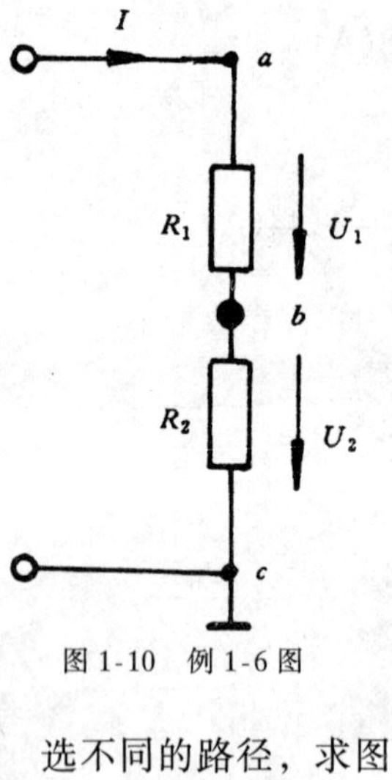

图 1-10 例 1-6 图

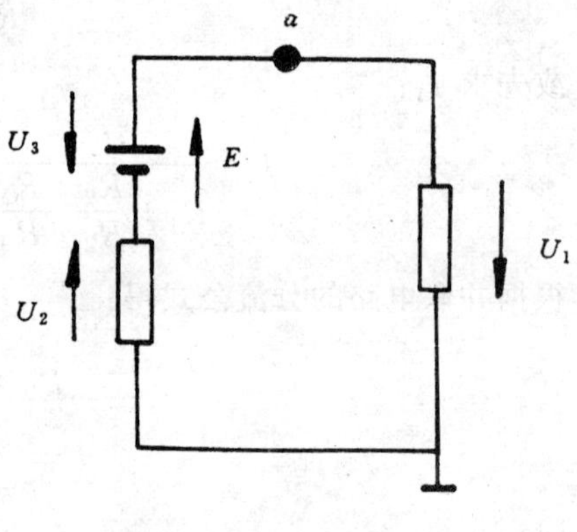

图 1-11 例 1-7 图

例 1-7 选不同的路径，求图 1-11 中的 U_a，已知 $E=U_3=12\text{V}$，$U_1=U_2=6\text{V}$

解：选右侧路径计算结果为：

$$U_a=U_1=6(\text{V})$$

选左侧路径计算结果为：

$$U_a=-U_2+E=-6+12=6(\text{V})$$

或 $$U_a=-U_2+U_3=-6+12=6(\text{V})$$

由以上计算我们得出结论：当参照点改变时，电位也发生变化，但任意两点间的电压与接地点的选择无关。或者说，电路中的电位高低是相对的，而两点间电压是绝对的。电位的计算结果与选择的路径无关，自然要选择简单的路径计算。

在实际工作中，电位能用万用表方便地测量出来。对于电源负极接地的电路，用黑表笔接地，用红表笔接被测点，测得的电压值就是被测点的电位值（正值）。对于电源正极接地的电路，用红表笔接地，用黑表笔接被测点，测得的电压值就是被测点的 电位值（负值）。

第四节　电　容　器

电容器是常用到电路元件之一。电容器的充电和放电是经常遇到的现象。

一、电容器和电容

两个彼此靠近而又互相绝缘的导体就构成了电容器，简称电容。电容器是电路中储存电场能的基本元件。组成电容器的导体称电极。

设电容器的两极是两块平行面对放置的金属板，这样的电容器称平板电容器，给电容器的两极加上直流电压，则两块金属板上分别出现数量相等而符号相反的电荷。这种现象称为电容器被充电。电容器储存电荷的能力称电容（C），设电容器的端电压是 U，每个极板上电荷量是 Q，则电容 C 的定义式是，

$$C=\frac{Q}{U} \tag{1-21}$$

即，电容是电容器在单位电压作用下所储存的电荷量。电容的单位是法拉（F），常用的倍数单位有微法（μF）和皮法（pF）。

对于平板电容器，

$$C=\frac{S\varepsilon}{d} \tag{1-22}$$

即，电容与两极板间的距离 d 成反比，与两极板间的重叠面积成正比，与电介质（极板间的绝缘材料）的电容率 ε 成正比。电介质的绝缘性能越好，电容率越大。可见，电容只与电容器自身的构造有关。

二、电容器的充放电过程

电容器上储存了电荷称充电；电容器把储存的电荷释放出来称放电。充电和放电都需要一定的时间，需要一个过程，称电路的过渡过程。充放电电路和充放电曲线见图 1-12。

当开关 S 倒向 c 端时电容器被充电，大量电荷流向电容器。电容器的电荷越积越多，电容器的端电压 u_c 随之增高，u_c 是阻碍 E 向 C 充电的，故充电电流 i_c 开始最大，以后逐渐减小。当 $u_c=E$ 时充电电流为零，充电过程结束。当 S 倒向 f 端时，已充电的电容器放电，U 和 i_f 逐渐趋向于零。

充放电电流为

$$i=C\frac{du}{dt} \tag{1-23}$$

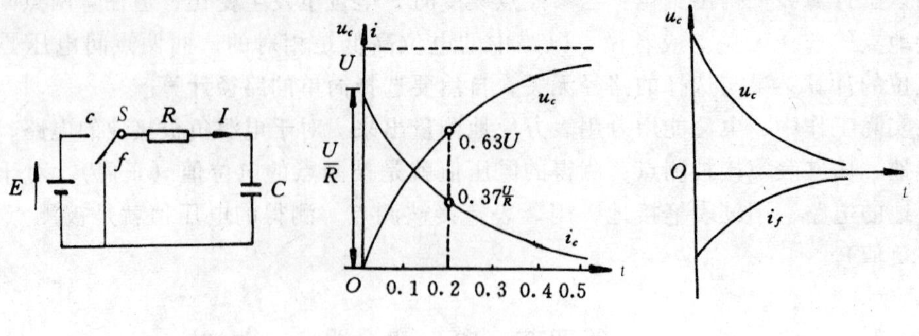

(a)电路图　　(b)充电曲线　　(c)放电曲线

图 1-12　电容器的充放电

即，充放电电流和电容端电压的变化率成正比。

电路充放电的快慢用时间常数 τ 表示，

$$\tau = RC \tag{1-24}$$

τ 值越大，充放电的过程越长;反之越短。一般认为充放电时间 $t =（3\sim5）\tau$ 时，充放电过程基本结束。τ 的单位是秒（s），常用的倍数单位有毫秒（ms）和微秒（μs）。

三、电容器的串并联

当电容器的耐压值不够高时可以采用串联电容的办法来解决。一般要选择容量相等的电容来串联，这样各电容的分压相等，否则容量小的分压大，容量大的分压小。

串联后的总电容 C 为

$$\frac{1}{C} = \frac{1}{C_1} + \frac{1}{C_2} + \cdots\cdots + \frac{1}{C_i} \tag{1-25}$$

总电容比每一个被串联电容器的容量都小。

当电容器的容量不够大时可以把几个电容并联起来使用，并联后的总容量 C 为

$$C = C_1 + C_2 + C_3 \cdots\cdots + C_i \tag{1-26}$$

四、常用电容器的种类

前面介绍了平板电容器，下面简单介绍纸介质电容器和电解电容器。

纸介质电容器是在两层锡箔或铝箔中间夹上在石蜡中浸过的纸，然后卷成圆柱体而制成的。纸浸过石蜡后可以避免潮气浸入，使绝缘能力大大增强。改变金属箔的面积即可改变电容量的大小。该电容器的特点是容易制造出较大容量的电容器，而且价格较低。用于功率因数补偿的移相电容器，常采用纸介质电容器或薄膜介质电容器。二者的结构是类似的，但后者是在薄膜两面直接镀上金属膜，是新型产品。为了散热等需要，电容器被密封在装有绝缘油的铁皮箱内。

电解电容器呈圆柱形，外壳用铝做成，内装电解质，铝外壳和电解质分别为两个电极。电解电容器的容量可以做得很大，但漏电损耗也大，常用在直流滤波电路，不能用在交流电路中。

电解电容器一般有极性，铝外壳是负极，接电路的低电位点；另一个电极是正极，

接电路的高电位点。使用时极性不能搞错，否则很容易造成击穿损坏；即使不击穿损坏，也会造成电路工作不正常，因为此时电容器容量小、漏电大。由于有极性，故它不能用于交流电路。

电容器还可分为固定电容器和可变电容器。后者常用在电子电路中，收音机就是用旋转可变电容器的动片、改变电容器电容的方法选择电台的。

五、电容器的技术指标

电容器的最主要的技术指标有两个，一是电容量，二是耐压值。电容器的端电压不能超过其额定电压，否则会被击穿损坏。

要注意，电容器的额定电压是指其直流耐压值，故用在交流电路中时，电容器的额定电压值要大于交流电压的最大值，并适当留有余量。

用在定时等电路中的电容器，要求其容量精确、工作稳定。用于滤波电路的电容器，对容量要求不严格，大一点有好处。

小　结

1. 几个基本概念： 电荷，电流，电源，电动势，电压，电阻（$R=\rho\dfrac{L}{S}$），导体、半导体和绝缘体，电路，电能（$W=UIt$），电功率（$P=UI=I^2R=\dfrac{U^2}{R}$），焦耳定律（$Q=I^2Rt$），短路和开路。注意电动势和电压的方向。

2. 一段线路的欧姆定律： $U=IR$；全电路欧姆定律：$\sum E=I\sum R$。有多个电动势回路的计算。

3. 电阻串并联电路的特点（各有5个）和计算： 串并联电路的性能比较见表1-1。计算混联电路时，首先要采用顺藤摸瓜的方法分清电阻的串并联关系。

4. 理想电源和实际电源： 在有源回路中电动势和电压的关系。电源的串并联使用。

5. 电位的概念和实测方法： 某一点和参照电位点之间的电压就是那一点的电位。电路中某点电位的高低是相对的，与参照电位点的选择有关，计算时与路径的选择无关；而两点间的电压是绝对的，与参照电位点无关。电位能用电压表方便地测量出来。

表1-1　电阻串、并联电路的性能比较

电　量	串 联 电 路	并 联 电 路
电　阻	$R=R_1+R_2+R_3$	$\dfrac{1}{R}=\dfrac{1}{R_1}+\dfrac{1}{R_2}+\dfrac{1}{R_3}$ 只有两个电阻并联时 $R=\dfrac{R_1R_2}{R_1+R_2}$ 有 n 个相等的电阻 R_0 并联时 $R=\dfrac{R_0}{n}$
电　压	$U=U_1+U_2+U_3$ $U_i=\dfrac{R_i}{R_1+R_2+R_3}U$ $i=1,2,3$	$U_1=U_2=U_3=U$

续表

电　量	串 联 电 路	并 联 电 路
电　流	$I_1=I_2=I_3=I$	$I=I_1+I_2+I_3$ $I_1:I_2:I_3=\frac{1}{R_1}:\frac{1}{R_2}:\frac{1}{R_3}$ 只有两个电阻并联时 $I_1=\frac{R_2}{R_1+R_2}I, I_2=\frac{R_1}{R_1+R_2}I$ 有 n 个相等的电阻并联时 $I_i=\frac{I}{n}$ $i=1,2,3,\cdots\cdots,n$
功　率	$P=P_1+P_2+P_3$	$P=P_1+P_2+P_3$

6. 电容器：电容的定义，$C=\frac{Q}{U}$，对于平板电容器，$C=\frac{S\varepsilon}{d}$。充放电过程，时间常数 $\tau=RC$。电容器的串并联、种类和技术指标。

复 习 思 考 题

1. 电动势和电流的方向是怎样规定的？

2. 绝缘劣化和击穿的原因有哪些？

3. 电路由哪几部分组成、每部分有什么作用、什么是短路和开路？

4. 在有源回路中，电动势和电压有什么区别与联系？

5. 用截面积 $S=0.05\text{mm}^2$ 的锰铜丝绕制阻值为 15Ω 的线绕电阻，在常温条件下，锰铜丝的电阻率为 $0.43\times10^{-6}\Omega\cdot\text{mm}^2/\text{m}$，试求需用多长的锰铜丝？

6. 通过计算说明 1 千瓦小时等于多少焦耳？

7. 通常手电筒的电源是由两节 1.5V 电池串联而成的，电珠的电阻为 8.5Ω，试求手电筒在使用时通过电珠的电流。

8. 某人体的电阻为 800Ω，一般通过人体的电流为 50mA 时，他便不能自主地摆脱电源，试求安全工作电压。

9. 已知直流发电机的工作电压 $U=230\text{V}$，输出电流 $I=10\text{A}$，试求直流发电机的输出功率 P。

10. 有一把电烙铁，已知其额定功率 $P=100\text{W}$，额定电压 $U=220\text{V}$，试求电烙铁的额定电流及电阻。

11. 一个标明“220V、40W”的钨丝灯泡，如果把它接在 110V 的线路上，它消耗的功率是多少？

12. 有一只电炉，每天使用 4 小时，已知电炉的额定电压 $U=220\text{V}$，电阻 $R=24.2\Omega$，试求该电炉每天耗电量是多少千瓦小时？

13. 若室内装有一只额定电流 $I=5\text{A}$ 的电度表，表内保险丝的熔断点也是 5A，室内有 4 只 500W 的电炉，试问 4 只电炉同时使用时将会产生什么现象？又问在正常情况下，最多能允许几只电炉同时使用？

14. 用电压表测得一电池的端电压（即电动势）为 1.65V。把该电池接入电路，测得电池的端电压仅为 1.3V。为什么?

15. 某电源电动势为 6V，以电阻 $R_1 = 2.9\Omega$ 接在它的两端，测出电流为 2A，求它的内阻 r，解题时先画出电路图。如负载电阻改为 $R_2 = 5.9\Omega$，而其它条件不变，则输出电流是多少?

16. 在图 1-13 中，$E_1 = 14V$，$E_2 = 12V$，$r_1 = r_2 = 1\Omega$，$R_3 = 10\Omega$。E_1 与 E_2 并联后给 R_3 供电。求 I_1、I_2 和 I_3，并讨论三者之间的关系。

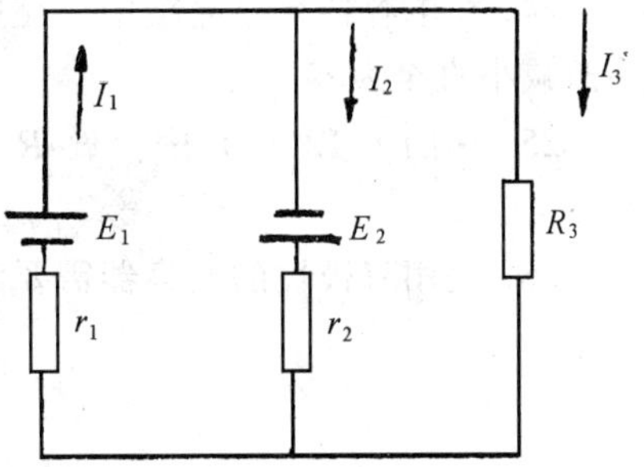

图 1-13　习题 16 图

提示：采用叠加原理。先假定 E_1 单独对电路作用，E_2 不起作用（将 E_2 短路，但内阻 r_2 保留），求出 I_{11}、I_{12} 和 I_{13}。再假定 E_2 单独对电路作用，E_1 不起作用（将 E_1 短路，保留内阻 r_1），求出 I_{21}、I_{22} 和 I_{23}。最后进行叠加，I_1 等于 I_{11} 和 I_{21} 的代数和，余类推。分别画出 E_1 与 E_2 单独对电路作用的电路图，任意假定某方向的电流为正，则反方向的电流为负。

17. 习题 16 中的 E_2 是反电动势，它在电路中的作用是什么?

18. 什么是串联电路、串联电路有什么特点?

19. 什么是并联电路、并联电路有什么特点?

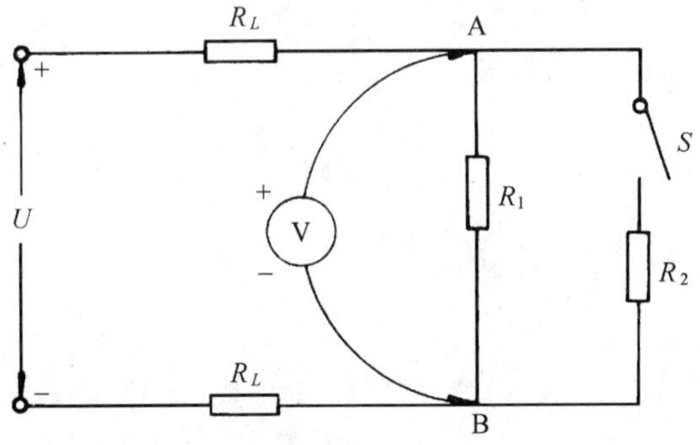

图 1-14　习题 20 图

20. 在图 1-14 中将开关 S 合上，问：

(1) A、B 两点间的电阻将怎样变化?

(2) 各支路中电流将怎样变化?

(3) 伏特表的读数是增大还是减小? 为什么? 如果导线电阻 R_L 可以忽略不计，情况又将如何?

21. 现有三只阻值均为 R 的电阻，将它们作不同的连接，能得到几种阻值? 其数值各为多大?

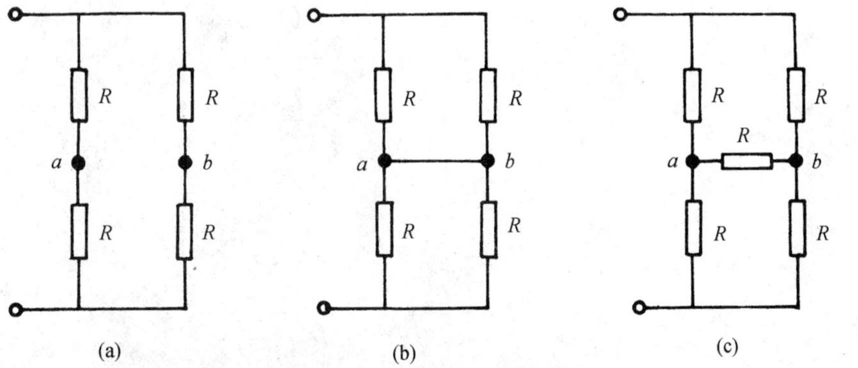

图 1-15　习题 22 图

22. 图 1-15 所示，三个电路的等效电阻相等吗？为什么？设线路中各电阻的阻值相等。

23. 在图 1-16 所示电路中，已知 $R_1=140\Omega$，$R_2=110\Omega$，$E=1.5\text{V}$，求电位 U_a 和 U_b。

24. 在电容器充电电路中，充电电流为什么开始最大，然后逐渐减小直至为零？

25. 在图 1-12（a）中，设 $R=220\text{k}\Omega$，$C=10\mu\text{F}$ 求时间常数 τ。

26. 使用有极性的电容器需要注意哪些问题？

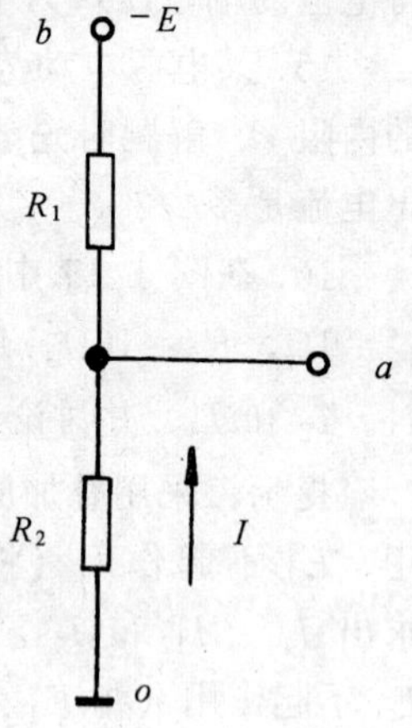

图 1-16　习题 23 图

第二章　磁路和电磁现象

本章简要复习磁路和电磁现象知识，主要内容有：几个基本概念，磁路欧姆定律，磁场对载流导体作用和电磁感应。磁路和电磁现象知识相对难学一些，但又是必须掌握的。

第一节　几个基本概念

① **磁铁**　磁铁能吸引铁磁材料。工程上用的磁铁为电磁铁（分交流电磁铁和直流电磁铁）。磁铁有北极（N）和南极（S）。同性磁极相斥，异性磁极相吸。

② **磁场**　磁铁周围有磁力作用的空间称为磁场。某一点的磁场方向规定为放在该点的小磁针北极所指的方向。

③ **磁力线**　为了使磁场形象化，人们用磁力线来描写磁场。磁力线的密和疏表示磁场的强和弱，磁力线上任一点的切线方向为该点的磁场方向。在磁铁外部磁力线从 N 极指向 S 极，在磁铁内部磁力线从 S 极指向 N 极。磁力线是互不相交的闭合曲线。

④ **磁通（$\boldsymbol{\Phi}$）**　通过某一面积 S 的磁力线数称磁通（Φ）。Φ 的单位是韦伯（Wb），较小的单位是麦克斯韦（Mx），1 韦伯 = 10^8 麦克斯韦。

⑤ **磁通密度（$\boldsymbol{B}$）**　磁通密度描述了磁场的强弱，等于垂直穿过单位面积上的磁力线数。即

$$B = \Phi / S \tag{2-1}$$

磁通密度又称磁感应强度。磁通密度的单位是特斯拉（T，韦/m^2），较小的单位是高斯（Gs），1 高斯 = 10^{-4}特斯拉。

⑥ **电流的磁场**　磁铁的周围存在磁场；导线中通过电流时，导线周围也会产生磁场。这两种磁场，不仅外特性相同，本质上也是一样的。

图 2-1 是直线电流的磁场。直线电流磁场的磁力线，是一些以导线上各点为圆心的同心圆，这些同心圆都在和导线垂直的平面上。若改变电流的方向，各点的磁场方向也都变成相反的方向。

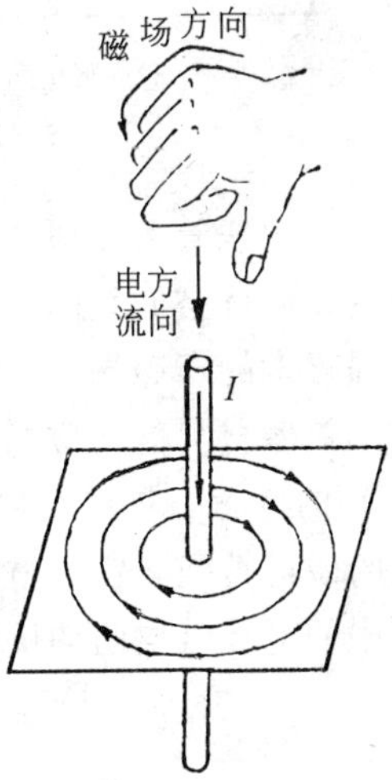

图 2-1　直线电流的磁场和安培定则

直线电流的方向和磁力线方向之间的关系符合右手螺旋定则（又称安培定则），即用右手握住导线、让伸直的大拇指指向电流的方向，则弯曲的四指的方向就是磁力线的环绕方向。

图 2-2 是通电螺线管的磁场。螺线管通电以后表现出来的磁场很像条形磁铁的磁场。螺线管的一端相当于北极，另一端相当于南级。若改变电流的方向，它的南北磁极就对调。

其外部的磁力线和条形磁铁外部的磁力线相似，也是从北极出来，进入南极的；其内部磁力线跟螺线管的轴线平行，方向由南极指向北极，并和外部的磁力线相联接，形成闭合曲线。由于磁力线的集中，螺线管内部的 B 值比外部强得多。

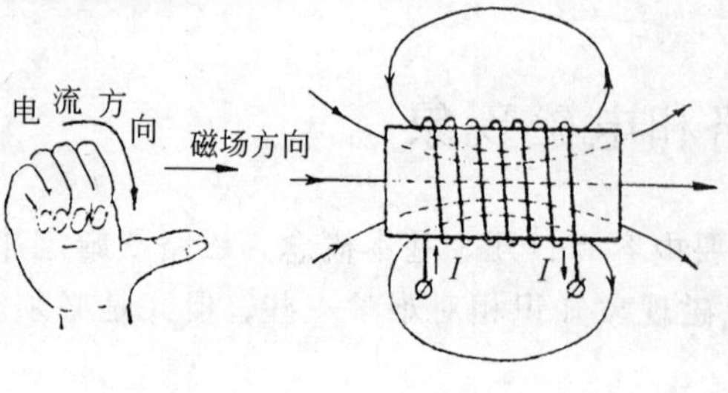

图 2-2　通电螺线管的磁场和安培定则

通电螺线管的磁力线方向也可以用右手螺旋定则来判定：用右手握住螺线管，让弯曲的四指方向跟电流的方向一致，大拇指所指的方向就是螺线管内部磁力线的方向。

⑦ 磁化和磁导率（μ）　磁铁和电流都能产生磁场，实际应用的磁场基本上是电流的磁场。直线电流的磁场很弱，几乎没有实用价值；通电螺线管内部的磁场要强得多，但仍然远远满足不了电力设备的需要；于是，铁心线圈应运而生。

先从磁化现象谈起。本来没有磁性的材料放进磁场中以后，在磁场的作用下它便显示出磁性，这时我们说材料被磁化了。这种能被磁化的材料称铁磁材料，常用的铁磁材料有铁、镍、钴及其合金。

铁磁材料内部有众多体积为 $10^{-9}cm^3$ 的自然磁化体，称磁畴，如图 2-3 所示，每个磁畴就像一个小磁铁。没有外磁场作用的这些磁畴排列得杂乱无章，它们的磁场互相抵消，故对外不显磁性。有外磁场作用时，磁畴沿磁场方向排列，于是铁磁材料显现出磁性。

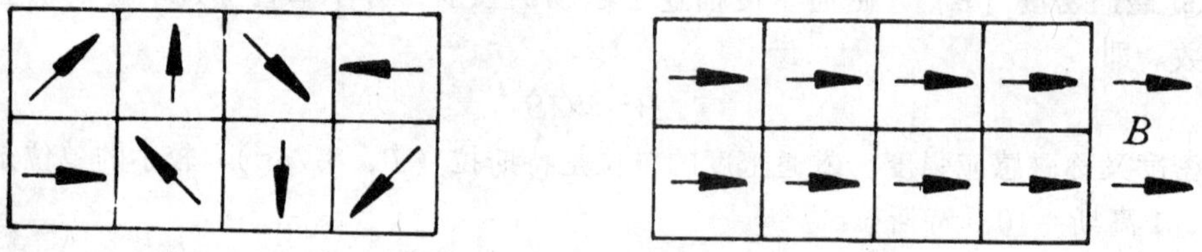

(a) 磁化前　　(b) 磁化后

图 2-3　铁磁材料的磁化

在螺线管（一般称线圈）中放入用铁磁材料做成的铁心就构成了铁心线圈，没有铁心的线圈称空心线圈。线圈通电后，铁心被磁化，铁心的磁场和原磁场正向叠加，形成了强得多的新磁场。

铁磁材料能使磁场增强的特性称导磁性。为了定量描述导磁性，人们引入了磁导率（μ）的概念。材料的种类不同、磁导率各异；铁心的 μ 值越高，则导磁性越好，线圈内的磁场越强。铁磁材料的 μ 值是空气 μ 值的几百倍甚至几千倍。材料的磁导率和电路中的电导（电阻的倒数）具有相似性。

第二节　磁路欧姆定律

磁路欧姆定律是分析很多电磁问题的重要定律，它与电路中的欧姆定律有些类似。

在图 2-4 中，线圈绕在一个环形铁心上，线圈的匝数为 N，通过线圈的电流 I 称励磁电流，可变电阻 R 用来调节励磁电流的大小。

由于铁心的导磁性比空气好得多，所以磁力线几乎全部从铁芯中通过而形成一闭合路径。这种约束在铁芯所限定范围内的磁通路径称为磁路。几种电气设备的磁路见图 2-5。

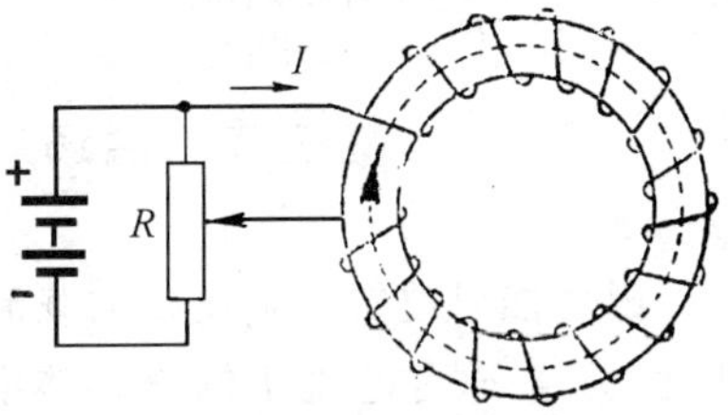

图 2-4　研究磁路欧姆定律的图

磁路中的平均磁通 Φ 为

$$\Phi = \frac{IN}{R_m} \tag{2-2}$$

对上式进行分析，我们可以得出以下**结论**：

① **Φ 与励磁电流 I 和线圈匝数 N 成正比，二者的乘积 IN（安匝数）是产生磁通的原动力，称磁通势**，简称磁势（F_m）。

② **Φ 与 R_m 成反比，R_m 称磁阻**。R_m 用下式计算：

$$R_m = \frac{l}{\mu S} \tag{2-3}$$

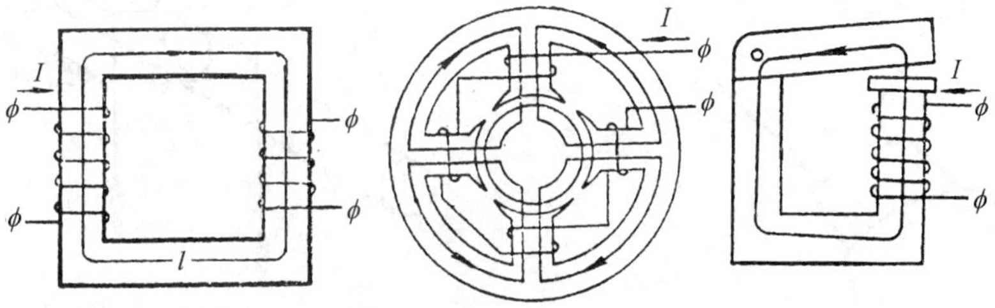

(a) 单相变压器　　(b) 直流电机　　(c) 继电器

图 2-5　几种电气设备的磁路

磁阻与磁路的长度 l 成正比，与磁导率 μ 和磁路的横截面积 S 成反比。磁阻的计算公式和线电阻的计算公式 $R = \frac{l}{\rho S}$ 有相似之处。

③把式（2-2）和一段线路的欧姆定律相比较不难看出，**磁通 Φ 相当于电路中的电流 I，磁通势 IN 相当于电路中的电压 U，磁阻 R_m 则相当于电阻 R，故上式称为磁路的欧姆定律。**

需要注意的是，电路中的电阻率是一个常数，而在磁路中磁导率是一个变数，如图 2-6 所示。

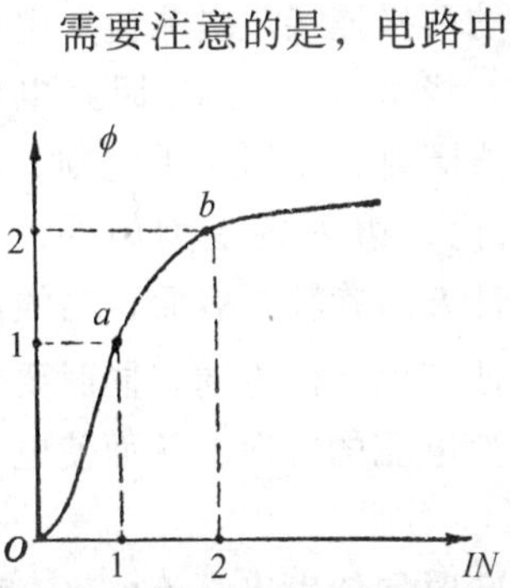

图 2-6　铁磁材料的磁化曲线

图 2-6 所示的曲线是铁磁材料的磁化曲线。磁化曲线告诉我们，随着磁势 IN 的增加，磁通 Φ 的变化率越来越小，直至几乎为零。这是因为，在磁化过程中磁畴的方向越来越趋向一致，或者说磁导率越来越小、磁阻越来越大，使得磁通的增加越来越少，最后几乎不再增加。当磁通基本上不再增加时，我们说磁化达到了饱和。

由于磁性材料的 μ 值不是常数（它随磁化趋向饱和而

下降)，因此磁路欧姆定律通常不能用来进行磁路计算。但在分析电机、电器的工作原理时，经常要用到磁路欧姆定律的概念。

第三节　磁场对载流导体的作用和电动机的原理

磁场能对放置在磁场中的载流导体产生力的作用。若把有效长度(即处在磁场中的长度)为 l、通有电流 I 的直导体沿垂直于磁力线的方向放入一均匀磁场中,如图 2-7 所示,则在导体上产生的力 F 同 I 和 l 成正比,而力的方向则跟电流方向和磁力线的方向有关。三者间的关系符合左手定则:把左手伸开,使手心迎着磁力线,四指的指向与电流方向一致,则与四指成直角的大姆指的指向即是力 F 的方向。这个力称电磁力,又称安培力。

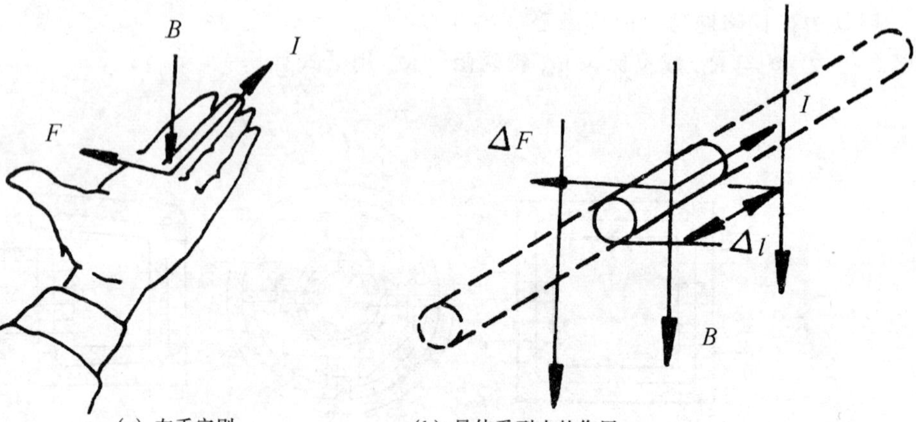

(a) 左手定则　　(b) 导体受到力的作用

图 2-7　磁场对载流导体的作用力

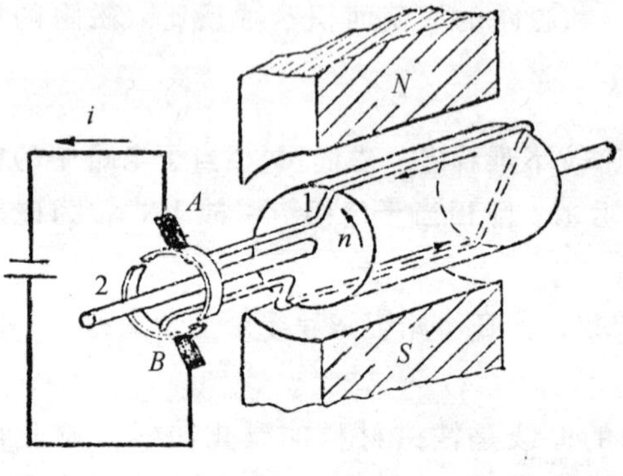

图 2-8　直流电动机的原理

电动机就是根据通电导体在磁场里能受到力的作用的原理做成的，图 2-8 是直流电动机的工作原理示意图。在两极间安放线圈 1，并固定在轴上，线圈的两端分别焊接两个半圆铜环 2（称换向器，也叫整流器），A 与 B 是电刷，分别与半圆铜环接触，并和外电路直流电源的两极连接。电流流入电刷 B，经过半铜环、线圈和电刷 A 回到电源负极。电流流过线圈时，根据左手定则，线圈边 a 的受力向内，边 b 的受力向外，结果使线圈按逆时针方向旋转。然而，当线圈旋转到水平时便不能继续旋转。要想让线圈继续旋转，必须改变电流的方向，同时要借助线圈的旋转惯性。换向器和电刷的作用就是恰到好处地改变电流的方向，从而使电动机能够连续不停地转动。

直流电动机也能用作直流发电机，当它在外力作用下旋转时便能发出直流电来，就是说直流电动机和直流发电机二者是可逆的。

第四节　电 磁 感 应

导体中的电流产生磁场，磁场的变化或运动又可以在导体中感应产生电动势，这是电和磁紧密联系的两个方面。

在图 2-9 中，让导体运动起来而切割磁力线，导体中就会产生感应电动势（e），e 的大小可用下式计算：

$$e = Blv \tag{2-4}$$

式中：B——被切割磁场的磁通密度；

l——导体的有效长度（与磁场相切割部分的长度）；

v——导体切割磁力线的速度。

上式表明，直导体中的感应电动势的大小与磁通密度、导体的有效长度和导体的运动速度成正比。

感应电动势的方向、磁力线的方向和导体运动的方向，三者之间的关系符合右手定则，如图 2-9 所示。伸开右手，使拇指和其余四指互相垂直，让磁力线垂直穿过手心，拇指指向导体运动的方向，则四指的指向就是感应电势的方向。

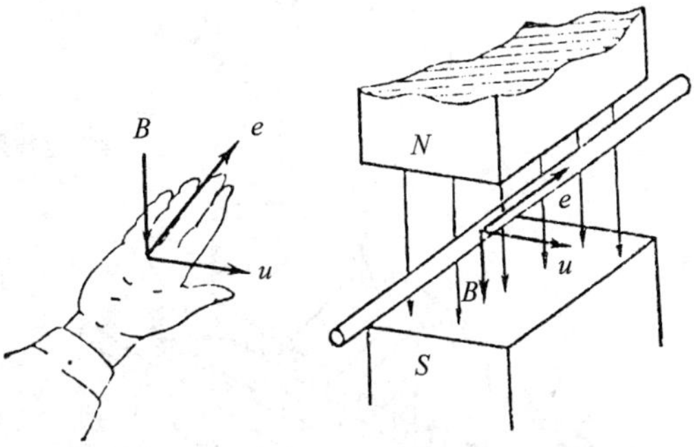

图 2-9　直导体中的感应电动势和右手定则

导体切割磁力线能产生感应电动势；回路中的磁通发生变化也能产生感应电动势，如图 2-10 所示。

在图 2-10 中，当磁铁插入回路或从回路中拔出时和当线圈中的励磁电流变化时，回路中的磁通都会发生变化（增加或减少），回路中便产生感应电动势。感应电动势 e 用下式表示：

$$e = -\frac{d\phi}{dt} \tag{2-5}$$

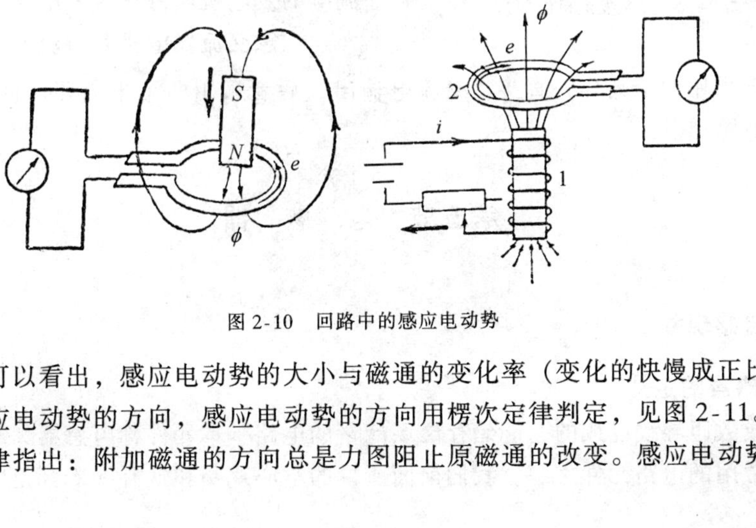

图 2-10　回路中的感应电动势

从上式可以看出，感应电动势的大小与磁通的变化率（变化的快慢成正比。式中的负号表示感应电动势的方向，感应电动势的方向用楞次定律判定，见图 2-11。

楞次定律指出：附加磁通的方向总是力图阻止原磁通的改变。感应电动势产生的电流称感生电流（i），感生电流产生的磁通称附加磁通（Φ'），附加磁通 Φ' 总是力图阻止原磁通的变化。即，当原磁通增加时 Φ' 和 Φ 的方向相反，以阻止 Φ 的增加（图 a）；当原磁通减少时 Φ' 和 Φ 的方向相同，以阻止 Φ 的减少（图 b）。

运用楞次定律判定感应电动势方向的方法是：①确定原磁通的方向和变化情况（是增加还是减少）；②利用楞次定律确定附加磁通的方向；③用右手螺旋法则判定感应电动势的方向；大姆指指向附加磁场的方向，四指弯曲的方向就是感应电动势的方向。

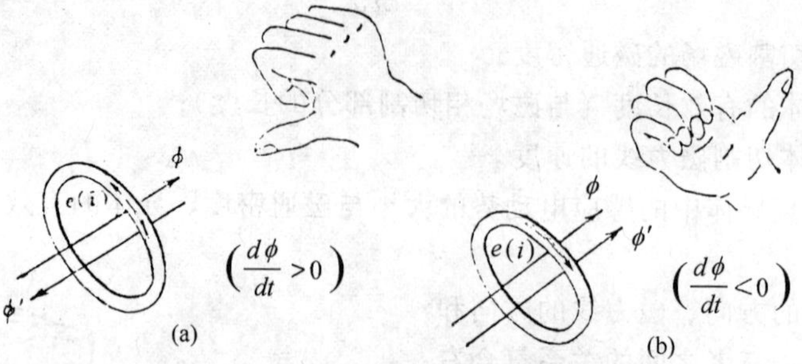

图 2-11　应用楞次定律判定感应电动势的方向

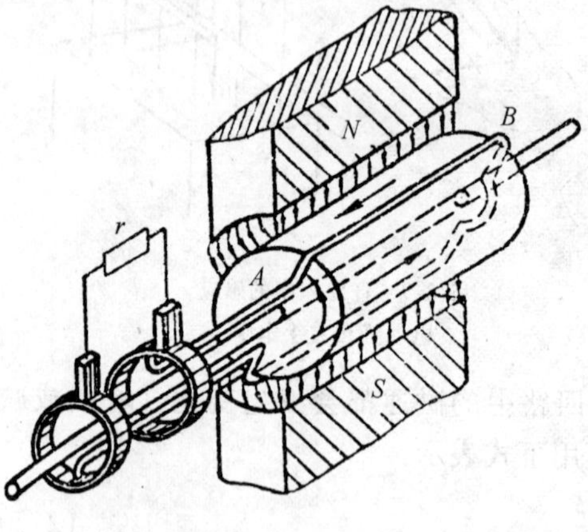

图 2-12　交流发电机的原理

上述导体切割磁力线和回路中磁通变化能产生感应电动势的现象称电磁感应。

电磁感应是发电机、变压器等电气设备的理论基础。

一个线圈在永磁铁或电磁铁的磁场中转动，就构成了最简单的发电机，如图 2-12 所示。线圈在磁场中转动时，AB 边和其对边不断切割磁力线，这时线圈里就产生了大小和方向都周期变化的电动势。如果用滑环和电刷把这个线圈与外电路连接起来，电路里就会产生周期变化的交流电流。能产生交流电的发电机叫做交流发电机。

注意交流发电机和直流发电机构造上的差别。前者采用两个圆环，直接将交流电输出；后者采用两个半圆环，将交流电整流，变为直流电输出。

第五节　电　感　器

一、自感现象

1. 电感器的定义

一匝或数匝导线绕成的、能储存磁场能量的电路基本元件称电感器，简称电感。电感器是最常用的电路元件之一。我们前面所说的空心线圈和铁心线圈都是电感器，电感器俗称线圈。

2. 自感现象

前面谈到，线圈中磁力线发生变化时，线圈中会出现感应电动势。那里所说的磁力线是指来自外部的磁力线。我们给线圈通上交变的电流，线圈中就会有交变的磁通。这种来自线圈自身电流变化的交变磁通也会在线圈中感应出电动势，称自感电动势。产生自感电动势的现象称自感现象。自感电动势的作用也是阻碍电流的变化。

电感电动势 e_L 的计算公式是，

$$e_L = -L\frac{di}{dt} \tag{2-6}$$

上式表明，e_L 的大小和电流的变化率成正比。式中的负号表示 e_L 的方向，e_L 的方向也由楞次定律判定。

3. 电感（自感系数）

上式中的 L 是线圈的电感（或自感系数），电感和线圈的匝数 N 的平方成正比，而和磁阻 R_m 成反比。即，

$$L = \frac{N^2}{R_m} = \frac{\mu SN^2}{l} \tag{2-7}$$

由于电感 L 只与线圈的几何形状和磁导率有关，所以它是表征线圈自身特性的物理量。

L 的单位是亨（H），常用的倍数单位有毫亨（mH）和微亨（μH）。

二、电感电路的过渡过程

参看图 2-13。当 S 合上的瞬间，由于自感电动势阻碍电路中电流的改变，故此时电流从零开始按指数规律逐渐增加。相应地，u_L 从最大值开始逐渐减少，u_R 从最小值开始逐渐增加。与时间足够长时，电流达到稳定值，$i=\frac{E}{R}$。与此相对应，自感电动势和 u_L 为零，电感器相当于短路，u_R 达到稳定值，$u_R=E$。

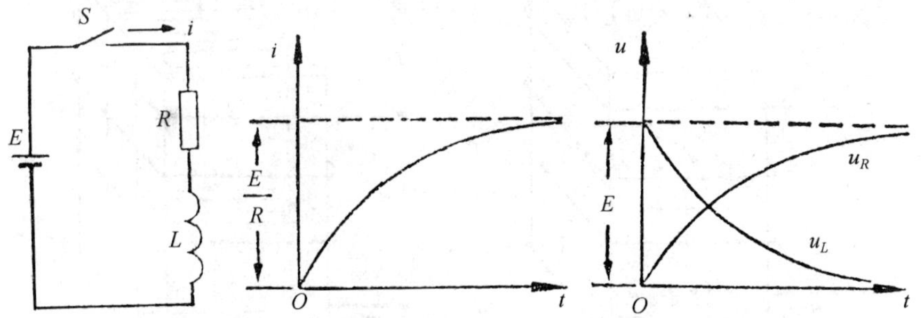

图 2-13 电感电路的过渡过程

电路过渡的快慢用时间常数 τ 表示，

$$\tau = \frac{L}{R} \tag{2-8}$$

τ 值越大，过渡过程越长；反之越短。当 $t=\tau$ 时，电流和电压的值变化到了总变化量的 63%。当 $t=(3\sim5)\tau$ 时，过渡过程基本结束。

当 S 突然打开时，电流突然大幅度减小，从而产生很高的自感电动势，将开关触点间的空气击穿，在触点间产生火花。

从以上讨论我们得出结论，电感两端的电压可以突变，但电感中电流不能突变。这一点和电容中的电流可以突变而两端的电压不能突变的结论是相反的。

三、电感器的损耗

电感器的能量损耗包括铜和铁损，铁损又分为磁滞损耗和涡流损耗。减少损耗对节约能源，提高变压器、电机等用电设备效率，减小设备的体积等有重要意义。

电流流过线圈自身具有的电阻而造成的热量损耗称为铜损。

铁磁材料在反复磁化过程中，磁畴不断地改变方向，使铁磁材料内的分子摩擦加剧、温度升高而造成能量损耗，这种损耗叫磁滞损耗，不同的铁磁材料具有不同的磁滞损耗。例如，硅钢片的磁滞损耗就比铸钢和铸铁的小。

涡流损耗如图 2-14（a）所示。线圈的铁心可以看作由无数条垂直于磁通的环形导线构成的。根据电磁感应原理，当变化的磁通穿过这些环形导线时，铁心出现涡流状感生电流，称为涡流。涡流在铁心中流动造成了热损耗，称涡流损耗。

为了减轻涡流损耗，人们采取了两条措施。

一是采用硅钢、而不是普通钢制作铁心。硅钢是含硅 2% ～5% 的钢，其电阻率较大，从而减少了涡流损耗。

二是采用硅钢片叠合成铁心，而不是用整块的硅钢做铁心。硅钢片厚 0.35～1mm，表面涂以绝缘漆或做氧化处理，使片间相互绝缘。硅钢片的平面必须和磁通平行。这样，涡流被局限在硅钢片狭小的横截面内，如图 2-14（b）所示。显然，涡流的路径加长，阻力增大，使得损耗大为减少。

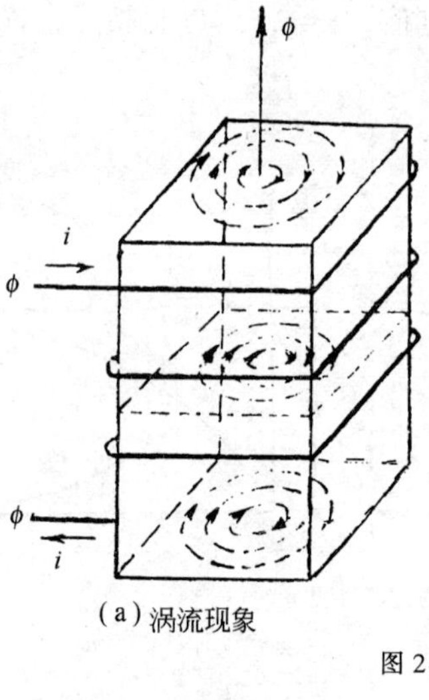

（a）涡流现象

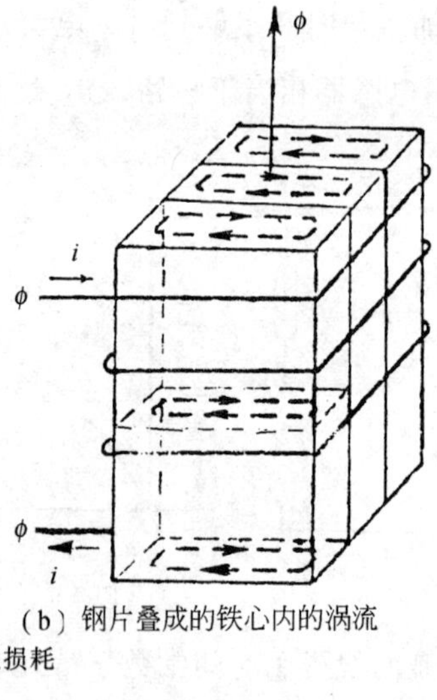

（b）钢片叠成的铁心内的涡流

图 2-14　涡流损耗

涡流有不利的一面，也有有利的一面，用来熔化金属的感应炉就是利用涡流原理制成的。

小　结

本节的内容可以用三句话概括：电生磁、电磁力和磁生电，这三句话说明了电和磁的紧密联系。

1. 电生磁

① 电流的磁场　磁铁和电流都能产生磁场，实际应用的磁场基本上是电流的磁场。我们叙述了直线电流和通电螺线管的磁场，二者的方向均可用右手螺旋定则判定。

② 磁路欧姆定律　$\Phi=\dfrac{IN}{R_m}$。磁路中的磁通 Φ 与磁势 IN 成正比，与磁阻 R_m 成反比，$R_m=\dfrac{l}{\mu S}$。

③ 磁路和电路的比较　见表 2-1。

表 2-1　磁路和电路的比较

磁　路	电　路
磁势　IN	电压　U
磁通　Φ	电流　I
磁阻　$R_m=\dfrac{l}{\mu S}$	电阻　$R=\rho\dfrac{L}{S}$
磁导率 μ 取决于材料性质	电阻率 ρ 取决于材料性质
欧姆定律　$\Phi=\dfrac{IN}{R_m}$	欧姆定律　$I=\dfrac{U}{R}$
非磁性材料的 μ 近似常数，IN 和 Φ 是线性关系 磁性材料的 μ 随磁化趋向饱和而下降，IN 和 Φ 是非线性关系	对于线性电阻，I 和 U 是线性关系 对于非线性电阻（如半导体三极管的输入电阻），I 和 U 不是线性关系
恒定磁通在磁性材料中不产生损耗，交变磁通会产生损耗	直流电和交流电通过电阻都会产生热损耗

2. 电磁力

电流能产生磁场，而磁场对载流导体又有力（电磁力）的作用。电流、磁场和电磁力三者方向之间的关系符合左手定则。电动机的基本原理是电磁力现象。

3. 磁生电——电磁感应现象

当导体切割磁力线和回路中的磁通发生变化时，导体和回路中产生感应电动势。发电机的基本原理是电磁感应现象。

直导体中的感应电动势 $e=Blv$，e 的方向用右手定则判定。回路中的感应电动势 $e=-\dfrac{d\Phi}{dt}$，e 的方向由楞次定律确定。

楞次定律：附加磁通的方向总是力图阻止原磁通的变化。

4. 电感器

电感器的定义，电感器是常用的电路元件。

自感现象是特殊的电磁感应现象，$e=-L\dfrac{di}{dt}$，$L=\dfrac{N^2}{R_m}=\dfrac{\mu SN^2}{l}$。

电感电路的过渡过程：电感两端的电压可以突变，而电感中的电流不能突变。这一点和电容电路的过渡过程相反。

复习思考题

1. 什么是磁通和磁通密度（磁感应强度）?

2. 磁力线是怎样描述磁场的?

3. 为什么通电铁心线圈的磁感应强度比空心线圈强得多?

4. 磁导率随磁化程度的加深增加还是减少？为什么?

5. 电路和磁路的性质有什么相似和不同?

6. 直流电动机和交流发电机的构造有什么不同？分别叙述它们的工作原理。

7. 如图 2-15 所示，如果线圈是闭合的，问当磁极以逆时针方向旋转时，线圈能否旋转？朝哪一方向旋转？为什么？ab 和 cd 两边有无感应电势?

8. 如图 2-16 所示，在闸刀 S 打开的瞬间，闸刀缝隙处会出现火花，为什么？分别标出 S 打开和闭合瞬时铁心线圈的感应电动势的极性。当电路稳定工作后线圈的感应电动势还存在吗？为什么?

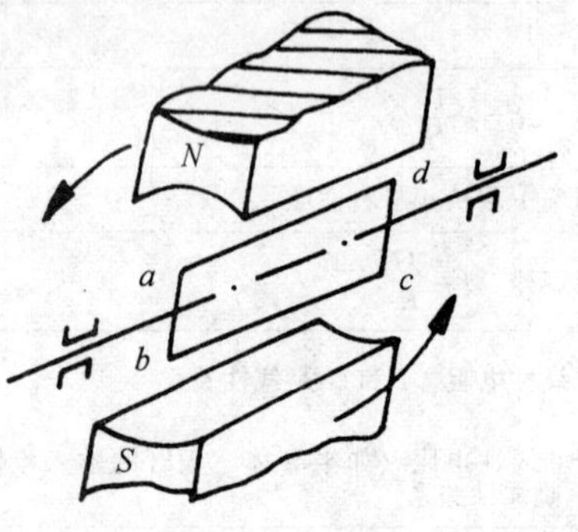

图 2-15　习题 7 图

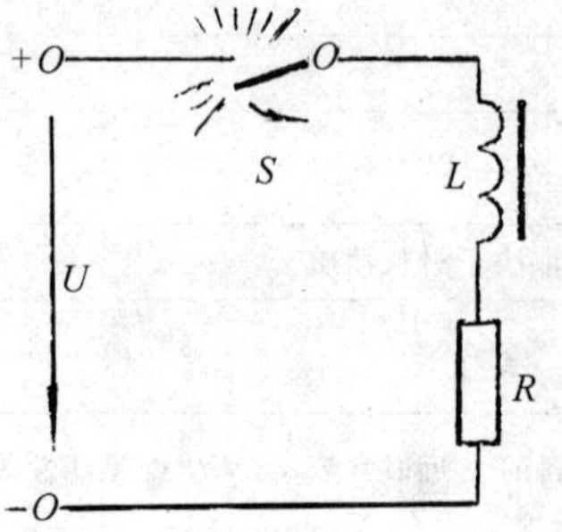

图 2-16　习题 8 图

第三章　正弦交流电路

前面两章我们复习了基本的电磁学知识，从本章开始我们正式学习建筑电工与电子知识。

世界上大多数用电场合都使用正弦交流电，我国也不例外。正弦交流电知识是建筑电工知识的理论基础。

第一节　正弦交流电的三要素

大小和方向随时间作周期性变化的电动势、电压和电流分别称交流电动势、交流电压和交流电流，统称交流电。

随时间按正弦规律变化的交流电称正弦交流电，在正弦交流电作用下的电路称正弦交流电路。

交流电便于远距离输送，交流电机的构造比直流电机简单、从而成本低、工作可靠，正弦交流电便于计算，在正弦交流电作用下的电动机、变压器等电气设备具有较好的性能。所以，全世界普遍使用正弦交流电，工程上采用的直流电也多是从正弦交流电变换来的。

正弦交流电（以下简称交流电）**有以下主要参数**，如图 3-1 所示。

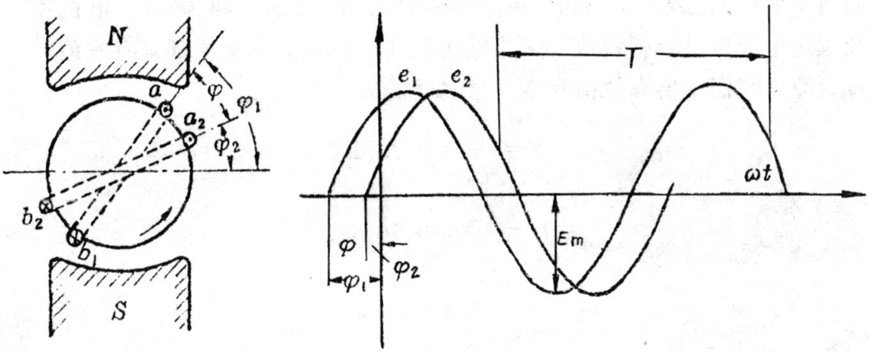

(a)　　(b)

图 3-1　正弦交流电

① **周期**（T）　交流电循环变化一周所需要的时间称周期，周期的单位是秒。

② **频率**（f）　交流电每秒钟变化的周期数称频率，单位是赫兹（Hz）。我国使用 50Hz 的交流电，称工频交流电。有些国家采用 60Hz 的交流电，如美国。显然，

$$f=\frac{1}{T} \tag{3-1}$$

③ **角频率**（ω）　交流电每秒钟变化的角度称角频率，单位是弧度(rad)/秒。对于图 2-12 所示的交流发电机，转子每转动 2π 弧度交流电变化一周，而频率表示交流电每

秒钟变化的周期数，故 $2\pi f$ 就是交流电每秒钟变化的角度，即：

$$\omega = 2\pi f \tag{3-2}$$

④ **初相位（φ）** 在图 3-1 中，e_1 和 e_2 分别是固定在电枢不同位置的线圈 a_1b_1 和 a_2b_2 的感应电动势。$t=0$ 时刻，线圈平面和中性面的夹角称初相位，e_1 和 e_2 的初相位分别是 φ_1 和 φ_2。由铁心、线圈、滑环等所组成的部件称电枢，感应电动势为零时线圈平面所在的平面称中性面。

⑤ **相位** 线圈在 $0\sim t$ 时刻期间转过的角度 ωt 再加上线圈的初相位 φ，即 $\omega t+\varphi$，是线圈对应的交流电在 t 时刻的相位。相位反映了交流电的瞬时状态，和交流电的瞬时值相对应。

⑥ **相位差（φ）** 设 e_1 和 e_2 在 t 时刻的相位分别为 $\omega t+\varphi_1$ 和 $\omega t+\varphi_2$，则 e_1 和 e_2 的相位差是：

$$\varphi = (\omega t+\varphi_1) - (\omega t+\varphi_2) = \varphi_1 - \varphi_2 \tag{3-3}$$

可见，两个交流电的相位差等于它们的初相位之差。若 $\varphi=0$，称两个交流电同相；若 $\varphi=\pi$，称反相。若 $\varphi>0$，称 e_1 超前 e_2；若 $\varphi<0$，称 φ_1 滞后 e_2。

⑦ **瞬时值** 交流任意时刻的值称瞬时值。电动势、电压和电流的瞬时值分别用 e、u 和 i 表示。

⑧ **最大值** 是指交流电在变化过程中所能达到的最大值，也叫幅值。每一周期出现两次最大值。电动势、电压和电流的最大值分别用 E_m、U_m 和 I_m 表示。

⑨ **有效值** 若在相同的时间内，某一直流电和某一交流电分别通过两个阻值相同的电阻所产生的热量相等，则称直流电的数值是交流电的有效值。电动势、电压和电流的有效值分别用 E、U 和 I 表示。

我们通常所说的 220V 和 380V 电是指其有效值为 220V 和 380V。电机和电器的额定电压和额定电流也是指有效值。交流电压表和电流表的刻度值都是有效值。

通过计算，我们得出有效值和最大值之间的关系为：

$$E = \frac{E_m}{\sqrt{2}} = 0.707E_m \tag{3-4}$$

$$U = \frac{U_m}{\sqrt{2}} = 0.707U_m \tag{3-5}$$

$$I = \frac{I_m}{\sqrt{2}} = 0.707I_m \tag{3-6}$$

在上述参数中，**最大值、频率和初相是三个最重要的参数，称正弦交流电的三要素。知道了三要素，**一个正弦交流电也就确定了。

最后需要说明的是，在上述角频率、相位和初相位的讨论中，我们假定发电机只有一对磁极。但对于有多对磁极的发电机，我们上述讨论得出的结论仍然是正确的。至于电角度和机械角度，就不必深究了。

第二节　正弦交流电的表示法

正弦交流电的表示法有图示法、解析法、矢量法和复数法。图 3-1 的表示法为图示法。下面讲解解析法和矢量法，复数法不作介绍。

一、解析法

所谓解析法，就是利用数学方程式表示正弦交流电的方法。我们知道正弦函数的解析式为$y=\sin x$，比照这个公式，利用正弦交流电的三要素，即可直接写出正弦交流电的解析式：

$$e=E_m\sin(\omega t+\varphi) \tag{3-7}$$

$$u=U_m\sin(\omega t+\varphi) \tag{3-8}$$

$$i=I_m\sin(\omega t+\varphi) \tag{3-9}$$

例 3-1 已知某正弦交流电流的 $I_m=10\text{A}$，$f=50\text{Hz}$，$\varphi=\dfrac{\pi}{6}$。写出其解析式，并求 $t=0$、$t=0.00165\text{s}$ 时的瞬时值。

解：1. 解析式为

$$\begin{aligned}i&=I_m\sin(\omega t+\varphi)\\&=10\sin(2\pi\times 50t+\frac{\pi}{6})\\&=10\sin(314t+\frac{\pi}{6})\end{aligned}$$

2. $t=0$ 时

$$\begin{aligned}i&=10\sin\frac{\pi}{6}\\&=5(\text{A})\end{aligned}$$

3. $t=0.00165\text{s}$ 时

$$\begin{aligned}i&=10\sin(314\times 0.00165+\frac{\pi}{6})\\&=8.66(\text{A})\end{aligned}$$

例 3-2 图 3-2 是某一正弦电流的图象。求 I_m、I、T、ω 和 φ，并写出瞬时值表达式。

解：根据图象测量出

1. $I_m=10(\text{A})$

2. $T=0.2(\text{s})$

3. $\varphi=\dfrac{\pi}{2}$

根据上述结果计算得

4. $I=\dfrac{I_m}{\sqrt{2}}=\dfrac{10}{\sqrt{2}}=7.07(\text{A})$

5. $f=\dfrac{1}{T}=\dfrac{1}{0.2}=5(\text{Hz})$

6. $\omega=2\pi f=2\pi\times 5$
$=10\pi(\text{rad/s})$

∴ 瞬时值表达式为

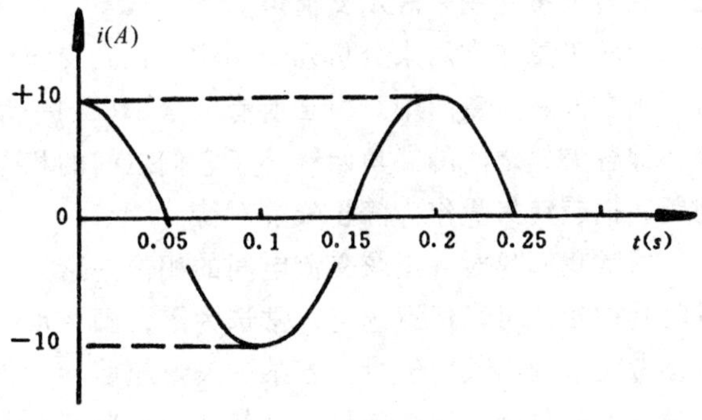

图 3-2 例 3-2 图

$$i = 10\sin(10\pi t + \frac{\pi}{2})$$

二、旋转矢量表示法

解析法的优点是理论性强，图象法的优点是直观，但进行正弦交流电的加减计算时二者都不方便。前者要进行复杂的三角函数运算；后者要采用逐点叠加的方法描绘图象，既麻烦又不精确。若用旋转矢量表示正弦交流电，则上述运算就会变得比较方便。另外，旋转矢量法在分析多个正弦交流电间的相位关系时也显示出了较大的优越性。

我们以表示$u = U_m\sin(\omega t + \varphi)$为例，用旋转矢量表示正弦交流电的方法如下，参看图 3-3。

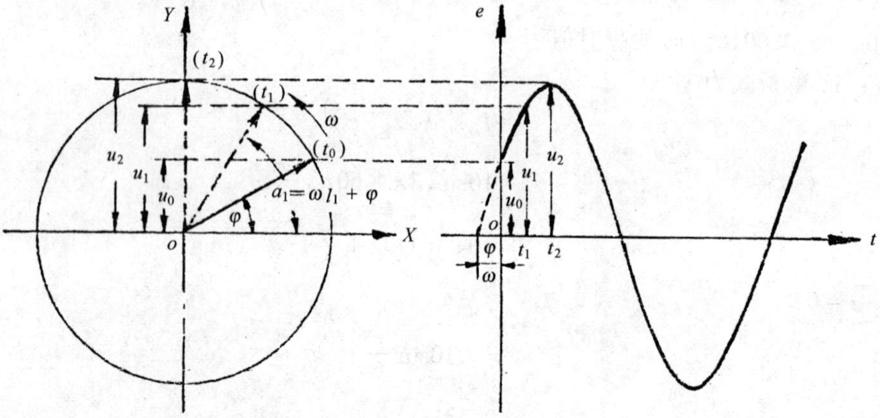

图 3-3　正弦交流电的旋转矢量表示法

过直角坐标系的原点 O 作一矢量$\overline{U}_m$，使$\overline{U}_m$ 的长度等于U_m，$\overline{U}_m$ 与横轴之间的夹角等于 φ，并设$\overline{U}_m$ 以角频率ω 绕原点作逆时针方向旋转，则$\overline{U}_m$ 任一时刻在纵轴上的投影就等于正弦电压u 在那个时刻的值。例如，在 $t=0$，1，2 时刻，旋转矢量$\overline{U}_m$ 在纵轴上的投影 u_0，u_1 和 u_2 分别等于交流电压 u 在$t=0$，1，2 时刻的瞬时值。由此可见，旋转矢量能用来表示交流电。

旋转矢量法常用来分析几个同频率正弦交流电之间的相位关系，此时要把它们的矢量图画在同一矢量图中。由于所有矢量都以同一角速度旋转，故它们的相对位置保持不变，即各矢量之间的夹角始终等于它们之间的相位差。所以此时我们不考虑矢量的旋转问题，把旋转矢量作为静止矢量对待。

通常我们只对各正弦交流电间的相位差感兴趣，而不考虑初相位，故在画第一个矢量时其初相位可以任意选定，常选为零，画在水平位置，这个矢量叫参考矢量。然后根据参考矢量画出其他矢量。若某一矢量超前参考矢量，则从参考矢量开始按逆时针方向转过相位差角画出这个矢量；若某一矢量滞后参考矢量，则从参考矢量开始按顺时针方向转过相位差角画出这个矢量。此时坐标轴可以省略。

利用旋转矢量法进行正弦交流电计算的方法是，把被计算正弦交流电的矢量画在同一矢量图中，然后按平行四边形法则进行计算即可。

由于通常只计算有效值，为计算方便起见，我们可以用有效值表示矢量的长度，称有效值矢量。

例 3-3 用有效值矢量表示下面的正弦交流电，把它们的矢量画在同一矢量图中，

$$i = 5\sin(314t + \frac{\pi}{2})$$

$$u = 10\sin(314t + \frac{\pi}{6})$$

解：有效值矢量 $\overline{I}$的长度为 $I = \frac{I_m}{\sqrt{2}} = \frac{5}{\sqrt{2}} = 3.5$（A），有效值矢量 $\overline{U}$的长度为 $U = \frac{U_m}{\sqrt{2}} = \frac{10}{\sqrt{2}} = 7.0$（V）。$\overline{I}$和 $\overline{U}$的比例尺可分别选定。

i 和 u 的相位差为 $\varphi = \varphi_i - \varphi_u = \frac{\pi}{2} - \frac{\pi}{6} = \frac{\pi}{3}$，$i$ 超前 u，超前$\frac{\pi}{3}$。

选$\overline{U}$为参考矢量，并画在水平位置。从$\overline{U}$开始按逆时针方向转过$\frac{\pi}{3}$，画出 $\overline{I}$，如图 3-4 所示。

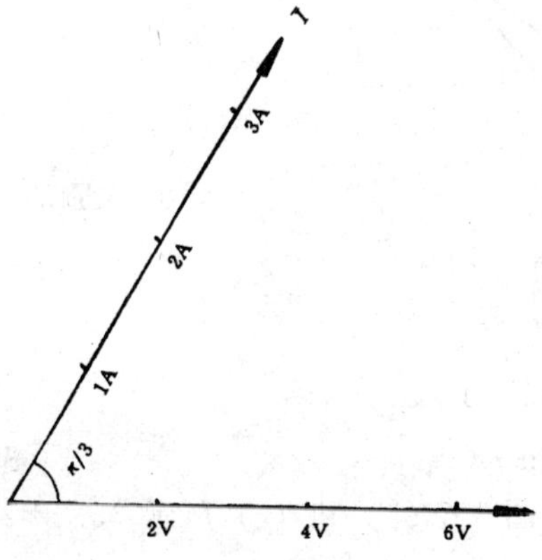

图 3-4 例 3-3 图

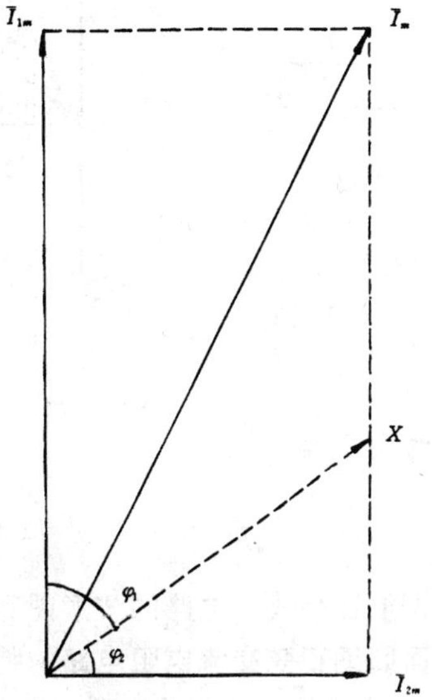

图 3-5 例 3-4 图

例 3-4 已知，$i_1 = 20\sin(\omega t + 60°)$，$i_2 = 10\sin(\omega t - 30°)$，求 $i = i_1 + i_2$。

解：作出最大值矢量图：取 i_2 的矢量 $\overline{I}_{2m}$为参考矢量，把它画在水平位置。再根据 i_1 与 i_2 间的相位差 $\varphi = \varphi_1 - \varphi_2 = 60° - (-30°) = 90°$作 i_1 的矢量 $\overline{I}_{1m}$，如图 3-5 所示。

根据平行四边形法则，合成电流的最大值为，

$$I_m = \sqrt{I_{1m}^2 + I_{2m}^2} = \sqrt{20^2 + 10^2} = 22.3(\text{A})$$

设 $\overline{I}_m$和 $\overline{I}_{2m}$的夹角为 φ'则

$$\varphi' = \text{tg}^{-1}\frac{20}{10} = 63.5°$$

∴ 合成电流的初相为

$$\varphi = \varphi' - \varphi_2 = 63.5° - 30° = 33.5°$$

∴　合成电流　　　　　$i = 22.3\sin(\omega t + 33.5°)$

第三节　纯电阻电路

我们常遇到的白炽灯、电炉等电路都可以看作纯电阻电路，其电路图见图 3-7（a）。

设瞬时电压为　　　　　$u = U_m \sin\omega t$

根据欧姆定律得瞬时电流：

$$i = \frac{u}{R} = \frac{U_m}{R}\sin\omega t$$
$$= I_m \sin\omega t \tag{3-10}$$

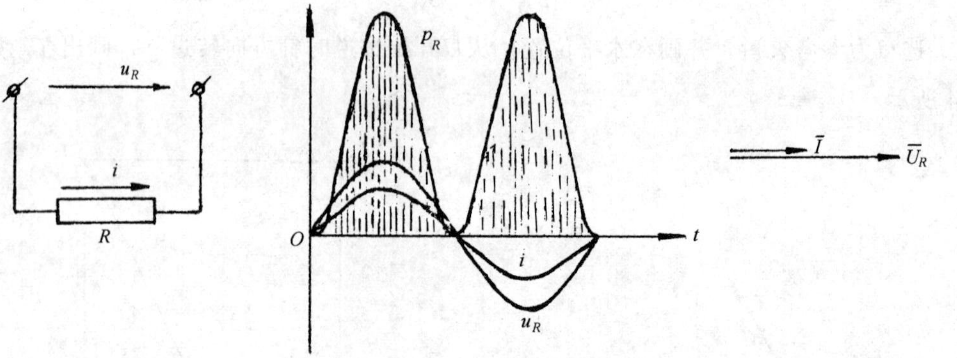

(a) 电路图　　(b) 波形图　　(c) 矢量图

图 3-6　纯电阻电路

瞬时功率为：

$$p = u \times i$$
$$= U_m \sin\omega t \times I_m \sin\omega t$$
$$= U_m I_m \sin^2\omega t \tag{3-11}$$

根据上述公式，电路的波形图和矢量图分别如图 3-6（b）和（c）所示。

下面归纳**正弦交流电阻电路的特点：**

① 电流也按正弦规律变化，角频率和电压的角频率相同。

② 电压和电流的瞬时值、最大值和有效值的关系都符合欧姆定律。式（3-10）是瞬时值关系式。显然，最大值关系式是

$$I_m = \frac{U_m}{R} \tag{3-12}$$

将上式两边同除以$\sqrt{2}$，得有效值关系式，

$$I = \frac{U}{R} \tag{3-13}$$

③ 电流和电压的相位相同。

④ 瞬时功率的值始终为正值，这说明电阻消耗了电能，它把电能转变成了其他形式的能，如热能、光能等。

P 的平均值称平均功率，又称有功功率，即用来对负载做功的功率。经计算平均功率为

$$P = UI = I^2 R = \frac{U^2}{R} \tag{3-14}$$

例 3-5 已知一白炽灯泡的热阻（正常工作时内阻）为 1.21kΩ，工作电压为交流 220V，求 I 和 P，

解：

$$I = \frac{U}{R} = \frac{220}{1210} = 0.18(\text{A})$$

$$P = \frac{U^2}{R} = \frac{220^2}{1210} = 40(\text{W})$$

第四节 纯电感电路

纯电感电路的电路图如图 3-7（a）所示，线圈的电阻忽略不计。

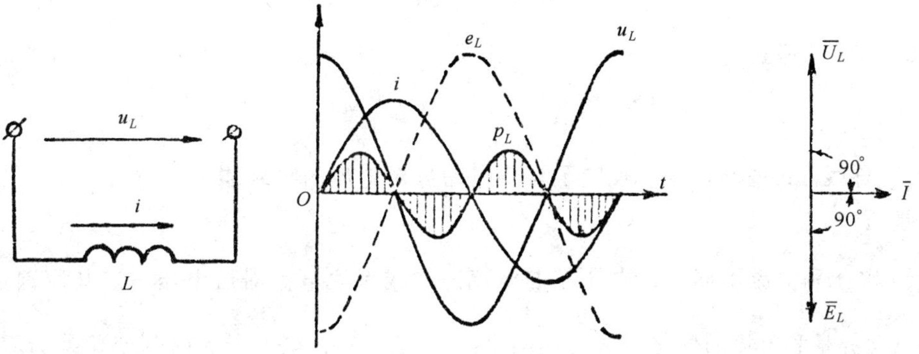

(a) 电路图　　(b) 波形图　　(c) 矢量图

图 3-7 纯电感电路

先分析电路的工作状态。由于自感现象，线圈中会出现自感电动势。根据楞次定律，自感电动势的方向始终和外加电压的方向相反。因为忽略了线圈的电阻，线圈为纯电感，所以外加压全部用来平衡（抵消）了自感电动势。就是说，纯电感电路中的自感电动势 e_L 和外加电 u_L 在任意瞬间都是大小相等而方向相反的。

再分析各电量间的关系。设通过线圈的电流为，

$$i = I_m \sin\omega t$$

则线圈的端电压为，

$$\begin{aligned} u &= (-e_L) = L\frac{\mathrm{d}i}{\mathrm{d}t} = L\frac{\mathrm{d}}{\mathrm{d}t}(I_m \sin\omega t) \\ &= \omega L I_m \sin(\omega t + \frac{\pi}{2}) \\ &= U_m \sin(\omega t + \frac{\pi}{2}) \end{aligned} \tag{3-15}$$

电路的瞬时功率为

$$p = u_L \times i$$

$$= U_m \sin(\omega t + \frac{\pi}{2}) \times I_m \sin\omega t$$
$$= U_m I_m \cos\omega t \sin\omega t$$
$$= UI \sin 2\omega t \tag{3-16}$$

根据以上的讨论，纯电感电路的波形图和矢量图如图 3-7（b）和（c）所示。

正弦交流纯电感电路的特点归纳如下：

① 电压和电流都按正弦规律变化，角频率相同。

② 电压和电流的瞬时值关系不符合欧姆定律，但最大值和有效值的关系仍符合欧姆定律。

最大值关系式为：

$$\frac{U_m}{I_m} = \frac{\omega L I_m}{I_m} = \omega L = X_L \tag{3-17}$$

将上式两边同除以$\sqrt{2}$，得有效值关系式，

$$\frac{U}{I} = \frac{\omega L I}{I} = \omega L = X_L \tag{3-18}$$

③ 从上面两式得：

$$X_L = \omega L = \frac{U}{I} = \frac{U_m}{I_m} \tag{3-19}$$

X_L 称线圈的感抗。感抗反映了自感电动势对电流的阻碍能力，与 ω 和 L 成正比，单位是 Ω。

④ 电压和电流不同相，电压超前电流$\frac{\pi}{2}$，或者说电流滞后电压$\frac{\pi}{2}$。其原因如下：自感电动势是和电流的变化率成正比的（$e = -L\frac{di}{dt}$），电流最大时其变化率为零，对应的自感电动势和外加电压为零；电流过零值时其变化率最大、对应的自感电动势和外加电压的绝对值也最大。可见，电压和电流不可能同相位，电压总是超前电流 90°。

⑤ 电路的瞬时功率也按正弦规律变化，但角频率是电压的 2 倍。

从功率曲线可以看出，瞬时功率在 $0 \sim \frac{\pi}{2}$和 $\pi \sim \frac{3\pi}{2}$两个 1/4 周期内为正值，表示电感把从电源中取用的能量转换为磁场能，在另外两个 1/4 周期内瞬时功率为负值，表示电感将磁场能转换为电能，并把电能送回电源。电感从电源取用的能量等于它送回电源的能量。这说明纯电感并不消耗能量，而只进行能量的转换。

由于电感不消耗能量，故它在一个周期内的平均功率（有功功率）为零，即

$$P = 0 \tag{3-20}$$

瞬时功率 p 的最大值叫无功功率（Q），它表示电源与电感之间的能量转换速率。从式（3-19）可以看出，

$$Q = UI \tag{3-21}$$

Q 的单位是乏（var），常用倍数单位是千乏（kvar）。

例 3-6 有一线圈，其电阻忽略不计。把它接在 50Hz、220V 的正弦交流电源上时测得流过线圈的电流 $I = 5$A。求线圈的电感 L。若把改接在 1000Hz、220V 的正弦交流电源上，求线圈的电流。

解：1. 接在 50Hz 的电源上时，

∵
$$X_L = \frac{U}{I} = \frac{220}{5} = 44(\Omega)$$

∴
$$L = \frac{X_L}{2\pi f} = \frac{44}{2\pi \times 50} = 0.14(\mathrm{H})$$

2. 接到 1000Hz 的电源上时，

∵
$$X_L = 2\pi fL = 2\pi \times 1000 \times 0.14 = 880(\Omega)$$

∴
$$I = \frac{U}{X_L} = \frac{220}{880} = 0.25(\mathrm{A})$$

例 3-7 测得某线圈的端电压有效值为 220V，电流有效值为 10A。电源的频率 $f=$ 50Hz，线圈的电阻不计。求线圈的 X_L、L 和 Q_L。

解：1.
$$X_L = \frac{U}{I} = \frac{220}{10} = 22(\Omega)$$

2. ∵
$$X_L = \omega L = 2\pi fL$$

∴
$$L = \frac{X_L}{2\pi f} = \frac{22}{2\pi \cdot 50} = 0.07(\mathrm{H})$$

3.
$$Q_L = UI = 220 \times 10 = 2.2(\mathrm{kvar})$$

第五节　纯电容电路

一个实际的电容器可以等效为一个纯电容 C_0 和一个大电阻 R 相并联，R 造成了电容器的漏电。当 R 足够大时可以把 C 看作纯电容。纯电容电路的电路图见图 3-8 (a)。

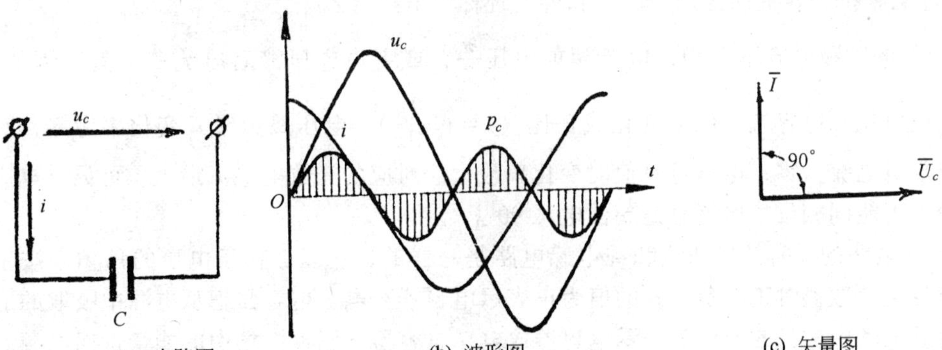

(a) 电路图　(b) 波形图　(c) 矢量图

图 3-8　纯电容电路

先分析电路的工作状态。电容两端被加上交流电压后，电容工作在正向充放电和反向充放电状态中，电路中的电流实质上是电容的充放电电流，并不是电荷真的流过了电容器。

再分析各电量间关系。设电容两端的电压是，

$$u = U_m \sin\omega t$$

则流过电容的电流为，

$$i = C\frac{\mathrm{d}u}{\mathrm{d}t} = \omega C U_m \cos\omega t$$

$$= I_m \sin(\omega t + \frac{\pi}{2}) \tag{3-22}$$

电路的瞬时功率为

$$\begin{aligned} p &= ui \\ &= U_m I_m \sin\omega t \cos\omega t \\ &= UI\sin 2\omega t \end{aligned} \tag{3-23}$$

根据以上公式，纯电容电路的波形图和矢量图如图 3-8（b）和（c）所示。

正弦交流纯电容电路的特点归纳如下：

① 电压和电流都按正弦规律变化，并且角频率相同。

② 电压和电流的瞬时值关系不符合欧姆定律，但最大值和有效值的关系仍符合欧姆定律。

最大值关系式为：

$$\frac{U_m}{I_m} = \frac{U_m}{U_m \omega C} = \frac{1}{\omega C} = X_C \tag{3-24}$$

将上式两边同除以$\sqrt{2}$，得有效值关系式，

$$\frac{U}{I} = \frac{U}{U\omega C} = \frac{1}{\omega C} = X_C \tag{3-25}$$

③ 从上面两式得，

$$X_C = \frac{1}{\omega C} = \frac{U}{I} = \frac{U_m}{I_m} \tag{3-26}$$

X_C 称电容的容抗。容抗反映了电容对电流的阻碍能力，与 ω 和 C 成反比，单位是 Ω，注意感抗和容抗的区别。感抗和容抗统称为电抗（Z）。

④ 电压和电流不同相，电流超前电压$\frac{\pi}{2}$，或者说电压滞后电流$\frac{\pi}{2}$。其原因如下：充放电电流和电容端电压的变化成正比（$i = C\frac{\mathrm{d}u}{\mathrm{d}t}$），电压最大时其变化率为零，对应的充放电电流为零；电压过零值时变化率最大，对应的充放电电流最大。可见，电压和电流不可能同相位，电流总是超前电压 90°。

⑤ 电路的瞬时功率曲线和纯电感电路是一样的，它以 2 倍于电压的角频率按正弦规律变化，数值时正时负。p 的值为正表示电容器充电，电容器把从电源中吸取的能量储存其电场中，p 的值为负表示电容器放电，电容器把储存电场中的能量送回电源。电容器从电源中取用的能量等于它送回电源的能量。所以，同纯电感一样纯电容也是一个储能元件，它不消耗能量，只进行能量的转换。显然，在一个周期内纯电容电路的平均功率（有功功率）也为零，即

$$P = 0 \tag{3-27}$$

瞬时功率的最大值称无功功率（Q），它表示电源和电容之间能量转换的最大速率。从式（3-31）可以看出，

$$Q = UI \tag{3-28}$$

例 3-8 有一只电容器接在 220V、50Hz 的正弦交流电源上，测得流过电容器的电流为 0.55A，求电容量。若把它改接在 220V、1000Hz 的正弦交流电源上，求流过电容器的电流。

解：1. 接在 220V、50Hz 电源上时，

$$X_c = \frac{U}{I} = \frac{220}{0.55} = 400(\Omega)$$

$$\therefore \quad C = \frac{1}{2\pi f X_c} = \frac{1}{2\pi \times 50 \times 400} = 8 \times 10^{-6}(\text{F}) = 8(\mu\text{F})$$

2. 接在 220V、1000Hz 电源上时，

$$X_c = \frac{1}{2\pi f C} = \frac{1}{2\pi \times 1000 \times 8 \times 10^{-6}} = 20(\Omega)$$

$$\therefore \quad I_c = \frac{U}{X_c} = \frac{220}{20} = 11(\text{A})$$

例 3-9 测得某电容器的端电压有效值为 220V，电流有效值为 10A。电源频率 $f=$ 50Hz，设电容为纯电容，求 X_c、C 和 Q。

解：① $$X_c = \frac{U}{I} = \frac{220}{10} = 22(\Omega)$$

② $\because$ $$X_c = \frac{1}{\omega C} = \frac{1}{2\pi f C}$$

$\therefore$ $$C = \frac{1}{2\pi f X_c} = \frac{1}{2\pi \times 50 \times 22} = 145(\mu\text{F})$$

③ $$Q = UI = 220 \times 10 = 2.2(\text{kvar})$$

第六节　R、L 串联电路

实际的电感总是有电阻的。在分析问题时若必须考虑电感的电阻，则电感电路便成为 R、L 串联电路，见图 3-9（a）。

R、L 串联电路的电压瞬时值平衡方程式为

$$u = u_R + u_L \tag{3-29}$$

设电路中的电流为 $i = I_m \sin\omega t$，

则
$$u_R = U_{Rm}\sin\omega t$$
$$u_L = U_{Lm}\sin(\omega t + \frac{\pi}{2})$$
∴
$$u = u_R + u_L$$
$$= U_{Rm}\sin\omega t + U_{Lm}\sin(\omega t + \frac{\pi}{2})$$
$$= U_m\sin(\omega t + \varphi) \tag{3-30}$$

根据以上讨论，电路的波形图和矢量图分别见图 3-9（b）和图 3-9（c）

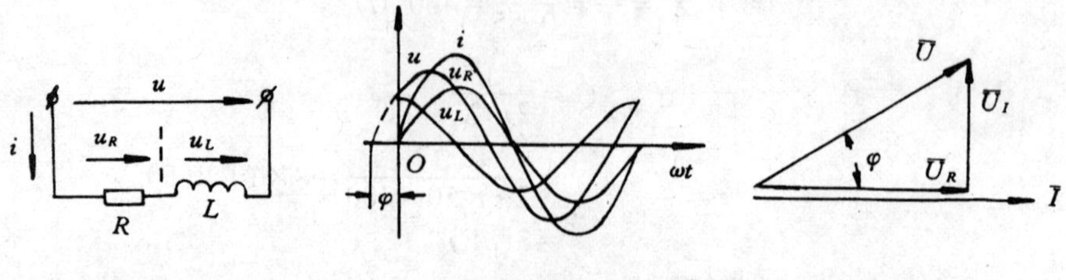

(a) 电路图　　(b) 波形图　　(c) 矢量图

图 3-9　R、L 串联电路

绘制串联电路的矢量图时，由于流过各元件的电流为同一电流，故通常选电流矢量作为参考矢量，并画在水平位置上。电阻两端的电压与电流同相，故 $\overline{U}_R$ 和 $\overline{I}$ 同方向。电感两端的电压超前电流 $\frac{\pi}{2}$，故 $\overline{U}_L$ 和 I 垂直，且方向朝上。$\overline{U}_R$ 和 $\overline{U}_L$ 的合成矢量为 $\overline{U}$。

从图中可以看出，U_L、U_R 和 U 构成一个直角三角形，称电压三角形。把电压三角形的三边均乘以电流 I 即得功率三角形，见图 3-10。把电压三角形的三边均除以电流 I 即得阻抗三角形，见图 3-11。注意，阻抗和功率不是矢量，它们在三角形上不能画成矢量。

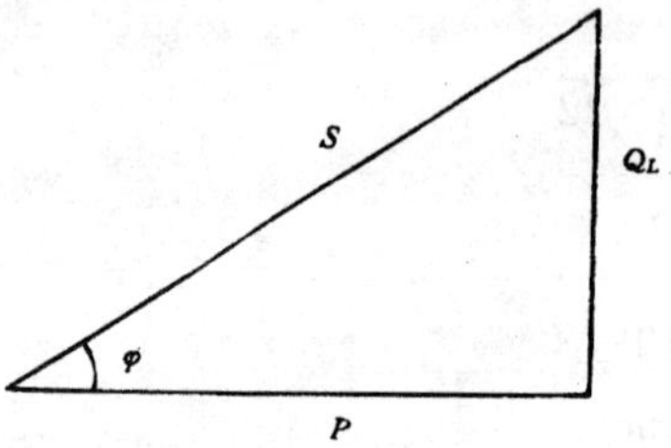

图 3-10　功率三角形

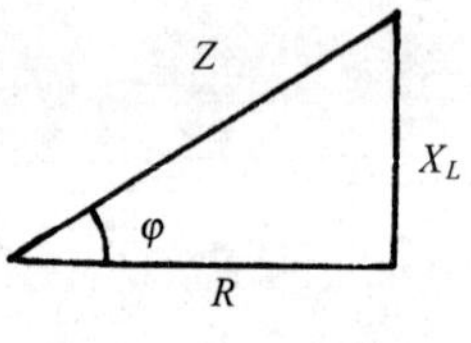

图 3-11　阻抗三角形

根据以上分析，**R、L 串联电路的特点**可归纳为以下几点：

① 电流和电压都按正弦规律变化，角频率相同。

② 据电压三角形，总电压的有效值为：
$$U^2 = U_R^2 + U_L^2$$
$$U = \sqrt{U_R^2 + U_L^2}$$
$$= \sqrt{(IR)^2 + (IX_L)^2}$$

$$= I\sqrt{R^2 + X_L^2} \tag{3-31}$$

在电阻串联电路中,总电压等于各分电压的代数和。但在包含电感或电容的串联电路中,绝不能用代数相加的办法求总电压。其根本原因是 $\overline{U}_c$、$\overline{U}_L$ 和 $\overline{I}$ 不同相。

③ 由阻抗三角形得

$$Z = \sqrt{R^2 + X_L^2} \tag{3-32}$$

Z 称为电路的总阻抗。这里也绝不能用代数相加的办法求总阻抗。

④ 由（3-31）和式（3-32）得

$$U = I\sqrt{R^2 + X_L^2} = IZ \tag{3-33}$$

两边同乘以$\sqrt{2}$得

$$U_m = I_m\sqrt{R^2 + X_L^2} = I_m Z \tag{3-34}$$

即电压和电流有效值和最大值之间的关系服从欧姆定律。

⑤ $\overline{U}$超前 $\overline{I}$，它们之间的相位差 φ 既不是 0 也不是$\frac{\pi}{2}$，而是一个大于 0 小于$\frac{\pi}{2}$的角，这是电阻和电感对电路综合作用的结果。感抗相对于电阻的数值越大，φ 角越大。

⑥ 电路消耗的有功功率为 R 消耗的功率：

$$P_R = U_R I \tag{3-35}$$

据电压三角形：

$$U_R = U\cos\varphi \tag{3-36}$$

∴

$$P_R = UI\cos\varphi \tag{3-37}$$

电路的无功功率为电感占用的功率：

$$Q_L = U_L I \tag{3-38}$$

据电压三角形，

$$U_L = U\sin\varphi$$

∴

$$Q_L = UI\sin\varphi \tag{3-39}$$

电路总电压 U 和电流 I 的乘积称电路的视在功率 S，S 的单位是伏安（VA），常用的倍数单位有千伏安（kVA）。

即

$$S = UI \tag{3-40}$$

视在功率 S 包括有功率 P_R 和无功功率 Q_L 两部分。但 S 并不等于 P_R 和 Q_L 的代数和，而是符合下述关系：

$$S = \sqrt{P_R^2 + Q_L^2} \tag{3-41}$$

⑦ 总电压和电流之间相位 φ 的余弦 $\cos\varphi$ 称电路的功率因数，$\cos\varphi$ 的大小反映了有功功率在视在功率中所占比重的大小。据电压三角形、阻抗三角形和功率三角形得，

$$\cos\varphi = \frac{U_R}{U} = \frac{R}{Z} = \frac{P_R}{S} \tag{3-42}$$

例 3-10 有一 R、L 串联电路，$R = 6\Omega$，$L = 25.5\text{mH}$，端电压的有效值为 220V，电压的频率为 50Hz。求 X_L、Z、I、U_R、U_L、$\cos\varphi$、P_R 和 S。

解：①

$$\begin{aligned} X_L &= \omega L = 2\pi f L \\ &= 2\pi \times 50 \times 25.5 \times 10^{-3} \\ &= 8(\Omega) \end{aligned}$$

② $$Z=\sqrt{R^2+X_L^2}=\sqrt{6^2+8^2}=10(\Omega)$$

③ $$I=\frac{U}{Z}=\frac{220}{10}=22(\text{A})$$

④ $$U_R=IR=22\times6=132(\text{V})$$

⑤ $$U_L=IX_L=22\times8=176(\text{V})$$

⑥ $$\cos\varphi=\frac{R}{Z}=\frac{6}{10}=0.6$$

⑦ $$P_R=UI\cos\varphi=220\times22\times0.6=2.904(\text{kW})$$

⑧ $$S=UI=220\times22=4.84(\text{kVA})$$

第七节　功率因数的提高

提高功率因数对充分利用发电机、变压器的容量和减少输电损耗有重要意义。下面我们举例说明这个问题。

例 3-11　某配电变压器的副边 $U_2=220\text{V}$，$I_2=100\text{A}$，求该变压器最多能带动几台 $U=220\text{V}$、$P=4\text{kW}$、$\cos\varphi=0.6$ 的电动机，若其他条件不变，只把 $\cos\varphi$ 提高到 0.9，求能带动几台电动机？

解：① 当 $\cos\varphi=0.6$ 时每台电动机取用的电流为

$$I=\frac{P}{U\cos\varphi}=\frac{4\times10^3}{220\times0.6}=30(\text{A})$$

能带动的电动机台数为

$$\frac{I_2}{I}=\frac{100}{30}=3.3(\text{台})$$

② 当 $\cos\varphi=0.9$ 时每台电动机取用的电流为

$$I=\frac{P}{U}\cos\varphi=\frac{4\times10^3}{220\times0.9}=20(\text{A})$$

能带动的电动机台数为

$$\frac{I_2}{I}=\frac{100}{20}=5(\text{台})$$

提高功率因数的方法，对于一般用户，一是使电动机、变压器接近满载运行（电动机空载运行时 $\cos\varphi=0.2\sim0.3$，满载运行时 $\cos\varphi=0.83\sim0.85$），二是在电感性负载两端并联电容器。

为什么并联电容器能提高功率因数呢？前面讲到，电感和电容不消耗电能，但占有电能。二者占用的无功电能都取自电源，它在电源和负载之间无谓地荡来荡去，既占用了发、配电设备的容量，又增加了输电线路的损耗。在电感性负载两端并联电容器之后，由于电感电流和电容电流的相位差接近 π，即二者在电路中的流向是接近反向的，结果由电感的磁场能量转换成的电能不再被送回电源，而是给电容充了电，建立了电容器的电场。由电容器电场能量转换而来的电能也不再被送回电源，而被用来建立了电感的磁场。就是说，电感和电容占用的无功电能（在电路稳定工作之后）不再取自电源，而由它们之间互相补偿，这就是并联电容能提高 $\cos\varphi$ 的原因。

我们再利用矢量图来分析一下这个问题，见图 3-12。作矢量图的方法是以电压 $\overline{U}$ 作为参考矢量（并联电路均以电压为参考矢量），画在水平位置。电容支路的电流 $\overline{I}_c$ 比 $\overline{U}$超前$\frac{\pi}{2}$，故画在垂直向上位置。R、L 串联支路的电流 $\overline{I}_1$ 比电压 $\overline{U}$滞后 φ_1 角（$0<\varphi_1<\frac{\pi}{2}$），据此画出 I_1。I_1 和 I_c 的合成矢量 I 为电路的总电流。

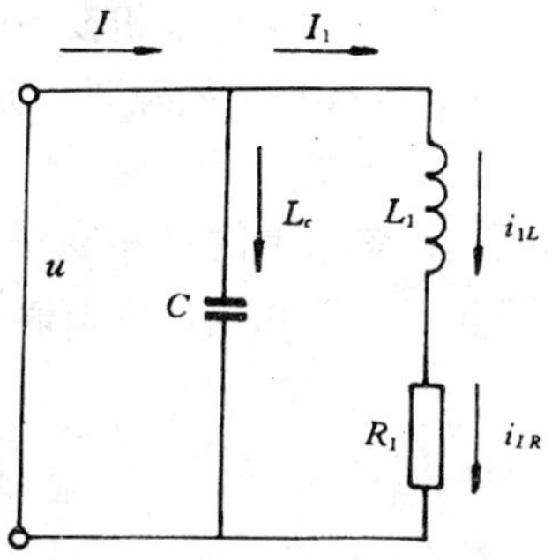

(a) 电路图

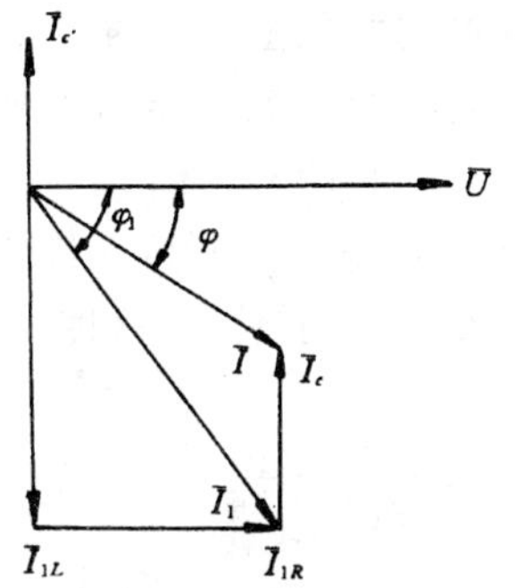

(b) 矢量图

图 3-12　电感性负载与电容并联的电路

从矢量图可以看出，并联电容之后 φ_1 减小为 φ，I_1 减小为 I，达到了提高 $\cos\varphi$ 的目的。

计算并联电容量的公式为

$$C=\frac{P}{\omega U^2}(\mathrm{tg}\varphi_1-\mathrm{tg}\varphi) \tag{3-43}$$

例 3-12　有一电感性负载，$P=10\mathrm{kW}$，$\cos\varphi_1=0.6$，接在 $U=220\mathrm{V}$，$f_1=50\mathrm{Hz}$ 的电源上，欲把 $\cos\varphi$ 提高到 0.9 和 1，分别求并联的电容值。

解：参看图 3-12。

① 求提高到 0.9 时并联的电容值

$$\cos\varphi_1=0.6\text{ 时}\quad \varphi_1=53.13°$$

$$\cos\varphi=0.9\text{ 时}\quad \varphi=25.84°$$

$$\therefore\quad C=\frac{P}{\omega U^2}(\mathrm{tg}\varphi_1-\mathrm{tg}\varphi)$$

$$=\frac{10^4}{2\pi\times50\times220^2}(\mathrm{tg}53.13-\mathrm{tg}25.84)$$

$$=6.58\times10^{-4}(1.33-0.48)$$

$$=5.57\times10^{-4}(\mathrm{F})$$
$$=557\mu\mathrm{F}$$

② 求提高到 1 时并联的电容值

$$\cos\varphi=1\text{ 时}\quad \varphi=0^\circ$$

$$\therefore\quad C=\frac{P}{\omega U^2}(\mathrm{tg}\varphi_1-\mathrm{tg}\varphi)$$
$$=6.58\times10^{-4}(1.33-0)$$
$$=875(\mu\mathrm{F})$$

第八节　三相交流电源

目前，电能的产生、输送和分配几乎都采用对称三相制（简称三相制）。所谓三相制是指由三个频率相同、幅值相等、相位互差 120°的正弦交流电动势组成的供电系统。

采用三相制的好处主要有两个，一是三相发电和用电设备比单相设备的性能好，而且价格低，二是三相交流电能用三根或四根（不必用六根）导线输送，从而能节约材料、减少输电损耗。

三相交流电由具有三个独立绕组、绕组间相位相差 120°的三相交流发电机发出。发电机的示意图和三相电的波形图、矢量图均见图 3-13。三相电的解析表达式为，

$$\begin{aligned}e_A&=E_m\sin\omega t\\ e_B&=E_m\sin\ (\omega t-120^\circ)\\ e_C&=E_m\sin\ (\omega t-240^\circ)\\ &=E_m\sin\ (\omega t+120^\circ)\end{aligned}\tag{3-44}$$

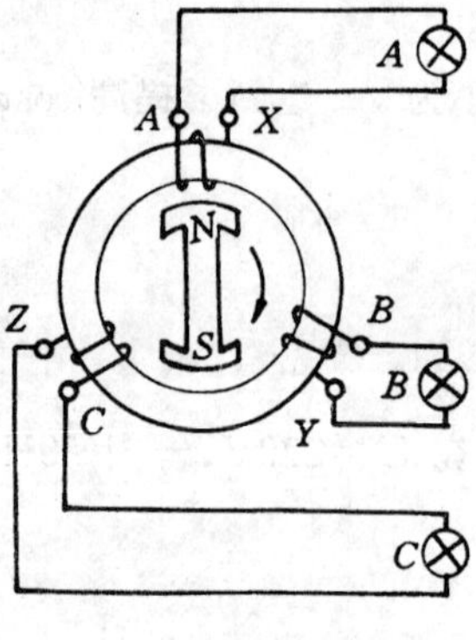

(a) 发电机结构示意图

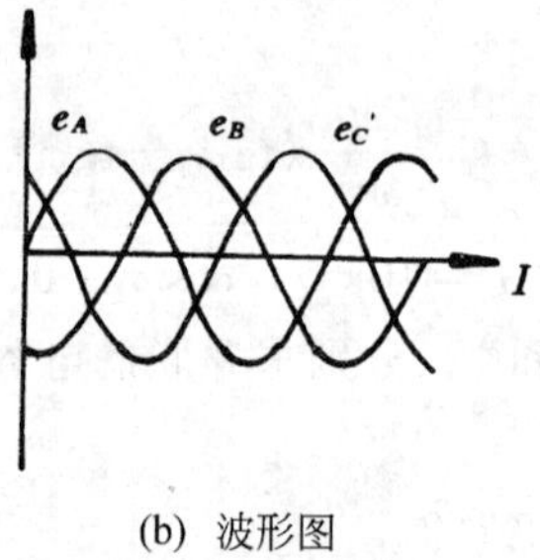

(b) 波形图

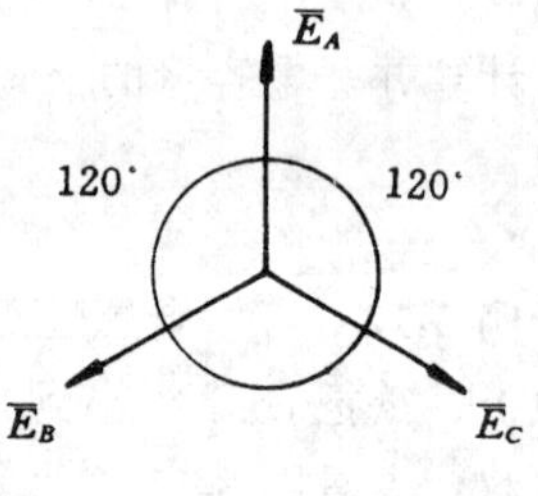

(c) 矢量图

图 3-13　三相交流电

三个电动势到达正的或负的最大值的先后顺序称三相交流电的相序，习惯上以 e_A 作为参考电动势，通常采用的顺相序为 $A\longrightarrow B\longrightarrow C$。常用黄、绿、红三色分别标注 A、B、C 相。

发电机和配电变电器三相绕组的接法有星形（Y 形）和三角形（△形），如图 3-14 所示。

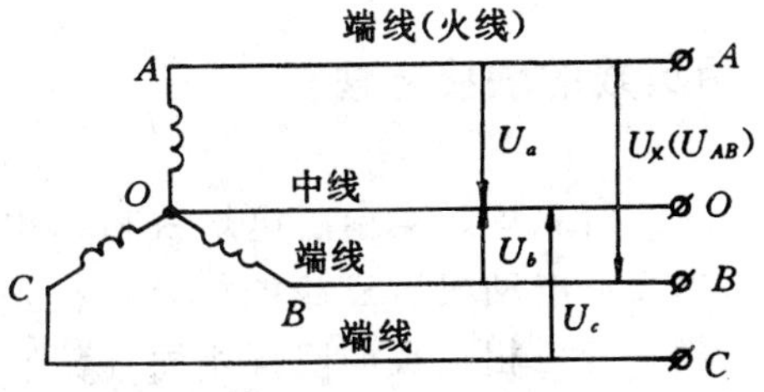

(a) Y形接法

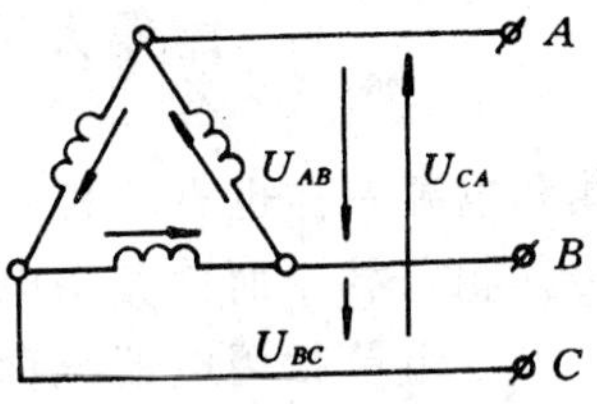

(b) △形接法

图 3-14　电源三相绕组的接法

对于Y形接法，三个绕组末端的公共接点称中点，从中点引出的导线叫中线，从三个绕组起端 A、B、C 分别引出的导线称端线（俗称火线）。端线与中线之间的电压，即绕组的端电压称相电压，端线与端线之间的电压称线电压。相电压的有效值用 U_A、U_B 和 U_C 表示，当它们在数值上相等时共用 U_P 表示，p是英文 phase 的第一个字母。线电压的有效值用 U_{AB}、U_{BC}和 U_{CA}表示，当它们在数值上相等时共用 U_l 表示，l是英文 line 的第一个字母。U_{AB}表示 A、B 线之间的电压，电压的方向由 A 线指向 B 线，余类推。

三相电源Y形接法的线电压在数值上等于相电压的$\sqrt{3}$倍，即

$$U_{Yl}=\sqrt{3}\,U_{YP} \tag{3-45}$$

我们常用的低压供电系统的相电压 $U_P=220\text{V}$，线电压 $U_l=\sqrt{3}\,U_P=\sqrt{3}\times 220=380$（V）。

Y形接法能形成三相三线制供电线路，也能形成三相四线制供电线路，前者只能提供一种电压——线电压（如380V），后者能提供两种电压——线电压和相电压（如380V和220V）。

对于△形接法，三个绕组的首末端依次相接，没有中点，只有从△形顶点引出的三根端线。显然，△形接法只能提供一种电压。

因为任意两根端线都是从发电机一相绕组的首端和末端引出的，所以△形接法的线电压等于相电压，即

$$U_{\triangle l}=U_{\triangle p} \tag{3-46}$$

△形接法形成的闭合回路中有三相电动势同时作用着，但由于三相电动势的矢量和为零，即回路中的总电动势为零，所以不会发生短路现象。

例 3-13　某三相发电机的每相电动势为220伏，分别求Y形连接和△形连接时的线电压和相电压。

解：Y形连接时，

$$U_{YP}=220\text{V}$$

$$U_{Yl}=\sqrt{3}\,U_{YP}=\sqrt{3}\times 220=380\text{V}$$

△形连接时，

$$U_{\triangle l}=U_{\triangle P}=220\text{V}$$

讨论：三相发电机作Y形和△形连接时，对外提供的三相线电压的数值是不同的。

第九节 三相负载的联接方法

负载和电源一样也有单相和三相之分。白炽灯、电扇、电烙铁和单相交流电动机等都是单相负载。而三相用电器（三相交流电动机、三相电炉等）和分别接在各相电路上的三组单相用电器统称三相负载。若三相负载的阻抗相同（数值相等，性质一样）则称之为三相对称负载；反之称为不对称负载。三相负载也有 Y 形和△形两种联接方法。

一、三相对称负载的 Y 形连接

三相对称负载的 Y 形连接的电路图如图 3-15 所示。**该电路的特点如下：**

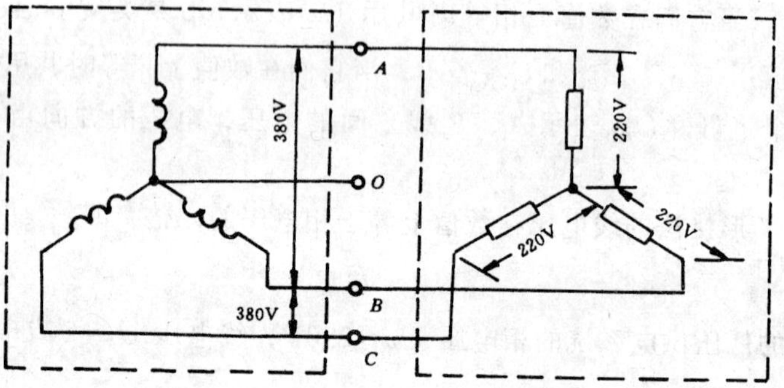

图 3-15 三相对称负载的星形连接

① 由于三相负载对称，在三相对称电压的作用下负载中的三相电流也是对称的，而三相对称电流的和为零，所以此时不需要接中线，三相电流依靠端线和负载互成回路。由于电路是对称的，故电路的计算可以简化为单相电路的计算。

② 各相负载承受的电压为电源的相电压 U_P。

③ 各相负载的线电流 I_l 与相电流 I_P 相等，即

$$I_l = I_P = \frac{U_P}{Z_P} \tag{3-47}$$

式中：Z_P 是每相负载的阻抗。

④ 各相支路中电压与电流的相位差 φ_P 相等，

$$\varphi_P = \cos^{-1}\frac{R_P}{Z_P} \tag{3-48}$$

⑤ 各相负载取用的功率 P_P 相等，电路的总功率 P 为

$$\begin{aligned} P &= 3P_P \\ &= 3U_P I_P \cos\varphi_P \end{aligned} \tag{3-49}$$

例 3-14 有一三相对称负载，每相负载由 R 和 L 串联构成，$R_P = 6\Omega$，$L_P = 25.5\text{mH}$。设负载作 Y 形联接，电源的 $U_l = 380\text{V}$，$f = 50\text{Hz}$。画出电路图并求每相负载的电流 I_P 和电路取用的总功率 P。

解：电路图如图 3-16 所示。

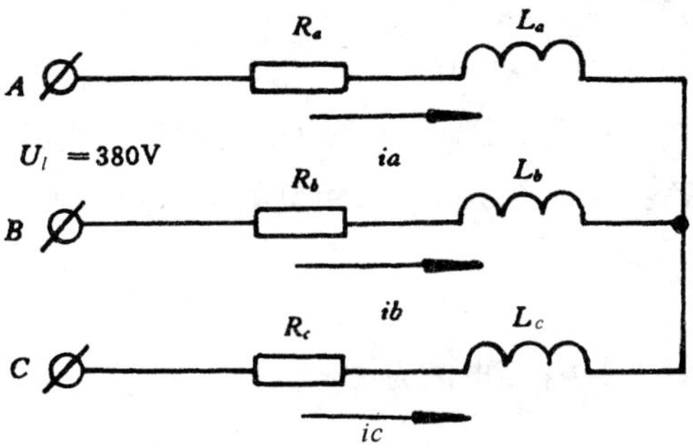

图 3-16　例 3-14 图

① ∵ $U_P=\frac{U_l}{\sqrt{3}}=\frac{380}{\sqrt{3}}=220(\text{V})$

$$Z_P=\sqrt{R^2+X_L^2}=\sqrt{R_P^2+(2\pi fL_P)^2}$$
$$=\sqrt{6^2+(2\pi\times50\times25.5\times10^{-3})^2}$$
$$=\sqrt{6^2+8^2}=10(\Omega)$$

∴ $I_P=\frac{U_P}{Z_P}=\frac{220}{10}=22(\text{A})$

② ∵ $\cos\varphi_P=\frac{R_P}{Z_P}=\frac{6}{10}=0.6$

∴
$$P=3U_PI_P\cos\varphi_P$$
$$=3\times220\times22\times0.6$$
$$=8.712(\text{kW})$$

二、三相不对称负载的 Y 形联接

为了不使三相电源某一相的负载过重，通常将许多单相负载分成容量大致相等的三组，分别接到三相电源上。这样构成的三相负载通常是不对称的。

三相不对称负载 Y 形联接的电路图、矢量图见图 3-17，**该电路有如下特点：**

① 由于三相负载不对称，三相电流也不对称，其矢量和不为零，这时需要引出一根中线供电流不对称的部分流过。所以，三相不对称负载需要配用三相四线制电源。

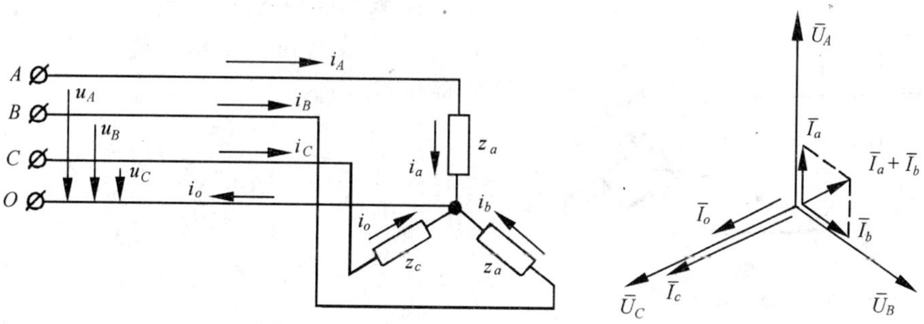

(a) 电路图　　　　(b) 矢量图

图 3-17　三相不对称负载的星形连接

由于中线的作用，电路构成了三个互不影响的独立回路。不论负载有无变动，每相负载承受的电源相电压不变，从而保证了各项负载的正常工作。

如果没有中线，或者中线断开，则虽然电源的线电压仍对称，但各相负载承受的电压不再对称。有的负载电压增高了，有的降低了。这样不但使负载不能正常工作，有时还会造成事故，下面的例 3-16 具体说明了这个问题。

一般情况下，中线电流小于端线电流。但在负载严重不对称的情况下，中线电流也可能大于端线电流。通常取中线的横截面积小于端线的横截面积。

② 由于三相负载不对称，各相支路的计算需要分别进行，计算公式请参考式（3-

47）到(3-49)。

例 3-15 某电阻三相不对称负载作 Y 形联接，各相电阻分别是 $R_a = R_b = 20\Omega$，$R_c = 10\Omega$。已知电源的 $U_l = 380\text{V}$，求相电流、线电流和中线电流。

解：参看图 3-17。每相负载所承受的相电压为

$$U_P = \frac{U_l}{\sqrt{3}} = \frac{380}{\sqrt{3}} = 220(\text{V})$$

① 各相电流为

$$I_a = I_b = \frac{U_P}{R_a} = \frac{220}{20} = 11(\text{A})$$

$$I_c = \frac{U_P}{R_c} = \frac{220}{10} = 22(\text{A})$$

② 线电流等于相电流，所以

$$I_A = I_B = 11(\text{A})$$
$$I_C = 22(\text{A})$$

③ 纯电阻电路的电流和电压同相位，故三个相电流之间的相位差依次为 120°。用矢量加法求得中线电流 $\overline{I}_o = \overline{I}_a + \overline{I}_b + \overline{I}_c$ 的大小为 11A，相位与 $\overline{U}_c$ 同相，如图 3-17 所示。

例 3-16 图 3-18 为由白炽灯组成的三相不对称负载电路。C 相负载为一个 220V、100W 的灯泡，B 相负载为三个 220V、100W 的灯泡。试分析中线断开、A 相负载开路和短路时，B 相和 C 相负载相电压的变化情况。

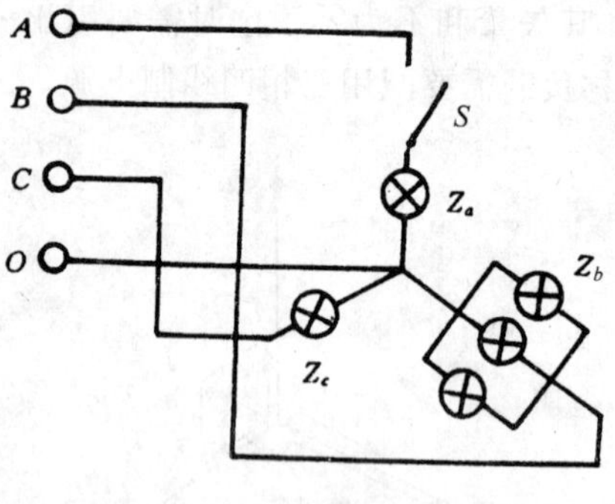

图 3-18 例 3-16 图

解：① 中线断开、A 相负载断路时，Z_b 和 Z_c 串联后接在 U_{BC}上。

$$\therefore \quad U_C = \frac{Z_C}{Z_B + Z_C} U_{BC} = \frac{R_C}{\frac{1}{3}R_C + R_C} 380 = 285(\text{V})$$

$$U_B = 380 - 285 = 95(\text{V})$$

显然，C 相分压太高，灯泡很快会被烧毁。而 B 相分压太低，灯泡不能正常工作。

② 中线断开、A 相负载短路时，B 相和 C 相分别接到 U_{AB}、U_{AC} 上，均承受了 380V 的电压，灯泡很快就会烧毁。

三、三相对称负载的三角形联接

三相负载也可以接成三角形（△形）。在实际工作中，采用△形接法的三相负载都是对称负载，如三相电动机，故这里只讨论对称负载的情况。△形联接的电路如图 3-19 所示，**该电路的性能如下：**

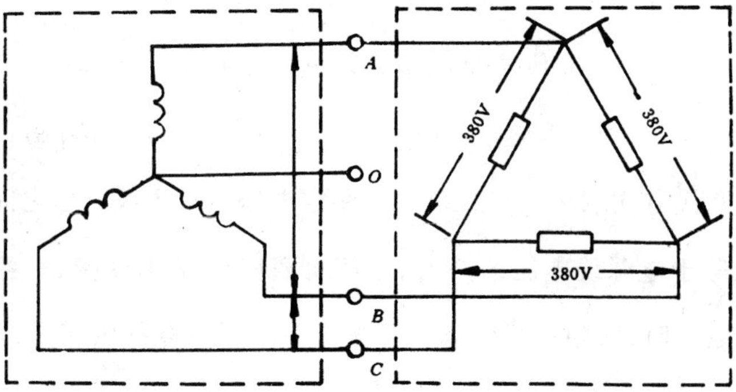

图 3-19　三相负载的三角形连接

① △形联接没有中线，各相负载承受的电压均为线电压。

② 各相负载的相电流为

$$I_P = \frac{U_P}{Z_P} = \frac{U_l}{Z_P} \tag{3-50}$$

③ 在△形联接的各端点上均有三条支路，所以线电流 I_l 不等于相电流 I_P。应用矢量计算可求得

$$I_l = \sqrt{3} I_P \tag{3-51}$$

④ 设每相负载电压与电流的相位差为 φ_P，则电路取用的总功率为

$$\begin{aligned} P &= 3U_P I_P \cos\varphi_P = 3U_l \frac{I_l}{\sqrt{3}} \cos\varphi_P \\ &= \sqrt{3} U_l I_l \cos\varphi_P \end{aligned} \tag{3-52}$$

例 3-17　在图 3-20 中，$R_p = 8\Omega$，$L_p = 30\text{mH}$，$U_l = 380\text{V}$，$f = 50\text{Hz}$。求相电流、线电流和总功率。

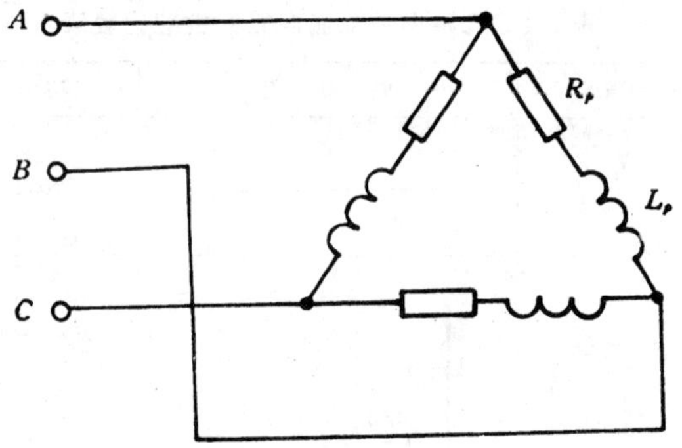

图 3-20　例 3-17 图

解：①

$$\begin{aligned} I_P &= \frac{U_l}{Z_P} = \frac{U_l}{\sqrt{R^2 + (2\pi f L)^2}} \\ &= \frac{380}{\sqrt{8^2 + (2\pi \times 50 \times 30 \times 10^{-3})^2}} = \frac{380}{\sqrt{8^2 + 9.4^2}} = \frac{380}{12.3} \\ &= 30.8(\text{A}) \end{aligned}$$

② $$I_l = \sqrt{3} I_P = \sqrt{3} \times 30.8 = 53.3(\mathrm{A})$$

③ $$P = \sqrt{3} U_l I_l \cos\varphi_P = \sqrt{3} U_l I_l \frac{R}{Z_P}$$

$$= \sqrt{3} \times 380 \times 53.3 \times \frac{8}{12.3} = 22.79(\mathrm{kW})$$

三相负载的联接方式取决于三相负载的额定电压和电源线电压之间的关系。当各相负载的额定电压等于电源线电压的$\frac{1}{\sqrt{3}}$时,三相负载应作Y形联接,当各相负载的额定电压等于电源的线电压时,三相负载应作△形联接。三相负载的联接方式与电源的联接方式无关。

Y形和△形接法不能搞错。若把Y形接法误接成△形接法,则负载承受的电压为额定电压的的$\sqrt{3}$倍,会造成设备烧毁。反之,则负载承受的电压反为额定电压的$\frac{1}{\sqrt{3}}$,会造成电动机的转矩不足等现象,有时也会酿成事故。

小　　结

本章的内容可分为三部分:正弦交流电的基础知识,正弦交流基本电路,三相电源和三相负载。

1. 正弦交流电的基础知识:参数和表示法。

正弦交流电的参数:周期、频率和角频率,初相位、相位和相位差,瞬时值、最大值和有效值。其中最大值、频率和初相是正弦交流电的三要素。

正弦交流电三种最常用的表示法:图象法、解析法和旋转矢量法。

2. 正弦交流单元电路:纯电阻电路、纯电感电路、纯电容电路。用这些单元电路,通过串并联,能组成多种复杂的正弦交流电路,我们只讲解了R、L串联和R、C并联电路。上述电路的性能比较表见表3-1。

表3-1　几种简单交流电路的性能比较表

电路名称	阻抗和电流	矢量图	功率因数	有功功率
纯电阻电路	$I = \frac{U}{R}$	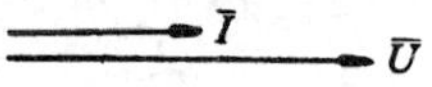	$\cos\varphi = 1$	$P = UI$
纯电感电路	$X_L = 2\pi f L$ $I = \frac{U}{X_L}$	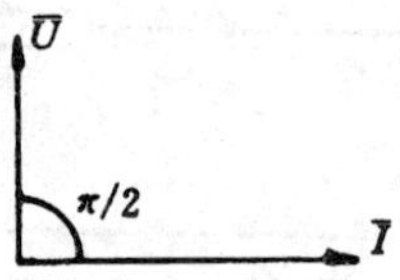	$\cos\varphi = 0$	$P = 0$
纯电容电路	$X_c = \frac{1}{2\pi f C}$ $I = \frac{U}{X_c}$	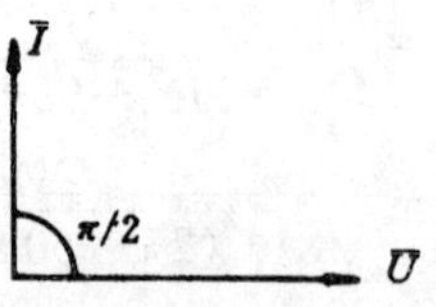	$\cos\varphi = 0$	$P = 0$

续表

电路名称	阻抗和电流	矢量图	功率因数	有功功率
R、L 串联电路	$Z=\sqrt{R^2+X_L^2}$ $I=\frac{U}{Z}$	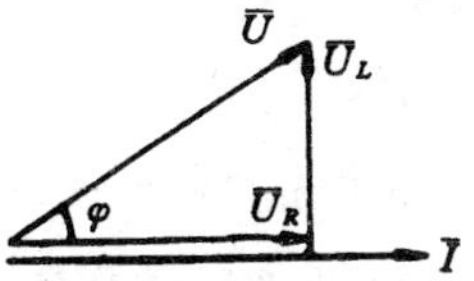	$\cos\varphi=\frac{R}{Z}$ $=\frac{U_R}{U}=\frac{P}{S}$	$P=UI\cos\varphi$
L、C 并联电路	总电流 I $=[(I_1\cos\varphi_1)^2$ $+(I_1\sin\varphi_1-I_c)^2]^{\frac{1}{2}}$	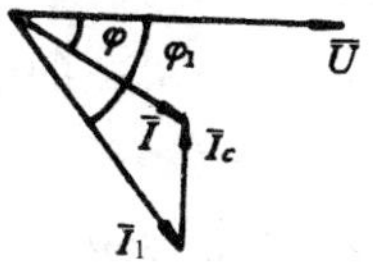	$\cos\varphi=\frac{I_1\cos\varphi_1}{I}$ $=\frac{P}{S}$	$P=UI\cos\varphi$

提高功率因数是正弦交流电路应用的一个例证，并具有重大的实际意义。提高功率因数能充分利用发电机、变压器的容量，减少输电线上的损耗。一般用户提高功率因数的方法是，使发电机、变电器接近满载运行，在电感性负载两端并联电容器。

3．三相电源和三相负载

三相交流电源有一系列优点，世界各国的工业与民用动力电（含照明电）大都采用三相交流电。单相交流电是从三相交流电源引出的，实质上也是三相交流电。

三相发电机的绕组，和后面有关章节要讲的变压器、电动机和其他三相负载都有 Y 形和△形两种接法。接法不同，电路的性质不同。

对于电源（发电机或变压器）的 Y 形接法：$U_{Yl}=\sqrt{3}U_{YP}$，能形成三相三线制和三相四线制电源。△形接法：$U_{\triangle l}=U_{\triangle P}$，只能构成三相三线制电源。

对于负载的 Y 形接法：各相负载承受的电压等于电源线电压的$\frac{1}{\sqrt{3}}$。各相负载的相电流等于电源的线电流。三相对称和不对称负载分别配接三相三线制和三相四线制电源。△形接法：各相负载承受的电压等于电源的线电压，各相负载的相电流等于电源线电流的$\frac{1}{\sqrt{3}}$，配接三相三线制电源。

当三相负载对称时，各相电路的计算可以简化为对一相电路的计算；否则要分别计算。

复习思考题

1．什么是正弦交流电的三要素？写出正弦交流电压的标准解析式并画出其图象。

2．矢量运算法只适用于计算同频率的正弦交流电，这种说法对吗？解析法和图象法呢？

3．画出纯电阻电路，纯电感电路，纯电容电路，R、L 串联和 L、C 并联电路总电压和总电流的矢量图，说明它们之间的相位关系。

4．额定电压为 400V 的电容器能否用在 380V（有效值）的交流电路中？为什么？

5．提高功率因数有什么实际意义？一般单位怎样提高功率因数？

6．下述结论是否正确？如不正确，为什么？

① 三相四线制电源的相电压和线电压相等。

② 三相对称负载Y形接法不需要接中线，而三相不对称负载必须接中线。

③ 三相负载不论Y形接法还是△形接法，它承受的电压是一样的。

7. 已知 $i_1=10\sin100\pi t$ 和 $i_2=10\sin\left(100\pi t-\frac{\pi}{2}\right)$。用矢量法求合成电流。

8. 已知高频扼流圈的电感 $L=0.05\text{mH}$，当频率为700kHz时，其感抗为多少？

9. 今用伏安法测一线圈的电感。当接入36V直流电源时，流过的电流为6A；当接入220V、50Hz的交流电源时，流过的电流为22A。计算线圈的电感。

10. 一个5mH的线圈，接在 $u=20\sin10^6t$ 的电源上，求电流。

11. 计算电容量为5μF的电容器，在50Hz和400Hz时的容抗。

12. 若在一个10μF的电容器上加有电压 $u=150\sin500t$，求电流的瞬时值表达式，并画出 u 和 i 的波形图。

13. 把 $R=3\Omega$，$X_L=4\Omega$ 的线圈接在 $f=50\text{Hz}$、$U=100\text{V}$ 的交流电路中。试计算电路中的电流、平均功率、无功功率、视在功率、功率因数及线圈的电感。

14. 某水电站以220kV的高压向某地输送24万kW的电功率。若输电线路的总电阻是10Ω，求当功率因数由 $\cos\varphi_1=0.6$ 提高到 $\cos\varphi_2=0.9$ 时，输电线上一年少损耗的电能。

15. 有一日光灯，$P_e=40\text{W}$，$U_e=220\text{V}$，$I_e=0.66\text{A}$。日光灯要串联一线圈（镇流器）使用。现把一个8μF的电容并联在日光灯和线圈相串联的支路两端，求并联电容前后日光灯的功率因数。

16. 某三相平衡负载，其额定相电压为220V，每相负载中的额定相电流为38A，功率因数为0.92，如将该负载接入线电压为220V的三相电源上工作。试问，应采用哪种连接方法？负载从电源上取用多少电流？负载从电源取用的功率又是多少？

第四章　电子技术基础知识

在当代新技术中，电子技术发展最快，渗透力最强。电子技术和传统强电技术相结合，形成了新的学科——电力电子学；建筑机械设备正逐渐成为机电一体化设备，电子技术所占的比重越来越大；电气智能化的浪潮正在兴起。

本章讲解电子技术基础知识，内容有二极管、三极管、晶闸管及其应用，数字电路及其应用，微机的基本原理、配置及单片机的应用，自动控制的基本原理及应用。

第一节　普通二极管及其应用

一、二极管（*VD*）的原理、参数和型号

1．PN 结和二极管

半导体的导电性能介于导体和绝缘体之间，故称半导体。半导体的导电性与掺入有用杂质的多少、温度、光照、压力等因素密切相关，常用的半导体材料是硅和锗。

根据导电原理的不同，硅半导体和锗半导体又分为 P 型半导体和 N 型半导体。

当 P 型半导体和 N 型半导体连结在一起时，在它们的交界处形成了一个结，这个结称为 PN 结，如图 4-1 所示。

当 PN 结加上正向电压(P 区接正极，N 区接负极)时，PN 结的电阻（正向电阻）很小。当 PN 结加上反向电压（P 区接负极，N 区接正极）时，PN 结的电阻（反向电阻）很大。所以 PN 结具有单向导电性。PN 结是构成二极管、三极管和晶闸管等半导体器件的基础。

半导体二极管由一个 PN 结加上电极引线和管壳组成。符号见图 4-3（a） 左端是正极，右端是负极，箭头指示的方向是其正向电流流通的方向。二极管最主要的特性就是单向导电性。图 4-2 是二极管的伏安特性曲线，即电压—电流关系曲线，显然二极管属于非线性元件。下面我们利用伏安特性曲线分析二极管的正向特性和反向特性。

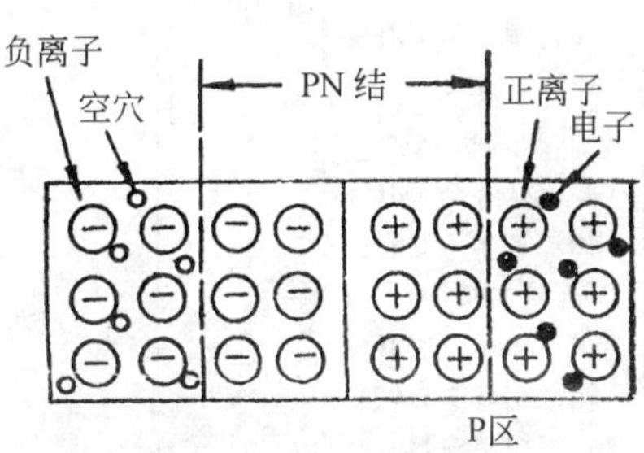

图 4-1　*PN* 结

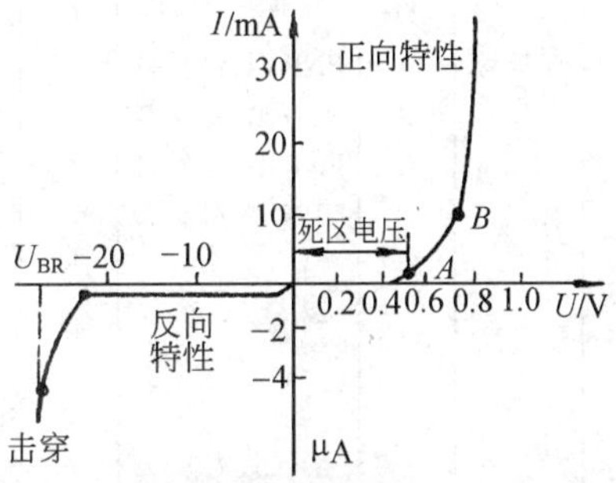

图 4-2　二极管的伏安特性曲线

2. 正向特性

二极管的伏安曲线由正向工作区、反向工作区、反向击穿区三个部分组成。当二极管加上正向电压，但没有超过死区电压时，电流的增长率很小，锗管的死区电压约为0.2～0.3V，硅管约为0.6～0.7V。在这之后，电流开始迅速增长。流过二极管的正向电流不能过大，否则要烧毁二极管。所以每种二极管都规定了一个最大整流电流值 I_F，它是二极管的一个重要参数。

3. 反向特性

当二极管被加上反向电压时，尽管它的反向电阻很大，还是有很小的反向电流流过二极管。反向电流有两个特点，一个是随温度的上升增长很快，二是在一定的反向电压范围内基本上不随反向电压变化，故又称反向饱和电流 I_R。I_R越大说明管子的单向导电性越差。

当二极管的反向电压增加到一定数值时，原子的外层电子被强行拉出，反向电流突然急剧增加，这时我们说二极管被击穿，此时的反向电压称反向击穿电压。显然，最高反向工作电压 V_{RM}不能超过击穿电压。手册上给出的 V_{RM}的值是指峰值，是击穿电压的一半。V_{RM}是二极管的又一个重要参数。

用于低频电路的二极管主要考虑参数 I_F和 V_{RM}。

4. 型号

常用半导体器件的命名办法见表 4-1。例如 2CZ56C，表示序号为 56 的硅整流二极管，参数等级为 C。2CZ56C 的最大整流电流为 3A，而 2CZ57C 是 5A；2CZ56C 的最高反向工作电压是 100V，而 2CZ56G 是 500V。由此可见，序号和等级不同，参数各异，这也适用于后面要讲到的三极管和晶闸管。

表 4-1　常用半导体器件命名方法

第一部分		第二部分		第三部分				第四部分	第五部分
用数字表示器件电极数目		用汉语拼音字母表示器件的材料和极性		用汉语拼音字母表示器件类型				用数字表示器件序号	用汉语拼音字母表示规格号
符号	意义	符号	意义	符号	意义	符号	意义	意义	意义
2	二极管	A	N 型,锗材料	P	普通管	X	低频小功率管	用不同数字表示同类型管子在性能参数上的差别	参数等级
		B	P 型,锗材料	V	微波管		(截止频率<3MHz		
		C	N 型,硅材料	W	稳压管		耗散功率<1W)		
		D	P 型,硅材料	C	参量管	G	高频小功率管		
3	三极管	A	PNP 型,锗材料	Z	整流管		(截止频率≥3MHz		
		B	NPN 型,锗材料	L	整流堆		耗散功率<1W)		
		C	PNP 型,硅材料	S	隧道管	D	低频大功率管		
		D	NPN 型,硅材料	U	光电管		(截止频率<3MHz		
				K	开关管		耗散功率≥1W)		
						A	高频大功率管		
							(截止频率≥3MHz		
							耗散功率≥1W)		
						T	可控整流器		
							(半导体闸流管)		

5. 测试

二极管参数和特性曲线的测试要用专用仪器，但用万用表也可以进行一些粗略的测试。

用万用表判断二极管好坏的办法是：用万用表分别测量二极管的正向和反向电阻，如正向电阻为100～1000Ω，反向电阻大于几百千欧，则一般可以认定二极管是好的。如测得的电阻接近零或无限大，则说明二极管已经损坏。需要注意的是：①用万用表测量电阻时，万用表相当于直流电源，红表笔（+端）为电源负极，黑表笔（-端）为电源正极。故测量正向电阻时要用红表笔接二极管的负极，黑表笔接正极；测量反向电阻时相反。②一般用×1k 或邻近挡，不要用最大挡或最小挡，前者可能电压高而后者电流大，可能有损于二极管。③用不同的万用表或同一万用表的不同电阻挡测得的电阻值有较大的差异，属正常现象。

二极管的极性标注在二极管的表面上，如标注模糊不清，可以用万用表判定，方法是：用万用表测量二极管的电阻，如测得的阻值为100～1000Ω，说明二极管处于正向应用状况，和红表笔相接的电极是负极，和黑表笔相接的是正极，如测得的阻值大于几百千欧，说明二极管处于反向应用状态，和红表笔相接的是正极，另一极是负极。

二、二极管整流电路

二极管在电路中应用广泛，这里只介绍整流电路，即能把交流电变成直流电的电路。常用的整流电路有单相半波整流电路，单相桥式整流电路和三相桥式整流电路。

1. 单相半波整流电路

单相半波整流电路的电路图和波形图见图4-3。由于二极管的单向导电性，故输出电压的瞬时值 u_L 是一脉动直流电压。经计算得输出电压的平均值 U_L 为

$$U_L = 0.45E_2 \tag{4-1}$$

或

$$E_2 = 2.22U_L$$

式中：E_2——e_2 的有效值。

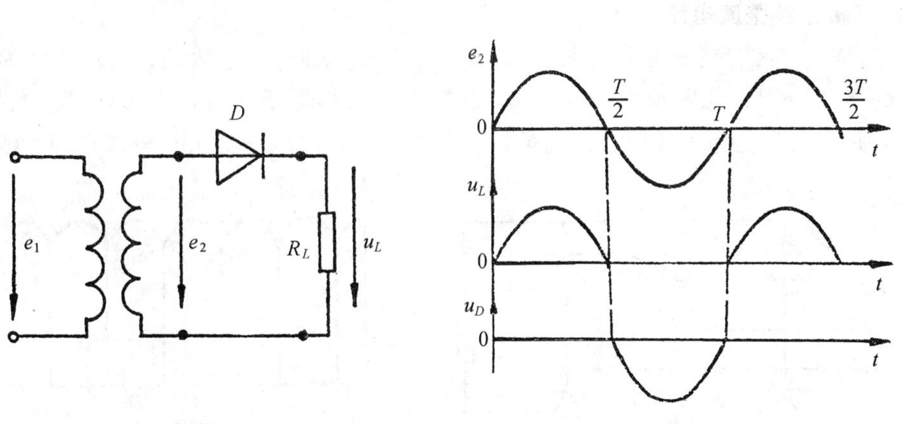

(a) 电路图　　(b) 波形图

图4-3　单相半波整流电路的原理

流过二极管的平均电流 I_D 为

$$I_D = U_L / R_L = I_L \tag{4-2}$$

式中：I_L——负载平均电流。

显然，二极管承受的最大反向电压 U_{fm} 为

$$U_{fm} = \sqrt{2} E_2 = \sqrt{2} U_L / 0.45 = 3.14 U_L \tag{4-3}$$

这种整流电路只利用了电源电压的正半波，负半波没有被利用，所以变压器的利用率低，而且 u_L 的脉动大。采用全波整流电路可以克服这些缺点。

2. 单相全波整流电路

全波整流电路采用四只二极管，接成一个电桥的形式，故又称桥式整流电路，如图 4-4 所示。

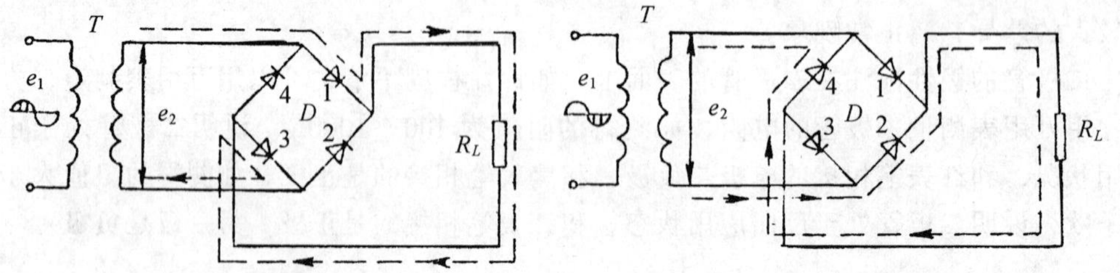

(a) 正半周电流路径　　(b) 负半周电流路径

图 4-4　单相全波整流电路的原理

当 e_2 为正半周时（图 4-4a），电流通过 D_1、R_L、D_3 构成回路，此时 D_2、D_4 不导通。当 e_2 为负半周时（图 4-4b），电流通过 D_2、R_L、D_4 构成回路，此时，D_1、D_3 不导通。u_L 的波形请见图 4-6（b）中的 u_3，U_L、I_D 和 U_{fm} 的计算公式为，

$$U_L = 0.9 E_2 \tag{4-4}$$

$$I_D = \frac{1}{2} I_L \tag{4-5}$$

$$U_{fm} = \sqrt{2} E_2 = 1.57 U_L \tag{4-6}$$

3. 三相全波整流电路

三相桥式(全波)整流电路见图 4-5。在 $\omega t_1 \sim \omega t_2$ 期间，u_{AB} 为正，电流通路为 $A \to D_1 \to R_L \to D_5 \to B$。此时虽然 u_{AC}、u_{CB} 也为正，但都低于 u_{AB}，故 D_2、D_3 不导通，D_2、D_3 所在的回路也不导通，以此类推。总之，当某线电压为正且较其它两个线电压

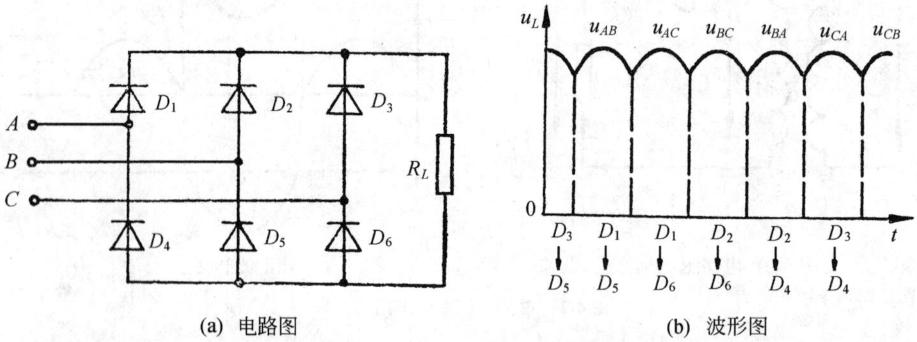

(a) 电路图　　(b) 波形图

图 4-5　三相桥式整流电路图和波形图

高时，这个线电压所在的整流回路导电，此时，整流输出电压就等于这一线电压，所以 U_L 波形是由交流电源各个线电压的顶部组成的，每个周期有六个“波纹”。

输出的电压（平均值）U_L 为

$$U_L = 1.35U_{AB} = 2.34U_{AO} \tag{4-7}$$

式中：U_{AO}——A 相电压的有效值。

通过每个二极管的平均电流 I_D 为

$$I_D = \frac{1}{3}I_L \tag{4-8}$$

二极管上承受的最大反向电压为

$$U_{fm} = \sqrt{2}U_{AB} = 2.45U_{AO} = 1.05U_L \tag{4-9}$$

三、滤波电路

整流电路输出的脉动直流电的波纹通常都很大，不能满足用电设备的需要。为了得到比较平滑的电压，需要采用滤波电路。脉动直流电是由直流部分和交流部分合成的，滤波的目的是保留直流部分削弱交流部分。

电感滤波电路的原理见图 4-6，滤波电感和负载电阻相串联。电感具有“通直流、阻交流”的特性，见第三章第四节，脉动电压中的直流电压全部降在负载电阻上，交流电压的一部分降在负载上，另一部分降在电感上，所以输出电压中的交流成分减少了。电感滤波作用的实质是它分去了一部分交流电压。电感器的电感量越大（感抗越大）、负载电阻越小(即负载电流越大),电感分压越多,滤波作用越好。故电感滤波适用于负载电流大的电路,常用在电气设备中。滤波电感器一般比较笨重,这是电感滤波的缺点。

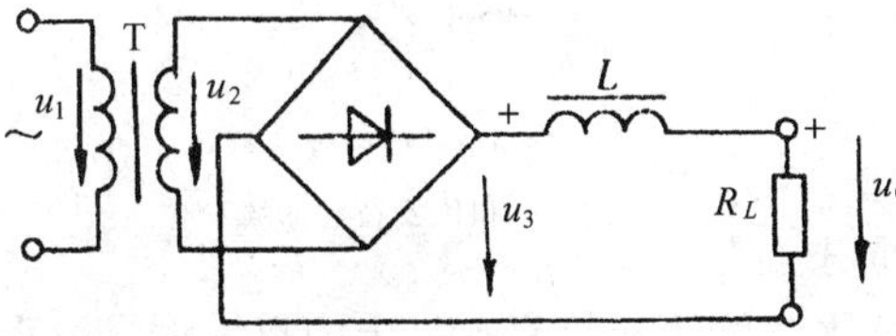

(a) 电路图

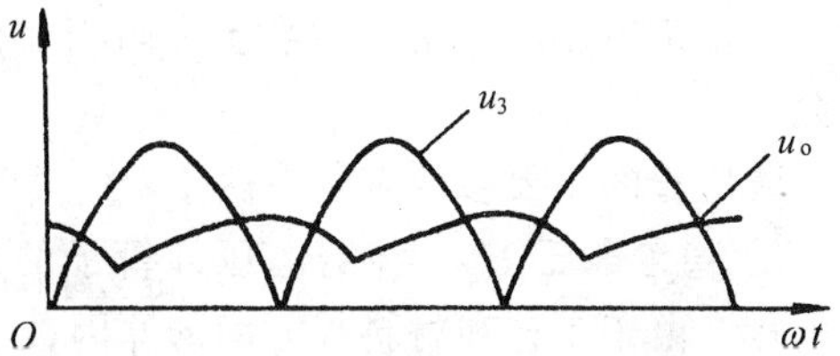

(b) 波形图

图 4-6 电感滤波电路的原理

电容滤波电路的原理见图 4-7，滤波电容和负载并联。电容具有“通交流、阻直流”的特性，见第三章第五节。脉动电流中的直流电流全部流过负载，交流电流的一

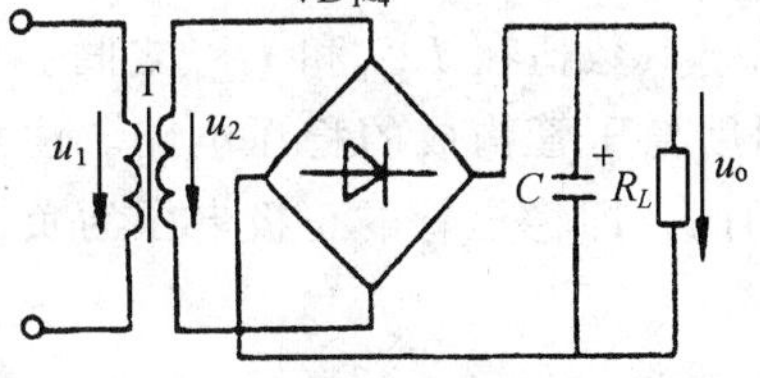

(a) 电路图

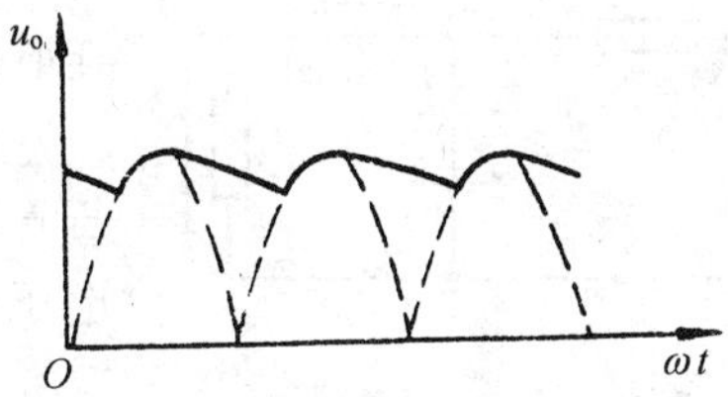

(b) 波形图

图 4-7 电容滤波电路的原理

部分流过负载、另一部分流过滤波电容，所以输出电流中的交流减少了。电容器的电容量越大（容抗越小）、负载电阻越大（输出电流越小），电容分流越大，滤波作用越好。故电容滤波适用于负载电流小的电路，简单轻便是它的优点，常用在电子电路中。

电容器的容量越大滤波效果越好，但当容量大到一定程度之后，如果再增加电容量，滤波效果的改善就不明显了。一般按下式选择电容量：

$$R_L C \geqslant (3 \sim 5)\frac{T}{2} \tag{4-10}$$

式中：T——电源电压的周期。

同时采用电容、电感滤波（即采用复式滤波器）效果更好。

第二节　特殊二极管及其应用

一、稳压管(*VS*)

稳压管是具有稳定电压作用的特殊二极管，其符号和特性曲线见图 4-8。

我们已经讲过，普通二极管是不允许工作在击穿区的，否则二极管就会被击穿损坏。稳压管正常工作时正是工作在击穿区。由于特殊的制造工艺，它能工作在击穿区（图中 A、B 两点之间）而不能被击穿。在击穿区，很大的负载电流变化 ΔI 引起的输出电压变化 ΔU 很小，故稳压管能起稳定电压的作用，相当于内阻很小的直流电源。

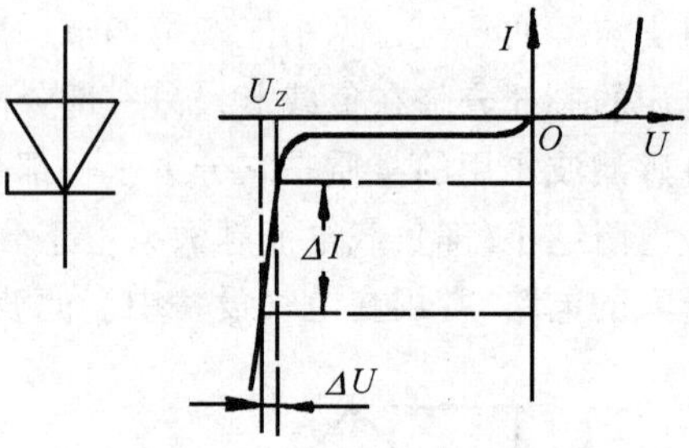

图 4-8　稳压管的符号和伏安特性曲线

稳压管的主要参数有以下两个：

① **稳定电压 U_z**　稳定电压即管子的反向击穿电压。由于工艺和材料等方面的原因，半导体器件的参数都有一定的离散性，故手册中给出的某一型号稳压管的 U_z 值是在一定范围内，如 2CW56 的 $U_z = 7 \sim 8.8$V。但对于一个具体的稳压管来说 U_z 的值是确定的。

② **稳定电流 I_z**　图中 A 点、B 点对应的电流分别为最小稳定电流 $I_{z\min}$ 和最大稳定电流 $I_{z\max}$。实际流过管子的电流不能大于 $I_{z\max}$，否则就会烧毁管子；也不能小于 $I_{z\min}$，否则不能起稳压作用。稳定电流 Iz 是指正常工作时的额定电流，其数值在 $I_{z\min}$ 和 $I_{z\max}$ 之间。

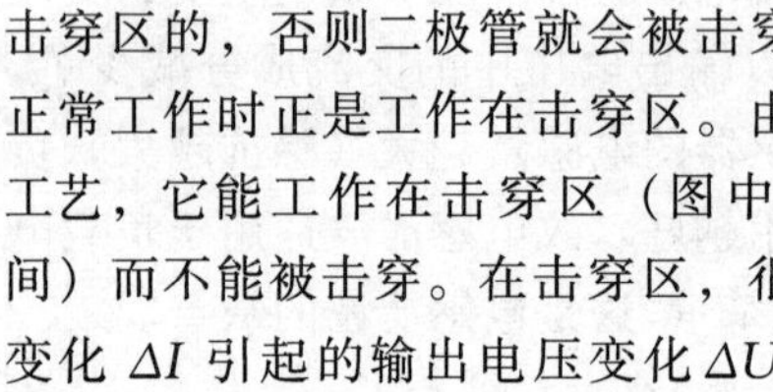

图 4-9　用稳压二极管构成的稳压电路

图 4-9 是利用稳压管构成的稳压电路。注意，稳压管是反向运用的，即稳压管的正极电压为负，负极电压为正。

R 的计算公式为

$$R = (U - U_L)/(I_z + I_L) \tag{4-11}$$

上述稳压电路结构简单，但稳定电压是固定的，不能调整，稳压范围也受到了稳定电流范围的制约。

二、单结管(VU)

单结管的构造和符号见图 4-10。单结管有一个 PN 结，从 P 区引出的电极 E 称发射极，从 N 区引出的两个电极 B_1、B_2 分别称第一基极和第二基极。单结管又称双基极二极管。

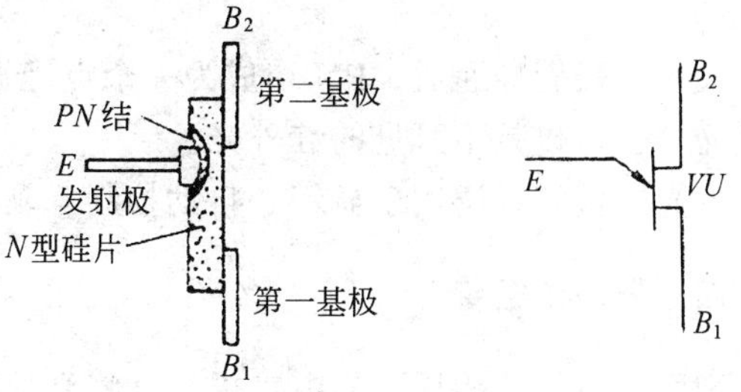

(a) 构造　　(b) 符号

图 4-10　单结管的构造和符号

单结管的等效电路见图 4-11(a)，工作原理如下。B_2 和 B_1 分别接电动势 E_b 的正极和负极，E 极通过 R 接可变电源 E_E 的正极。调节 E_E，使 U_E 从低升高，当 U_E 高于某一数值时，PN 结导通。PN 结导通时对应的 U_E 称峰点电压，对应的 I_E 称峰点电流。PN 结导通后 r_{B1} 急剧减小，这是单结管的本质特征。由于 PN 结的导通和 r_{B1} 的急剧减小，结果 I_E 急剧上升，单结管处于导通状态。单结管导通后，调节 E_E，使 U_E 从高降低，在开始一段时间内管子仍然维持导通，当 U_E 低于某一数值时，PN 结截止，单结管处于截止状态。此时对应的 U_E 称谷点电压，对应的 I_E 称谷点电流。

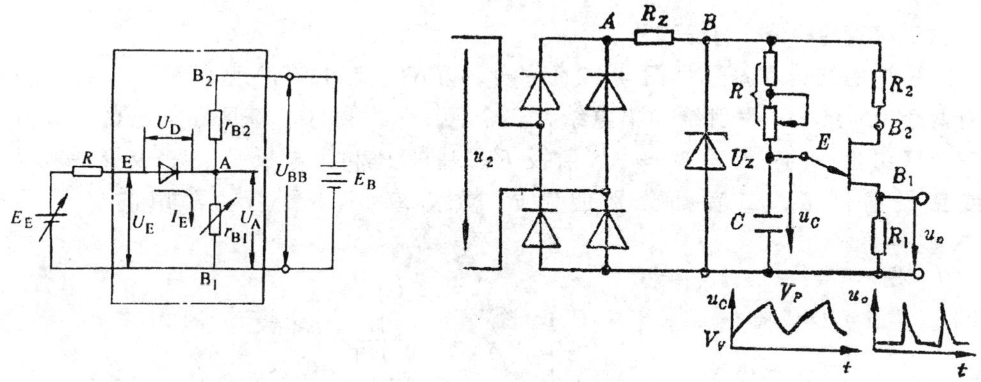

(a) 等效电路　　(b) 振荡器

图 4-11　单结管的等效电路和单结管振荡器

单结管振荡器的原理图见图 4-11 (b)。电源接通后 C 被充电。当 U_C 大于峰点电压后管子导通，I_E 急剧增大，输出的电压 U_0 急剧升高。管子导通后，电容 C 放电，U_C 下降。当 U_C 低于谷点电压后管子截止，输出电压 U_0 大幅下降。电容 C 又被充电，如此周而复始，单结管工作在振荡状态，输出电压 U_0 为脉冲电压。调节 R 和 C 的值便可以改变振荡频率。

单结管振荡器线路简单，易于调整，受温度影响小，广泛用于晶闸管触发电路、延时电路等电路中。

三、发光二极管(VL)

发光二极管是将电能转换为光能的元件，其构造和伏安特性与普通二极管相似。所不同的是，其管壳为透明材料，正向电压较高(约 2V)，反向峰值电压较低(约 5V)。

发光二极管导通后，PN 结成为一个点光源而发光。发出的光可以是红、黄、绿等可见光，也可以是不可见的红外光。

发光二极管广泛用于显示、自动控制等领域。图形符号见附录。

四、光电二极管

和发光二极管相反，光电二极管是将光信号转换为电信号的元件，其构造和伏安特性与普通二极管相似。所不同的是，其管壳为透明材料。

当不受光照射时，它工作在截止状态；当受光线照射时，它工作在导通状态。光电二极管广泛用于自动控制、光电技术等领域，图形符号和发光二极管类似，只是箭头方向相反。

第三节　三极管及其应用

一、三极管(VT)的构造、放大性能、开关性能和参数

1. 三极管的构造、符号和外形

三极管的结构和符号见图 4-12，它分为 *PNP* 型和 *NPN* 型两种。每种三极管都有两个 PN 结——发射结和集电结，三个区——发射区、基区和集电区，和分别从三个区引出来的三个电极——发射极 *E*、基极 *B* 和集电极 *C*。三极管一般采用硅或锗材料制成，二者都分别能制成 *NPN* 或 *PNP* 型管。常用的管子是硅 *NPN* 型。

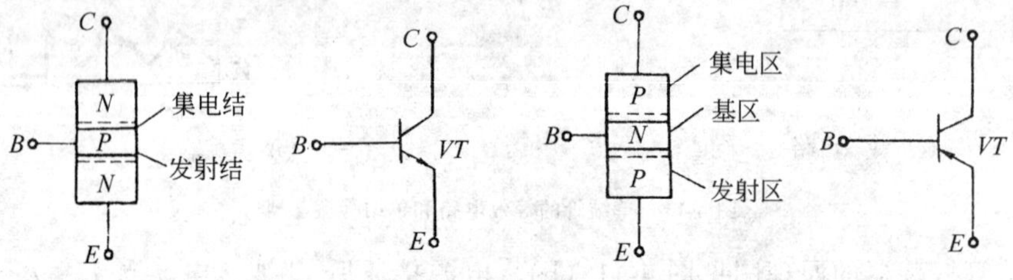

(a) *NPN* 型结构　(b) *NPN* 型符号　(c) *PNP* 型结构　(d) *PNP* 型符号

图 4-12　三极管的构造和符号

三极管采用金属或塑料管壳封装而成，常见三极管的外形如图 4-13 所示，利用底视图能辨认出三极管的电极。大功率管的集电极和金属管壳相连，外壳用作集电极，以便散热。使用大功率管时要按照手册中的要求加装散热片。有的高频管有四个管脚，其中一个和金属管壳相连，供接地屏蔽用。

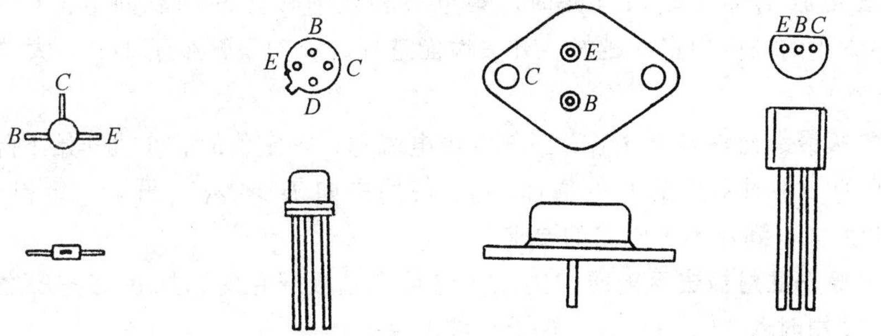

(a) 超小型管　(b) 小功率管　(c) 大功率管　(d) 塑封小功率管

图 4-13　三极管的外形图

2. 三极管的放大性能

三极管的性能实验电路见图 4-14。图中使用的三极管是 NPN 型，发射极的箭头方向表示直流的实验方向，C 极和 B 极接电源正极，E 极接电源负极。如果采用 PNP 型管，则电源必须反接。实验结果见表 4-2。

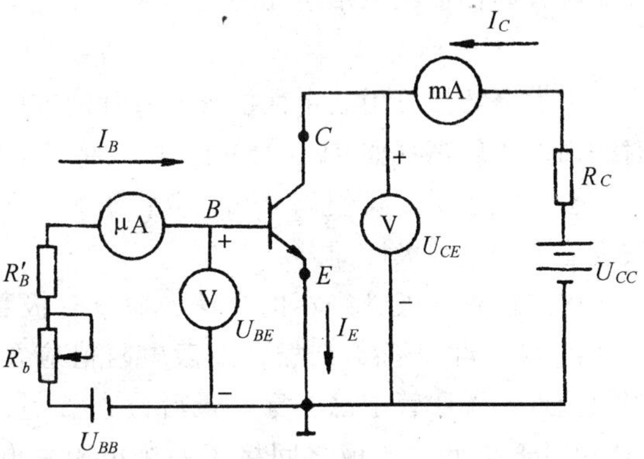

图 4-14　三极管性能的实验电话

从表 4-2 可以看出，当 I_B 从 40μA 增加到 50μA、增加了 10μA 时，I_c 从 3.2mA 增加到 4mA、增加了 800μA，即三极管将 I_B 放大了 80 倍。三极管的放大作用实质上是用 I_b 控制 I_c 的变化，类似于用水闸控制河流，并不是凭空把 I_b 放大了。

表 4-2　三极管性能实验结果

I_b(μA)	0	15	20	30	40	50	60	70	80	90	100	120
I_c(mA)	0.1	1	1.4	2.3	3.2	4	4.7	5.3	5.8	6	6	6
U_{ce}(V)	11.8	10	9.2	7.4	5.6	4	2.6	1.4	0.4	0.1	0.1	0.1

3. 三极管的开关性能

当 I_B 为零时，I_c 也很小，此时可以认为三极管的三个电极是互相断开的，这时的工作状态称截止状态，当 I_B 大于 90μA 时，I_c 不再增加，U_{CE}和 U_{BE}都很小，此时可以认为三极管的三个电极是互相连接的，这时的工作状态称饱和状态。

4. 三极管的主要参数

① **交流电流放大系数 β**　它是集电极电流的变化量 ΔI_C 与基极电流的变化量 ΔI_B 之比：

$$\beta=\Delta I_C/\Delta I_B \tag{4-12}$$

一个管子的 β 值与其工作状态有关。I_C 很小或很大时 β 值都较小，I_C 处在中间值时 β 值较大。不同的管子 β 值的差异较大，一般在 20～100 之间。β 值太小往往满足不了要求，太大了性能不稳定。

② **穿透电流 I_{CEO}**　基极开路时，集电极和发射极之间的反向电流叫穿透电流，I_{CEO}越小，管子的温度稳定性越好，开关性能越好。小功率管小于 1μA，大功率管小于 2mA。

③ **集电极最大允许电流 I_{CM}**　当集电极电流超过一定值时，β 值开始下降，β 值下降到最大值的一半时对应的 I_C 的值称 I_{CM}。使用中如 $I_C > I_{CM}$，虽不一定损坏晶体管，但 β 值下降太大，满足不了电路的要求。

④ **集电极—发射极击穿电压 BU_{CEO}**　它是当基极开路时，加在 C—E 之间的最大允许电压。使用时若 $U_{CE} > BU_{CEO}$ 管子会被击穿损坏。

⑤ **集电极最大允许耗散功率 P_{CM}**　集电极电流流过集电结时要消耗一定的功率，使结温升高。如集电结消耗的功率大于 P_{CM} 管子会被烧毁。

$$P_{CM} = I_C \cdot U_{CE} \tag{4-13}$$

下面介绍用万用表定性检查三极管的方法。一般使用欧姆挡的中间挡。使用最高挡时表内电压较高（如 9V、15V），可能将 PN 结击穿。使用最低挡时流过管子的电流过大，会烧毁管子。我们以 NPN 型管子为例加以说明，对于 PNP 型管只要调换表笔，改变管子的电源极性即可。

先用检查二极管好坏的办法，检查三极管的两个结。再检查 I_{CEO}，方法是：黑表笔接 C 极，红表笔接 E 极，一般电阻值应在几十 kΩ 以上，阻值太小说明 I_{CEO} 很大，阻值接近零说明管子已击穿。最后检查 β 值：表笔接法同上，用手捏住集电极和基极（这相当于在 C、B 极之间接了一个电阻，电源通过这个电阻给管子提供基极电流），表在手捏住 C、E 极前后的指示值相差越大，说明 β 值越大。

有的万用表具有测量三极管 β 值的功能。能用专用仪器，如晶体管特性测试仪，测试三极管的性能当然更好，不但能测量 β 等参数，而且能显示输入和输出特性曲线。

5. 场效应管

场效应晶体二极管，简称场效应管，是另一种类型的二极管。它的三个电极称漏极 D、栅极 G 和源极 S，分别对应于前述普通三极管的集电极 C、基极 B 和发射极 E，各种场效应管的符号见图 4-15。常用的场效应管是绝缘栅型、即金属-氧化物-半导体（Metal-Oxide-Semiconductor）管，简称 MOS 管，另外还有结型场效应管。

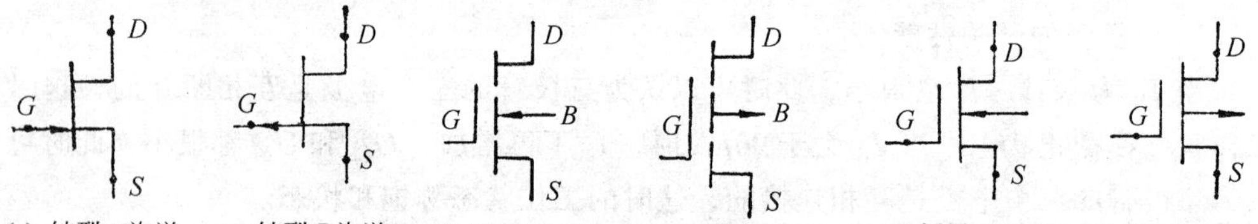

(a) 结型 N 沟道　(b) 结型 P 沟道　(c) 增强 $NMOS$　(d) 增强 $PMOS$　(e) 耗尽 $NMOS$　(f) 耗尽 $PMOS$

图 4-15　场效应管的符号

普通三极管是电流控制器件，即，用输入端电压产生的电流控制输出端的电流；而场效应管是电场控制器件，即，用输入端电压的电场控制输出端的电流。二者的原理不同，性能有很多共同之处，也有显著的差异。

二者的共同之处是：都有放大、开关等作用，在很多电路中即可以用普通三极管也可以用场效应管。二者的差异是：场效应管的优点是功耗低（便于集成化）、输入阻抗高（可高达 100MΩ 以上，三极管的输入阻抗仅有 1kΩ 左右）、噪声系数小、热稳定性好，缺点是工作频率低、输出功率小、易损坏（由于输入阻抗高，受外界影响栅极上产生感应电荷不易泄放，从而形成很高的电压使管子击穿损坏）；三极管的优缺点大体上和场效应管相反。

二、交流放大器

交流放大器中存在三种电量，直流、交流和脉动，脉动是由直流和交流合成的。直流用大写字母（下标大写字母）表示，如基极直流电流用 I_B 表示。交流（瞬时值）用小写字母（下标小写字母）表示，如集电极交流电流的瞬时值用 i_C 表示。脉动用小写字母（下标大写字母）表示，如 C 极和 E 极间的脉动电压用 U_{CE} 表示。

1. 基本原理

交流放大器的原理图和波形图见图 4-16。输入交流电压 U_i 通过输入耦合电容 C_1 加在 B、E 间，产生输入交流电流 i_B，三极管将 i_B 放大为 i_C，i_C 流过集电极电阻 R_C 产生交流电压。输出电压 U_0 并不是 R_C 上的电压，而是从 C、E 间取出的电压。U_0 经过输出耦合电容 C_2 加在负载 R_L 上。显然，U_0 和 R_C 上的电压大小相等但相位相反。总之，放大器的作用是将 U_i 放大为 U_0，但 U_0 和 U_i 的相位是相反的。当单级放大器不能满足要求时，可采用多级放器。

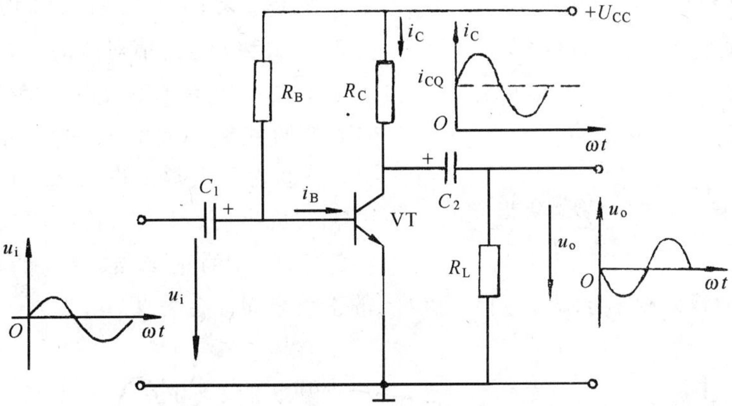

图 4-16　交流放大器的原理图和波形图

耦合电容 C_1 和 C_2 的作用是隔断放大器的直流通路，使放大器的工作点是独立的，不受信号源和负载的影响，各级放大器之间也不受影响。关于工作点下面就要讲到，这样做的好处是，一是便于电路工作点的设计，二是前级工作点的漂移不会被后级放大。为进一步理解这种好处，请参阅本节直流放大器部分。

上述放大器的输入和输出回路共用三极管的 E 极，故称共发射极放大器，这种放大器是应用最普通的放大器。

2. 静态工作点

为了保证放大器能不失真的放大输入信号，必须给放大器设置静态工作点。所谓设置静态工作点，就是使放大器在静止工作状态（$U_i=0$ 时工作状态）具有适当的基极直流电流 I_B，进而具有适当的集电极直流电流 I_C 和 C、E 间的直流电压 U_{CE}。假如不设置静态工作点，则$I_B=0$，放大器只能放大 U_i的正半周，而负半周被切除。工作点设置不当也会造成失真，见下面的图解分析。

I_B、I_C 和 U_{CE}是描述放大器静态工作点的三个主要参数，它们的计算公式为：

$$I_B=\frac{U_{CC}-U_{BE}}{R_B}\doteq\frac{U_{CC}}{R_B} \tag{4-14}$$

$$I_C\doteq\beta I_B \tag{4-15}$$

$$U_{CE}=U_{CC}-I_CR_C \tag{4-16}$$

从上面的公式可以看出，R_B 是用来设置静态工作点的，称偏置电阻，I_B 称偏置电流。

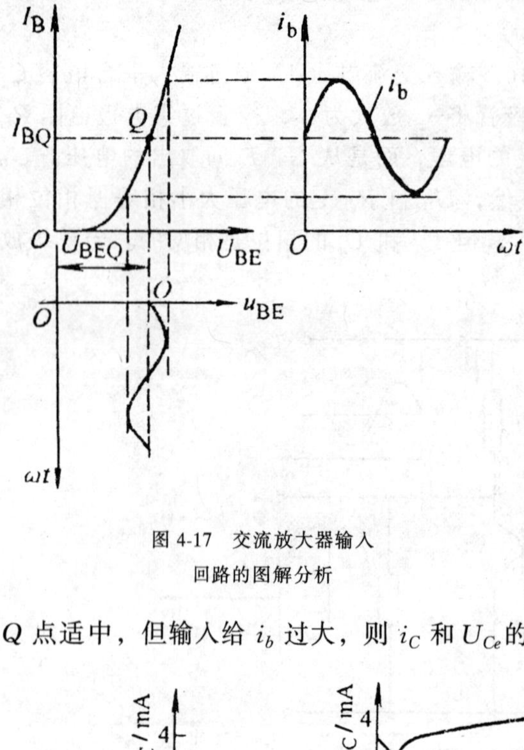

图 4-17　交流放大器输入回路的图解分析

下面用图解法进一步分析静态工作点。

放大器的输入特性曲线见图 4-17，静态基极电流 I_B 对应的 Q 点称输入静态工作点。图中的工作状态是正常工作状态。显然，Q 点如果过低，则 i_b 的负半周就会失真。

放大器的输出特性曲线见图 4-18，它是由一族曲线，即一组 I_B 的值对应的一组 i_C 和 U_{CE}之间的关系曲线构成的。一组 I_B、I_C 和 U_{CE}的值对应的点 Q 称输出静态工作点，数值不同 Q 点的位置不同，Q 点在直线MN(称负载线)上滑动。图中的工作状态是正常工作状态。Q 点过低，则 i_C 的负半周、U_{Ce}的正半周失真；Q 点过高，则 i_C 的正半周、U_{Ce}的负半周失真；Q 点适中，但输入给 i_b 过大，则 i_C 和 U_{Ce}的正负半周都会失真。

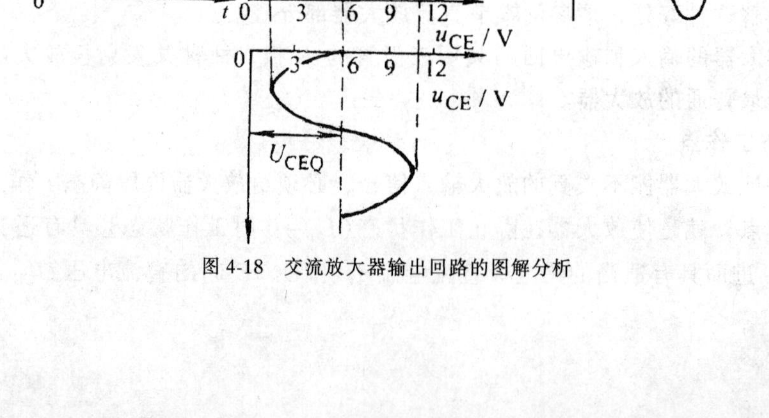

图 4-18　交流放大器输出回路的图解分析

3. 偏置电路

偏置电路的作用是建立静态工作点。图 4-16 中的偏置电路（由 R_b 构成）称固定偏置电路，它对温度引起的工作点的漂移没有抑制作用，但很简单，适用于要求不高的场合。

三极管的参数，如 I_{CEO}、β 等，对温度很敏感，一致性不好。参数的变化进而造成工作点的变化，或者说漂移。设法稳定工作点是设计放大器时要考虑的一个重要问题。图 4-19 中带电流负反馈的分压式偏置电路就具有稳定工作点的作用，是典型的偏置电路。

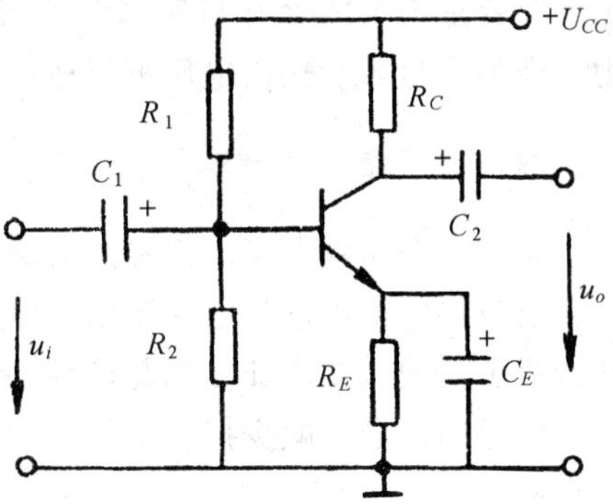

图 4-19 分压式偏置电路

在图 4-19 中，R_1 和 R_2 组成分压电路，U_{R2} 作为放大器输入回路的电源。设计时取 $I_{R_2} \gg I_b$。

由于温度变化、更换三极管、三极管老化等原因，三极管的输入电阻 r_{be} 会变化，进而造成 I_B 的漂移。通过计算得知，在分压式偏置电路中，r_{be} 的变化引起的 I_B 的漂移，和固定式偏置电路相比要小得多，即 I_B、进而 I_C 要稳定得多。

图中 R_E 起电流负反馈作用，最终的作用也是为了稳定工作点。所谓反馈是指从放大器输出信号中取出一部分电压（或电流）反送给输入端。若反馈信号与输入信号的相位相反，对输入信号起减弱作用，我们称之为负反馈；反之为正反馈。反馈在电路中起着重要作用，应用广泛。

R_E 稳定工作点的过程如下（设温度上升，若温度下降则过程相反）：

$$温度\uparrow \rightarrow I_E\uparrow \rightarrow U_E\uparrow \rightarrow U_{BE}\downarrow \rightarrow I_B\downarrow \rightarrow I_E\downarrow$$

图中的 C_E 为射极旁路电容，其作用是使被放大的交流信号不通过 R_E 而直接加到 B、C 端，以免交流信号受损失。即，R_E 只有直流负反馈作用，而没有交流负反馈作用。

三、射极输出器

射极输出器如图 4-20 所示。与图 4-16 相比较，图 4-20 没有集电极电阻，但多了发射极电阻 R_E，输出电压从发射极取出，故称射极输出器。由于集电极直接接电源，电源的内阻很小，对交流信号来说集电极相当于接地，故射极输出器是共集电极接法的放大器。

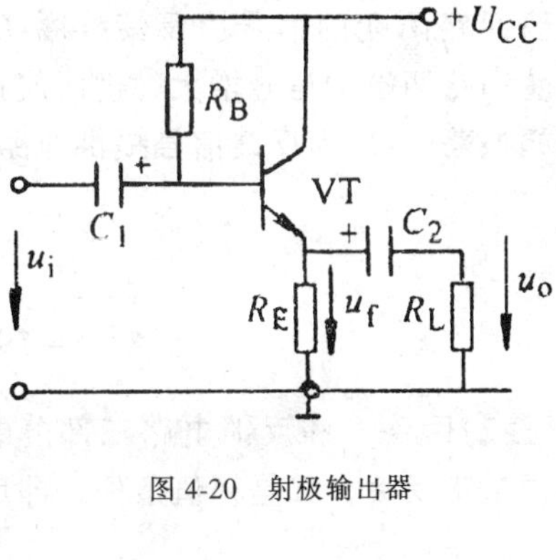

图 4-20 射极输出器

从图 4-20 可以看出，u_0 和 u_i 始终相差一个值 U_{BE}，U_{BE} 的值很小，可以认为 $u_0 \doteq u_i$，即 u_0 是跟随 u_i 变化的，故射极输出器又称为射极跟随器。射极输出器的电压放大倍数 $K_u = u_0/u_i < 1$，它不能用来放大电压，但仍具有电流放大和功率放大功能。

射极输出器的突出特点是输入电阻很高而输入电阻很低，前者一般为几十千欧到上百千欧，后者一般为几欧姆到几十欧姆。这是由于射极输出器采用了交流电压负反馈的结果，输出电压 u_0 全部反馈到了输入回路。输出电阻 r_o 和输入电阻 r_i 的计算公式为，

$$r_o \approx r_{BE}/\beta \tag{4-17}$$

$$r_i \approx \beta R_E \tag{4-18}$$

射极输出器主要用作阻抗交换器，如用在测量放大器的输入级和功率放大器的输出级。前者是为了减少对测量电路的影响，提高测量精度。后者是为了提高带负载的能力，即加上负载后输出电压下降较小。

四、振荡器

先看一个实际例子。你参加大会时有时会听到扬声器里传出刺耳的啸叫声。这是因为，扬声器的输出信号正反馈给了话筒，造成了扬声器音量的增大，扬声器音量的增加又造成了反馈量的增加，如此循环，使扩音机变成了一个振荡器，扬声器的啸叫声就是振荡信号的声音。减少扩音机的放大倍数（音量）、不要让话筒对着扬声音即可避免这种现象。

振荡器是依靠自身的性能、不需要外加输入信号而能产生交流信号输出的电路。输出信号可以是正弦波，也可以是三角波、锯齿波等。振荡器的电路形式很多，如 LC 振荡器、RC 振荡器、石英晶体振荡器。图 4-21 是一种 LC 振荡器。

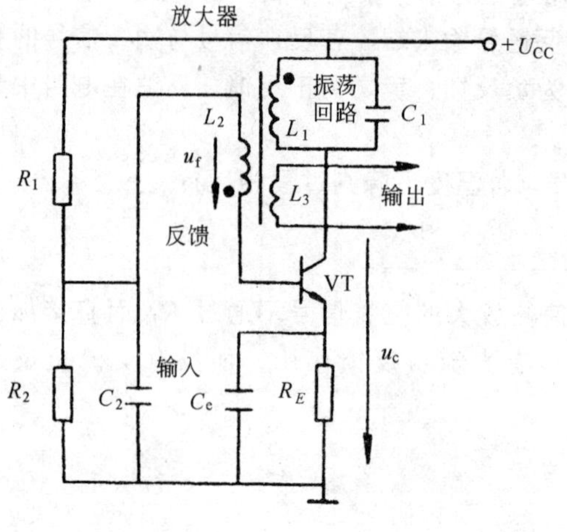

图 4-21　一种 LC 振荡器

在图 4-21 中，振荡电路以放大电路为基础，R_1、R_2 和 R_E 构成了带电流负反馈的分压式偏置电路。L_1 和 C_1 构成了振荡回路，代替了图 4-19 放大器中的 R_C。和物体具有机械谐振频率一样，振荡回路也有自己的电谐振频率 f_0，振荡回路对频率为 f_0 的交流信号的阻抗（纯电阻）最大，使其得到放大；对其他频率信号的阻抗很小，使其被衰减。振荡回路的这种特性称选频特性。

振荡器的工作过程如下：在接通电源的瞬间，振荡回路通过一个脉冲信号。脉冲信号可以看作由无数不同频率和不同振幅的正弦信号合成的，其中频率为 f_0 的信号被放大。振荡回路两端的信号由反馈线圈 L_2 正反馈到输入回路。反馈信号经三极管放大后，使振荡回路两端的信号增大、进而使正反馈信号增大。如此循环，最终造成了连续不停的稳幅振荡。C_2 为反馈信号提供通路，以免反馈信号受到衰减。振荡信号经 L_3 输出。

振荡频率约等于振荡回路的谐振频率 f_0，

$$f_0 \approx \frac{1}{2\pi\sqrt{LC}} \tag{4-19}$$

根据上述分析，振荡器由放大电路、选频电路（振荡回路）和反馈电路三部分组成；振荡器的振荡条件有两条，一是相位条件，即必须是正反馈，二是幅值条件、即反

馈量要足够大。

五、直流放大器

放大器的输入信号有时是变化缓慢的非周期性信号，如用电阻应变片测量压力变化的信号、用温度传感器检测气温变化的信号。为了放大这样的信号，放大器和信号源、负载之间，多级放大器之间不能使用耦合电容或耦合变压器，必须直接耦合，以免信号被严重衰减。这种直接耦合的放大器称直流放大器或直接耦合放大器。

和交流放大器不同，由于直接耦合，直流放大器的工作点不是独立的，受信号源和负载的影响，各级放大器的工作点也彼此牵制。所以直流放大器工作点的设计比交流放大器要复杂得多。更严重的问题是，由于直接耦合，前级放大器工作点的漂移被后级放大，造成虽然放大器的输入为零，但输出并不为零的现象，这种现象称零点漂移。零点漂移严重时放大器无法正常工作。另外，零点漂移信号是一种缓慢变化的信号，和有用信号类似，当漂移信号是足够大时就会混淆、淹没有用信号。

所以，抑制零点漂移是设计直流放大器的关键。直流放大器通常采用能有效抑制零点漂移的差动放大器，如图 4-22 所示。

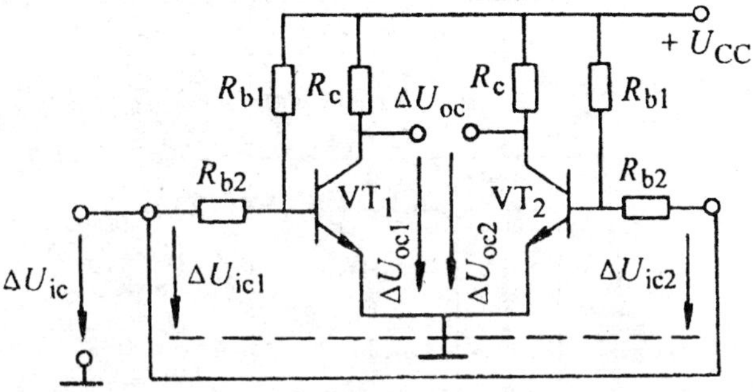

图 4-22　差动放大器

差动变大器由两个对称的单管放大器组成。所谓对称，是指电路形成、三极管的参数和各对应元件的参数均相同。输入信号被成两个大小相等、相位相反的两个信号（差模信号），分别送到两个输入回路（双端输入）。输出信号从两个三极管的集电极之间取出（双端输出）、是两个集电极电压之差。

差动放大器抑制零点漂移的原理是：当发生零点漂移时，由于两个单管放大电路是对称的，所以他们漂移的情况是相同的，两个三极管的集电极电位同时升高或降低相同的值，而输出信号是两个集电极电位之差，所以虽然有零点漂移，但输出信号仍然为零。实际的差动放大器不可能完全对称，所以零点漂移只是被抑制，不可能被消除。

差动放大器也可以单端输入和单端输出，分别用于需要对地输入和对地输出的场合。单端输入时，任一输入端对地输入，另一端接地；单端输出时，任一集电极对地输出。

差动放大器采用正、负两组电源供电，是为了输入端能根据需要接地。

六、运算放大器

1. 运算放大器概述

运算放大器是一种高放大倍数的多级直流放大器，简称运放。其前置级一般采用差动放大电路，中间级一般采用共发射极放大电路，输出级一般采用射极跟随器或推挽电路。早期的运放在模拟电子计算机中用作运算电路，现在运放的用途已远远超出运算的范围。运放被称为“万用电路”，广泛用于计算机、自动控制、测量仪器等领域。现在所说的运放一般是指集成电路运放。

所谓集成电路，是指采用复杂的工艺，将晶体管和阻容元件等都做在一个基片（如硅片）上，并按照电路设计要求将它们在基片内部连接起来，然后封装而成的电子器件。与集成电路相对应，将单个元件焊接而成的电路称分立元件电路。

根据制造工艺不同，集成电路分为半导体集成电路、薄膜集成电路、厚膜集成电路和混合集成电路。根据集成度，分为小、中、大和超大规模集成电路。目前，在面积为 $1cm^2$ 的硅片上已能集成 1 亿个电子元件，并以 9 到 18 个月翻一番的速度在发展。根据用途不同，集成电路分为数字集成电路、线性集成电路等。集成电路的外形有双列直插式、扁平式和圆壳式。

常用的集成电路是半导体集成电路，国产半导体集成电路的型号组成及其意义见表 4-3。

表 4-3　国产半导体集成电路的型号组成及其意义

第 0 部分		第一部分		第二部分	第三部分		第四部分	
用字母表示器件符合国家标准		用字母表示器件的类型		用阿拉伯数字表示器件的系列和品种代号	用字母表示器件的工作温度范围		用字母表示器件的封装	
符号	意义	符号	意义		符号	意义	符号	意义
C	中国制造	T	TTL		C	0～70℃	W	陶瓷扁平
		H	HTL		E	−40～85℃	B	塑料扁平
		E	ECL		R	−55～85℃	F	全密封扁平
		C	CMOS		M	−55～125℃	D	陶瓷直插
		F	线性放大器		⋮	⋮	P	塑料直插
		D	音响、电视电路		⋮	⋮	J	黑陶瓷直插
		W	稳压器				K	金属菱形
		J	接口电路				T	金属圆形
		B	非线性电路				⋮	⋮
		M	存储器				⋮	⋮
		μ	微型机电路					
		⋮	⋮					
		⋮	⋮					

集成电路的优点是，体积小、重量轻、性能好、可靠性高、使用方便、成本低廉等。电子技术的迅速普及在很大程度上得益于集成电路的发展。关于数字集成电路的特点见下一节。

作为集成电路的使用者，可不去深究其内部电路，只要掌握其外部特性即可。

集成运放的电路符号和双插直列式外引脚排列图如图 4-23 所示。集成运放至少有 5

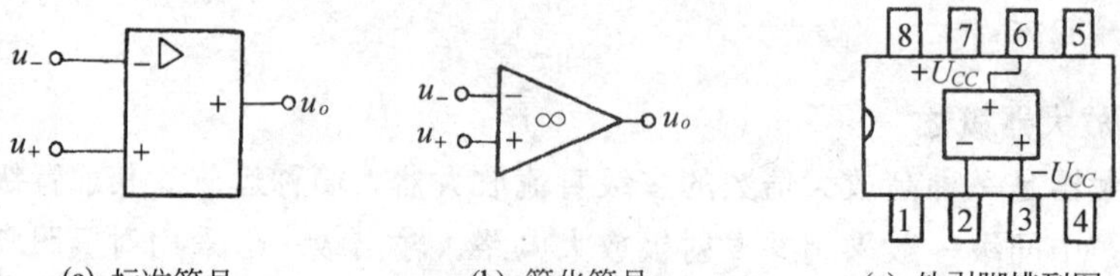

(a) 标准符号　　(b) 简化符号　　(c) 外引脚排列图

图 4-23　集成运放的符号和双列直插式外引脚排列图

个外引脚：两个正负电源端、一个输出端和两个输入端，有的还有调零端和补偿端。两个输入端分别为同相端和反相端，分别用“+”号和“-”号表示。信号从同相端输入时，输出信号和输入信号同相；反之亦然。图中的“∞”号表示理想运放。

2. 运放的性能特点

① 开环电压增益(放大倍数) A_{od} 极高 未通过外电路引入负反馈情况下的电压增益称开环增益，一般高达 $10^5 \sim 10^7$。单就放大功能而言一般并不需要如此高的增益。之所以把增益做得很高，是为了通过外电路引入深度负反馈（闭环应用），进而提高输入阻抗，减少输入阻抗，提高运算精度，进一步抑制零漂，增加带宽等。实用的运放一般为闭环应用。

② 输入电阻 R_i 极高 R_i 高达 $10^6\Omega$ 以上，进行电路分析时可以认为是无穷大。

③ 输出电阻 R_0 极低 运放的输出级一般采用射极跟随器，故输出电阻很小，只有几十欧姆。闭环运用时 R_0 又大大减小，进行电路分析时可视为零。

④零点漂移极小（共模抑制比 K_{CMR} 极高） 我们把 A_{od}、R_i 和 K_{CMR} 趋向无穷大、R_0 趋向零的运放称为理想放大器。进行电路分析时通常将运放看作理想放大器。

3. 运放的应用举例

运放在电路中的应用十分普遍，如用作信号运算电路、信号处理电路、信号发生电路、信号变换电路、信号测量电路等，其性能比分立元件电路好得多。

① 反相输入放大器（比例运算器） 如图 4-24 所示，运放为理想运放，输入信号 u_i 从反相端输入，R_f 是负反馈电阻，使运放工作在闭环状态。闭环放大倍数 A 为

$$A = \frac{u_o}{u_i} = -\frac{R_f}{R_1} \tag{4-20}$$

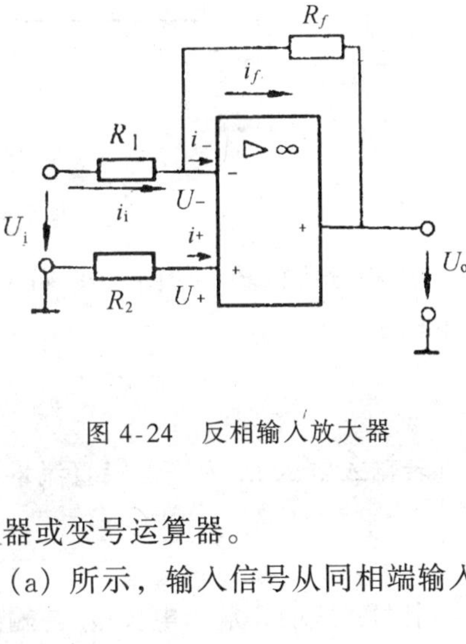

图 4-24 反相输入放大器

A 的大小取决于外部电阻 R_f 和 R_1 的比值，式中的负号表示输出信号和输入信号的相位相反。该电路用于运算时称反相输入比例运算器。

当取 $R_f = R_1$ 时，放大倍数为 -1，此时称反相器或变号运算器。

② 同相输入放大器（比例运算器） 如图 4-25（a）所示，输入信号从同相端输入，闭环放大倍数 A 为

$$A = \frac{u_o}{u_i} = 1 + \frac{R_f}{R_1} \tag{4-21}$$

上式表明，输出信号和输入信号同相，放大倍数大于 1。

当取 $R_f = 0$(短路)或 R_1 无穷大(开路)时，$A = 1$。此时称电压跟随器，见图 4-25(b)。

③ 微分运算器 如图4-26（a）所示，输入信号经电容 C 送到运放的输入端。输出 u_o 为，

$$u_o = -R_f C \frac{du_i}{dt} \tag{4-22}$$

上式表明，输出电压 u_o 与输入电压 u_i 的微分成比例。

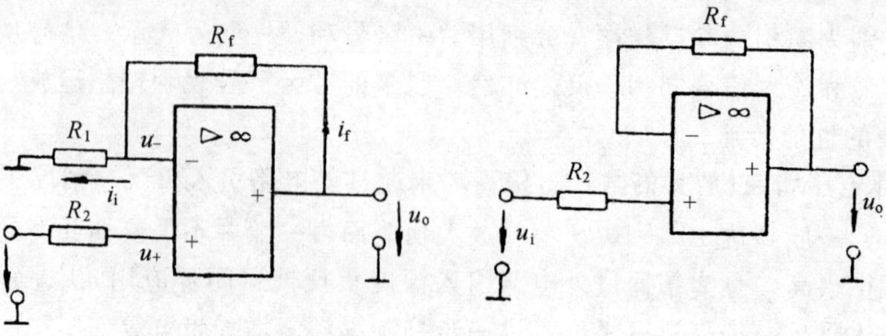

（a）同相输入放大器　　　　（b）电压跟随器

图 4-25　同相输入放大器和电压跟随器

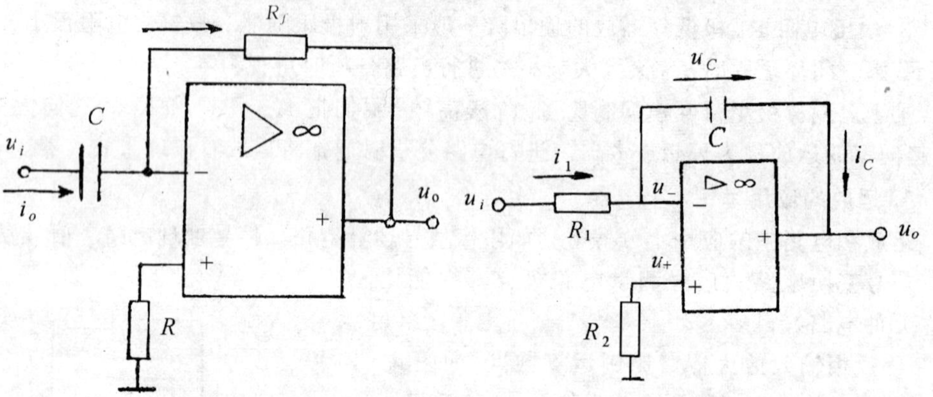

（a）微分运算器　　　　（b）积分运算器

图 4-26　微分运算器和积分运算器

④ **积分运算器**　如图4-26（b）所示，将反馈电阻用 C 代替就构成了积分器。输出电压 u_o 为

$$u_o = -\frac{1}{R_1 C}\int u_i dt \tag{4-23}$$

若输入电压 u_i 为一恒定直流量，即 $u_i = U_i$，则上式变为

$$u_o = -\frac{U_i}{R_1 C}t \tag{4-24}$$

上两式表明，输出电压 u_o 与输入电压 u_i 对时间的积分成比例；当 u_i 为恒定直流量时，u_o 随时间负向线性增长。

⑤ **加法运算器**　如图4-27（a）所示，输出信号 u_o 等于输入信号 u_{i1}、u_{i2} 和 u_{i3} 之和，即，

$$u_o = -\left(\frac{R_f}{R_1}u_{i1} + \frac{R_f}{R_2}u_{i2} + \frac{R_f}{R_3}u_{i3}\right) \tag{4-25}$$

若 $R_1 = R_2 = R_3 = R$，则

$$u_o = -\frac{R_f}{R}\left(u_{i1} + u_{i2} + u_{i3}\right) \tag{4-26}$$

⑥ **减法运算器**　如图4-27（b）所示，输入信号 u_{i1} 和 u_{i2} 分别从反相端和同相端输

入，输出信号等于二者之差，即，

$$u_o = u_{i2} - u_{i1} \tag{4-27}$$

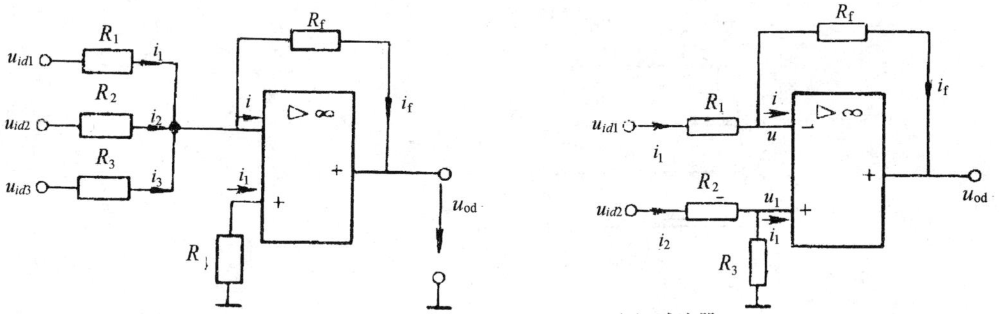

(a) 加法器　　　　(b) 减法器

图 4-27　加法器和减法器

七、电源电路

电子电路均采用直流电，通常采用将工频交流电经小型变压器降压，再经整流、滤波和稳压的方法获得干扰较小、幅值稳定的直流电。

变压器的原理见第六章，整流、滤波和二极管稳压电路（前面刚讲过）。稳压二极管提供的电流较小，且稳定值不能调整，在大多场合不能满足要求。串联式稳压电源功率大、输出电压可以调整，它由基准电压部分（采用稳压二极管）、放大器和调整部分（采用大功率三极管）组成，参见图 11-22。串联式稳压电源早已集成化，它只有三个端子；未经稳压的直流电输入端，稳定直流电压输出端和公共端，又称三端稳压器，使用方便，使用时要加散热片。

较新的直流电源是开关电源，开关电源体积小、重量轻，其原理可参阅第六章第四节中频电焊机部分。

第四节　晶闸管及其应用

硅晶体闸流管（简称晶闸管，曾称可控硅），是一种大功率半导体电子器件，主要用于强电领域的整流、逆变(把直流电转换为交流电)、无触点开关和交流调压。晶闸管的应用为强电工业电子化、自动化提供了良好的途径。本节简单介绍其原理和应用。

一、晶闸管的原理

普通晶闸管是由 P_1—N_1—P_2—N_2 四层半导体，三个 P—N 结构成的器件，如图 4-28 所示。从 P_1 区引出的电极称阳极（A），从 N_2 区引出的电极称阴极（K），由 P_2 区引出的电极叫门极（G，或称控制极）。

晶闸管的伏安特性曲线见图 4-29，**晶闸管有以下特性：**

① 当 G 极开路时，无论正向运用还是反向运用，晶闸管都不导通，只有很小的漏电流流过。这是因为在电流通道上总有 P—N 结处于反向偏置状态。

② 晶闸管导通的条件是　①正向运用（A 极接电源正极，K 极接负极），②G 极

加上足够的正电压 U_G，以至有足够的电流 I_G 注入晶闸管。U_G 和 I_G 分别称触发电压和触发电流，满足了这两个条件晶闸管便会导通。

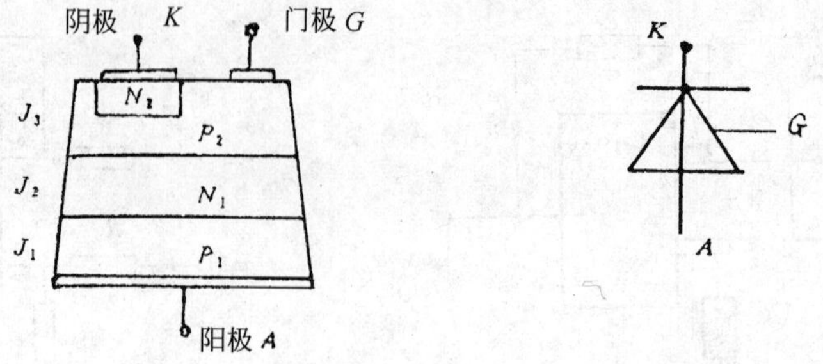

（a）结构图　　（b）符号

图 4-28　普通晶闸管的构造和符号

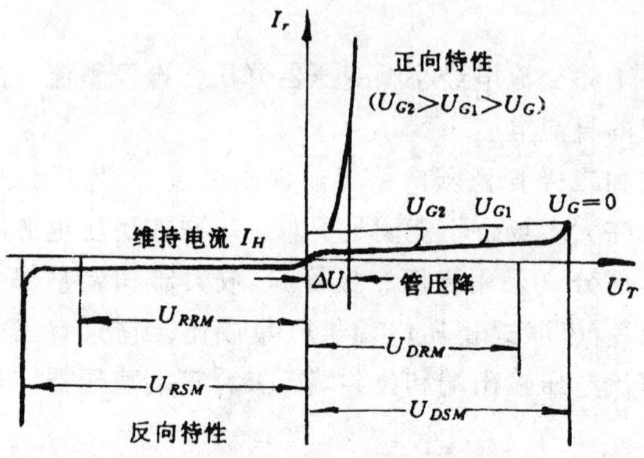

图 4-29　晶闸管的伏安特性曲线

③ 晶闸管导通后，触发信号不再起作用，除去触发信号后晶闸管仍然维持导通状态。

④ 晶闸管从导通变为阻断（不导通）状态的条件是：降低晶闸管的电源电压或者反向运用，使得晶闸管电流小于维持电流 I_H，晶闸管便会自动关断。

晶闸管的主要参数有：

① 正向阻断电压 U_{FRM}　在 G 极开路，保持晶闸管断态的前提下，允许作用在晶闸管上的最大正向峰值电压，U_{FRM}的值为 100V～3 000V。若晶闸管的正向电压超过了 U_{FRM}的值，则在 G 极开路的条件下晶闸管也可能导通，即失控，这是不允许的。

② 反向阻断电压 U_{RRM}　允许作用在晶闸管上的最大反向峰值电压。U_{RRM}的值为 100V～3 000V。若晶闸管的反向电压超过了 U_{RRM}的值,则晶闸管就可能被击穿损坏。

③ 正向平均电流 I_F　晶闸管允许通过的最大平均电流。I_F 的值为 1～1 000A，若晶闸管的工作电路超过了 I_F，则它可能过热损坏。

④ 维持电流 I_H　晶闸管保持通态所需的最小电流。I_H 的值一般为几十毫安至一、二百毫安。

⑤ 触发电流 I_G　晶闸管完全开通所需的最小门极直流电流，I_G 的值为几毫安至几百毫安。

⑥ 触发电压 U_G　晶闸管获得触发电流所需的门极直流电压，U_G 的值一般小于 5V。U_G 的值过小，则晶闸管的抗干扰能力差，容易产生误触发，过大会使触发变得困难。

⑦ 正向平均电压 U_F　晶闸管的通态管压降平均值，一般为 1V 左右。

需要注意的是：U_{FRM}和U_{RRM}的值均指峰值电压。I_F值是指单相正弦半波（电阻性负载）的平均值，晶闸管允许通过的电流有效值为$1.57I_F$。

晶闸管型号的命名办法如下

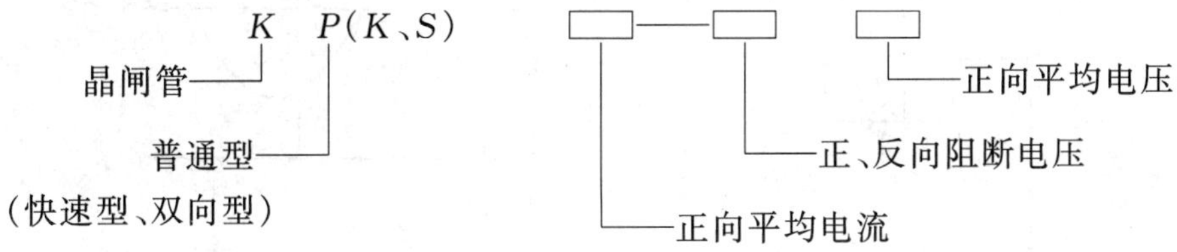

二、可控整流电路

单相半波可控整流的电路图和波形图见图 4-30。

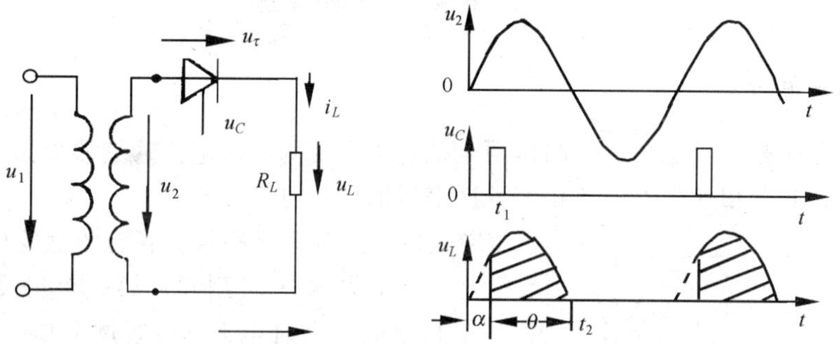

(a) 电路图

(b) 波形图

图 4-30　单相半波可控整流的电路图和波形图

在 t_0—t_1 时刻，晶闸管虽然承受正向电压，但 G 极没有触发信号 u_c，故不导通。t_0—t_1 时刻对应的 α 角称控制角。G 极触发脉冲信号 u_c 在 t_1 时刻出现，晶闸管导通。脉冲信号消失，晶闸管仍然维持导通，直至 u_2 的正半周电压接近零（晶闸管的通态电流小于维持电流）时晶闸管自动关断，t_1—t_2 时刻对应的角称导通角。

触发信号由专门的触发电路（振荡器）产生，显然控制触发信号出现的时刻就能控制晶闸管的导通角，进而控制整流电路的输出电压，最终对电气设备进行控制，如控制电动机的转速。

三、交流调压电路

晶闸管交流调压电路的功能是把固定的交流电变为可以调整的交流电，其主电路和波形图见图 4-31。电路采用两个晶闸管，两个晶闸管反向并联，也可采用一个双向晶闸管。两组独立的触发脉冲分别作用于两个晶闸管的门极，触发脉冲电路没有画出。

调压电路的工作原理如下：当输入交流电为正半周时，VT_2 承受正向电压，在触发脉冲的作用下导通；而 VT_1 承受反向电压，虽然受触发脉冲作用也不会导通。负半周时的情况相反。负载 R_c 上得到的电为交流电压。调整触发脉冲的相位便能改变晶闸管的导通角，从而能调整输出电压的大小。

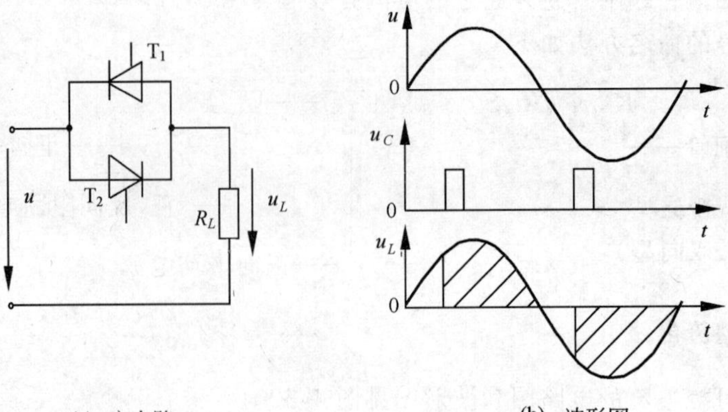

图 4-31 晶闸管交流调压电路

四、逆变电路

和整流电路相反，逆变电路的作用是把直流电变为交流电。逆变器分为有源和无源逆变器，单相和三相逆变器。单相无源逆变器的原理见图 4-32。

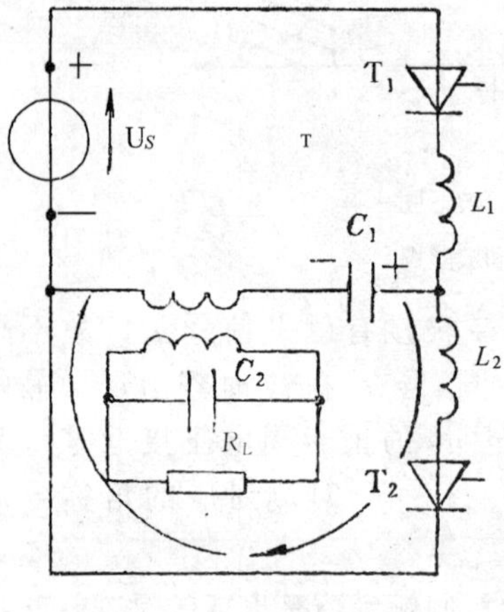

图 4-32 单相无源逆变器的原理图

逆变器采用两只晶闸管，各自的触发信号在时间上相差 $T/2$。从某一时刻起，第一个触发脉冲触发 VT_1 使其导通，直流电源 U_s 通过 VT_1、L_1 对电容 C_1 充电，充电电流流过变压器初级，次级的感应电压（即负载 R_L 上的电压）为输出电压。经过 $T/2$ 时间，第二个脉冲触发 VT_2 使其导通，已充电的 C_1 通过 L_2、VT_2 放电，放电电流流过变压器初级，次级的感应电压为输出电压。流过变压器初级的充电电流和放电电流的方向是相反的，故输出电压是交流电压，从而实现了直流变交流的逆变。

L_1 和 L_2 的作用是确保 VT_1 和 VT_2 不能同时导通、而只能轮流导通，否则就会造成直流电源 U_s 短路，这是不允许的，此时称逆变失败。L_1 和 L_2 不是独立的两个电感、而是带中心抽头的一个电感、当 C_1 放电时，L_2 对 L_1 的互感电动势的极性是下负上正，结果 VT_1 被关断；当 C_1 再次充电时情况相反。

C_2 的作用是滤波，吸收尖峰电压，改善输出电压波形。

五、无触点开关

晶闸管可以充当无触点开关，和有触点的机械开关比较有很多优点，特别适用于要求防火、防爆、快速动作、频繁操作、远距离操作的场合。

晶闸管的过压、过流能力都差，即使是瞬间的过压、过流，也可能造成晶闸管的损坏。故晶闸管电路通常配有保护电路和保护电器，如快速熔断器。晶闸管一般要配备散热器，散势器可采用自然冷却，风冷却和水冷却。

第五节　数字电路基础知识

模仿自然界中某种量得到的电信号称模拟信号，如用温度传感器获得的随气温变化而幅值变化的电压信号就是模拟信号。模拟信号在时间和幅值上多是连续的。处理模拟信号的电路称模拟电路，前面讲的放大、整流等电路大都是模拟电路。

自然界中某种量也可以用一组数字表示，如温度的变化可以用温度记录表中的一组数字表示。用来表示数字的电信号称数字信号，数字信号在时间和幅值上是不连续的。能处理数字信号（通常是二进制信号）的电路称数字电路，但数字电路不仅用于计算，更重要的功能是逻辑判断。数字电路又称脉冲电路、开关电路和逻辑电路。

模拟电路和数字电路各有特点。模拟电路容易受干扰，会使被处理信号产生较大失真；而数字电路的抗干扰性很强，几乎不产生失真，但电路太复杂。作为电子技术中的后起之秀，数字电路的迅速发展得益于二进制的发明和大规模、超大规模集成电路的崛起。关于集成电路上一节已经谈到。用电路表示十进制数字是非常困难的，它要求电路要有十种工作状态；而用二极管和三极管的开关性能表示二进制数却很简单，但电路复杂，使用的电子元件太多，随着大规模、超大规模集成电路的发展，这个问题迎刃而解。

当今，数字电路的应用越来越广泛、深入，数字化浪潮正在席卷全球。在我国，计算机及其网络正在向家庭普及，固定电话网早已实现计算机控制（程控），模拟移动电话网已被数字网取代，十年以内数字电视系统有望实现，智能建筑方兴未艾，电力领域和建筑机械也正越来越多地采用数字电路。

本节介绍数字电路的主要概念、基本的数字电路及应用实例。

一、二进制和 8421 编码

1. 二进制

逢二进　的计数制称二进制，二进制数的每一位只用 1 或 0 两个数码表示。二进制和十进制数的对应关系见表 4-4。二进制数中的 1 读作幺，以和十进制区别，如 1001 读作幺零零幺。

表 4-4　二进制和十进制数的对应表

十进制数	0	1	2	3	4	5	6	7	8	9
二进制数	0	1	10	11	100	101	110	111	1000	1001
BCD 码	0000	0001	0010	0011	0100	0101	0110	0111	1000	1001

二进制数转换为十进制数采用逐位乘权相加法。二进制数某一位上的数码 1 对应的十进制数的值称该位的权，见表 4-5。

例如，
$$\begin{aligned}(1010101)_2 &= 1\times2^6+0\times2^5+1\times2^4+0\times2^3+1\times2^2+0\times2^1+1\times2^0\\ &=64+16+4+1\\ &=(85)_{10}\end{aligned}$$

十进制数转换为二进制数采用除 2 取余法。即，将十进制数逐次除以 2，直至商为零，把余数（0 或 1）按先后顺序从右到左排列，就得到了对应的二进制数。

例如，

		余数
2	12	0
2	6	0
2	3	1
2	1	1
	0	

即，$(12)_{10}=(1100)_2$

2. 8421 代码

上述二—十进制转换方法不直观，用电路实现起来难度大。为了解决这个问题，人们设计了用一个四位二进制数表示十进制数一位数的方法，称二—十进制代码（Binary Coded Decimal，简称 BCD 码）。BCD 码有多种，8421 码是最常用的 BCD 码，见表 4-4。因为四位二进制数各位的权由高到低分别是 8、4、2、1，故称 8421 码。显然，n 位十进制数要用 n 个四位二进制数表示。

将十进制数表示为 8421 码的方法是，按顺序写出每位十进制数对应的 8421 码即可。例如：

$$(8421)_{10}=(1000010000100001)8421$$

将 8421 码转换为十进制数的方法是，从最低位开始，每四位数码分为一组，最后一组不足四位时在前面补零。例如：

$$(1000010010101)_{8421}=(0001,0000,1001,0101)_{8421}=(1095)_{10}$$

3. 字符数据的编码

数据可分为数值数据和字符数据，后者有符号（运算符号等）、文字（中文英文等）、图形等。为了让数字电路能处理字符数据，必须对其进行二进制编码。十进制数也要编码为二进制数，数字电路才能对其进行处理。

ASCII 码（American Standard Code for Information Interchange）原为美国标准信息交换码，现为国际通用的信息交换代码。该码用一个七位二进制数表示一个字符和数码，共表示 128 个字符（含数码），其中包括 26 个英文字母大小写字符、各种运算字符、标点字符和控制字符，还包括 9 个数码。例如，“*D*”的编码是 0100010、加号“+”的编码是 1011010，“？”的编码是 1111011、控制字符回车 *CR* 的编码是 1101000、“8”的编码是 1000011。

英文属拼音文字，只要对 26 个字母编码即可；而汉字是象形文字，需给每一个字编码。国家标准汉字编码（GB 2312—80）提供了 6763 个常用汉字和 682 个图形等的二进制编码。例如“大”的编码是 0011010001110011。

4. 数据的单位和存储

数据的最小单位是比特（bit），一位二进制数所包含的信息量为 1 比特。

规定一个 8 位二进制数为 1 个字节（Byte），字节是数据处理的基本单位。通常，表示 1 个 ASCII 码用 1 个字节，表示 1 个汉字用 2 个字节。

数据处理时，一次存取、加工和传送的数据长度（多少位二进制数）称为字(Word)，常用的字长有 8、16、32 和 64 位。字长越长，处理速度越快。目前流行的微机为 32 位机。

能存储数据的数字电路、磁盘、磁带等称存储器。最小的存储器是只能存储一位 2 进数的触发器，存储器的容量用存储的字节数表示，常用单位是 KB（千字节）和 MB（兆字节）。实际上，1KB = 1024B。

存储器由一个个存储单元组成，每个单元能存储一个字节。给每个存储单元赋于一个地址编号，就象给一栋楼房的每个房间编号一样，称编址。存取数据时，根据地址码寻找存储单元，称寻址。

5. 数字（脉冲）电信号的波形

表示二进制数的电信号的波形是一组方波（矩形波），见图 4-33 (a)。数字信号的波形除方波外，还有锯齿波、尖脉冲、阶梯波等，见图 4-33 (d)。

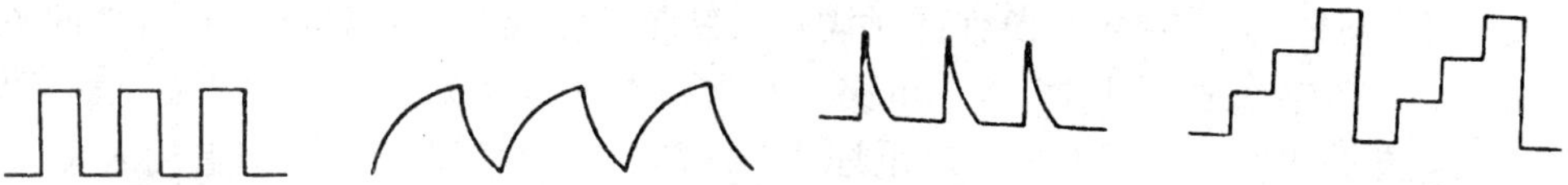

(a) 方波　(b) 锯齿波　(c) 尖脉冲　(d) 阶梯波

图 4-33　常见的脉冲波形

以方波为例，见图 4-34，**数字信号的主要参数如下：**

① **幅值 U_m**　从起始值到最大值之间的数值。

② **前沿和上升时间 t_r**　从起始值上升到峰值的波形称前沿，从 $0.1U_m$ 上升到 $0.9U_m$ 所需的时间称上升时间 t_r。

③ **后沿和下降时间 t_f**　从峰值下降到初始值的波形称后沿，从 $0.9U_m$ 下降到 $0.1U_m$ 所需的时间称下降时间 t_f。

④ **宽度 t_w**　在 $0.5U_m$ 处，从前沿到后沿的时间称宽度 t_w。

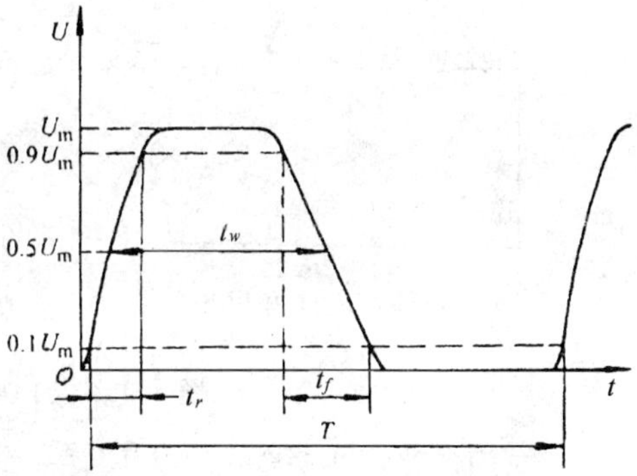

图 4-34　数字信号（方波）的主要参数图

⑤ **周期 T 和频率 f**　对于周期性变化的系列方波，两个相邻方波的对应点之间的时间称周期 T，周期的倒数称频率 f，$f = 1/T$。

⑥ **占空比 D**　宽度 t_w 与周期 T 之比称占空比 D，即 $D = t_w/T$。

6. 正逻辑和负逻辑

前面谈到，利用二极管和三极管的开关特性能方便地表示二进制数。具体表示方法是：用二极管和三极管组成的开关电路的输出状态通常有两种，高电位状态和低电位状态。我们用高电位表示二进制数码“1”，用低电位表示“0”，当然也可以相反，前者称正逻辑，后者称负逻辑，本书采用正逻辑。

7. 数字集成电路

实用的数字电路基本上是集成电路，关于集成电路的概况上一节已经谈到。常用的数字集成电路有 TTL 电路（晶体管—晶体管逻辑电路）和 CMOS 电路（互补对称型 MOS 电路）。前者的特点是运行速度高、负载能力强、工作电压低而电流大；后者的特点是集成度高、功耗小、工作电压范围宽，在大规模和超大规模电路中占统治地位。

二、基本数字电路

这里要介绍的基本数字电路不仅包括单元电路，如门电路、触发器，还包括电路部件。部件由单元电路构成，具有一定的实用性功能，用来组装整机，如计数器、译码器、存储器。

1. 门电路

门电路是数字电路的基本单元电路，是实现“与”、“或”、“非”等逻辑关系的电路。

① **与门电路** 只有当多个条件同时满足时结果才会发生，这种结果和条件的关系称与关系。与门电路是实现与关系的电路，其电路图和符号见图 4-35。从图（a）可以看出，只有开关 S_A 与 S_B 同时闭合时电灯才亮。从图（b）可以看出，只有输入端 A 与 B 都等于 1 时，输出端 L 才等于 1；其他情况下（$A=1$、$B=0$、$A=0$、$B=1$，$A=B=0$）L 均为 0。故图（a）和图（b）中的输出和输入间的逻辑关系是与关系，它们都是与门电路。

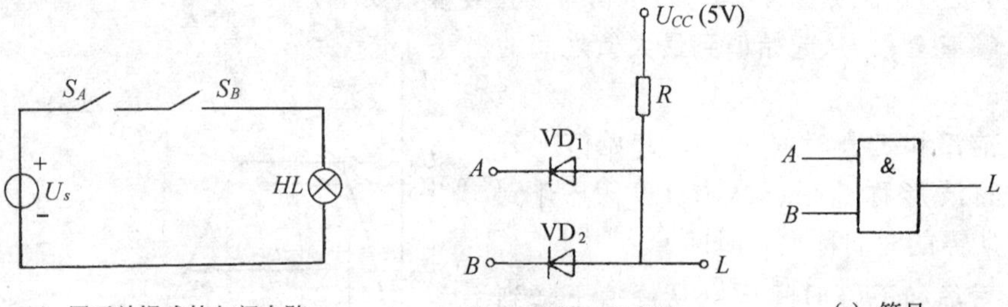

(a) 用开关组成的与门电路 (b) 二极管与门电路 (c) 符号

图 4-35 与门电路的电路图和符号

② **或门电路** 在多个条件中只要一个条件满足结果便会发生，这种结果和条件间的关系称或关系。或门电路是实现或关系的电路，其电路图和符号见图 4-36。从图（a）可以看出，只要 S_A 或 S_B 闭合电灯就会亮。从图（b）可以看出，只要两个输入端 A 和 B 中有一端为 1（包括 $A=1$、$B=0$，$A=0$、$B=1$，$A=B=1$ 三种情况）L 便为 1；其他情况下（$A=B=0$）L 为 0。故图（a）和图（b）中的输出和输入的关系是或关系，二者都是或门电路。

③ **非门电路** 除非当条件不具备时结果才会发生；反之亦然。这种结果和条件相反的关系称非关系。非门电路是实现非关系的电路，其电路图和符号见4-37。从图

(a) 可以看出，除非开关 S 打开时灯才亮，S 闭合时灯反而不亮，从图（b）可以看出，当输入为“1”时输出为“0”，当输入为“0”时输出为“1”，输出和输入是相反的关系。故图（a）和图（b）输出和输入的关系是非关系，二者都是非门电路（又称反相器）。

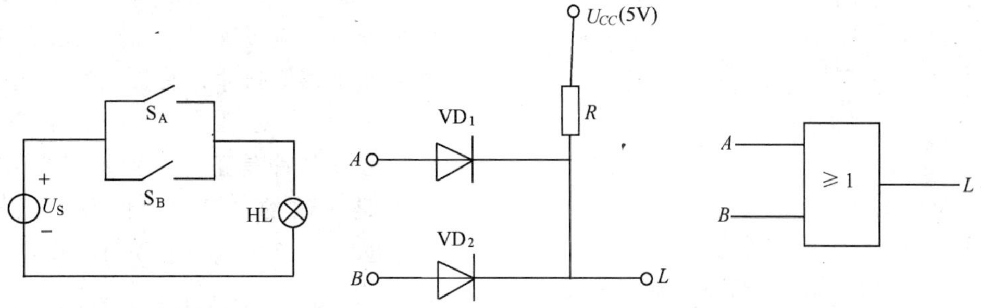

(a) 开门或门电路　(b) 二极管或门电路　(c) 符号

图 4-36　或门电路的电路图和符号

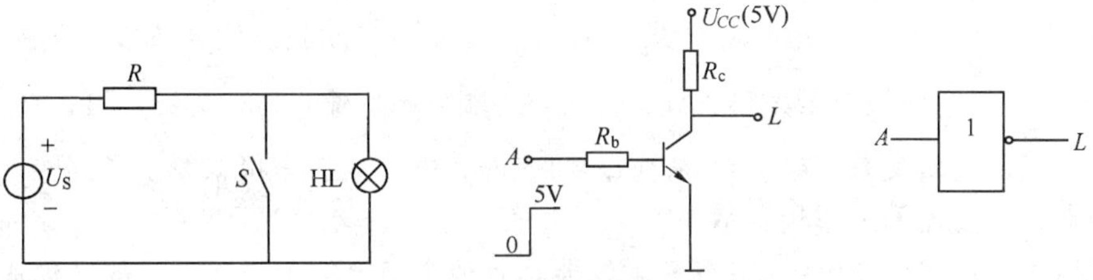

(a) 开关非门电路　(b) 三极管非门电路　(c) 符号

图 4-37　非门电路图和符号

④ **复合门电路**　复合门电路由单元门电路复合而成，常用的复合门电路有与非门、或非门和与或非门，其电路符号如图 4-38 所示。

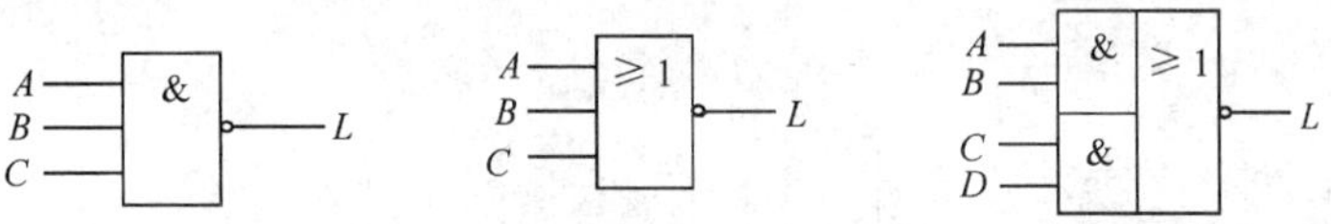

(a) 与非门　(b) 或非门　(c) 与或非门

图 4-38　复合门电路的符号

与非门的逻辑关系是先与后非。如：只有输入端都为“1”时输出端才为“0”。或非门的逻辑关系是先或后非。如：只要一个输入端为“1”输出端便为“0”。与或非门的逻辑关系是先与再或再非，与门电路有两个。如：或者输入端 A 与 B 都为“1”，或 C 与 D 都为“1”，输出端都为“0”。

2. 触发器

触发器是具有记忆功能、计数功能和置数功能的基本单元电路，常用的触发器有

RS、*JK*、*D* 等触发器。

① 基本 *RS* 触发器　基本 *RS* 触发器的逻辑图和符号见图 4-39。它由两个与非门交叉连接而成，有两个输入端 R_d 和 S_d（也称置数端），有两个输出端 Q 和$\overline{Q}$。输入端用于输入触发脉冲。根据需要，触发脉冲有时是正脉冲有时是负脉冲。需要注意的是，如果触发脉冲是负脉冲，有负脉冲作用时输入端的状态为 0，否则为 1。这一点表面上看起来和触发脉冲是正脉冲时的情况相反，但实质上是一致的，因为前面我们已经规定，在正逻辑电路中高电位为 1、低电位为 0。输出端 Q 和$\overline{Q}$的状态互为相反，当 $Q=1$ 时$\overline{Q}=0$，当 $Q=0$ 时$\overline{Q}=1$。通常规定 Q 端的状态为触发器的输出状态。

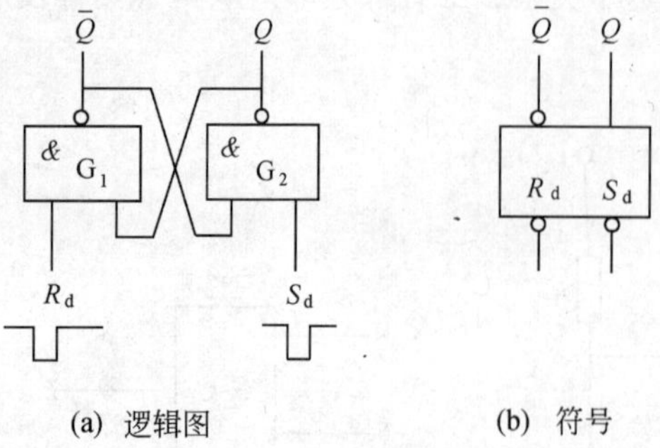

图 4-39　基本 *RS* 触发器的逻辑图和符号

设触发脉冲为负脉冲，*RS* 触发器的逻辑关系是：当 S_d 有触发脉冲作用、而 R_d 没有脉冲作用时，即 $S_d=0$、$R_d=1$ 时，根据与门和非门的逻辑关系，$Q=1$，从而$\overline{Q}=0$。当触发脉冲消失后（此时 $S_d=R_d=1$），触发器的工作状况维持不变，仍然是 $Q=1$，$\overline{Q}=0$。当 S_d 端没有触发脉冲输入、而 R_d 端有脉冲输入时，即 $S_d=1$、$R_d=0$ 时，根据与非门的逻辑关系，$Q=0$，从而$\overline{Q}=1$。即，电路的工作状态发生了翻转。触发脉冲撤除后，触发器的工作状态不变。

从以上分析我们得出结论：*RS* 触发器具有两个稳定的工作状态，故又称双稳态电路。触发脉冲消失后触发器的稳定工作状态不变，这说明触发器具有记忆（保持）作用。前述门电路是没有记忆作用的，因为输入信号撤除后输出信号就要改变。

② 同步 *RS* 触发器　同步 *RS* 触发器由 4 个与非门构成，其符号见图 4-40（a）。Q 和$\overline{Q}$端是输出端，R 和 S 端是触发脉冲输入端，C 是时钟脉 *CP* 的输入端，R_d 和 S_a 是置数脉冲输入端。

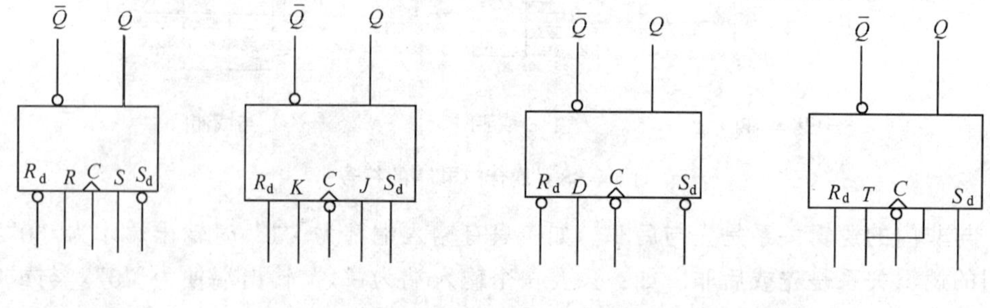

图 4-40　几种触发器的符号

在实用电路中，常需要多个触发器同时翻转，此时可采用 *RS* 同步触发器，时钟脉冲 *CP* 的作用就是使多个触发器同步翻转。该触发器的触发脉冲和时钟脉冲均为正脉冲。同步和基本 RS 触发器的区别是：当存在触发脉冲时，即 $R=1$、$S=0$ 或 $R=0$、$S=1$ 时，此时若存在时钟脉冲（$CP=1$），则触发器产生翻转；若不存在时钟脉冲（$CP=0$），则触发信号不起作用，触发器的工作状态不变。就是说，触发器状态同时受触发脉冲和时钟脉冲控制。触发器能不能翻转取决于触发脉冲的存在与否；何时允许触发器翻转则取决于时钟脉冲的出现时刻。

在实际应用中，有时要强制触发器为 1 或为 0，称置数。在置数端 R_d 和 S_d 输入负脉冲即可强制触发器的输出是 0（称置 0）或是 1（称置 1）。基本 RS 触发器的输入端 R_d 和 S_d 也是置数端，输入负脉冲能同时达到状态翻转和置数的目的。

③ ***JK* 触发器**　主从型 JK 触发器由两个同步 RS 触发器构成，其符号见图 4-39（b）。JK 触发器除具有和同步 RS 触发器类似的逻辑关系外，还有三个特点：一是具有计数功能，当触发器输入端 J 和 K 都等于 1 时，输入多少个时钟脉冲触发器就翻转多少次，即此时触发器具有计数功能。二是有保持功能，当 $J=K=0$ 时，触发器的状态保持不变。三是抗干扰性好，不容易产生错误的翻转，或者说不容易产生空翻。

④ ***D* 触发器和 *T* 触发器**　二者均只有一个输入端，D 端或 T 端，逻辑关系简单，给某些场合下的使用带来了方便，符号分别见图 4-38（c）和（d）。

3. 加法器

加法器是最基本的运算部件。任何二进制算术运算，都可以按一定规则经过加法操作来实现。加法器由门电路和触发器构成，集成加法器的符号见图 4-41。加法器有三个输入端：加数输入端 A 和 B，低位进位输入端 C_1。两个输出端：本位和输出端 S，高位进位输出端 C_0，加法器的工作原理和下述二进制加法计数器类似。

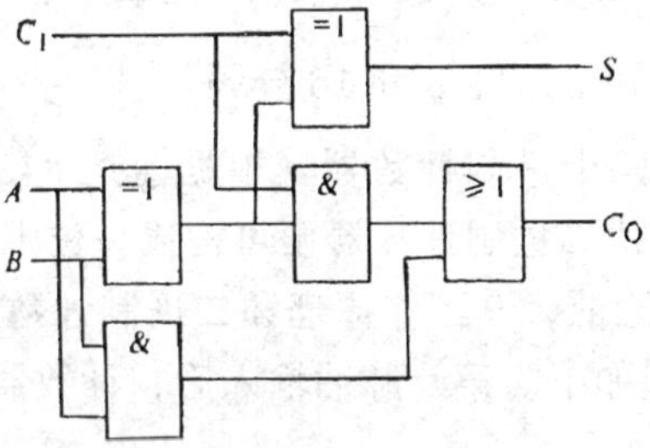

(a) 逻辑电路

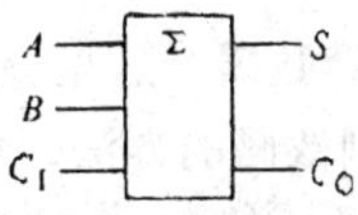

(b) 符号

图 4-41　加法器的逻辑电路和符号

4. 计数器

计数器是统计输入脉冲数量的部件，它还具有定时、分频、程序控制等功能。

① **二进制计数器**　采用主从 JK 触发器的四位二进制计数器的原理图和波形图如图 4-42 所示。图中，各触发器的输入端 J 和 K 均悬空，相当 $J=K=1$，触发器工作在计数状态。被计数脉冲 N 从低位触发器 F_1 的时钟脉冲 CP 输入端输入，低位触发器的输出也都输入到高位触发器的 CP 端。C_0 是向高位进位的输出端。各触发器的置 0 端 R_d 连在一起，以便在计数器工作之前先在 R_d 端输入负脉冲，使计数器置 0。

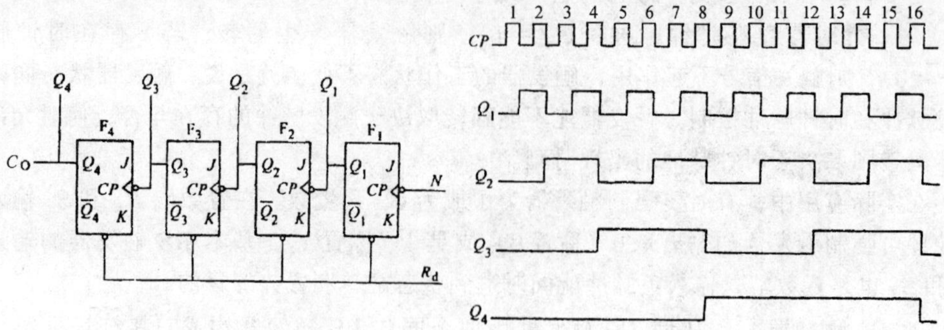

(a) 原理图　　　(b) 波形图

图 4-42　二进制计数器的原理图和波形图

下面看看计数器的工作原理。先要说明的是，*JK* 触发器是下降沿触发翻转。即，当 *CP* 脉冲处在上升沿和高电位期间触发器并不翻转，只有在下降沿到来时触发器才翻转。当第 1 个被计数脉冲的下降沿到来时，F_1 翻转，Q_1 由 0 变为 1，产生脉冲的上升沿，上升沿不能使 F_2 翻转，F_2 的状态不变。此时计数器的状态是 0001。当第 2 个脉冲的下降沿到来时，F_1 再次翻转，Q_1 由 1 变为 0，产生了一个下降沿，下降沿使 F_2 翻转，Q_2 由 0 变为 1，产生一个上升沿，上升沿不能 F_3 翻转，F_3 的状态不变。此时计数器的状态是 0010，依此类推，当输入第 16 个脉冲后，计数器的状态又是 0000，Q_4 由 1 变为 0，向高位输出进位脉冲 C_0。计数结果从 $Q_1 \sim Q_4$ 输出到显示器便可以显示出来。

从波形图可以看出，计数器具有分频功能。从 $Q_1 \sim Q_4$ 输出的信号频率分别是被计数脉冲频率的$\frac{1}{2}$、$\frac{1}{4}$、$\frac{1}{8}$和$\frac{1}{16}$，或者说 2、4、8 和 16 分频。

② 十进制计数器　这里介绍 8421 码十进制计数器。根据前述 8421 码用四位二进制数表示十进制数码的方法，用一个四位二进制计数器便可构成一位十进制计数器，其原图见图 4-43 输入第 10 个被计数脉冲之前，其工作原理和二进制计数器相同。输入第 10 个脉冲时要求计数器进位，进位原理如下。第 9 脉冲输入后，计数器的状态是 1001。第 10 个脉冲输入后，虽然 Q_1 由 1 变为 0，产生了下降沿。但由于 $J_2 = \bar{Q}_4 = 0$、并且 $Q_2 = 0$，根据 *JK* 触发器的置数功能，F_2 不翻转。由于 $Q_2 = Q_3 = 0$，故 $J_4 = 0$，但此时 $Q_4 = 1$，根据置数功能，F_4 翻转，计数器的状态为 0000，并向高位输入进位脉冲。

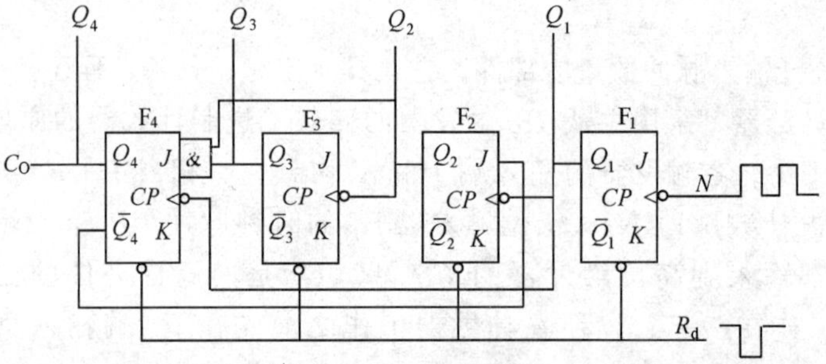

图 4-43　8421 码十进制计数的原理图

5. 存储器和寄存器

存储器是接收、存放和输出数据的部件。常用存储器有磁盘、磁带、光盘、半导体存储器等，后者是用半导体电子元器件组成的存储器。存储器按使用功能分为随机存储器（RAM，Random Access Memory）和只读存储器（ROM，Read Only Memory）。前者既可以写入（存入），又可以读出（输出）；后者只能读出。

寄存器是存储器的一种，它有规定的容量（如一个字），供计算机在运行过程中临时存放数据使用，故又称暂存器。半导体寄存器利用触发器的记忆作用制成，一个触发器只能存储一位二进制数，存储多少位二进制数就需要多少个触发器。

寄存器的原理见图 4-44，图中有四个触发器，能存储 4 位二进制数。$D_1 \sim D_4$ 是数据输入端，$Q_1 \sim Q_4$ 是数据输出端，存储数据前，先在置 0 端 R_d 加上一个负脉冲，使存储器置 0。设存入二进制数 1010，存储的原理如下：先分别将 1、0、1 和 0 输入到 D_4、D_3、D_2 和 D_1 然后将正脉冲（在这里称读入脉冲）输入到 CP 端，此时数据同时写入到触发器，$Q_4 = D_4 = 1$，$Q_3 = D_3 = 0$，$Q_2 = D_2 = 1$，$Q_1 = D_1 = 0$。存储的数据从 $Q_1 \sim Q_4$ 端读出，例如输出到运算器进行运算。

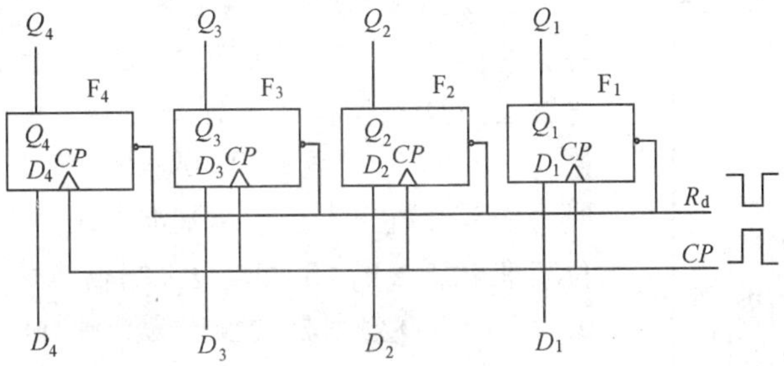

图 4-44 四位二进制数存储器的原理图

6. A/D 转换器和编码器

数字电路原则上只能识别二进制数，故需要数字处理的任何数据（数字、字母、图形等）都要转换成二—十进制代码（BCD 代码）。A/D 转换器就是用于把模拟量（Analog）转换为数字量（Digital）的部件，它由采样、量化和编码三部分组成。若仅仅把十进制数转换为二进制数，则只采用编码器即可。

① **采样** A/D 转换的前提是采样，例如记录气温的变化，可以用仪器记录气温的变化，记录的结果是一条连续变化的曲线（模拟量）；也可以人工单位时间内若干次记录温度计的数值，记录的结果是一组组十进制的数字，用这些数字也可以画出气温的变化曲线。后一种方法就是采样方法。显然，单位时间内记录的次数越多，即采样频率越高，采样的结果越精确。

采样电路的原理和波形图见图 4-45。图中输入量（被采样信号）是模拟量电压。采样电路由开关 S 和电容 C_H 组成，S 是由采样脉冲信号 CP 控制的自动开关，脉冲信号的频率就是采样频率。当 S 闭合时输入信号给 C_H 充电，当 S 打开时，C_H 上的电压，即采样样本，保持一定时间不变，后续量化电路将其量化，这样便完成了一次采样。

② **量化** 三位并联比较型量化电路的原理见图 4-46，总基准（参考）电压 V_R 通过 8 个精密电阻构成的分压器被分为 $V_R/8 \sim 7V_R/8$ 共 7 个分基准电压，分别输入到 7

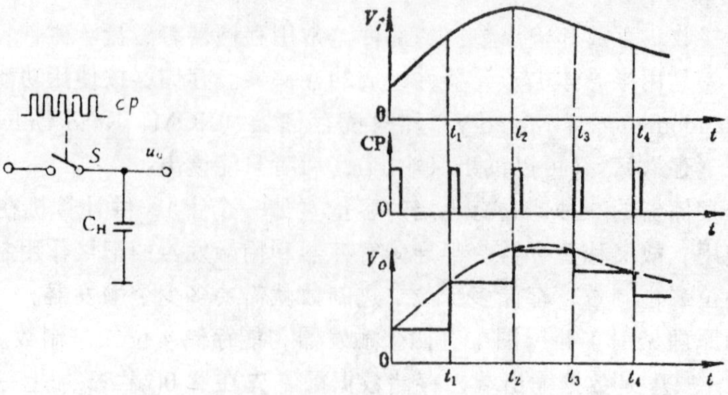

(a) 电路图　　(b) 波形图

图 4-45　采样电路的原理和波形图

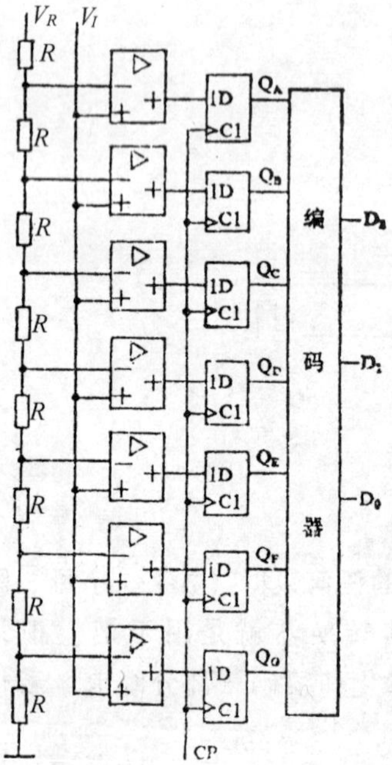

图 4-46　并联比较型量化电路的原理图

个由运放构成的比较器的反相端。V_I 为采样获得的电压，输入到比较器的同相端。当采样电压大于分基准电压时比较器输出是 1，反之输出为 0。比较器的输出在时钟脉冲的作用下存入 D 触发器，以便获得稳定的数字信号输出。D 触发器输出到编码器，编码器将输入数据编制为 3 位二进制数输出。例如：当 $2V_R/8 > V_I > V_R/8$ 时，即采样电压大于单位基准电压 $V_R/8$，小于 2 倍的单位基准电压 $2V_R/8$ 时，QG 端输出为 1，其余输出端是 0，即 7 个 D 触发器的输出为 0000001，此时我们将编码器的输出设计为 001（十进制数 1）。反过来说，当编码器输出 001 时，代表采样电压的值是单位基准电压值 $V_R/8$。当 $3V_R/8 > V_I > 2V_I/8$ 时，$Q_G = Q_F = 1$，其余输出端是 0，即 D 触发器的输出是 0000011，此时我们将编码器的输出设计为 010（十进制数 2）。反过来说，当编码器输出 010 时，代表采样电压的值等于 2 倍的单位基准电压值 $2V_R/8$。其余类推。这样便实现了 A/D 转换。

③ 编码器　把量化后的样本值或其他数据转换为二进制代码称编码。上面提到编码器但没有讲解具体原理。用门电路构成的十进制～二进制编码器如图 4-47 所示。该编码器能将十进制数编成二—十进制代码（BCD）码，工作原理如下。开关 S 闭合时为 0，打开时为 1。当 $S_0 \sim S_9 = 1$ 时，输出端 A、B、C、D 均为 0。当需要将数码 6 编码时，S_6 闭合，编码器输出为 0110，其余类推，这样就完成了编码。输出端 S 用于编码器的级联。

7. 译码器和 D/A 转换器

译码是编码的反运算。将二进制代码（或其他代码）转换为数据电信号的部件称译码器，或解码器。译出的数据信号被输入到打印机打印，或输入到显示器显示，或输入到执行机构进行自动控制，等等。D/A 转换器是把数字量转换为模拟量的部件，也可称译码器。译码器的种类较多，下面讲解二—十进制译码器。

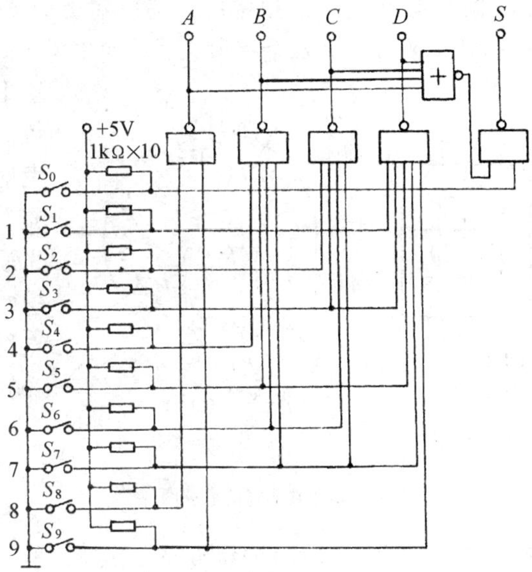

图 4-47　二—十进制编码器

二—十进制译码器的原理图见图 4-48。四个输入端 $Q_1 \sim Q_4$ 用于输入 BCD 码，十个输出端 $Y_0 \sim Y_9$ 分别用于输出十进制数码 0～9。四路输入信号 $Q_1 \sim Q_4$ 经过四个非门又产生了四路输入信号 $\bar{Q}_1 \sim \bar{Q}_4$，共八路信号按一定规则输入到十个与门，每个与门有 4 路信号输入，如第 8 个与门的输入信号是 Q_4、$\bar{Q}_3$、$\bar{Q}_2$ 和 $\bar{Q}_1$。当输入端全部为 0 时输出端全部为 0。当输入 BCD 码 1000 时，$Q_4 = \bar{Q}_3 = \bar{Q}_2 = \bar{Q}_1 = 1$，所以第 8 个与门输出为 1（高电位），表示译码器的输出是十进制数 8。其余类推。这样便完成了译码工作。用译码器的输出信号去驱动打印机或显示器，便可以打印或显示出十进制数。

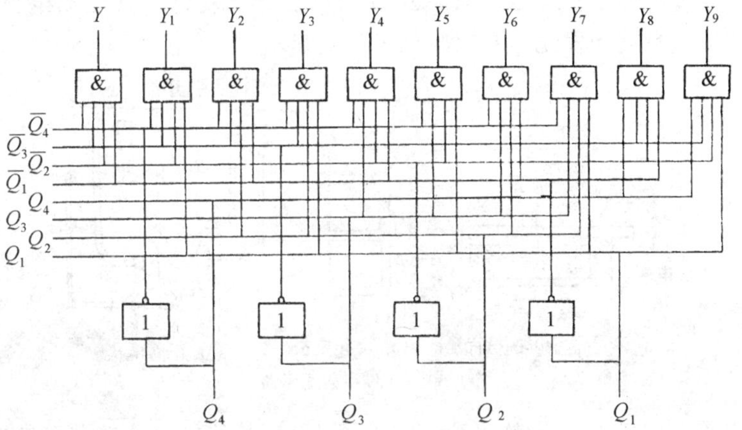

图 4-48　二—十进制译码器

8. 显示器

显示器是把数据电信号变为光信号的部件。它由显示器件和驱动电路组成。

① **显示器件**　常见的显示器件有阴极射线管(CRT, Cathode - Ray Tube)、数码管、发光二极管(LED, Light Emitting Diode)、液晶显示器(LCD, Liquid - Crystal Display)等。

阴极射线管的基本原理见第十一章第三节。电视机和计算机目前主要采用 CRT 作为显示器件，液晶显示的电视机和计算机近年来开始投入市场，电视机和计算机显示器虽然都采用 CRT，但显示原理有较大差别。

数码管主要用来显示数码 0～9。它由封装在真空玻璃管内的阴极和阳极组成，阴极有两种形式，一种是数码形式，十个阴极分别做成 0～9 的形状，彼此前后排列，各阴极间留有距离，互相绝缘。另一种是八段（或七段）字段形式，如图 4-49 所示，$a\sim h$八个阴极，即八个字段组成一个“8”字。当需要显示某一个数码时，驱动电路的输出电压加在对应的几个限极上使之发光即可。阳极发光的原理有的和 CRT 类似，阳极发射的电子束轰击涂有荧光粉的阴极使之发光，这种管子称荧光数码管。有的是利用辉光放电原理发光，这种管子称辉光数码管。这两种管子的优点是亮度高、工作可靠，缺点是工作电压都较高，前者约 20V，后者约 200V。

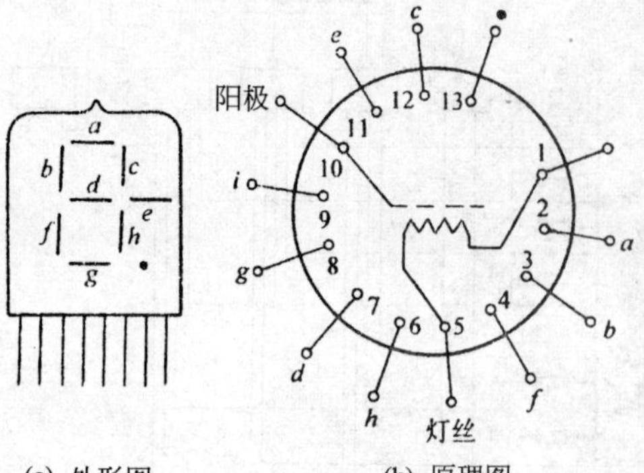

(a) 外形图　　(b) 原理图

图 4-49　八段数码管的原理图

LED 的发光原理见本章第二节。用 1 个 LED 充当一个上述字段，把七个 LED 封装在玻璃管内，这样就构成了七段 LED 数码管，其工作过程同上。LED 的特点是工作电压低（1.5～3V）、体积小、寿命长等。

液晶即液态晶体，它同时具有液体和晶体的某些性质。LCD 是字段显示器，其结构图见图 4-50。正面电极是七个字段电极，反面电极是公共电极，在正反面电极间加上几伏电压，在电场的作用下液晶的透明度改变，使照射液晶的环境光发生散射，呈现黑色或乳白色，从而实现了液晶显示。LCD 的特点是功耗低，其驱动电路一般为集成电路。LCD 的缺点是被动发光，在黑暗处看不到显示。

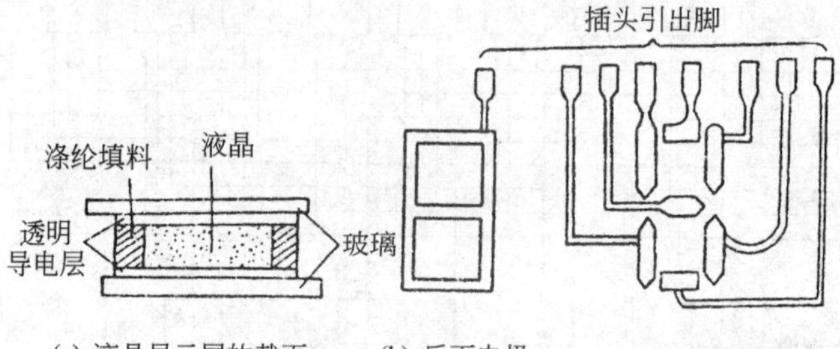

(a) 液晶显示屏的截面　　(b) 反面电极　　(c) 正面电极

图 4-50　LCD 字段显示器

② 驱动电路　LED 显示器的驱动电路见图 4-51，其他显示器的驱动电路与此类似。驱动电路(b)的工作原理是：当译码器的输出端 a 端为高电位时，三极管由截止变为导通，使发光二极管 Va 导通并发光，即 Va 对应的字段发光。其他字段的发光过程类推，这样便实现了数字显示。(a)是译码器直接驱动电路，适用于小功率发光二极管。

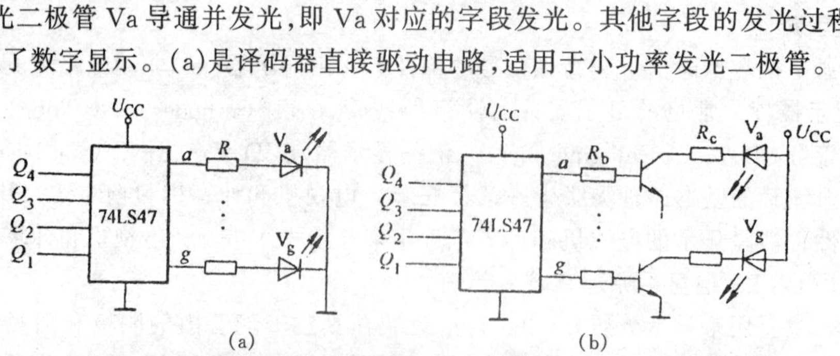

(a)　　(b)

图 4-51　LED 显示器的驱动电路图

三、数字电路应用举例

数字频率仪（又称频率计）的方框图如图 4-52 所示，它用于测量输入脉冲的频率，配用适当的传感器，频率仪能用于测量发动机的转速、物体的振动频率等，也能作为计数器使用，用于统计人流量、物流量等。下面分析频率仪的工作原理。

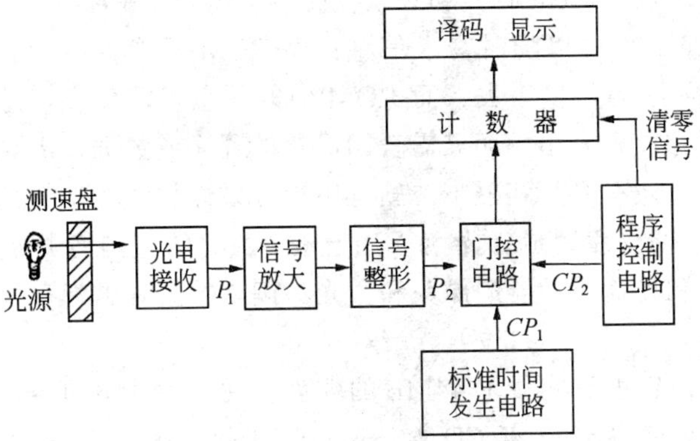

图 4-52 数字频率仪的方框原理图

来自传感器的待测脉冲 P_1 信号弱、有干扰，故要经放大、并整形为幅度和宽度一致的方波信号，以便准确测量，整形电路可由触发器构成。与门电路的输入信号有 3 个：待测脉冲 P_2，时钟脉冲（秒信号）CP_1 和读数时间控制脉冲 CP_2。CP_1 的脉宽是 1 秒，用于控制每秒钟通过门电路的 P_2 数量，显然脉宽越准确测量误差越小。为提高脉宽的准确度，通常采用把高稳定度的石英晶体振荡器的输出信号分频获取 CP_1。CP_2 的作用是，在 $CP_1=1$ 期间，CP_2 一直为 1，门电路打开，使计数器完成 1 秒钟的计数；之后，为读数时间（如 5 秒钟），读数期间 CP_2 由 1 跳变为 0，门电路关闭。读数时间结束时，CP_2 由 0 变为 1（利用其上升沿产生一个清零脉冲，使计数器输出为 0），新的一轮计数开始。显然，CP_2 的跳度应发生在 CP_1 的间歇时间内，或者说不能发生在 CP_1 的持续时间内。

如让频率仪作为计数器使用，只要让 CP_1 和 CP_2 一直保持高电位即可。

第六节 微机的基本原理、配置和应用

计算机是数字电路的典型应用，只有 60 年的历史，已经发展到第四代，正向第五代发展。20 年来计算机发展之迅速、应用之广泛是科技史上任何一门学科无法比拟的。这里简单讲解微机（又称 PC 机，Personal Computer）的原理、配置和应用。

一、PC 机的基本原理

1. PC 机的组成

PC 机的硬件组成见图 4-53，它由用“总线”连接的存储器、运算器、控制器、输入和输出设备五部分组成，微机已经集成电路化，很少采用分立元件，各部分的

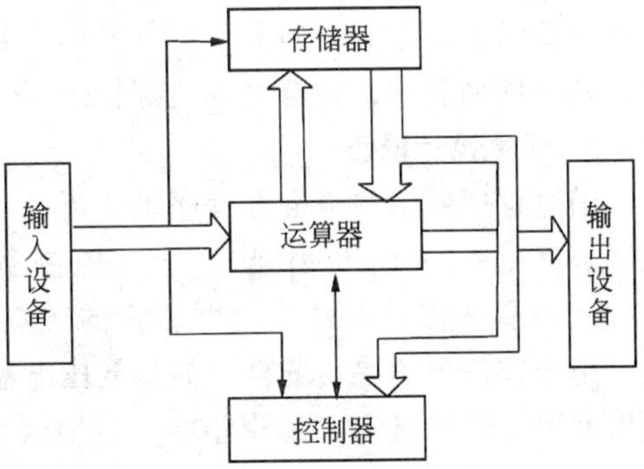

图 4-53 微机的组成

作用如下：

① **运算器** 运算器的作用是进行算术运算和逻辑运算，逻辑运算类似于人脑的逻辑思维判断。

② **存储器** 存储器的作用是记忆原始数据、程序及运算结果，分为内存和外存。内存分随机存储器（RAM，Random Access Memory）和只读存储器（ROM，Read Only Memory）。RAM 既可以从中读出信息，也可以随时写入信息；而 ROM 只能从中读出信息，而不能写入信息；断电时 RAM 中的信息丢失，而 ROM 中的信息仍能保存。外存用来弥补内存量的不足，主要用于存放暂时不用而又需长期保存的程序或数据，需要时调入内存使用。外存分软盘和硬盘，还有光盘和磁带。软盘用涂有磁性材料的塑料盘片制成，硬盘用涂有磁性材料的一组铅盘片制成，光盘采用直径 12cm 的塑料盘片制成，分别用软盘驱动器、硬盘驱动器和光盘驱动器的磁头和激光头读取数据。磁带存取数据的原理和录音、放音的原理一样。

现在通常使用 3.5 英寸、双面、高密度、容量 1.44MB 的软盘；硬盘和其驱动器合二为一，不能随意放入和取出；光盘已从音频盘 CD（Compact Disc）、视频盘 VCD（Video CD）发展到了数字万用盘 DVD（Digital Versatile Disc），DVD 的容量高达 4.7GB，是 CD 的 7 倍左右，将逐步取代 CD 盘。根据已公布的 DVD—18 标准，DVD 盘的容量能高达 17GB。

③ **控制器** 控制器是计算机的指挥部，它从存储器中逐条取出指令并加以分析，然后指挥其他部件完成指令要求的操作。

④ **输入设备** 输入设备用于输入程序和数据，常用的输入设备有，键盘、鼠标、光笔、扫描仪、磁盘机等。

⑤ **输出设备** 输出设备用于输出计算或判断结果，常用的输出设备有，显示器、打印机、绘图仪、磁记录仪等。

2. PC 机的工作过程

图 4-53 中的粗箭头代表数据和指令，细箭头代表控制信号，工作过程如下：①根据数学公式或控制要求采用程序设计语言编写程序。程序是为了让计算机完成某一任务而编写的操作命令集，软件主要是指程序。②将程序通过输入设备输入到存储器。③控制器从存储器的某个地址中取出第一条指令放在寄存器暂存。④将指令送入译码器，译出指令要求的操作。⑤向有关部件发出信号，完成指令要求的动作。然后取出第二条指令，如此周而复始，直至完成全部指令。

3. 程序设计语言

编写程序所用的语言称程序设计语言，它可分为机器语言、汇编语言和高级语言。机器语言的每个语句由若干位二进制数组成，一个语句代表一条机器指令，如 11110100 代表停止操作。机器语言的优点是计算机能直接识别它，缺点是指令难记，主要用于较简单的控制场合，如高低压电器、家用电器等。用机器语言编写的程序一般是用编程器将其固化在存储器中。汇编语言是用一些符号进行编程的语言，如用 ADD 代表“加”，用 HLT（HALT 的缩写）代表停止操作。汇编语言较容易记忆，但计算机不能识别，须用“汇编程序”翻译成计算机能识别的“目标程序”。高级语言也是符号语言，但是它更接近自然语言，如 $AL=9+6$ 代表计算 9 和 6 之和。高级语言须用“编译程序”译为计算机能识别的“目标程序”。比较流行的高级语言有BASIC、PASCAL、FORTRAN、C语言等。

我们使用的操作程序（管理计算机工作的程序）和应用程序都是用高级语言编写的，如操作系统Windows98、Windows xp，文字处理程序Word97、WPS，数据库程序Excel、Access，工程管理程序，等等。

4. PC机的分类

按用途可分为通用机和专用机，后者又分为控制用机和数据处理机；按字长分为4、8、16和32位机，正向64位发展，位数越多功能越强；按结构可分为单片机、单板机和微型机系统。单片机是把微处理器（下面要讲）、一定容量的存储器和必要的I/O（输入/输出）接口电路集成在一个硅片上而构成的，有的还包含A/D、D/A转换器，用在功能要求低、体积要求小的场合。单片机也可称微处理器。单板机是把微处理器、存储器芯片、I/O芯片和必要的输入/输出设备装配在一块印刷电路板上而成，具有专门用途，用于较简单的自动控制、智能仪器、数据采集等。微机系统是指由上述全部五部分组成的成套微机，广泛用于设计、科研、办公、家用等领域。

二、PC机的配置

所谓配置是指由哪些部件构成。懂得配置对于了解PC机的性能，选购、使用PC机，自行组装（DIY）PC机具有重要意义。

1. 中央处理器

中央处理器（CPU，Central Processing Unit）是计算机的核心，微机均采用微处理器作为CPU，微处理器是一块包括运算器和控制器的集成电路芯片。CPU的最重要的性能是工作时钟频率、即主频，主频越高微机的工作速度越快。PC机的各部分是在时钟脉冲的作用下协调工作的。

常用的CPU主要由Intel和AMD公司生产，我国已研制出了自己的CPU。目前使用的CPU有：Intel公司的Pentium MMx（奔腾MMx），可称586，技术水平与之相当的其他CPU有AMD公司的K6，Cyrix公司的6×86MMx；更高一级的有Intel公司的Pentim 2、3、4和Celeron（赛扬），均可称686，与之相当的有AMD公司的K6-2、K7（Athlon），Cyrix公司的MⅡ。586水平的CPU的主频高达500MHz，奔腾4高达2.2GHz，CPU的速度仍在飞速发展，大约每18个月翻一翻。

2. 内存储器

内存又称主存，计算机使用操作系统和应用程序越复杂、要求内存的容量越大。内存储器由若干内存条（电路板）组成，每个内存条上装有若干块芯片。目前内存的存储容量已高达256MB。

3. 主机板

主板是计算机中最重要的一块电路板，主板上装有CPU、内存、显示卡、声卡、芯片组等，通过导线与主板相连的部件、接口有：软盘驱动器、光盘驱动器、硬盘、键盘接口、鼠标接口、打印机接口等，主板和处界的数据交换通过芯片组进行。

4. 硬盘

硬盘和驱动器是合二为一的，分为SCSI接口标准和IDE接口标准两大系列产品，前者性能较好但价格高，一般使用 IDE 即可。目前硬盘驱动器马达的转速已高达 7 200rpm，转速越快存取数据的速度越快，硬盘的容量已超过 40GB。

5. 软盘驱动器

软盘驱动器是采用磁头在软盘上存取的数据的装置。软驱要和软盘相配合，现在一般采用 3.5 英寸的软驱。

6. 光盘驱动器

光驱是采用激光头在光盘上读取数据的装置。光驱最重要的性能是传输数据的速率。CD 光驱已从单速发展到 60 倍速（单速的 60 倍）。单速的速率是 150KB/S，只能播放音频光盘。DVD 光驱已从单速（相当于 CD 光驱的 9 倍速）发展到了 10 倍速。

7. 声卡

声卡的功能是把声音进行 *A/D* 或 *D/A* 转换，使计算机具有听、说、唱的功能，已从双声道发展到 6 声道，相应的播放效果从立体声，3D 定位音效发展到 DVD 影院音响效果。音箱要另外配置。

8. 显示卡和显示器

显示卡将主机输出的数字信号转换为视频信号（模似信号）供给显示器。2D（2 维）卡和 3D 卡分别用于显示平面和立体图形，3D 加速卡将成为标准配置。显示器以文字和图形的方式显示主机输出的、经过显示卡处理的数据。显示卡和显示器的技术标准主要 CGA、EGA、VGA 及其增强型，现在最流行的是 VGA。显示器最主要的性能是分辨率和颜色。分辨率是指屏幕上每帧画面有多少个像素（发光点），目前显示器的分辨率能高达2 100×1 600，非特殊需要 1 280×1 024 已够用。颜色分 16、24、36 位，位数越高颜色越逼真，但显示速度越慢，非特殊需要 16 位已够用。显示器的尺寸有 14、15，17、19 和 21 英寸，目前最流行的是 17 英寸。根据显示原理，显示器主要有阴极射线管（CRT）和液晶显示（LCD）两种，CRT 占统占地位，正向纯平方向发展，LCD 已大量上市，将越来越多地取代前者。

9. 电源

现在的电源均采用开关电源，节能效果显著。微机的实际消耗功率约 100W，电源的功率有 200W 就足够。为防止意外停电丢失数据、损坏机器，可外接不间断电源(UPS)。UPS 内装蓄电池，停电时自动切换电源，使计算机仍能工作一定时间，以便操作者存储数据和正常关机。有的 UPS 还有稳定交流电压、漏除电源干扰的功能。

10. 打印机

打印机分黑白、彩色型；针、喷墨和激光型。针式打印机的速度慢、分辨率低、噪声大，但价格低。激光打印机与之相反，喷墨打印机居中。一般使用彩喷和黑白激光打印机，针式用于打印量大，要求低的场合，彩色激光打印机太贵。打印机的分辨率用每英寸所能打印的点数（DPI，Dot Per Inch）表示，能高达 1 440 点/英寸，要注意，有的打印机给出的分辨率要采用专门高档打印纸才能实现，采用普通纸时分辨率要低得多。黑白喷墨的打印速度能高达 8P/min（每 5 分钟 8 页），黑色激光的打印速度能高达 40P/min。打印幅面常用的有 *A*4 和 *A*3。打印机的墨盒属消耗品，价格很高。

11. 键盘和鼠标

键盘可分为电容式、机械式和机电式，其外特性是手感不同，电容式较软、机械式较硬、机电式居中。目前一般采用101键的键盘。Windows95/98键盘在101键盘的基础上增加了几个按键。

鼠标有二键、三键、四键和有无滚轮之分，一般采用二键带滚轮的鼠标。笔记本电脑采用轨迹球充当鼠标，有有线和无线之分。鼠标的技术含量不高，小的公司也能生产，质量差别很大，有的三键鼠标实际上只有二键功能。

12. 网卡和调制解调器

网卡用于局域网内计算机之间的通信，调制解调器（俗称“猫”，Modem）用于拨号上网。modem将微机输出的数字信号转换为模拟信号，通过电话线传输到互联网；将电话线传输来的模拟信号转换为数字信号输入给微机。Modem最重要的性能是传输速率，目前国内电话线只能达到14.4kbs（每秒千伦），经压缩能达到56kbs（每秒千伦），故选择56kbs（每秒千伦）的Modem已足够用。Modem有内置和外置之分，外置式有的需要单独的电源、有的则不需要，后者用于有USB接口的微机，没有USB接口者则不能用，并需要Windows98以上的操作系统支持。

13. 扫描仪

扫描仪用于把图片、文字资料通过扫描的方式输入到计算机。扫描仪的主要性能光学分辨率，目前最高可达1 440DPI（每英寸点）。

14. 光盘刻录机

光盘刻录机（CD—RW）用于把计算机输出的数据刻录在空白光盘上，并能读取光盘上的数据。刻录机使用的光盘分只能写一次的CD—R盘和能反复读写的CR—RW盘。目前，刻录机以4倍速擦、4倍速写和8倍速以上读为主，刻录一张光盘约需20min。

15. 电视卡和视频捕捉卡

和电视机的原理类似，电视卡用于接收电视射频信号，然后进行解调、输出视频信号，由显示器显示图像，由声卡和音箱播放伴音。视频捕捉卡用来把模拟视频信号转换为数字视频信号，送入计算机存储和处理。

16. 数码相机

数码相机的原理是，将图像光信号转换为数字电信号，然后存储在活动芯片中。其特点是，不需要胶卷和冲洗，可以把信号输入到计算机、利用图像处理软件进行多种处理（如“修版”、编辑等），可以通过打印机把照片打印出来。数码相机的主要性能有分辨率（定义同前述显示器）和存储量，目前主流相机的分辨率都在1 024×786以上，存储容量能高达15MB，存储的照片数量由选择的分辨率和存储容量二者决定。另外，有的相机采用一次性电池，有的采用可充电电池，后者要经济得多。

三、单片机的应用

计算机常以单片机或单板机的形式应用于建筑机械、高低压电器、家用电器的自动控制，单片机自控系统的一般组成见图4-54，它可分为五部分：信号采集部分、给定量输入部分、分析判断部分、驱动执行部分和显示部分。

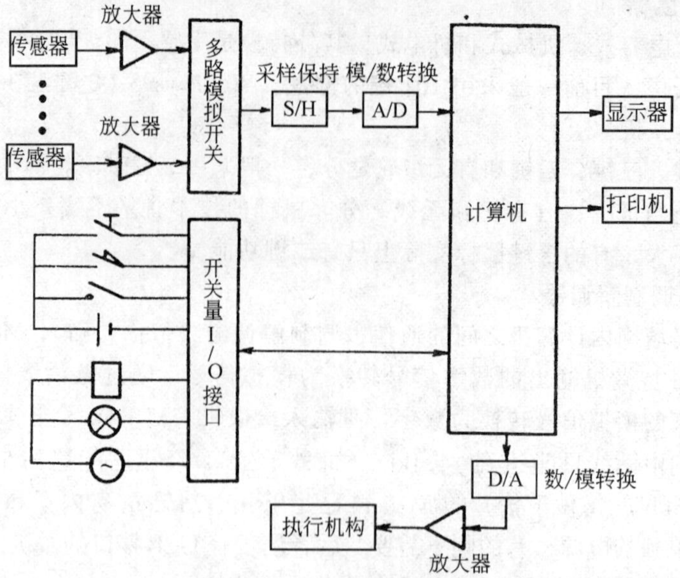

图 4-54　单片机自控系统的组成

1. 信号采集部分

要对被控对象进行控制就必须对被控对象及相关对象的状况进行侦察，如电动机的转速是多少、是否偏离要求值、电源电压和负载是否有波动等，信号采集部分的任务就是侦察。非电量信号经传感器的转换为电信号，再经放大、多路开关、S/H 和 A/D 送入 CPU。多路模拟开关的作用是轮流接通各路信号，让多路信号公用一个 S/H 和 A/D。电量信号多是开关、接触器、继电器输出的开关信号，经接口电路输入到 CPU。接口电路的作用是对输入信号进行处理，如电平转换、整形、滤波等，以适合 CPU 的要求。

2. 给定量输入部分

给定量输入就是把控制要求通过键盘或按钮输入给 CPU，如要求电动机稳定工作在 3 000rpm，要求断路器在电动机的实际电流超过额定电流的 20%后 10 秒钟将电源切断，要求电度表在 23 点～5 点按电价的 50%计价。

3. 分析判断部分

CPU 将给定量和采集信号进行对比等分析，做出判断，必要时输出控制信号，经 D/A、放大器交执行机构执行。例如，发动机点火控制系统的 CPU 根据节气门位置信号、空气流量信号、水温信号、曲轴位置信号和上述信号同点火提前角之间的关系式，计算出提前角，交点火电路执行，以取得最佳燃烧效果，节约能源。上述关系式相当于给定量，由生产厂家固化在 CPU 中，不需要用户输入。

4. 驱动执行部分

根据 CPU 的指令，由驱动器驱动执行器控制被控对象。

5. 显示部分

显示部分包括数字显示器、打印机等，用于显示系统的工作状态、协助给定量的输入等。

关于单片机的具体应用实例见第七～十二章有关部分。

第七节　自动控制的基本原理

自动控制是利用装置自动地对某些物理量的变化规律进行控制的技术，自 1868 年以来，自动控制理论由经典控制理论发展到现代控制理论。当今，电子技术、计算机技术和自控理论相结合，广泛应用于生产、国防和生活领域，包括智能建筑、建筑机械以及高低压电器中。本节通过一个实例讲解自控的基本的原理。

一、交流电动机的速度控制

有些场合要求电动机的转速可调和稳定。图 4-55 是一种交流电动机自动速度控制装置的方框图，其工作原理如下：

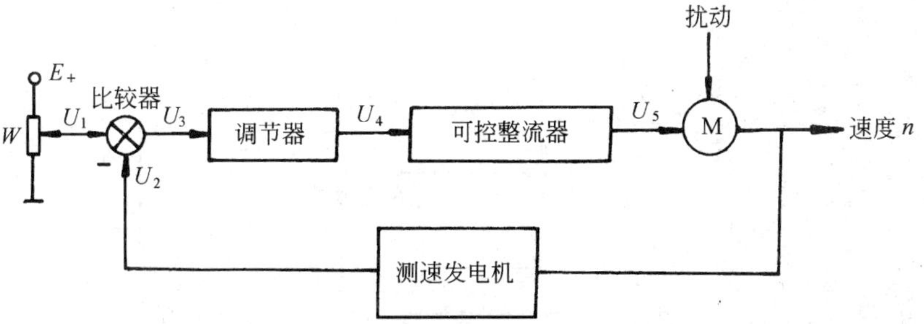

图 4-55　交流电动机的自动稳速控制方框图

电位器的输出信号为正的直流电压信号，信号的大小由操作者根据要求的电动机转速给定，如 +6V。给定信号经调节器输入到触发信号发生器，去控制触发信号的相位（出现的时刻），进而控制交流调压器的导通角和输出电压，最终控制电动机的转速。要改变电动机的转速只要改变给定信号的大小即可。

调节器的作用是对其输入信号进行处理，以实现快速、平稳的控制。常用的模拟处理方法是放大、积分和微分，只具有放大、积分或微分作用的调节器分别称比例、积分或微分调节器，简称 P、I、D 调节器，同时具有放大和积分作用的调节器称 PI 调节器，余类推。例如，采用 PI 调节器能使速度的调整既快速（过渡过程短）又平稳，此采用 P 调节器好得多。

速度传感器（可采用测速发电机）的作用是构成速度负反馈回路，稳定转速。设由于某种扰动（如电源或负载扰动）造成转速上升，则速度传感器负的输出电压的绝对值增加，使调节器的净输入信号（给定信号和速度传感器信号的代数和）减少，最终使转速下降，这就是稳速过程。

二、开环控制系统和闭环控制系统

1. 开环控制系统

控制系统的输出量不反馈给调节器的输入端、即输出端对控制作用没有影响的系统称为开环系统，这种工作方式称开环控制。图 4-55 所示的系统将速度负反馈回路断开便是一个开环控制系统。开环控制系统的优点是结构简单，缺点是抗干扰能力差，如动力电源的不稳定、负载的变化、放大电路的零点飘移等都会影响电动机的转速。开环系统用于要求不高的场合。

2. 闭环控制系统

控制系统的输出量反馈（通常是负反馈）给调节器的输入端、即输出端对控制作用有影响的系统称闭环系统，该工作方式称闭环控制或反馈控制。图 4-50 所示的系统就是闭环系统。闭环系统调节器的净输入量是给定量和反馈量的绝对量之差。反馈措施的采取提高了系统的稳定性、响应速度等，但系统较复杂，用于要求较高的场合。

三、自动控制系统的一般原理

1. 自动控制系统的组成

自控系统的一般原理见图 4-56，可分为前向通路和反馈通路两大部分，各部分的作用如下：

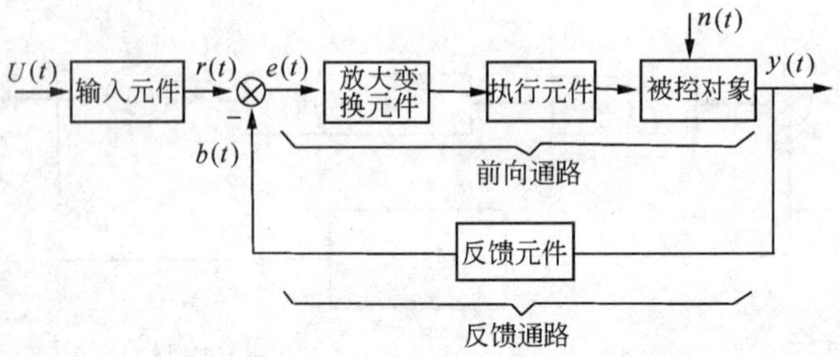

图 4-56　自控系统的一般原理

① **输入元件**　产生控制指令信号（或称给定量），图 4-55 中的电位器就是输入元件。

② **比较元件**　将给定量和反馈量相比较（绝对值相减），产生偏差控制信号。比较元件可以包含在调节器内。

③ **放大变换元件**　将偏差信号放大变换，图 4-55 中的调节器就是放大变换元件。当需要复杂、精确控制时，可以用计算机担当调节器。

④ **执行元件**　根据调节器的输出信号，直接对被控对象进行控制，图 4-55 中的交流调压器即执行元件。

⑤ **反馈元件**　产生与输出量有一定函数关系（如正比例）的信号，并把这个信号反馈给系统的输入端，图 4-55 中的测速传感器即反馈元件。

⑥ **被控对象**　最终的实际控制对象，图 4-55 中的电动机即被控对象。

2. 自控系统的物理量及符号

① **外系统输入量 $U(t)$**　$U(t)$是在多个子系统组成的大系统中,来自其他子系统的指令信号,在单一控制系统中 $U(t)$不存在。

② **参考输入量 $r(t)$**　$r(t)$是由系统的操作者根据控制要求、或外系统的指令信号,利用输入元件给出的量,故又称给定量,如图 4-55 中的速度给定量。

③ **反馈量 $b(t)$**　$b(t)$是反馈元件的输出量,对于负反馈 $b(t)$是负值,其绝对值常正比于被控对象的输出量 $y(t)$,如图 4-55 中的速度传感器的输出量。

④ **偏差信号 $e(t)$**　$e(t)$由比较元件将 $r(t)$和 $b(t)$相加得出。当操作者需要系统输出量 $y(t)$变化或扰动造成输出量的不利变化时，$r(t)$或 $b(t)$进而 $e(t)$发生变化，这时后续电路根据 $e(t)$的变化对被控对象进行调控。

⑤ **扰动量 $n(t)$**　干扰系统正常工作的物理量，既可能来自系统外部、如动力电压波动和负载变动，又可能来自系统内部、如放大器的零点漂移。

⑥ **输出量(被控量)$y(t)$**　它是被控对象、也是系统的输出量，是最终要求的物理量，如图 4-55 中电动机的转速。

关于自动控制的其他实例，见第七～十二章有关内容。

小　结

1. 常用电子器件的种类、性能和用途　见表 4-5。

2. 常用模拟电路的种类、性能和用途　见表 4-6。

表 4-5　常用电子器件的种类、性能和用途

种　类	性　能　和　用　途
普通二极管	具有单向导电性，用于整流、检波和数字电路
稳压二极管	工作在反向击穿区，直接用于稳定电压，可以作为基准电压
单结管	有一个发射极、两个基极，用于振荡器等电路，线路简单、易于调整
发光二极管	将电信号转换为光信号，用于显示、自动控制等
光电二极管	将光信号转换为电信号，用作光电传感器，用于自控、测量、通讯等领域
普通三极管	基本功能是放大作用和开关作用，分 NPN 和 PNP 型，广泛用于放大器、振荡器等模拟电路和门电路、触发器等数字电路
场效应管	输入阻抗高，功耗低，用途类似普通三极管
集成运算放大器	用于比例（放大）、微积分等模拟量运算
三端稳压器	用直流电源稳压电路，输出电压可调
晶闸管	导通角可控、功率大，在电工领域用于可控整流、交流调压、逆变、无触点开关等
集成电路块（芯片）	分为专用和通用、模拟和数字，可只关注其外特性，作为一个器件对待

表 4-6　常用模拟单元电路的种类、性能和用途

种　类	性　能　和　用　途
整流电路(单相半波、全波和三相全波)	采用二极管将单相或三相交流电变换为脉冲直流电，供使用直流电的设备使用
可控整流电路	和普通整流电路的区别是：采用晶闸管、通过改变导通角而改变输出直流电压的高低
逆变电路	和整流电路相反，采用晶闸管将直流电变换为交流电
交流调压器	采用晶闸管，通过改变导通角将固定的交流电压值变换为可调的交流电压值
滤波电路	采用电容、电感，滤除脉冲直流电中的交流成分、使直流电平稳，滤除交直流中干扰脉冲信号。有源滤波电路未介绍
稳压电路	采用稳压管或串联式稳压电路稳定直流电压，减少由于交流电源波动、负载波动等原因引起的直流电压波动。交流稳压电路未介绍
交流放大器	用三极管放大交流电压、电流或功率，多级放大器之间有电容或变压器隔离

续表

种　类	性 能 和 用 途
直流放大器	用三极管放大直流电压、电流或功率,多级放大器之间直接耦合
射极跟随器	用三极管变换阻抗,输入阻抗高、输出阻抗低,提高信号源带负载的能力
振荡器	由单结管或三极管或运算放大器或触发器构成,自行输出正弦波或脉冲波振荡信号
模拟运算电路	采用运算放大器,进行模拟量的比例(放大)、微分、积分运算

3. 数字电路的基本概念　二进制、8421 码、编码、数据的单位和存储、脉冲波形、正负逻辑、数字集成电路。

4. 常用数字电路的种类、性能和用途　见表 4-7。

表 4-7　常用数字电路的种类、性能和用途

种　类	性 能 和 用 途
门电路	逻辑运算,组成其他数字电路
与门	与逻辑运算:多个输入信号同时为 1 时输出才为 1
或门	或逻辑运算:只要一个输入信号为 1,输出便为 1
非门	非门逻辑运算:输入为 1(或 0)时输出为 0(或 1),输入输出相反
复合门	以上门电路的组合,常用的有与非门、或非门、与或非门
触发器	记忆、保持、计数、置数,组成其他数字电路
基本 RS 触发器	可由 2 个与非门构成,双稳态,有记忆,置数功能
同步 RS 触发器	可由 4 个与非门构成,需要多个触发器同时翻转时采用该触发器
JK 触发器	主从式由 2 个同步 RS 触发器构成,另有计数和保持功能,抗干扰性好,应用广泛
D 和 T 触发器	只有 1 个输入端,逻辑关系简单,使用方便
加法器	可由门电路和触发器构成,二进制加法运算
计数器	利用触发器的计数功能,统计输入脉冲的数量
二进制计数器	可由 JK 触发器组成,输出为二进制数
十进制计数器	采用 8421 码,由二进制计数器组成,输出为十进制数
寄存器	利用触发器的记忆功能,存储用二进制数表示的各种数据
A/D 转换器	将模拟量转换为数字量,由采样、量化和编码器三部分组成
编码器	把量化后的样本或其他数据转换为二进制代码
译码器	将二进制代码转换为数据电信号
D/A 转换器	将数字量转换为模拟量
显示器	把数据电信号转换为光信号,由显示器件和驱动电路组成

5. 微机的基本原理　组成、工作过程、设计语言和分类。

6. 微机的配置　CPU、内存、主板、硬盘、软驱　光驱、声卡、显卡、显示器、电源、打印机、键盘、鼠标、网卡、Modem、扫描仪、光盘刻录机、电视卡、视频捕捉卡、数码相机。

7. 单片机的应用　见图4-54。

8. 自控基本原理　系统组成，开环系统和闭环系统，见图 4-56。

复 习 思 考 题

1. 简述常用电子器件的种类、性能和用途（说出 6 种以上）。
2. 简述常用模拟电路的种类、性能和用途（说出 6 种以上）。
3. 解释下述概念：二进制、8421 码、数据的单位、正负逻辑、脉冲信号。
4. 简述常用数字电路的种类、性能和用途（说出 10 种以上）。
5. 简述微机的配置和配置的性能用途（说出 10 种以上）。
6. 放大器的工作点有什么作用、怎样建立工作点？
7. 参考图 4-54，简述单片机怎样用于工业控制。
8. 简述闭环控制系统的组成和各部分的作用。
9. 默画出图 4-4、19、26、30、43、44、54、56，并分析电路的工作原理。
10. 试做直流数字显示电压表的方案设计，画出方框图，至少画出 4 部分。

第五章　三相异步电动机

电动机分直流和交流机，交流机分同步和异步机，异步机又分笼式和绕线式。其中三相异步电动机（又称感应电动机）是生产中最常用的电动机，是许多建筑机械的心脏，它占用的功率约是电网总动力负载的85%，90%左右的电动机是异步电动机。

异步电动机的优点是结构简单、运行可靠、使用方便、价格低廉。缺点一是功率因数较低，有时要进行补偿；二是调速性能差。随着晶闸管调速技术的发展，异步电动机调速性能已大大提高，正在许多领域取代直流调速系统。本章重点讲解三相异步电动机，并简单介绍其他电动机。电动机的控制电路见第八章。

第一节　构造和原理

一、三相异步电动机的构造

异步电动机由定子和转子两大部分组成，转子分为鼠笼式和绕线式两种。具有鼠笼式和绕线式转子的电动机分别称为鼠笼式电动机和绕线式电动机，它们是异步电动机中两大类电动机，图 5-1 为它们的构造示意图，二者的构造类似，主要区别表现在转子绕组上。

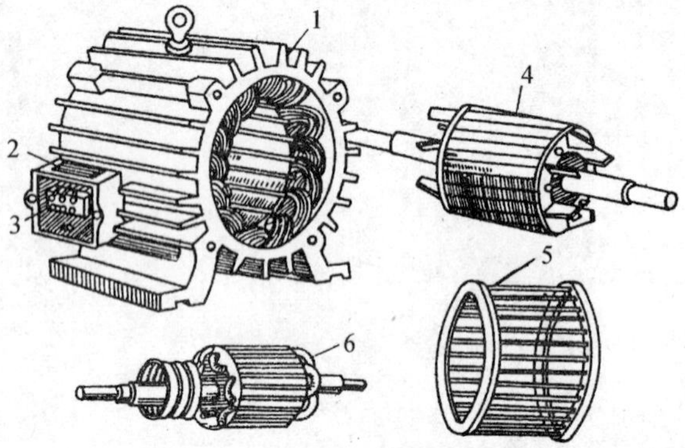

图 5-1　三相异步电动机的构造

1. 定子；2. 铭牌；3. 接线盒；4. 笼式转子；5. 鼠笼；6. 绕线转子

三相异步电动机的定子包括机座、铁心、绕组、端盖等。机座常用铸铁制成。机座内装有 0.5mm 厚硅钢片叠成的筒形铁心，片间互相绝缘以减少涡流损失。铁心的内表面上分布着与轴平行的槽，槽内嵌放三相绕组，绕组与铁心绝缘。

定子的绕组（有三组，称三相绕组）对称分布在定子铁心上，它们的起端分别用 U_1、V_1、W_1 表示，对应的末端分别用 U_2、V_2、W_2 表示。绕组可以接成 Y 形或 Δ 形。为了便于改变接线，三相绕组的 6 个线头都接在电动机外壳上的接线盒内。

三相异步电动机转子的铁心也是由互相绝缘的硅钢片叠成，压装在转轴上。转子外表面上有均匀分布的槽，槽内嵌放转子绕组。

鼠笼式转子的绕组分铜条绕组和铸铝绕组两种。前者的结构是，铜条插在槽内，铜条的两端分别焊接在两个端环上，像一个鼠笼。后者的外形和铜条绕组类似，区别是用铝浇铸而成。

绕线式转子的绕组和鼠笼式转子的差别很大，它和定子绕组相似，也是三相绕组，但三相绕组恒作 Y 形联接。三相绕组的三个末端接在一起，三个首端分接到固定在转轴上的三个铜滑环上。滑环除互相绝缘外还与转轴绝缘。各滑环上放置着固定不动的电刷，三相绕组通过电刷与外接变阻器连接而实现自行闭合，如图 5-2 所示。绕线式电机转子绕阻的这种结构便于启动和调速。

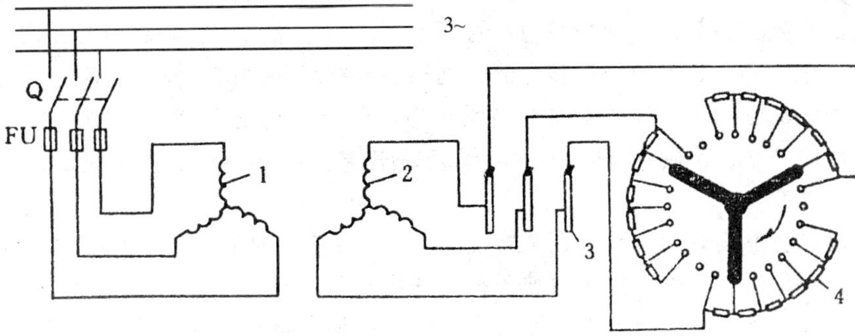

图 5-2　绕线式电动机转子绕组和变阻器的连接

1. 定子；2. 转子；3. 滑环；4. 起动变阻器

二、三相异步电动机的工作原理

为了使电动机旋转起来，异步电动机也需要建立磁场。直流电动机的磁场是固定的，而异步电动机定子三相绕组建立的磁场是旋转的，称旋转磁场。让图 2-8 直流电动机中的磁铁旋转起来，也能形成旋转磁场，而且这两种旋转磁场本质上是一样的，只是产生的手段不一样。异步电动机的旋转磁场的建立过程较复杂，这里就不讲了。

和直流电动机一样，异步电动机的转子绕组中也必须有电流流过转子才能旋转起来。不同的是，直流电动机转子绕组中的电流是外加电压产生的，而异步电动机转子绕组中的电流是由旋转磁场感应产生的。

异步电动机的工作原理是这样的：给定子的三相绕组加上三相交流电压，绕组中的三相电流产生了旋转磁场。设旋转磁场顺时针方向旋转，则转子相对于磁场沿逆时针方向旋转。故转子绕组切割了磁力线，闭合的绕组内产生了感生电流。这时转子相当于载流导体。大家知道，载流导体在磁场中会受到力（安培力）的作用。力矩使转子转动起来。

转子的转速 n 永远小于旋转磁场的转速（同步转速）n_1，这是因为只有在 $n<n_1$ 的情况下，转子和旋转磁场间才存在相对运动，转子绕组也才切割磁力线，所以这种电动机被称为异步电动机。由于异步电动机的转子电流是靠电磁感应产生的，故它又称感应电动机。

为了描述 n_1 和 n_2 的相差程度我们引入转差率（s）的概念：

$$s=\frac{n_1-n}{n_1} \tag{5-1}$$

空载时 $s<0.5\%$，额定负载时 $s=(2\sim5)\%$。

把异步电动机三根电源线中的任意两根对换之后，旋转磁场的方向改变，从而转子的转动方向也改变。

三、其他电动机的原理

1. 直流电动机

直流电动机由定子（包括铁心和绕组）、转子（又称电枢，包括铁心和绕组）和换向器三部分组成，其原理在第二章已讲过，不过那里的磁场是由永久磁铁建立的，实际电动机的磁场绝大多数由定子绕组通以直流电流产生，永久磁铁的磁场弱、只能在控制用电机中采用。建立磁场的绕组和电流分别称励磁绕组和励磁电流。励磁方式有他励和自励，励磁电流分别由另外的电源和电动机电源供给。自励又分为 3 种：并励-励磁线圈和转子绕组并联，串励-励磁线圈和转子绕组串联，复励-有两个励磁线圈，分别和转子线圈串、并联。

直流电动机有良好的启动和调速特性，但结构复杂、造价高、维修困难，运行中产生电火花，不能用在易爆和抗电磁波干扰差的场合。由于电力电子技术的快速发展，直流电动机正在不少领域被交流电机取代，但目前仍是重要的生产设备。常用产品有 Z_2、Z_4、ZD_2、ZD_3（新产品）、ZZJ_2、ZZY 系列，后两种用于起重和冶金。

2. 单相异步电动机

单相异步电动机的原理、构造和三相异步电动机的类似，但构造复杂一些。其旋转磁场也由定子线圈产生，转子为鼠笼式。和三相异步电动机相比较，它体积大，功率因数、效率及过载能力都较低，功率较小（一般不到 1kW），多用在电子仪器和家用电器中。

单相电动机的最大特点是不能自行起动，必须靠辅助定子绕组等获得起动转矩，起动方法有：采用辅助绕组，起动后用继电器或离心开关断开绕组电源；采用辅助绕组和电容相串联，起动后用继电器断开绕组和电容的电源；采用辅助绕组和两个并联的电容相串联，起动后用继电器只将其中一个电容切除，这种电机起动特性和运行特性都较好；在每个磁极极面的一边开小槽，槽内安放短路铜环，用铜环充当起动辅助线圈，这种电机称罩极式异步电动机，其效率很低，但其空载、满载和堵转电流相差很小，适宜用在阀门中。常用产品有 BO_2、CO、CO_2、DO、DO_2、EO_2、FO 系列。

3. 三相同步电动机

它由定子和转子两大部件组成，定子上布置三相对称绕组，而转子上布置直流励磁绕组，直流励磁电流由同轴的直流发电机或晶闸管整流器供给。转子的转速与定子旋转磁场的转速同步，故称同步电动机。同步电动机的突出特点是具有绝对硬的机械特性，在额定负载内转速恒定不变。另外，它的功率因数和效率也较高、过载能力大，但构造复杂，启动、调速困难。同步电动机用于拖动转速要求恒定的生产机械，如空气压缩机。

4. 控制电机

自动控制系统常用到各种特种电机，统称控制电机，主要有以下几种：

伺服电动机，又称执行电动机，它把控制电信号变换成机械位移，按照控制信号的要求而动作，有信号时转子立即转动，信号消失时立即停止转动，转速和控制电压成正比。

测速发电机，它把速度量转换为电压量，可用于旋转机械系统的恒速控制。

步进电动机，是伺服电动机的一种，又称脉冲电动机。它接收脉冲信号，输出断续的角位移（或直线位移），是“一步一步”转动（或前进）的电动机，其转速与脉冲频率成正比。

第二节　工作特性和机械特性

一、三相异步电动机的工作特性

异步电动机的工作特性是指在额定电压和频率下，电动机的转速 n、定子电流 I_1、电磁转矩 T、功率因数 $\cos\varphi$、效率 η 和输出功率 P_2 的关系，关系曲线如图 5-3 所示。

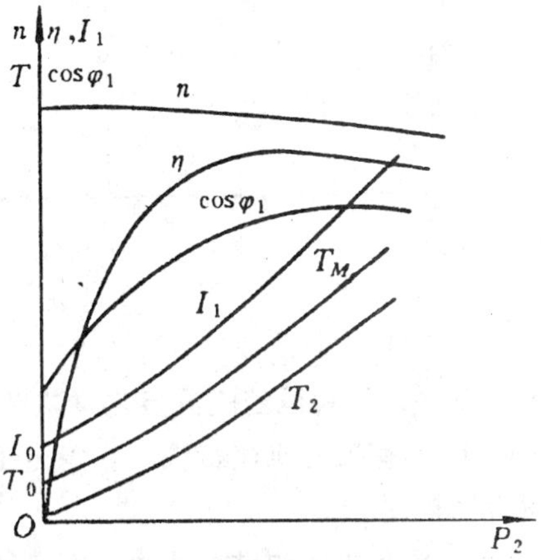

图 5-3　异步电动机的工作特性

1. 转速特性

电动机的转速 n 在空载时最高，在从空载到满载的过程中下降不多，转速特性是一条略为向下倾斜的曲线。

2. 定子电流和电磁转矩特性

定子电流 I_1 和电磁转矩 T 在电动机空载时最小、分别为 I_0 和 T_0，在从空载到满载的过程中几乎随输出功率 P_2 成正比增加。

3. 功率因数特性

电动机空载时，定子电流基本上是励磁电流，功率因数 $\cos\varphi$ 很低、小于 0.2；负载增加后 $\cos\varphi$ 逐渐提高、在接近额定负载时最大；之后又缓慢下降。

4. 效率特性

电动机效率 η 在空载时为零；负载增加后 η 逐渐提高，最大效率发生在（0.7～1.0）P_N 范围内；之后又缓慢下降。

二、三相异步电动机的机械特性

电动机的机械特性是指转速 n 和电磁转矩 T 之间的关系。三相异步电动机的额定转矩 T_N 的计算公式为：

$$T_N = 9\,555\frac{P_N}{n_N} \tag{5-2}$$

式中的单位分别为 N·m（牛顿米）、kW 和 r/min。

1. 鼠笼式电动机的机械特性

机械特性曲线如图 5-4（a）所示。

电动机刚接通电源时 $n=0$，对应的转矩 T_S 称启动转矩。当 T_S 大于电动机轴上的负载转矩 T_L 时电动机开始转动。随着 n 的升高，T_S 先是沿特性曲线的 CB 部分增加，到达最大值 B 点以后又沿曲线的 BA 部分减少，当 $T_S=T_L$ 时电动机停止加速，在某一转速上匀速动行。正常情况下电动机一经启动很快就能工作在曲线的 AB 部分，AB 部分称稳定工作区。在稳定工作区，若负载转矩 T_L 加大，则转速 n 下降，电磁转矩 T 加大；反之亦然。如果 T_L 过大，超过了最大电磁转矩 T_m，则电动机进入非稳定工作区 BC 部分，转速急剧下降，直至停车。

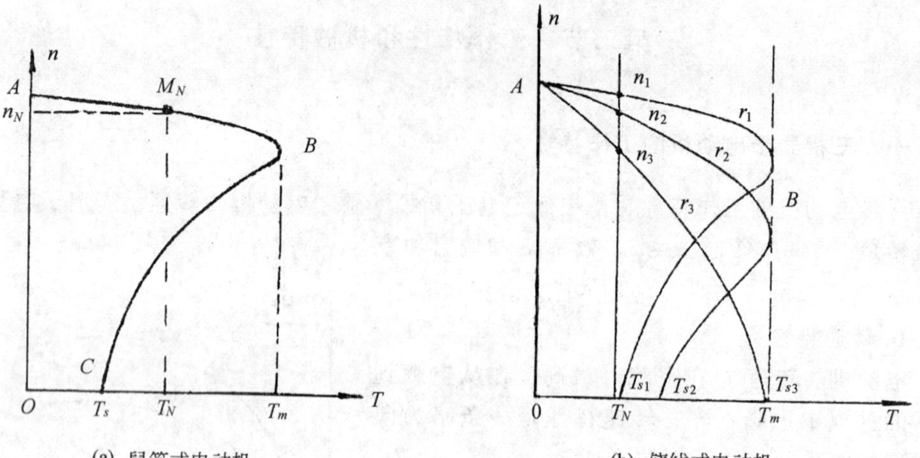

(a) 鼠笼式电动机 (b) 饶线式电动机

图 5-4 三相异步电动机的机械特性

总之，**三相鼠笼式异步电动机有以下几个特点：**

① 具有硬的机械特性 在稳定工作区 AB 部分，n 随 T 的增加下降得不多，即机械特性较硬。

② 具有较大的过载能力 额定转矩 T_N 和额定转速 n_N 对应的坐标点在曲线 AB 部分的中间，这样电动机不会因为过载不大就造成停车。最大转矩 T_m 和额定转矩 T_N 之比称过载能力 λ，一般，$\lambda = 1.8 \sim 2.6$。

③ 启动性能较绕线式电动机差 启动转矩 T_S 与额定转矩 T_N 之比称启动能力 C，Y 系列电动机约为 $1.7 \sim 2.2$，YR 系列电动机约为 $2.2 \sim 3.0$。小功率的鼠笼式电动机可以直接启动，大功率要采用降压启动办法。

④ 电源电压的波动对电磁转矩 T 的影响较大 这是因为 T 与电源电压的平方成正比。如果电源电压降低到额定值的 70%，则转矩 T 只有额定值的 49%。

2. 绕线式电动机的机械特性

对于绕线式电动机，当外接变阻器处在零位（此时三相绕组的三个起始端短接在一起）时，它的机械特性曲线和鼠笼式电动机的基本一样。当变阻器不处在零位（转子绕组中串入电阻）时，其机械特性曲线如图 5-4（b）所示，图中 $r_1 < r_2 < r_3$，和鼠笼式电动机的区别是：

① 机械特性较软 在曲线的 AB 段，转速 n 随转矩 T 的增加下降较快，即转子的外接电阻使电动机的机械特性变软。

② 启动转矩较大 外接电阻从 r_1 增大到 r_2 和 r_3 使启动电流减小而启动转矩从 T_{S1} 增大到 T_{S2} 和 T_{S3}，改善了启动特性。

③ 能在小范围内调速 改变阻器的阻值能调节电动机的转速。在 T_N 不变的前提

下，电阻从 r_1 增大到 r_2 和 r_3，转速从 n_1 下降到 n_2 和 n_3。

第三节 技术指标和选择使用

一、三相异步电动机的技术指标

技术指标是由设计单位和生产厂家规定（额定）的产品的技术参数、使用条件等，它是产品性能的反映，是选择、使用的重要依据。

① **额定电压 U_N** 电动机的使用电压，即电源电压。一般 3kW 以下电动机为 220V 或 380V，4kW 以上电动机为 380V。实际的电源电压不能偏高或偏低额定电压太多。电压偏低时，电动机力图转矩不变而使电流增加。电压允许波动的范围为（－5%～＋10%）。

② **额定电流 I_N** 电动机的工作电流，即电源输入给电动机的电流。实际的工作电流不能超过额定电流，否则电动机会过热烧毁。有时会给出两个 I_N 值，如 10.6/6.2A，这分别表示 Δ 连接和 Y 连接时的 I_N 值。

③ **额定功率 P_N** 在额定电压和额定电流工作状态下，电动机轴上应输出的机械功率，Y 系列电动机为 1～120kW。

④ **额定转速 n_N** 在额定电压和额定电流工作状态下电机应达到的转速，单位是转/分（r/min），如 1 440r/min，2 880r/min 等。

⑤ **额定温升 τ_N** 电机本身容许达到的最高温度与电机环境温度之差，单位为摄氏度（℃）。国家标准规定环境温度为 40℃。

⑥ **工作方式** 电动机允许持续运转的时间，分连续、断续和短时三种，详见第十章第三节。

⑦ **功率因数 $\cos\varphi$** 电动机的有功功率和视在功率之比，Y 系列电动机为 0.7～0.9。

⑧ **频率 f** 电动机电源电压的频率。我国动力电的标准频率为 50Hz，故异步电动机的频率一律为 50Hz。

⑨ **绝缘等级** 即绝缘材料的绝缘性能等级。在电机中，绕组匝间要绝缘，绕组与铁芯、机壳也要绝缘。温度过高绝缘材料会加速老化，从而绝缘性能加速变坏。绝缘材料根据耐热性能的高低分为七级：C、H、F、B、E、A、Y，其最高允许温度分别是 180 以上、180、155、130、120、105 和 90℃。

⑩ **效率 η** 电动机满载运行时，其输出的机械功率与输入的电功率之比，Y 系列电动机为（75%～90%）。

⑪ **启动电流 I_S** 约是额定电流 I_N 的 4～7 倍。由于 I_S 很大，故变压器容量较小、电动机功率较大时不允许直接启动，详见第八章第一节。

二、三相异步电动机的选择和使用

1. 异步电动机的型号

异步电动机已经过三次全国统一设计，1953 年统一设计 J、JO 系列，1958 年统一

设计 $J2$、$JD2$ 系列，1980 年统一设计 Y 系列，正在统一设计 YZ 系列。

三相异步电动机型号的表示格式如下：

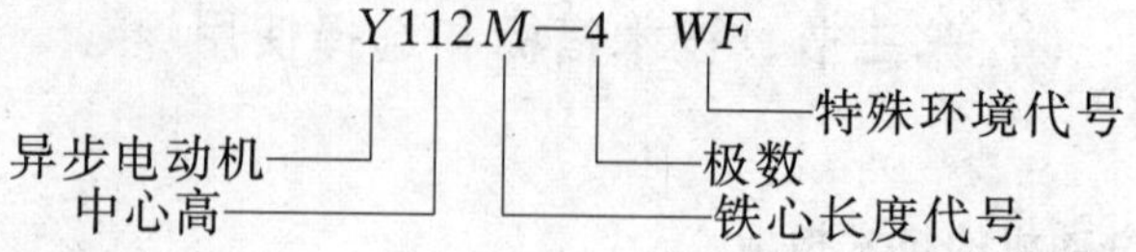

部分字母的含义如下：

电动机种类代号：Y——小型三相异步电动机，YB——隔爆型，YX——高效率型，YR——绕线式三相异步电动机，YZ、YZR——冶金、起重用鼠笼、绕线异步电动机。

铁心长度代号：S、M、L——分别表示短、中、长。

特殊环境代号：W——户外型，F——防腐蚀型。

2. 电动机的选择

① 电动机种类的选择 鼠笼式电动机构造简单、坚固耐用，启动设备比较简单，价格和运行费最低。但它的启动电流大，启动转矩较小，转速不易调节。一般适用于 100kW 以下、不经常启动、不调速的机械。例如一般机床、泵类、通风机、搅拌机和运输机等。

绕线式电动机启动电流小，启动转矩大，并能在小范围内调速，但结构稍复杂，价格稍高，适用于电源容量较小（不允许启动电流太大）、要求启动转矩大、经常启动和要求小范围调速（调速比不超过 3）的场合，如破碎机、起重机等。

异步电动机不能满足要求时再考虑选用其他类型的电机（如同步电机、直流电机等）。

② 电动机结构形式的选择 电机的结构型式有开启式、防护式、封闭式、防爆式等。

开启式电动机的绕组和旋转部分没有特别的遮盖装置，通风散热良好，造价低。但只适用于干燥、清洁、没有灰尘和没有腐蚀性气体的厂房内。

防护式电动机的外壳能防止铁屑、水滴等杂物落入电机内部，又不显著妨碍通风散热，适用于一般使用场合。

封闭式电动机的外壳是全封闭的，散热性能较差。为改善散热条件，机壳上制有散热片，尾部外部装有风扇。适用有水土飞溅、尘雾较多的工作环境。

防爆式电动机具有坚硬的密封外壳，即使爆炸性气体浸入电动机内部发生爆炸，机壳也不会爆炸，从而防止了事故的扩大。适用有爆炸性气体、粉尘的场合。

③ 电动机功率的选择 电动机的功率选大了，设备不能得到充分利用，功率因数也低。选小了将造成温升过高，严重影响电动机的寿命。若工作温升高于额定温升 6～8℃，电动机的寿命就要减少一半（常称 6～8℃ 规则）。高于额定温升 40%，寿命只有十几天。高于额定温升 125%，寿命只有几小时。先根据实际需要确定电动机的工作方式，然后可取电动机的额定功率等于实际需要功率的 1.1～1.2 倍。

④ 电动机转速的选择 当功率一定时，电动机的转速越低，其尺寸越大，成本越高。故应尽量采用高速电机（通常采用 1 500r/min 的电动机），需要低转速时可配置减速器。

3. 电动机的维护保养

搞好电动机的维护对减少故障、延长寿命和保障安全使用有重要意义，不可忽视。

注意防止灰尘、油污和水滴等进入电动机，经常保持电动机的内外清洁。绕组上有油污时可用布蘸四氯化碳擦洗。

注意防潮，特别是雨季。电动机受潮后，其绝缘性能明显降低。确定电动机是否受潮可用兆欧表（摇表）测量各相之间和各相与外壳之间的绝缘电阻，一般不应低于0.5MΩ，否则要进行烘干处理。

要防止杂物堵塞电机风道，保持电机通风良好。不要让电机在阳光下曝晒。

注意轴承的保养。对于经常运行的电机，根据使用情况每隔3～4个月换油一次。换油时先除去旧油，用汽油洗净轴承并晾干，再添新油。不经常运行的电机每年换油一次。如发现轴承磨损过大要及时更换。

对于绕线式电动机和直流电机，要经常检查维护其滑环和整流子。保证它们不偏心、不摆动，表面光滑无伤痕、无烧伤。要保证电刷接触良好，运行时火花正常。电刷磨损超过1/3时要及时更新。

4. 电动机的故障排除

在各种电机中异步电动机（特别是鼠笼式电动机）最为可靠耐用。鼠笼式电动机的转子电路很少发生故障，定子电路的故障稍多一些，多是绕组断路或短路。绕线式电动机的转子电路（包括三相绕组、滑环和电刷等）比鼠笼式电动机复杂，所以故障率也高一些。另外，定子和转子间的间隙很小，如安装不当，转子的外表面和定子铁心的内表面易发生摩擦而损坏电机，这种现象称“扫镗”。

几种常见的故障现象和可能的原因见表5-1。

表5-1 三相异步电动机的常见故障和可能的原因

故障现象	可能的原因
电动机还未启动完毕，保险丝即熔断	保险丝太小。启动电流过大(可能是被拖动的工作机有故障，负载太重)。启动器切换太快。定子绕组短路，扫镗
吼声较大，音低沉，嗡嗡作响或兼有转速降低的现象。正常的声音是声响均匀，音调较高	过载。电压过低(国家标准规定，动力电源电压的误差不得超过额定值的±7%)。缺相运行。三相电源电压本身不平衡(国家标准规定，三相电源电压之间的差值不得大于额定值的5%)。定子绕组有故障(如短路)，造成三相电流不平衡
时高时低的嗡嗡声	转子绕组断条或断线(此时定子电流忽大忽小)
刺耳的摩擦声	扫镗
明显的金属撞击声	机内有异物，风扇有故障
轴承室内发出“咝咝”声或“咕噜”声	缺乏润滑油，钢珠损坏
温升过高，能闻到焦糊味，甚至有冒烟、着火现象	过载。电源电压过低或过高。三相电源电压不平衡。缺相运行。定子绕组或转子绕组有短路或断路现象
剧烈震动	地脚螺钉松动，基础不牢，轴不正(可能是轴承磨损过度)造成转子偏心运转
火花过大(正常情况下应没有明显、连续的火花)	电刷和滑环接触不好，电刷磨损过大，电刷弹簧的压力不足

五、电动机的安全使用

正确选择电动机、搞好电动机的维护是保障电动机安全使用的基础。另外还要注意下面几个问题。

电动机要做好保护接零或接地，详见第十二章。

电动机（特别是初次使用或长时间没有使用的电动机）启动之前要认真检查。检查电动机的基础是否牢靠，接线是否正确，启动设备是否完好，熔丝的选择是否恰当，各部件有无损坏、松动现象。检查绕线式电动机的电刷和滑环的接触是否良好。检查电动机及其拖动的机械转动是否灵活。电动机外露的旋转部分应有防护罩。然后空载启动，如情况正常再带载试运行。发生堵转时要紧急停车。

运行中发现故障要及时分析处理，不允许电动机带病运行。不允许长时间过压、欠压和过载运行。

修理电动机时首先要切断电源，并在开关处挂上“请勿合闸”之类的牌子。拆修电动机时，应把电动机断开的导线接头互相短接起来包好。

正确选择保护电动机的低压电器，如电源开关、熔断器、热继电器等，也是保障电动机安全的重要方面，详见第七章。

小　　结

1. 三相异步电动机的构造　由定子和转子两大部分构成。定子包括机座、铁芯、绕组、端盖等。转子分鼠笼式和绕线式两种。具有鼠笼式和线绕式转子的电动机分别称鼠笼式电动机和线绕式电动机。

2. 三相异步电动机的原理　三相交流电流流过定子的三相绕组，产生了旋转磁场。旋转磁场使转子产生感生电流，载流转子在磁场中受到力矩的作用而旋转起来。

3. 三相异步电动机的工作特性　转速特性，定子电流和电磁转矩特性，功率因数特性和效率特性。

4. 三相异步电动机的机械特性　鼠笼式电动机机械特性硬，过载能力强，启动性能一般，电压波动对转矩的影响大，不能调速。绕线式电动机机械特性较软，过载能力强，启动性能较好，电压波动对转矩影响大，能在小范围内调速。

5. 三相异步电动机的技术指标　额定电压、电流、功率、转速、温升、工作方式、功率因数、频率、绝缘等级、效率和启动电流。

6. 电动机的选择　①种类的选择：最常用的电动机是三相异步鼠笼式和绕线式电动机，一般情况下可选择鼠笼式，要求起动转矩大、可小范围调速时可选择绕线式。②结构形式的选择：根据需要选择开启式、防护式、封闭式或防爆式。③功率的选择：在确定工作方式的前提下，取额定功率等于实际需要功率的1.1～1.2倍。④转速的选择：应尽量选用高速电动机。

7. 电动机的维护保养　防止异物进入电动机，防止受潮和曝晒，保持良好通风，注意轴承的保养，对于绕线式和直流电动机要注意检查维护其滑环、整流子和电刷。

8. 三相异步电动机的常见故障和可能的原因　见表5-1。

9. 三相异步电动机的安全使用　正确选择电动机、正确选择保护电动机用的低压电器和搞好电动机的维护是保障电动机安全的基础。另外，电动机要做好保护性接零或接地，特别注意启动前做好各项检查，条件允许时先空载运行再带载运行，运行中要经常巡视，不允许带病运行和长时间超载运行。

复习思考题

1. 简述鼠笼式和绕线式电动机的构造，二者有何区别？

2. 简述三相异步电动机的原理，“异步”的含义是什么？

3. 什么是转差率？

4. 怎么使三相异步电动机反转，为什么？

5. 三相异步电动机的转速 n、定子电流 I_1、转矩 T_M、功率因数 $\cos\varphi$ 和效率 η 怎样随输出功率 P_2 改变？

6. 简述鼠笼式和绕线式电动机的机械特性、二者有什么区别？

7. 怎样选择三相异步电动机？

8. 简述电动机维护保养和安全使用的内容。

9. 简述三相异步电动机的常见故障和可能的原因。

10. 简述三相异步电动机的优缺点。

11. 三相异步电动机堵转时应该怎么办？长时间堵转会造成什么后果？

12. 某三相异步电动机的额定电压是220/380V，若电源电压为380V，这时电动机定子绕组的接法是△形还是 Y 形？为什么？

13. 某三相异步电动机的 $T_S/T_N=1.8$，若电源电压是额定电压的70%，电动机轴上的反抗转矩是 $T_N/2$，问此时电动机能否启动起来？为什么？

14. 某三相异步电动机的 $P_N=10\text{kW}$，$U_N=380\text{V}$，$\eta=81\%$，$\cos\varphi=0.8$，$n_N=2\,920\text{r/min}$，$\lambda=2.2$，$C=1.8$，求电动机的 I_N、T_N、T_S、和 T_m。

15. 三相异步电动机定子绕组的6个出线端全部接到机座的接线盒中，U_1、V_1、W_1 表示三个始端，U_2、V_2、W_2 表示三个末端，分别画出△形和 Y 形接法的接线图。

16. 有人说，异步电动机的电源电压过高、欠压和负载过重都会引起电动机过流，这种说法对吗？为什么？

17. 三相异步电动机缺相运行会造成什么后果？为什么？

第六章　变压器和电焊机

变压器是根据电磁感应原理制成的、用来变换交流电压的电气设备。

本章讲解变压器的用途、原理、构造、技术指标和安全应用，并介绍各类电焊机。

第一节　变压器的用途和原理

一、变压器的用途

发电厂和电力用户一般相距很远，所以发电厂必须通过远距离传输把电力送给用户。在输电过程中，电流流过电线的电阻造成了严重的热损耗。根据焦耳定律、热损耗和电流的平方成正比。在维持输送功率不变的前提下，提高电压便可以减少电流，从而降低了损耗；在损耗一定的前提下，减少了电流便可减少铜材的用量，从而减少了投资。

提高输电电压的方法有两种，一是用高压发电机直接发出高压电，二是用变压器把低压电变换为高压电。前者的成本比后者大得多，故通常采用后者。

把高压交流电变换为低压交流电的变压器称降压变压器；反之称升压变压器。

高压电输送到用户后，为了用电安全和降低对用电设备的绝缘要求、从而降低用电设备的造价，一般用降压变压器把高压电变换为低压电。

可见，变压器是应用广泛的重要设备。建筑工地上使用的变压器是降压变压器，它把电网送来的高压电通常降为380/220V的低压电，供工地生产和生活使用。

变压器除用在电力工业中外，还大量用在电子仪器中，前者称电力变压器，后者称仪器用变压器。

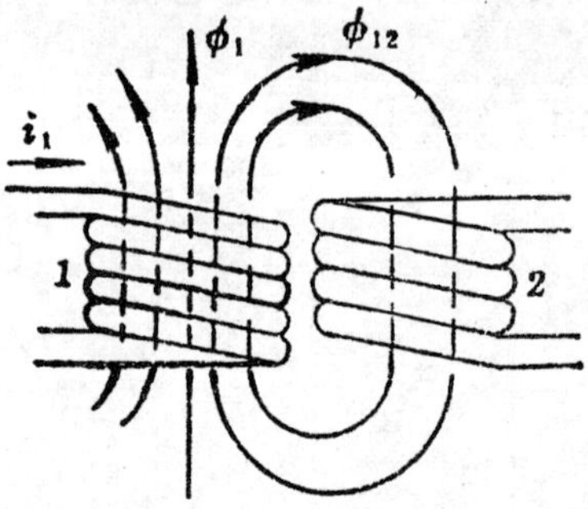

图6-1　互感现象

二、互感现象

互感现象属于电磁感应现象，其原理见图6-1。

在图6-1中，通过线圈1的电流是 i_1，i_1 产生的磁通是 ϕ_1。由于线圈2靠近线圈1，磁通 ϕ_1 的一部分 ϕ_{12} 穿过了线圈2。当 i_1 变化时 ϕ_{12} 随着变化，变化的 ϕ_{12} 在线圈2中产生感应电动势 e_M。这种由一个线圈中的电流变化造成在另一个线圈中产生感应电动势的现象称为互感现象。

互感电动势 e_M 的计算公式为，

$$e_M = -M\frac{di_1}{dt} \tag{6-1}$$

上面的公式和自感电动势的计算公式是相似的，见第二章第五节。

式中的负号表示 e_M 的方向，e_M 的方向也由楞次定律判定。线圈 2 中的感应电动势 e_M 总是力图阻止线圈 1 中的电流 i_1 的变化，或者说力图阻止线圈 1 中的磁通 ϕ_1 的变化。

式中的 M 称互感系数，简称互感。M 的大小除了和两个线圈的自身结构有关外，还和两个线圈的相对位置有关。

从式（6-1）可以看出，互感电动势的大小与互感 M 和电流 i_1 的变化率成正比。

上面我们只讨论了线圈 1 对线圈 2 的感应现象。实际上，当线圈 2 闭合时，线圈 2 中的感生电流也会使线圈 1 产生感应电动势。就是说，两个线圈间的感应是互相的。上面讨论的结论对于线圈 2 对线圈 1 的感应也是适用的，不再赘述。

三、变压器的原理

变压器的原理是建立在互感现象基础上的，请看图 6-2。变压器由铁芯和线圈两个基本部分组成。线圈绕在铁芯上，和电源连接的绕组叫原方绕组（或一次绕组、初级绕组），与用电负载联接的绕组称副方绕组（或二次绕组、次级绕组）。在下面的叙述中，与原方绕组有关的量角注 1，与副方绕组有关的量角注 2。

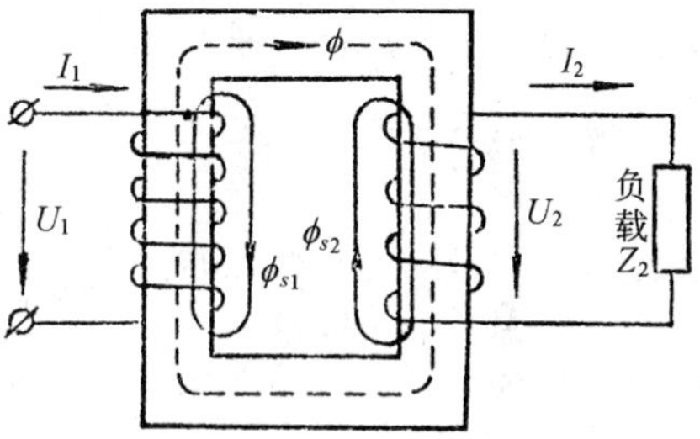

图 6-2　变压器的原理

根据互感原理，电流 I_1 流过原方绕组时产生磁通 Φ，Φ 通过副方绕组，使副方绕组产生感应电压 U_2，此时的副方相当于一个电源，给负载供电。原、副方虽然没有电的联系，但有磁的联系，电能正是以磁通为桥梁从原方传输到副方的。

变压器的工作过程如下：当负载断开时，此时称空载运行状态，变压器的原绕组近似为纯电感电路。流过原绕组的电流称空载电流，约为变压器额定电流的 1%～4%。

当接上负载时，变压器工作在有载运行状态。根据楞次定律，负载电流产生的磁通削弱了铁心中原来的磁通，使原绕组中的自感电动势减少。自感电动势是阻碍原绕组中的电流变化的，自感电动势的减小必然导致原绕组电流的增加。或者说，由于副绕组对原绕组的互感作用，原绕组中产生互感电动势，根据楞次定律，原绕组中的互感电动势和自感电动势的方向是相反的，结果原绕组中的电流增加。总之，原绕组中的电流随负载电流的增加而增加、减少而减少。

副绕组是有内阻的，故副方满载时的输出电压比空载时的电动势要低，降低值约为额定电压的 2%～3%。

原方和副方各量间的基本关系式如下（推导从略）：

① $$\frac{U_1}{U_2}=\frac{N_1}{N_2}=K_u \tag{6-2}$$

式中 N_1、N_2 分别是原、副方绕组的匝数，电压高的一方匝数多，电压低的一方匝数少。K_u 称变压比，$K_u<1$ 时变压器为升压变压器，$K_u>1$ 时变压器是降压变压器。

② $$\frac{I_1}{I_2}=\frac{N_2}{N_1}=K_i \tag{6-3}$$

变换得： $$I_1=K_iI_2 \tag{6-4}$$

K_i 称变流比，当负载电流 I_2 增大或减小时原方电流 I_1 也随之增大或减小，I_1 的大小是由 I_2 决定的。

③ 由式（6-1）和式（6-2）得：

$$\frac{U_1}{U_2}=\frac{I_2}{I_1} \tag{6-5}$$

变换得： $$P_1=P_2 \tag{6-6}$$

该式说明，原方输送的功率 P_1 等于负载消耗的功率 P_2。

④ 副方的负载阻抗 Z_2 可以折算到原方，设从原方看进去的阻抗为 Z_1，则

$$Z_1=K_u^2Z_2 \tag{6-7}$$

需要说明的是，变压器仅仅改变交流电的电压，并不改变交流电的频率和正弦变化规律。

例 6-1 已知某变压器的 $U_1=3\ 300\text{V}$，$U_2=220\text{V}$，$N_1=2\ 100$ 匝，$Z_2=10\Omega$。设变压器为理想变压器，求 N_2、I_1、I_2 和 Z_1。

解：①∵ $$\frac{U_1}{U_2}=\frac{N_1}{N_2}$$

∴ $$N_2=\frac{U_2N_1}{U_1}=\frac{220\times 2\ 100}{3\ 300}=140\text{（匝）}$$

② $$I_2=\frac{U_2}{Z_2}=\frac{220}{10}=22\text{（A）}$$

③∵ $$\frac{I_1}{I_2}=\frac{N_2}{N_1}$$

∴ $$I_1=\frac{N_2I_2}{N_1}=\frac{140\times 22}{2\ 100}=1.47\text{（A）}$$

④ $$Z_1=K_u^2Z_2=\left(\frac{N_1}{N_2}\right)^2Z_2=\left(\frac{2\ 100}{140}\right)^2\times 10=2.25\text{（k}\Omega\text{）}$$

四、变压器的损耗和效率

实际的变压器是有损耗的，变压器的损耗由铜损和铁损两部分组成，详见第二章第五节。

为了描述变压器的损耗，我们引入变压器效率 η 这个概念。设损耗功率为 P_s，则，

$$\eta=\frac{P_2}{P_2+P_s} \tag{6-8}$$

变压器是一种效率很高的电器，电力变压器在副方输出额定功率时 η 可达 95% 以上。

上述公式（6-2）到（6-7）是在假定变压器是没有损耗的理想变压器的前提下推导出来的。实际的变压器虽然有损耗但效率很高，故这些公式对于实际变压器仍有实用价值。

五、三相变压器

三相电路用的三相变压器和上述单相变压器的原理相同，只是构造复杂一些，它有

三个原方绕组和三个副方绕组，如图 6-3 所示，各相高压绕组的起端和末端分别用大写字母 A、B、C 和 X、Y、Z 表示；低压绕组的起端和末端分别用小写字母 a、b、c 和 x、y、z 表示。

三相电力变压器绕组的接法（接线组别）原采用 Y/Y_0 的形式表示，分子表示高压绕组的接法，分母表低压绕组的接法，Y_0 表示由中点引出线的接法；新的表示方法是分别用 Y、D、Z 和 y、d、z 表示高压绕组和低压绕组的星形、三角形曲折星形接法，用 n 表示有中性点引出线，用 0～11 表示原、副方间的相位移。现在的主流接法是 $Dyn11$。

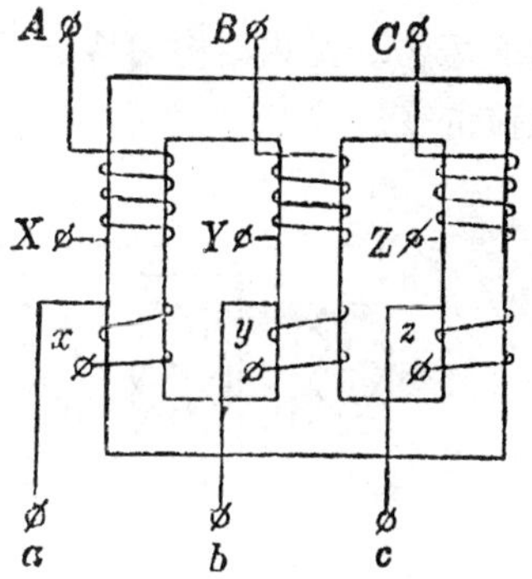

图 6-3　三相变压器的原理

单相和三相变压器的符号见附录。

六、自耦变压器

将变压器的原、副绕组合二为一，使原绕组的一部分兼作副绕组，如图 6-4（a）所示，这样就构成了自耦变压器。

自耦变压器的主要优点是：用料少、成本低，构造简单、体积小，损耗小，效率高等。自耦变压器的主要缺点是：副方电路和原方电路有电的联系，一旦变压器的绝缘损坏，高压窜入低压电路，就可能引起事故。为安全起见，原、副方的绝缘等级要一致，变压比不要超过 1.5～2，不要把它用作安全变压器，安全变电器要采用原、副方绕组分离的双绕组变压器。

把副绕组的分接头做成能沿线圈自由滑动的触头，便可以平滑地调节副方电压，这种自耦变压器称自耦调压器。

图 6-4（b）是三相自耦变压器，它的三相绕组通常接成星形。副方有 2～3 个分接头，可引出不同的电压。它常用作异步电动机的降压启动装置。

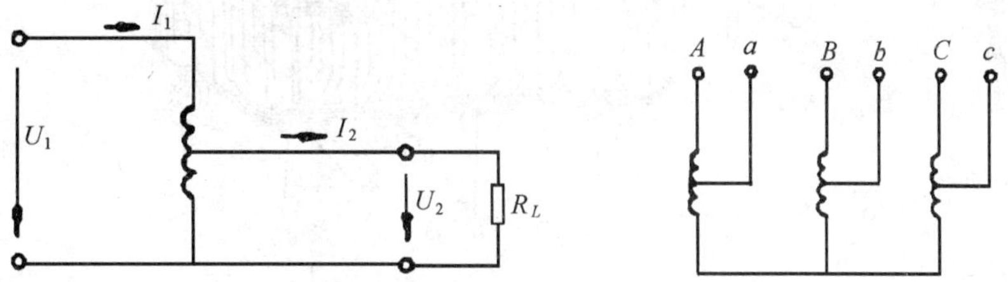

(a) 单相　　(b) 三相

图 6-4　自耦变压器

第二节　变压器的构造、型号和技术指标

一、变压器的构造

变压器主要由铁心和绕组构成。铁心由硅钢片叠成，有心式和壳式两种形式，如图

6-5 所示。心式结构的特点是，绕组和绝缘物的布置容易，适用于高电压、大容量的电力变压器。壳式结构的特点是，用铜量少，散热好，机械强度较高，适用于低电压、大电流的变压器。

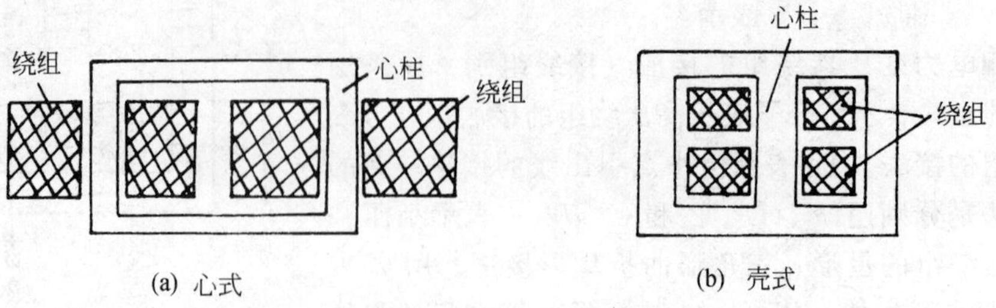

图 6-5 变压器铁心的构造

除了铁心和绕组，变压器还有其他一些部件。下面我们以油浸式三相电力变压器为例分别介绍，参看图 6-6。

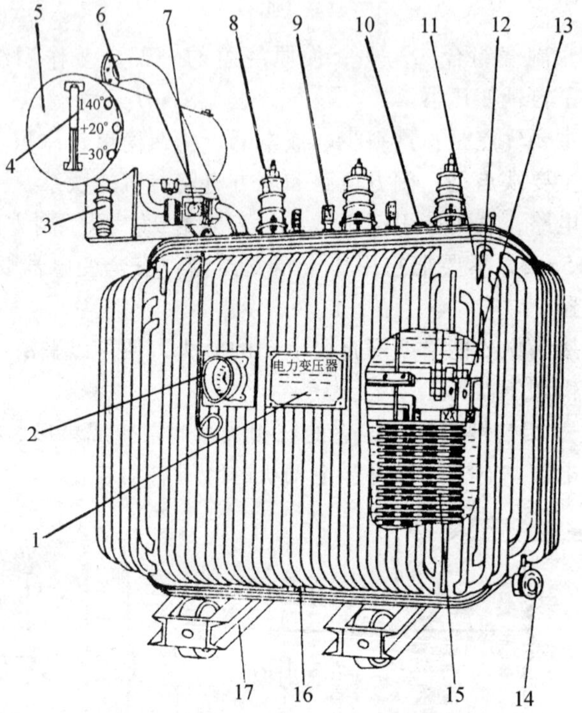

图 6-6 油浸式电力变压器的构造

1. 铭牌 2. 信号式温度计 3. 吸湿器 4. 油表 5. 贮油柜 6. 安全气道 7. 气体继电器 8. 高压套管 9. 低压套管 10. 分接开关 11. 油箱 12. 变压器油 13. 铁心 14. 放油阀门 15. 绕组 16. 接地 17. 小车

① **油箱和变压器油** 散热是变压器设计、使用的一个很重要问题，常用变压器的散热方式有自冷式和油冷式两种。

自冷式变压器依靠空气的自然对流和本身的辐射来散热。这种方式的散热效果差，但具有防火、防潮、防尘土和噪声低的优点。自冷式变压器又称干式变压器。

大容量的变压器均采用油冷式散热。油箱内装着变压器油，变压器的铁心和绕组全部浸在变压器油内，使热量通过油传给箱壁散发到空气中去。为了增加散热量，人们在箱壁上装上散热管来扩大冷却表面。变压器油是一种绝缘性能和散热性能良好的矿物油。油冷式变压器又称油浸式变压器。

② **油枕** 油枕的作用是给油的热胀冷缩留有空间，减少冷却油与空气的接触，以防止油氧化变质，绝缘性能降低。

③ **呼吸器** 呼吸器把油枕上部和外界空间连通，内装吸潮硅胶，当油枕内油位下降时，外界空气经硅胶进入油枕，空气中的水分大部分被硅胶吸收，有效地防止了变压器油受潮变质，绝缘性能劣化。

④ **气体继电器** 当变压器发生局部击穿短路时，变压器的绝缘物和变压器油受到破坏而产生气体。气体集聚在气体继电器的上部，当气体压力足够大时，继电器便会报警，直至接通继电保护装置，把电源切断。

⑤ **防爆管** 防爆管是一根铜管，其下端与油箱连通，上端用3～5mm厚的玻璃板（安全膜）密封，上部还有一根小管和油枕上部连通。变压器正常工作时防爆管内的少量气体通过油枕上部排出。当变压器发生严重故障时，油被分解产生大量气体，使箱内压力骤增。当油压上升到50～100kPa时安全膜爆破，油气喷出，从而避免油箱破裂，减轻事故危害。

⑥ **分接开关或有载调压开关** 用于改变高压绕组的匝数，在小范围内调整输出电压，保证输出电压的稳定。带普通分接开关的变压器要在断电的情况下手动调压，带有载调压开关的变压器能在不断电的情况下手动或自动调压。

二、变压器的型号

电力变压器型号中的字母含义见表6-1。另外还有，*C*代表固体成型，*G*代表干式，*B*代表封闭式等。

表6-1 电力变压器型号中的字母含义

分类项目	代表符号		分类项目	代表符号	
	新型号	旧型号		新型号	旧型号
单相变压器	*D*	*D*	强迫油导向循环	*D*	不表示
三相变压器	*S*	*S*	双线圈变压器	不表示	不表示
油浸式	不表示	*J*	三线圈变压器	*S*	*S*
空气自冷	不表示	不表示	自耦（双圈和三圈）变压器	*O*	*O*
风冷式	*F*	*F*			
水冷式	*W*	*S*	无激磁调压	不表示	不表示
油自然循环	不表示	不表示	有载调压	*Z*	*Z*
强迫油循环	*P*	*P*	铝线圈变压器	不表示	*L*

例如：某变压器的型号（旧型号）为SZL_7—200/10，其中*S*表示三相，*Z*表示有载调压，*L*表示铝线，脚注7表示第7次设计，200表示容量为200kVA，10表示高压绕组电压等级为10kV；*SC*8表示第8次设计固体成型（干式）三相变压器。

三、变压器的技术指标

① **原绕组的额定电压 U_{1N}** 是指规定加在原绕组上的最高电压值（在三相变压器中是指线电压）。

② **副绕组的额定电压 U_{2N}** 是指 $U_1 = U_{1N}$、且变压器空载时，副绕组两端的电压值，对于三相变压器是指线电压值。

③ **原、副绕组的额定电流 I_{1N}、I_{2N}** 是指允许长期通过的最大电流值（对于三相变压器是指线电流），它们是根据变压器长期工作时的允许温升规定的。

④ **容量 S_N** 是指变压器工作在额定状态时的视在功率。单相变压器的 S_N 为

$$S_N = \frac{U_{2N}I_{2N}}{1\,000}\text{kVA} \tag{6-9}$$

三相变压器的 S_N 为

$$S_N = \frac{\sqrt{3}\,U_{2N}I_{2N}}{1\,000}\text{kVA} \tag{6-10}$$

⑤ **额定温升 T_N** 是指变压器在环境温度为 40℃ 的条件下，允许达到的最高温度和环境温度之差。

此外还有，额定频率（我国均为 50Hz）、相数、效率、连接组别、重量、冷却方式，等。

第三节　变压器的选型和安全使用

一、变压器的选型原则

1. 优先选用节能型产品

节能降耗、提高效益、保护环境是世界性问题，也是我国的基本国策之一。从节能的角度，一般场合应优先选用油浸式 S_9 系列及其派生产品，特殊场合（如防水要求高）应优先选用干式 SC_8 系列及其派生产品。

S_7 系列产品是目前常用的节能产品。S_9 系列是接近世界先进水平的新产品，已经大量投入实用。S_9 和 S_7 相比，其空载损耗平均降低 8%，负载损耗平均降低 25%。S_9 的价格虽然比 S_7 高，但由于 S_9 的节能效果更加显著，购买设备多付出的投资一般 3 年左右即可收回。

关于 SC_8 系列干式变压器在下一个问题中介绍。

世界上最新的节能变压器是非晶合金铁心变压器。非晶合金材料具有良好的磁特性，用这种材料做铁心的变压器与同容量硅钢片铁心变压器相比，空载损耗平均降低 70%，有载损耗也有所降低。非晶合金铁心变压器发达国家正在推广应用，我国也已试制成功。

2. 满足防火、防爆等特殊需求

为了节约土地、美化市容、安装维护方便、备战、地下工程等需要，要求供电设备进入建筑物（包括地下构筑物），随之对供电设备提出了防火、防爆、防潮等要求。

环氧树脂浇注干式变压器是目前大量采用的能满足上述要求的变压器。SC_8 系列变压器是这类变压器的新品，既节约能源、又符合防火、防爆、防潮的特殊要求，应优先选用。

变压器的线圈在真空状态下浇注环氧树脂，这样生产的变压器称环氧树脂浇注变压器，一般是干式的。这种变压器具有难燃性，来自变压器内部的热量难以使环氧树脂自燃，遇外部明火时环氧树脂的燃烧速度极慢，外部明火熄灭后环氧树脂不会继续燃烧。这种变压器的防潮性能也很好。

能满足特殊要求的新型变压器还有气体绝缘干式变压器和充不燃油变压器。

把变压器的主体部分（铁心和线圈）放入密封的箱体内，箱体内充满六氟化硫（SF_6）气体，六氟化硫充当绝缘介质和冷却介质，这样就构成了气体绝缘干式变压器。该类变压器的特点是：防火、防爆、防潮、运行可靠和维护简单。

充不燃油变压器的构造和油浸式变压器相同，只是把普通变压器油更换为高燃点油，如硅酮绝缘液（燃点 371℃），*R*—*Temp* 油（燃点 312℃）。普通变压器油的燃点是 160℃。

3. 适当选取容量

对于平稳负荷，取负荷率为 85%；对于波动较大的负荷，允许适当短时过载运行。负荷率等于计算负荷除以容量，计算负荷见第十章第三节。容量选得过大会造成浪费，过小造成温升过高而损坏变压器，见第五章第三节。

二、变压器的安全使用

1. 变压器的安装要符合有关规范的规定。

2. 严禁变压器长时间超载运行，以免损坏变压器。

3. 认真做好对变压器的日常巡视和检查

检查变压器运行的声音是否正常。变压器正常运行时声音是均匀的“翁翁”声。如声音较平常加重（但还是均匀的），说明负载加重了，这时要注意变压器是否超载，一定不能让变压器长时间超载运行。如声音突然加重，且变压器发生振动，说明有短路发生，这时要停止变压器运行。如变压器内部有“噼啪”的放电声，应迅速停电检修。如变压器内部有“沙沙”声（可能是铁心紧固件松动造成的），应在短期内检修。如出线端有“吱吱”的放电声，说明绝缘套管外部不清洁或有裂纹，应擦拭或更换。

检查油温指示器的指示温度，一般不应超过 95℃（在环境温度为 40℃条件下）。检查箱外有无漏油迹象。检查油枕的油位：一年四季环境温度不同油位的高低也不同，但不应超出一定的范围。每两年应进行一次简化的油样试验，主要测定闪点、机械混合物、游离碳、酸价、绝缘强度、可溶性酸和碱、水分等。如油不合格应进行处理或更换新油。

其他检查：检查防爆膜是否破碎、高低压引线接头是否因局部过热而变色、外壳接地是否良好可靠。对于较大的变压器还有瓦斯继电器检查、继电保护装置检查等。

第四节　电焊机的原理

电焊机广泛用于工业领域，是重要的建筑电气设备。发达国家 50% 的钢产量以焊接结构形式用于生产。

电焊机可分为电弧焊机和电阻焊机，二者有很多相似之处，本节只讲解电弧焊机，简称电焊机，内容有：基本原理、交流电焊机、直流电焊机以及脉冲和中频电焊机。

一、电焊的基本原理

电焊的原理是弧光放电，弧光放电是气体放电的一种。

空气属于绝缘体，通常是不导电的。但在某些外界条件下，如高电压、高温等，气体变成导体而导电，这种现象称气体放电现象。

电焊的工作原理如下：焊条和焊件分别和电焊电源的两个输出端相连。开始焊接时先让焊条和焊件接触。这时电源短路，流过接触处的电流很大，再加上焊条和焊件的接触面较粗糙、实际上只有几个点接触、接触电阻较大，所以接触处产生很大的热量。稍后提焊条，让焊条和焊间有一定的间隙。此时，由于焊条提起的瞬间上述间隙极小、焊条和焊件间的电压又较高（60～70V)、再加上上述预热使焊条端点和焊件被焊接处容易发射电子，结果间隙处的空气被击穿而导电，同时产生耀眼的火花，这就是弧光放电。弧光放电处的温度能达到2 000K以上，焊条和焊件被熔化，从而实现了焊接。弧光放电开始后，焊条端点和焊件间的电压降（称电弧电压）约为30V。电弧焊形成的负载是电阻性负载。

上面讲的是接触起弧，非接触起弧则需要几千伏的高压。

二、普通交流电焊机

1. 构造和原理

电焊机是提供电焊电源的设备，普通交流电焊机的电路图和结构示意图（略去变压器）分别如图6-7（a）和（b）所示。

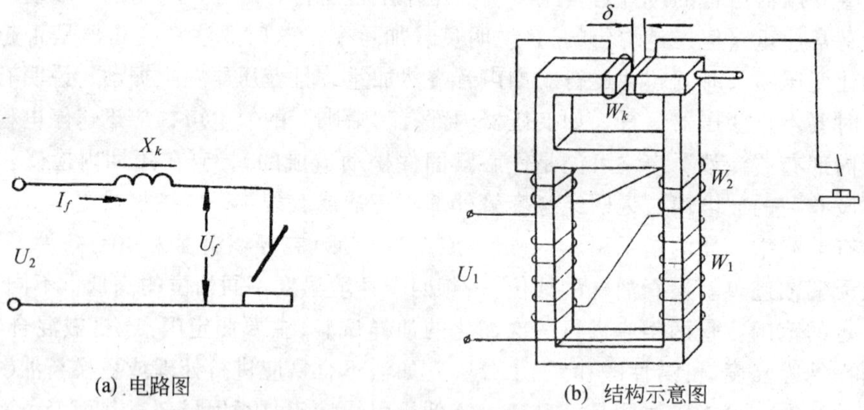

图6-7　普通交流电焊机

电焊机由变压器和电抗器（即铁心线圈）两部分组成。二者的铁心不是分开的，而是合为一体。下部是变压器，上部是电抗器。这种一体化的结构和分体式结构相比能节省材料，缩小体积，分体式电焊机已不生产。

变压器为降压变压器，输入220V或380V交流电，输出60～70V交流电。降压的目的是为了用电安全。

2. 电抗器的作用

① 提高交流电弧的稳定性 电弧需要足够高的电压才能维持，交流电压在过零点前后的一段时间内，因电压过低、不足以维持电弧，电弧是熄灭的。这种不连续的电弧严重影响焊接质量，在电焊技术发展的初期曾一度不被使用。

使用了电抗器以后，构成了 R、L 串联电路。由于 R、L 串联电路中的电压超前电流一定角度，当电压为零时电流不为零，电弧保持燃烧。当电流接近零、电弧要熄灭时，电压值（绝对值）已上升到维持电弧继续燃烧所需要的值，从而避免了电弧的断续、提高了电弧的稳定性。

② 调节输出电流 为满足不同焊接工艺的需要，要求电焊机的输出电流在一定范围内（几十安培到几百安培）可以调节。调节电抗器铁心的间隙便能满足这个要求。

电抗器的铁心中有可以调节的空气间隙 δ。电抗器的磁路由“铁心磁路”和“空气磁路”两部分构成。相应地，磁路的磁阻 R_m 是“铁心磁路”的磁阻 R_{mFe}和“空气磁路”的磁阻 $R_{m\delta}$之和。根据式（2-3）得，

$$R_m = R_{mFe} + R_{m\delta} = \frac{\delta}{\mu S} + \frac{l}{\mu_0 S} \tag{6-11}$$

式中，S 是磁路的横截面积，μ 和 μ_0 分别是铁心和空气的磁导率，l 和 δ 分别是“铁心磁路”和“空气磁路”的长度。

由于 $\mu \gg \mu_0$、$R_{mFe} \ll R_{m\delta}$，所以上式可以简化为

$$R_m = R_{m\delta} = \frac{\delta}{\mu_0 S} \tag{6-12}$$

根据上式和式（2-7），电抗器的感抗 X_k 为，

$$X_k = \omega L = \omega \frac{N_k^2}{R_m} = \omega \mu_0 \frac{N_k^2 S}{\delta} \tag{6-13}$$

从上式可以看出，电抗器的感抗和其空气间隙的长度成反比。间隙越大，感抗越小，电弧电流越大；反之亦然。所以，调节间隙能调节电焊机的输出电流。

③ 使电焊机具有下降的外特性 对于一般电源，我们希望其内阻越小越好，内阻越小带负载的能力越强。但对于电焊电源，我们要求它具有足够大的内阻，或者说要求其外特性是下降的，如图 6-8 所示，这是为了防止接触引弧时短路电流过大。当间隙由最大调节到最小时，外特性曲线由 1 变化为 2。

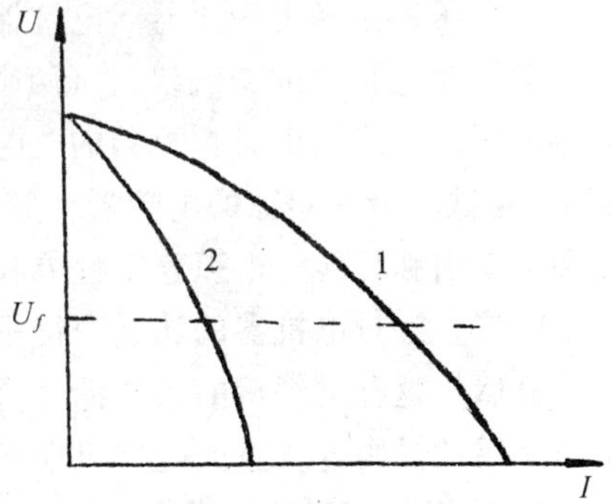

图 6-8 电焊机改变内阻时的下降外特性

3. 饱和电抗器

上面介绍的电抗器其磁路中存在间隙，以便调节磁阻。还有一种电抗器，称饱和电抗器，其磁路不存在间隙，但也能方便地调节磁阻。饱和电抗器又称磁放大器。

饱和电抗器在很多电气设备中都有应用，其结构示意图如图 6-9 所示。

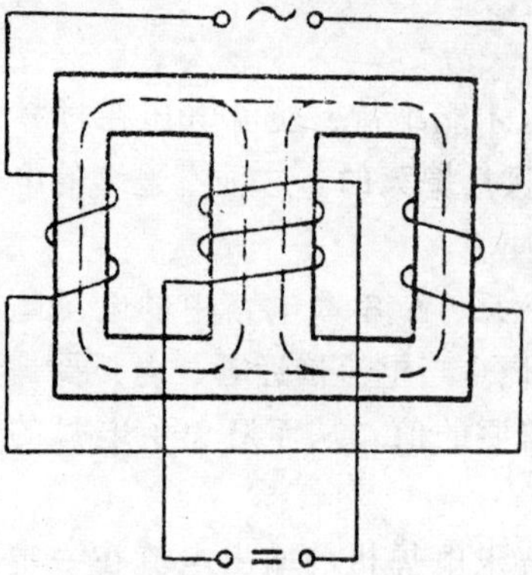

图 6-9　饱和电抗器的结构

饱和电抗器有两个绕组，交流绕组和直流绕组。交流绕组串联在电焊负载回路中，直流绕组由直流电源为其供电，调节通过直流绕组的电流即可调节电抗器的磁阻。

磁组 $R_m=\frac{l}{\mu s}$，对于饱和电抗器，l 和 s 是固定的，要想调节磁阻只有调节磁导率 μ，在第二章第二节我们讲过，改变励磁电流（即改变磁通势 IN）可以改变铁心的饱和程度，而铁磁材料的 μ 值是随其饱和程度而变化的，所以，改变直流励磁电流，便可以改变磁导率 μ，进而改变磁阻 R_m、电感 L 和感抗 X_k。

饱和电抗器的优点是,能实现均匀的、大范围的调节,容易实现远距离调节,由于没有间隙所以没有铁心振动。多用于要求较高的场合。缺点是耗用材料多,体积、质量大。

普通交流电焊因构造简单、价格低廉和维修方便而应用最广。其缺点是电弧不够稳定，焊接质量不高，功率因数低，有些场合下不宜用或不能用。在某些发达国家中，有逐渐减少使用的趋势。

三、直流电焊机

1. 发电机式直流电焊机

早期的直流电源由电动机（或其他原动机）和发电机组成。这种电源因构造复杂、耗电多、噪声大等正在被淘汰、我国已明文规定停止该电源的生产，但没有交流电源的野外场合仍在使用。

2. 二极管式直流电焊机

高反压、大功率硅二极管出现之后，人们研制出了二极管式直流电焊机，其方框图和简化的电原理图分别见图 6-10（a）和（b）。

主变压器是降压变压器。电抗器是饱和电抗器（磁放大器）AM，用来调节焊接电流。WA 是电抗器的交流绕组（两个线圈串连）。WC 是直流控制绕组，给 WC 供电的直流电源电路未画出。整流器的电路是三相桥式整流电路，见第四章第一节。输出电抗器 L_k 是铁心带有间隙的电抗器，其作用有两个：①改善和控制动特性。动特性是指引弧和重新引弧性能、电弧稳定性能和飞溅情况。②滤波作用。整流器输出的电流是直流脉动电流，经过电抗器的滤波变得平稳，见第四章第一节。

显然，这种电焊机的成本低、重量轻、噪声小，可以替代发电机式直流电焊机，但下面介绍的晶闸管式直流电焊机性能更好。

3. 晶闸管式直流电焊机

继大功率、高反压硅二极管之后又出现了大功率、高反压晶闸管。晶闸管式直流电焊机的方框图见图 6-11。

可控整流器（晶闸管整流器）及其触发电路的原理见第四章第五节，下面只讲解控制电路的原理。

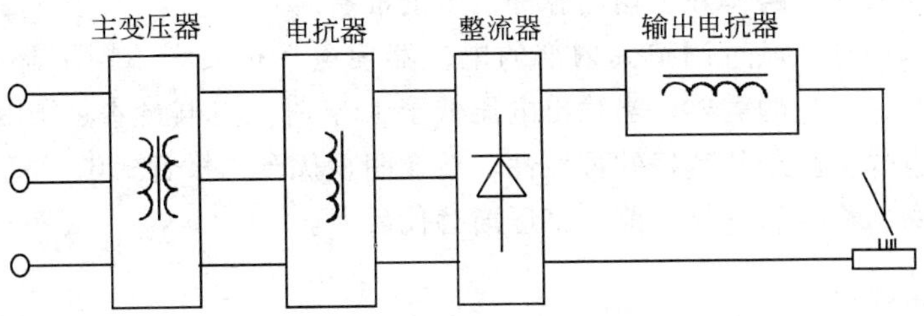

(a) 方框图

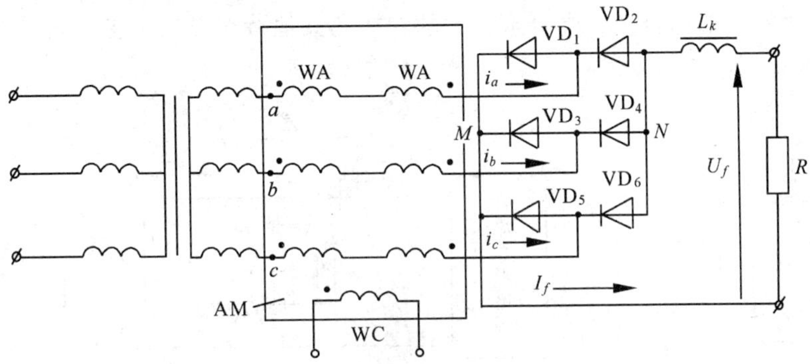

(b) 电原理图

图 6-10 二极管式直流电焊机

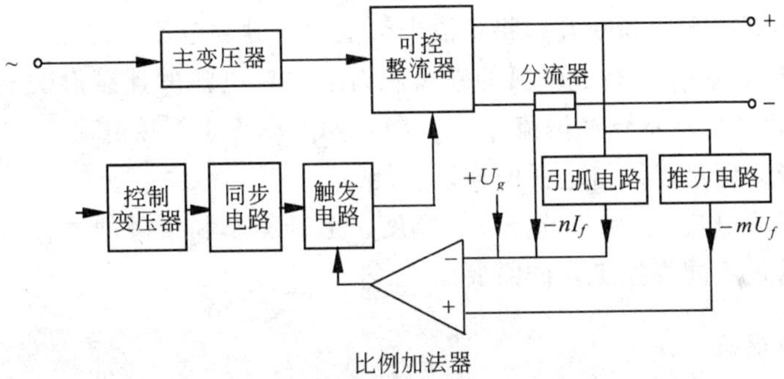

图 6-11 晶闸管直流电焊机的方框图

控制电路通过控制晶闸管的导通角调整电焊机的性能，这一点和二极管式直流电焊机不同，它是采用饱和电抗器控制电焊机性能的。

调节电焊机的手动焊接电流调整旋钮时，给定电压 U_g 改变，使比例加法器的输出信号改变、触发信号移相、晶闸管的导通角改变、整流器的输出电流改变，达到了控制焊接电流的目的。比例加法器的原理见第四章第三节运放部分。

在焊接过程中，引弧和焊条熔滴进入熔池都会造成短路，为防止短路电流过大，要求电焊机具有下降的外特性。实现下降外特性的原理如下：随着焊接电流的增加，取自分流器的电压信号增大，使比例加法器的输出电压减少、最终使焊接电流减小。这种电流负反馈作用使电焊机具有下降的外特性。

引弧电路的作用是，在引弧的瞬间输出脉冲信号，使输出电压瞬时升高，确保引弧成功，引弧电路的控制信号来自输出电压。当输出短路时意味着下面需要引弧，输出电压的突然降低，使引弧电路作好了输出脉冲信号的准备。

推力电路的作用是，通过调整其内部的电位器使电焊机具有不同下降斜率的外特性，以满足不同焊接工艺的需要。当输出电压低于15V时推力电路才起作用。

晶闸管直流电焊机由于其良好的可控性，性能明显优于二极管式电焊机。随着半导体器件性能的提高、价格的下降，前者将逐渐替代后者。

四、脉冲式电焊机

脉冲式电焊机提供周期性、脉冲式焊接电流，特别适用于薄板的焊接、热输入敏感性大的金属材料（如铝合金、高合金钢）的焊接和其他特殊焊接工艺，其原理方框图如图6-12所示。

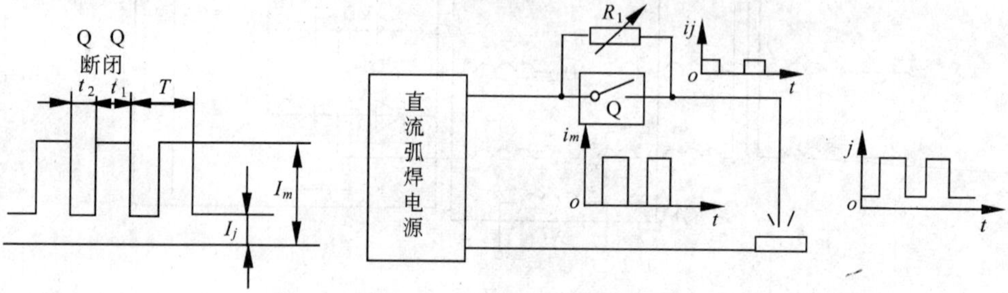

图6-12　脉冲式电焊机的原理

图中的Q是电子开关（又称断续器），由晶闸管或晶体三极及其控制电路组成。电子开关按设计的频率开通和断开，将直流电流变成了脉冲电流 i_m。

断续的脉冲电流 i_m 会造成电弧的断续。为了维持电弧的连续燃烧，通过可变电阻 R 在 Q 断开期间产生基本脉冲电流 i_j。i_m 和 i_j 相加后等于焊接电流 i，i 在Q断开期间等于 i_j，i_j 的设计值足以维持电弧的连续燃烧。

通过调整脉冲电流 i_m 和 i_j 的幅值、宽度、上升斜率和下降斜率，调节脉冲式电焊机的性能，以满足不同焊接工艺的需要。

五、中频电焊机

中频电焊机是1978年才问世的新型电焊机。它最突出的优点是质量轻、体积小，质量只有传统电源的1/5~1/10，体积只有传统电源的1/3左右。其次的优点是效率高（80%~90%），功率因数高（可达0.99），性能好，是高科技产品。

对于变压器，为减少空载电流、即减少损耗，要求初级线圈有足够高的感抗。感抗 $X_L=\omega L$，与 ω 成正比。在感抗值确定的前提下，提高交流电的频率便可以减少电感。而电感 $L=\mu\dfrac{N^2S}{l}$，可见减少电感便可以减少用料、缩小体积、减轻质量。对于铁心电感也是这样。

根据这个思路，中频电焊机一改传统电焊机首先将50Hz交流电降压的做法，它先把50Hz交流电变换为几千至几万Hz的中频交流电，再进行降压，从而带来了上述一系列好处。中频电焊机的原理方框图如图6-13所示，其中逆变器、滤波器和自动控制电路的原理见第四章第四、七节。

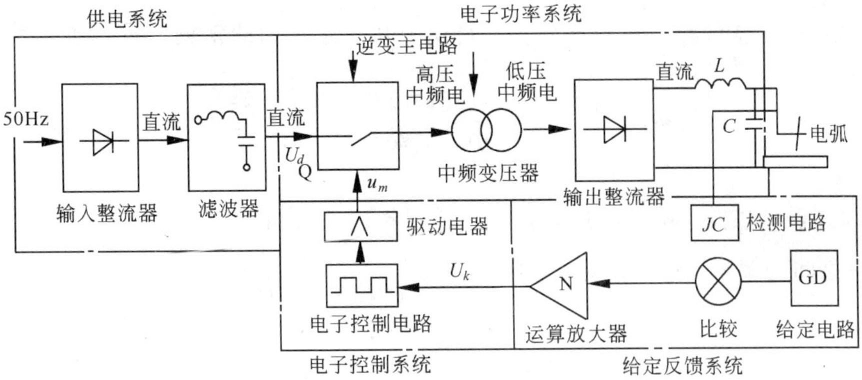

图 6-13　中频电焊机的原理方框图

先讲主电路的原理。输入整流器的输入电压为 50Hz、220V 或 380V，输出的脉动直流电压经 LC 滤波器滤波变为较平滑的约 310V 或 520V 的直流电压。滤波器的作用一是防止工频电网中的干扰进入后续电路，二是防止后续电路（主要是逆变器）的干扰信号进入工频电网，影响他人用电设备的使用。逆变器将直流电变换为中频电，变压器将高压中频电降为低压中频电。低压中频电经过整流，再经过电抗器 L 和滤波电容 C，变为较理想的直流焊接电流。

再看控制电路的原理。电抗器 L 的构造和作用见本节“二极管式直流电焊机”部分。电子控制电路为振荡器。振荡产生的脉冲电压信号经驱动电路放大送入逆变器，控制逆变器的工作。逆变器的工作频率取决于脉冲信号的频率。逆变器输出的中频电压的频率越高，最终得到的直流焊接电流越大；反之亦然。振荡器的振荡频率受运算放大器（这里用作调节器）输出电压的控制，这种振荡器称压控振荡器。给定电路用于手动调节焊接电流，属于开环控制。电压或电流负反馈（这里是电压负反馈）用于控制电焊机的输出特性，属于闭环控制。

六、电焊机的选择和安全使用

电焊机的选择要综合考虑以下因素：被焊工件的材质、板厚、接头型式，各种电焊机的性能（包括节能），经济指标等因素。常用的交流电焊机有：BX1—135（300、400、500），交流、下降特性 、动铁心、额定电流 135A（300A、400A、500A）；BX2—500（1 000），同体式；BX3—120（300、500），动绕组式；BX6—120—1，变换抽头式，1 为改进序号；BP—3 × 500，平特性、多站式。常用直流电焊机有：ZX5—400，整流、下降特性、晶闸管式、400A。

电焊机的使用要注意以下事项：

① 电焊机应放置在防雨、干燥和通风良好处，焊接现场不准堆放易燃易爆物品。

② 一次侧电源线长度应不大于 5m，不得随地拖拉；二次侧应不大于 30m，宜采用橡皮绝缘铜心多股软电缆，应采用接线鼻子连接，不得用螺栓直接连接。

③ 外壳应可靠接地，应分别接地（或接零）、不得多台串联接地（或接零）。

④ 每台电焊机应单独装设开关，开关应有短路和漏电保护。

⑤ 使用前应进行各项检查。如长期未用，应进行绝缘电阻测试，各线圈对外壳的

热态绝缘电阻不得小于0.4MΩ。

⑥ 被焊接设备的接地线应拆除，不得用导轨、建筑物的钢筋，设备本体等构成焊接回路。

小　结

1. 变压器的原理　电磁感应现象（互感现象），互感电动势 $e_M=-M\dfrac{di_1}{dt}$。原方和副方各量之间的关系：

变压公式　$\dfrac{U_1}{U_2}=\dfrac{N_1}{N_2}=K_u$

变流公式　$\dfrac{I_1}{I_2}=\dfrac{N_2}{N_1}=K_i$

阻抗变换公式　$Z_1=K_u^2Z_2$

功率传输公式　$P_1=P_2$

2. 三相变压器的原理　Δ形和Y形接法，变压器的符号。

3. 变压器的构造　铁心、绕组、油箱和变压器油、油枕和呼吸器、气体继电器和防爆管、分接开关和有载调压开关。

4. 变压器的技术指标　额定电压、额定电流、额定容量、额定温升。

5. 变压器的选型　优先节能型产品，满足防火、防爆等特殊需要，合理选取容量。

6. 变压器的安全使用　严禁超载运行，做好日常检查（声音、油温、防爆膜、接头、接地等）。

7. 电焊机的原理　弧光放电。

8. 电焊机的种类　普通交流电焊机；直流电焊机（发电机式、二极管式、晶闸管式等）；脉冲电焊机；中频电焊机。

9. 电焊机的安全使用　六点注意事项。

复习思考题

1. 变压器能变换直流电压吗，为什么？

2. 某理想变压器的 $U_1=3\,000\text{V}$，$K_u=15$，求 U_2。若 $I_2=60\text{A}$，求 I_1。

3. 某理想变压器的 $N_1=3\,000$，$N_2=100$，$I_1=0.22\text{A}$，$Z_2=10\Omega$，求 U_1 和 Z_1。

4. 变压器的铁心为什么用硅钢片叠成、实际的变压器主要有哪些损耗、电力变压器的效率一般能达多少以上？

5. 一台220/110V的变压器能否用来把440V的电压降到220V，或把110V的电压降到55V？

6. 把一台220/24V自耦变压器的输出电压用作安全电压，这样做允许吗？

7. 三台单相变压器能联成一台三相变压器（称变压器组），画出 Y/Y_0 接法的接线图。

8. 一台工作在环境温度为40℃的变压器，其额定温升 $T_N=55℃$，问变压器油温指示器的指示温度最高不应超过多少度？

9. 简述油浸式电力变压器的构造和各部分的作用。

10. 简述电力变压器的选择原则和日常检查的内容。

11. 简述普通交流电焊机的原理、构造和电抗器的作用。

12. 简述饱和电抗器（磁放大器）原理和特点。

13. 简述二极管式和晶闸管式直流电焊机构造和原理。

第七章 低压电器

低压电器是指额定使用电压1 000V以下的电器。低压电器广泛用于低压配电线路和低压用电设备的控制和保护。本章介绍常用的低压电器：开关、熔断器、接触器、继电器等。

第一节 低压电器的基础知识

本节讲解学习低压电器需要具备的基础知识：基本概念、电磁机构的原理和灭弧的原理，下面几节再具体介绍常用的低压电器。

一、基本概念

① **电弧** 电弧是伴随火焰的高温电子、离子流，电弧的形成详见第六章第四节。电弧焊为人类造福，电器中的电弧却是一件坏事。开关和接触器等电器的触头分离时，其动、静触头之间会出现电弧，熔丝熔断时也会出现电弧，被分断的电流越大电弧越严重。电弧能危害人体，烧毁电器，使电路不能切断，甚至造成线间短路。所以电器分断电流的触头部分都要考虑灭弧问题。

② **过压保护** 当电源电压超过额定值一定程度时，保护装置能在一定时间之后将电源切断，以免造成设备绝缘击穿和过流损坏，这种保护称过压保护。

③ **过载保护** 广义的过载含义是，由于机械过载、缺相运行、欠压、频率升高、散热不良、环境温度过高等原因，造成用电器过热的现象称过载或过流。过载和过流字面上含义有区别，实用中一般可以通用，习惯上多称过载。当发生过载现象时，保护装置能在一定时间以后将电源切断，以防止设备长时间过热运行而损坏，这种保护称过载或过流保护。

④ **短路保护** 由于绝缘损坏等原因，输电导线不经负载而直接连接，或直接与大地连接或经设备金属外壳等间接与大地连接的现象称短路，后两者又称接地短路。当发生短路现象时，保护装置能立即将电源切断，这种保护称短路保护。短路电流一般很大，要求瞬时切断，这一点和过载保护不同。

⑤ **欠压保护** 有些电气设备（如电动机）不允许欠压运行（在电源电压低于额定电压的状态下运行），保护装置应能在欠压超过一定程度、并经过一定时间之后把电源切断。这种保护称欠压保护。

⑥ **失压保护** 电源意外断电称失压。有些使用场合要求失压后恢复供电时电气设备不得自动投入运行，否则可能造成事故。满足这种要求的保护称失压保护。

⑦ **缺相保护** 三相用电设备不允许缺相运行（在电源一相断开的情况下运行），电动机缺相运行时一方面造成自身过载，另一方面破坏了电网的平衡。这时要求保护装置能迅速切断电源。满足上述要求的保护称缺相保护。

⑧ **定时限和反时限** 为了实现过电流保护的选择性，将线路各段保护装置的动作

时限按阶梯原则整定，即离电源端越近者动作时限越长、越远者时限越短，时限级差约0.5s，这种保护方式称定时限方式。使保护装置的动作时限与过电流的大小有关，电流越大时限越短、电流越小时限越长，这种保护方式称反时限方式。

⑨ **隔离开关、负荷开关和断路开关** 见第十章第二节，和高压开关的定义一样，只是工作电压不一样。

⑩ **过载电流和短路电流** 用电器的实际电流大于额定电流但小于10倍的额定电流称过载电流，实际电流大于 10 倍的额定电流称短路电流。

二、电磁机构的原理

电磁机构是很多低压电器的核心，由铁心、线圈和衔铁三部分组成，分直流和交流两种。

1. 直流电磁机构

直流电磁机构的原理见图 7-1（a）。直流电流 I 流过线圈产生磁通 ϕ，在磁通的作用下铁心和衔铁被磁化成为电磁铁。很容易判定气隙 δ 两端的磁铁极性相反，铁心和衔铁间产生互相吸引的力 F，最终二者吸合。一般是铁心固定不动，衔铁是可动的，也可以说铁心将衔铁吸合。

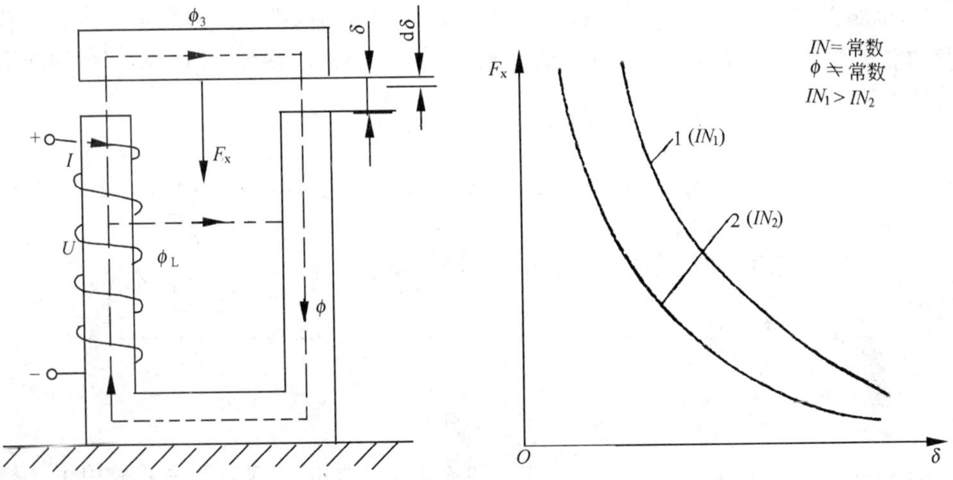

(a) 工作原理　　(b) 吸力曲线

图 7-1　直流电磁机构的原理和吸力曲线

利用在第二章学过的电磁知识可以得出结论：吸引力 F 不是一个常数，是非线性变化的，它和磁动势 IN 的平方成正比，和间隙 δ 的平方成反比，如图 7-1（b）所示。当 δ 较小时（接近闭合时），F 的简化计算公式为：

$$F=\left(\frac{\Phi}{5\,000}\right)^2\frac{1}{S} \tag{7-1}$$

式中　F、Φ、S 的单位分别是 kg、Mx、cm^2，S 是衔铁的端面积。

2. 交流电磁机构

交流电磁机构的主体结构和最大值吸引力曲线和直流电磁机构类似，二者的主要区别如下：

① 直流电磁机构的励磁电流是恒定的直流，电流的大小取决于线圈电阻，而交流电磁机构的励磁电流是交流，电流的大小虽和线圈的电阻有关，但主要曲线圈的感抗决定，而感抗又是随气隙 δ 变化的。由于 δ 越大、感抗越小、电流越大，反之亦然，故开始的励磁电流（启动电流）比吸合后的电流（吸持电流）要大几倍至十几倍。

② 由于励磁电流是正弦变化的，吸引力 F 的瞬时值也按正弦规律变化：

$$F = F_m \frac{1 - \cos 2wt}{2} \tag{7-2}$$

结果造成在励磁电流过零前后的一段时间内，吸引力 F 小于触头的弹簧释放力（含自身阻力），最终导致触头振动，振动会带来电流不稳、噪音、触头过早损坏等。

③ 为了消除触头的振动，在结构上采取了以下措施：在铁心的端部开一个槽，槽内嵌入铜环，称分磁环或短路环。由于铜和铁的磁导率相差很大，造成电流和磁通存在相位差、电流过零时磁通不为零，最后导致吸引力始终大于释放力，避免了触头的振动。

3. 灭弧原理

由于交流电过零时电弧会随着熄灭（之后又会重燃），故交流电弧比直流电弧容易熄灭。常用的灭弧方法有以下几种：

① **电路灭弧**　灭弧电路图见7-2。当开关 S 打开时与线圈并联的支路导通，线圈中储存的能量部分消耗在电阻上，从而能减轻甚至避免电弧。这种方法一般用于切断电流不大的直流电器中。

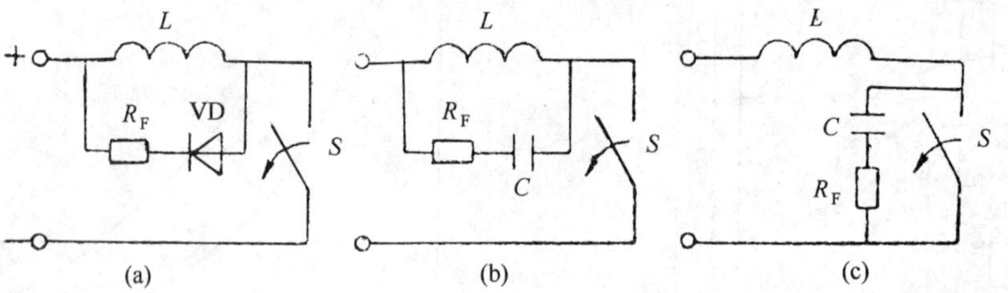

图 7-2　灭弧电路

② **拉长灭弧**　电弧被拉长后能迅速冷却而熄灭，常用的闸刀开关就采用了这种方法。

③ **冷却介质灭弧**　有的熔断器熔丝的周围填满了石英砂，有的开关触头浸在绝缘油中，石英砂和绝缘油能迅速吸收电弧热量而使电弧熄灭。

④ **气体灭弧**　有的熔断器熔断时能产生高压气体，高压气体能迅速将电弧吹灭。

⑤ **灭弧栅片灭弧**　在灭弧装置中设置栅片，电弧经过栅片时被分成许多段或股，再加上冷却作用而熄灭。

⑥ **双断点触头灭弧**　常用接触器、继电器的触头就是双断点触头。这种触头分离时两个动触头同时动作，使电路产生较大缺口。这样，产生的电弧小，电弧熄灭得快。

⑦ **磁吹灭弧**　电弧电流的磁场会对电弧产生电动力的作用，在力的作用下电弧被

拉长、分散而易熄灭，这种现象称磁吹灭弧。将触头的形状进行特殊设计或在主电路中串入专用磁吹灭弧线圈有助于提高磁吹灭弧效果。

⑧ **真空灭弧和 SF_6 灭弧** 见第十章第二节。

第二节 熔断器和开关

一、熔断器

熔断器就是大家通常所说的“保险”，它是一种结构简单、使用方便、广泛用于过载和短路保护的电器。熔断器由熔心及其安装装置组成，熔心有的就是一段熔丝（保险丝）；有的是内装熔体（熔丝或熔片）的管状物（保险管），分有填料和无填料两种。熔体是由熔点较低的金属如铅、锡、锌、铜、银、铝等制成，当流过熔体的电流足够大、流过电流的时间足够长时，由于电流的热效应，熔体便会熔断而切断电路。熔断器串联在被保护的电路中。

1. 熔断器的保护特性和技术指标

为了实现过载保护和短路保护，要求熔断器具有反时限特性和快速熔断功能。

① **反时限保护特性** 对于过载保护，我们并不要求一出现超载熔断器立即熔断。这是因为，线路中瞬时过压（浪涌电压）、电动机等设备的启动和负载的扰动现象经常出现，这些现象都会造成瞬时过载，若一出现过载熔断器立即熔断，就会严重影响正常的生产和生活。用电设备都允许短时过载运行。为了既能防止动辄断电、又能防止设备长时间过载运行而损坏，要求熔断器具有反时限保护特性。

例如：下述 RC_1A 瓷插式、额定电流 10A 的熔断器，流过熔断器的电流为 2 倍的额定电流时，熔断时间约是 400s；4 倍时约 3.3s；6 倍时约 1s；10 倍时约 0.32s；20 倍时约 0.093s。

② **快速熔断特性** 对于短路保护，一般要求熔断器尽快熔断，有时还要求有限流能力，即能在短路电流达到最大值之前熔断。熔断时间越长造成的危害越大。

例如：下述 RLS 型快速熔断器，4 倍额定电流时熔断时间不大于 0.2s，6 倍时不大于 0.02s，快速熔断器并有限流能力。

③ **熔断器的技术指标** 额定电压——规定的长期工作能够承受的电压。熔体的额定电流——规定的熔体长时间工作所允许流过的最大电流值。熔断器的额定电流——规定的熔体以外部分（电极、插座等）长期工作所允许流过的最大电流值。极限分断能力——规定的熔断器所能断开的最大短路电流值，此值的大小取决于熔断器的灭弧能力。

2. 常用熔断器

常用的熔断器有瓷插式熔断器、无填料管式熔断器，有填料管式熔断器、快速熔断器等。

① **瓷插式熔断器** 它由瓷座、瓷盖（插件）、触头和熔丝组成（熔线装在瓷盖上）。体积小、价格低、使用方便。但由于灭弧能力差，极限分断能力较低，且所用熔丝的熔化特性不很稳定，所以只适用于负载不大的照明线路和小功率（7.5kW 以下）电动机的短路保护，要求不高时也可以作过载保护。RC_1A 是目前广泛使用的系列产品。

② **无填料管式熔断器** 它采用变截面锌片做熔体，熔体装在用钢纸制做的密封绝缘管内，二者构成熔心，熔心的两端装有铜片电极，熔心直接插在安装底座上。当电流足够大时，锌片的几处狭窄部位同时熔断，形成较大的灭弧间隙，有利于灭弧；同时，电弧热量使钢纸管的内壁局部分解产生气体，气体有使离子复合和冷却作用，有助于灭弧。但经过几次动作之后，熔管内壁变薄，使灭弧效率和机械强度降低。为了使用安全，一般分断三次之后应该换管。这种熔断器的灭弧能力强，分断能力高，用于一般场合的过载保护和短路保护，RM10 是常用的系列产品。

③ **有填料熔断器** 它有螺旋式和管式两种。螺旋式由瓷座、螺旋式瓷帽和熔心组成。熔心是内装熔体的瓷管，熔体的周围填满了石英砂，用来分散和冷却电弧。这种熔断器的灭弧能力强，极限分断能力高。当熔体熔断时，熔心一端的红色指示片变色脱落。管式熔断器的管体由陶瓷制成，内装熔体，熔体周围填满了石英砂。熔体是用栅栏状薄紫铜片围成的筒形物，组成“栅栏”的条形铜片为变截面形状，中部的截面积较小，面积较小处用锡镉合金涂焊。当发生过载或短路时，低熔点的锡镉合先熔化，接着高熔点的铜熔化。较低熔点材料的过载保护特性好，较高熔点材料的短路保护特性好。上述熔体把二者相结合，改善了过载和短路保护特性，并有一定的限流能力。有填料熔断器的保护性能较无填料熔断器有提高，但由于熔心是一次性使用，价格也较高，主要用于要求较高、短路电流很大场合的过载保护和短路保护。管式熔断器也有红色的熔断指示信号。RL1 是常用螺旋式系列产品，常用的管式系列产品的型号是 RT0、RT12、RT14 和 RT15。

④ **快速熔断器** 它也有螺旋式和管式两种，结构和对应的有填料熔断器相似，其最大特点是熔体用银制成，熔断时间很短，且有显著的限流能力。快速熔断器用于需要特殊保护的场合，例如用于硅整流器件及其成套装置的短路和过载保护。硅整流器件（硅二极管、晶闸管）的过载能力很差，不能采用一般熔断器、必须采用快速熔断器保护。

常用快速熔断器的型号是，RLS、RSO、RSOA、RS3、RS3A、NGT 和 NT，后两种是引进国外先进技术生产的新产品。

3. 熔断器的选用

熔断器的类型根据实际需要和前面分别讲到的各种熔断器的适用范围来选择；熔断器的额定电压要等于或大于被保护线路或设备的额定电压；熔断器的额定电流要大于或等于熔体的额定电流。下面具体讲解熔体额定电流的选择和上下级之间的配合。

① **熔体额定电流的选择** 负载可分为有冲击启动电流的负载（如电动机）和电流比较平稳的负载（如照明电路）。对于前者，为了保证启动时不熔断、额定电流要选得大一些，而为了取得好的过载和短路保护效果，额定电流又要小一些，二者需要兼顾。例如电动机，铜质熔体可取熔体的额定电流为电动机额定电流的 2.5～3 倍，铅锡合金熔丝可取 1.6～2 倍，若电动机已采用热继电器做过载保护，还可以取得大一些。对于后者，可按等于或稍大于负载额定电流的原则确定熔体的额定电流。

② **熔体额定电流的上下级配合** 为实现保护的选择性，确定额体的额定电流时要注意上级（主电路）和下级（支路）的配合。所谓选择性，即发生故障时使停电范围尽量缩小，防止熔断器越级动作，造成停电范围过大。为此要求上一级熔体的额定电流要

大于下一级，如采用同一型号的熔断器以相差两级为宜；或要求上级熔体的熔断时间要长于下一级，至少是下一级的 3 倍。

二、开关

开关按功能可分为隔离开关、负荷开关、断路器等，用于电压隔离、负载通断，有的还有过载短路等保护作用。

1. 刀开关

刀开关由手柄、触刀、刀座、铰链支座和绝缘底板组成，用作隔离开关，有灭弧室者还能用于不频繁通断小电流的线路或设备，用于控制电动机时要降低容量使用。刀开关的灭弧方法是栅片灭弧、拉长灭弧和磁吹灭弧。常用刀开关的型有 HD11、13、14，HS11、13，前者是单投开关，后者是双投刀形转换开关，二者一般是垂直安装在开关板上。

2. 开启式负荷开关

开启式负荷开关习称胶盖瓷底刀开关，由瓷质手柄、触刀、刀座、熔丝、上下胶盖等组成，比上述刀开关多了熔丝和胶盖。胶盖有防护作用，有隔离各极电弧从而有助于灭弧的作用。开启式负荷开关用于要求不高的场合，用作隔离电源、不频繁通断负载、过载和短路保护。用于控制电动机时要降低容量使用，额定电流宜取为 3 倍的电动机的额定电流。常用的型号有 HK1、2 和 TSW。

3. 封闭式负荷开关

封闭式负荷开关也称铁壳开关，主要由刀开关、灭弧罩、熔断器、操作机构和防护外壳组成。熔断器是瓷插式或管式，操作机构利用弹簧储能迅速可靠地合闸和分闸，分闸速度的提高有助于灭弧。操作机构带有机械联锁装置，使盖子打开时手柄合不上闸，手柄合上闸时盖子打不开，以保证使用安全。该开关用于一般场合，用作不频繁通断负载、过载和短路保护，控制电动机时额定电流的选择原则同上。常用的型号有 HH3、4，HH10、11。

4. 低压断路器

低压断路器曾称自动开关或空气开关，按原理可分为电磁式和电子式。

① **电磁式低压断路器** 它采用电磁机构和热元件作为控制器件，其基本工作原理如图 7-3 所示。

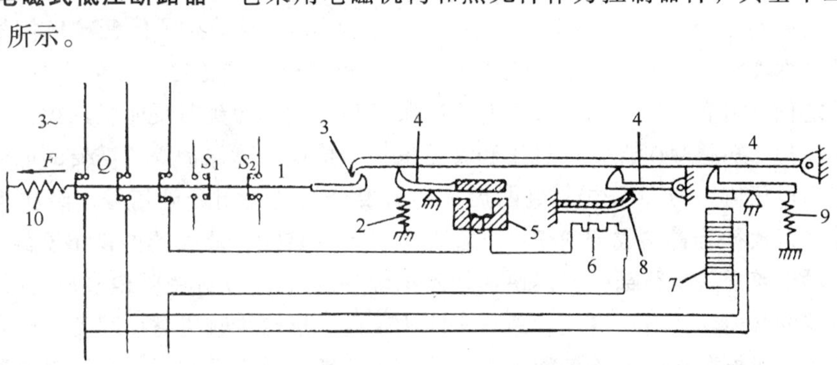

图 7-3 电磁式低压断路器的基本原理

1. 传动杆 2.9.10. 拉力弹簧 3. 锁扣 4. 顶杆 5. 电磁铁 6. 发热电阻
7. 失电压电磁铁 8. 双金属片

断路器有短路保护、过载保护和失欠压保护三套脱扣机构。当发生短路故障时，短路脱扣器的线圈 5 产生的电磁力将衔铁向下吸引，脱扣杆 4 上升，使锁扣 3 脱扣；在弹簧 10 的作用下，传动杆 1 向左运动，主触头 Q 断开，电源被切断，同时辅助触头 S_1 闭合、S_2 断开。当发生过载故障时，发热元件 6 过热造成双金属片 8 过热，其右端向上弯曲推动脱扣杆 4 左端上升，使锁扣 3 脱扣。当发生失压或欠压故障时，线圈 7 产生的吸力不足，在弹簧 9 的作用下，脱扣杆左端上升，使锁扣 3 脱扣。

当发生短路时电源被电磁脱扣器瞬时切断，过载时电源被热脱扣器延时切断、并具有反时限特性。断路器的 3 个主触头同时动作、避免了采用熔断器保护可能造成缺相运行的缺陷。有的断路器还有限流功能（利用短路电流产生的电动力使触头快速断开），有的还可以远距离分闸操作（增加了分励脱扣器）。另外，断路器采用了弹簧储能操作系统和栅片灭弧系统。

② 电子式低压断路器 初期的电子断路器是用电子式脱扣器代替电磁式脱扣器和热脱扣器，方便地实现了“过载长延时、一般短路短延时、特大短路不延时（瞬时动作）”的三段式保护特性，提高了保护水平。现在发展为采用微处理器控制整个断路器，原理方框图见图 7-4，可称之为智能断路器。

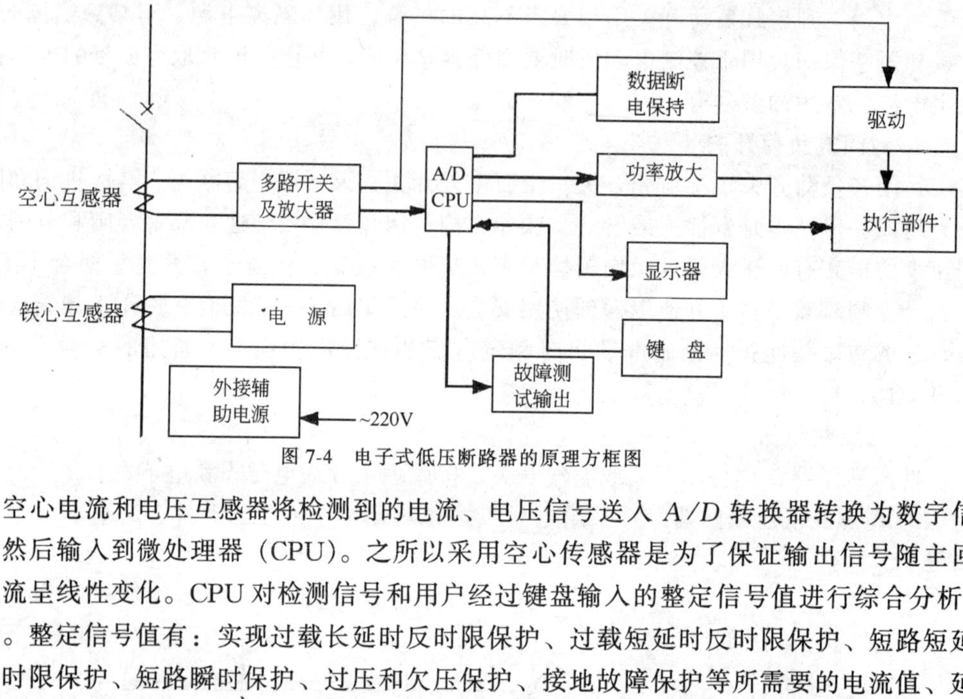

图 7-4　电子式低压断路器的原理方框图

空心电流和电压互感器将检测到的电流、电压信号送入 A/D 转换器转换为数字信号，然后输入到微处理器（CPU)。之所以采用空心传感器是为了保证输出信号随主回路电流呈线性变化。CPU 对检测信号和用户经过键盘输入的整定信号值进行综合分析、判断。整定信号值有：实现过载长延时反时限保护、过载短延时反时限保护、短路短延时定时限保护、短路瞬时保护、过压和欠压保护、接地故障保护等所需要的电流值、延时时间值和电压值。CPU 分析、判断后，如需要分闸则输出分闸信号，经功率放大送入执行装置，执行装置完成分闸任务。当发生特大短路时，放大器的输出不经过 CPU，而经过驱动电路送入执行部件，以快速切断电源并能防止 CPU 受强信号冲击损坏。

断路器的其他功能有：自我诊断——能诊断内部过热、触头磨损程度、微处理器自身故障等；自我检验——检验各种保护功能是否正常；数字显示——主回路电流值、整定电流值和延时值显示，故障显示等；数据断电保持——断电后输入的保护数自动保持，不需要重新输入。

③ **低压断路器的选择** 低压断路器按结构分为 *DW* 和 *DZ* 两大系列，前者称万能断路器或框架式断路器、侧重在变电所用作线路保护，后者称塑料外壳式断路器、侧重用于设备保护。二者均有电磁式和电子式产品。电子式断路器价格高，宜用于要求高的场合。电磁塑壳式断路器的性能优于上述负荷开关，虽然价格较高，但随着我国电工装备水平的提高，前者正越来越广泛地取代后者。建筑施工和城市建筑配电已主要采用电磁塑壳式断路器。

④ **低压断路器的技术指标和整定电流** 断路器的主要技术指标和熔断器大同小异，只要把熔体的额定电流改为过电流脱扣器的额定电流即可。脱扣器的整定电流是指能使脱扣器脱扣的最小电流，注意和额定电流相区别。整定电流可以调整，一经调好不允许随意更动，调整范围随断路器的型号和用途的不同而异，大约是 1～10 倍的额定电流。

对于用于过载保护的热脱扣器，整定电流取为 1.1 倍的负载额定电流或线路的计算负荷电流。对于用于过流保护的电磁式脱扣器，整定电流取为 1.35～2.0 倍的负载或线路的峰值电流（包括电动机的启动电流），断路器的动作时间较短时系数应取得较大，反之亦然。上述原则也适用于电子脱扣器。

常用低压断路器的型号有：DW15、DWX15（X 表示限流）、DW16、ME（又称 DW17）、DW45、CB11（又称 DW48）、AHB（又称 DW914B）、DZ12、DZ20、DZX19、H 系列、AM1、DZ40，其中有些是国外引进产品，DW10 和 DZ10 是淘汰产品。

5．凸轮控制器

凸轮控制器又称主令控制器或主令开关。它实际上是一种大型的转换开关，它有多个挡位，能同时控制多个触头，主要用于控制起重机，如控制臂架型起重机的行走、升降、变幅和回转。凸轮控制器控制触头通、断的原理如图 7-5 所示，当转动操作手轮时，凸轮 7 绕轴转动。显然，当凸轮的凹部和滚子 5 接触时，触头 1 闭合；当凸轮的凸部和滚子5接触时，触头1断开。电弧由灭弧室熄灭。凸轮控制器中装有多个形状各

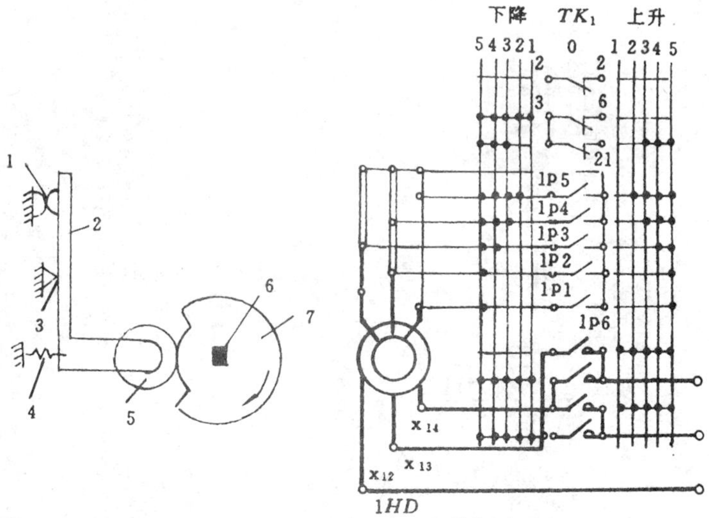

(a) 基本原理　　(b) 展开图

图 7-5　凸轮控制器的基本原理和展开图

1. 触头　2. 触头杠杆　3. 支点　4. 弹簧　5. 滚子　6. 轴　7. 凸轮

异，安装角度不同的凸轮，从而使控制器能按一定规律，在不同挡位上控制一系列触头的通、断。凸轮控制器的展开图（即在电路中的符号）见图 7-2（b）。图中 TK_1 有 4 个主触头，8 个辅助触头，图中它处在零位状态。TK_1 往左旋有 5 个挡位，往右旋也有 5 个挡位。触头两边的黑色圆点表示触头在那个挡位的动作情况，没有黑色圆点表示不动作，有黑色圆点表示动作。例如触头 $1P_4$，在 1、2 挡位时它不动作，保持常开，在 3、4、5 挡位时它动作，呈闭合状态。读者容易看出，控制器处在左边挡位时，从上面数起，主触头 2、4 闭合，1、3 保持常开，X_{14}、X_{13}分别和电源 A 相、B 相联接。电源线从上至下依次为 A、B、C 相。当控制器处在右边挡位时，触头 1、3 闭合，2、4 保持常开，X_{14}、X_{13}分别和 B 相、A 相相联。电源线 X_{14}、X_{13}被倒换，从而实现了电动机的反转。

凸轮控制器的型号有 LK4、5、6，LS7 等。

第三节　接触器和继电器

一、接触器

接触器本质上属于开关，其特点是：须和按钮开关、继电器等配合使用，能远距离、自动、频繁地通断交直流电路，没有过载、短路保护作用，但能实现失压和欠压保护作用。接触器应用面广，电力系统能量的一半以上是由接触器分配的。这里只介绍交流接触器的构造、技术参数和选用，直流接触器与之大同小异。采用接触器的控制线路见第八章。

1. 构造和原理

接触器由电磁机构、触头系统、灭弧装置和其他部分组成，其构造和图形符号见图 7-6。

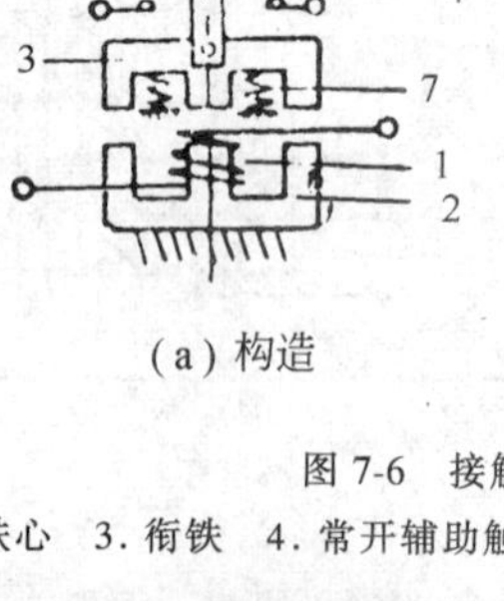

（a）构造

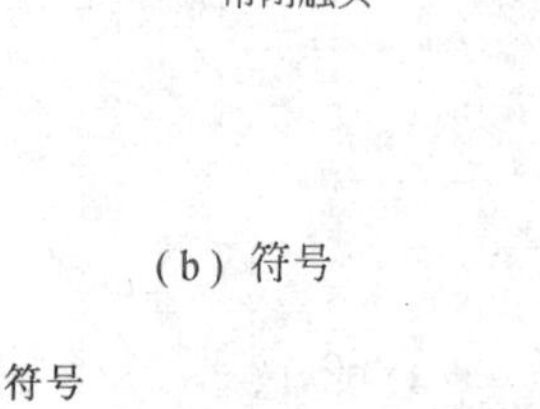

（b）符号

图 7-6　接触器的构造和符号

1. 吸引线圈　2. 铁心　3. 衔铁　4. 常开辅助触头　5. 常闭辅助触头　6. 常开主触头　7. 恢复弹簧

① 电磁机构　电磁机构包括衔铁 3、吸引线圈 1 和铁心 2，铁芯端面有短路环。电

磁机构的原理在第一节已讲过。

② **触头系统** 有多对主触头和若干对辅助触头。主触头 6 用来通断主回路电源（如电动机电源）。辅助触头 4 和 5 常用于“自锁”和“联锁”（见第八章）。触头按未通电时的状态分为“常开触头”（又称动合触头）和“常闭触头”（又称动断触头）两种，两种触头互为联动。即常开触头闭合时，常闭触头就断开；反之，常开触头断开时，常闭触头就闭合。

③ **灭弧装置** 接触器采用触头断开时拉长灭弧，分断电流较大者还配有灭弧罩，灭弧罩依靠内置栅片和对各极电弧的隔离作用进行灭弧。还有的采用真空灭弧室灭弧。

④ **其他部分** 包括反作用弹簧、外壳、底座和接线端子等。另外，为了增加触头压力，减少接触电阻，还装有触头压力弹簧；为了减小动作时对底座的冲击力，还装有缓冲弹簧。

接触器的工作过程如下：当吸引线圈通电时，电磁力克服弹簧 7 的反作用力，衔铁被铁心吸合，主触头闭合，电源被接通。同时常开辅助触头闭合，常闭辅助触头断开。当吸引线圈断电时动作相反。

直流接触器的工作原理与交流接触器相同，但结构上稍有不同。

2. 技术指标

① **额定工作电压和电流** 交流接触器主触点的额定工作电压为380、660 和 1 140V，辅助触点为 380V。额定工作电流范围约从 6A 至 600A。

② **操作频率** 指每小时通、断的次数，一般为 300～1 200 次/h。

③ **吸引线圈的额定电压** 吸引线圈有交流、直流之分。交流线圈的额定电压有 36、127、220 和 380V 四种，直流线圈有 24、48、110 和 220V 四种。

④ **使用类别** 交流接触器分为4类：A—1 类适用于无感或微感负载，A—2 类适用于绕线型异步电动机的起动、分断、反接制动与反向，A—3 类适用于笼形异步电动机的起动和分断，A—4 类适用于笼形异步电动机的起动、点动、反接制动与反向。使用类别反映了接触器的通断能力的强弱，A—4 最强，A—2 次之，A—1 和 A—3 最弱，强者可以代替弱者、但弱者不能代替强者，除非降级使用。

3. 选择和型号

选择方法是：额定电压——大于被控对象的额定电压；额定电流——等于或稍大于被控对象的额定电流；使用类别——根据被控对象的种类和控制目的选择对应的使用类别；操作频率——根据实际的最高操作频率选择额定操作频率；吸引线圈——根据控制电源是交流还是直流和电源电压的额定值选择相应的线圈；极数——根据控制单相电还是三相电及其他需要选择极数；辅助触头——根据控制回路的要求选择其数量和种类。

常用交流接触器的型号有：CJ10、CJ12、CJ20 和 CKJ5，CJ20 是新产品，是 CJ10 和 CJ12 的替代产品，CKJ5 是真空接触器。还有 NAR1 系列、TB 系列和 B 系列等引进产品。

4. 使用注意事项

安装接触器前，应检查产品铭牌及线圈上的技术数据是否符合实际使用要求。擦尽铁心端面上的防锈油，以免由于油垢的粘性而造成断电不释放。安装接线时，应防止异物（螺钉、垫圈、接线头等）落入接触器内部而造成卡死或短路现象。检查接线正确无误后，应在主触点不带电情况下，先使电磁线圈通电分合数次，确认动作可靠后，才能投入使用。

接触器在使用中应定期检查各部件是否正常。

二、继电器

继电器是在电气设备自动控制系统中传递、处理（如延时、放大）控制信号的电器。其主体结构是前述电磁机构，它可以有多对触头，分为常开和常闭触头，触头的符号见附录。继电器的输入量为电量（电压、电流）或非电量（温度、速度、压力、时间等），输出量为触点动作。继电器一般不是直接控制设备，而是把触头串联在控制回路中间接控制设备。例如把继电器的触头串联在接触器的吸引线圈中，利用输入量控制线圈的通断、从而间接控制设备，而设备的直接控制由主触头串联在主回路的接触器（执行机构）来完成。由于作用不同，故继电器通断的电量较弱，而接触器较强。

继电器按用途可分为电压、电流、时间、温度、气体继电器等，也可以分为延时和非延时继电器。

1. 电压继电器、电流继电器和中间继电器

电压继电器的吸合线圈并联在信号源的负载上，线径较细、匝数较多，从信号源中吸取的电流小。当线圈两端的电压值达到某一数值时继电器动作，衔铁被吸合，常开触头闭合，而常闭触头断开。

电流继电器的吸合线圈串联在信号源回路中，线径较粗、匝数较少，从信号源中吸取的电流大。当线圈中的电流值达到某一数值时继电器动作。电流继电器分欠流和过流继电器。在输入电流量小于某一数值时，本来吸合的衔铁被释放，这种电流继电器叫欠电流继电器，反之称过电流继电器。前者可用于他励直流电动机励磁电路的控制和失磁保护，后者可用于电动机的过流和短路保护。为避免电动机的启动电流造成过电流继电器误动作，一般把动作电流整定为额定电流的2.25～2.5倍。过电流延时继电器见下述油阻尼式时间继电器。

中间继电器是一种触头数量多、容量大的电压继电器，有放大、隔离、分路、记忆等作用。例如，灵敏度高的继电器其触头容量必然小，可能不是以驱动执行器，这时可用它驱动中间继电器，再用中间继电器去驱动执行器。中间继电器起到了“放大”电压、电流的作用。再如，当继电器的触头不够用时，可用中间继电器增加触头，将控制信号分路，以扩大控制范围。

2. 时间继电器（延时继电器）

接收到指令信号后并不马上动作，而是延迟一定时间后才动作的继电器称时间继电器。根据延时机构原理的不同，时间继电器分电磁阻尼式、空气阻尼式、油阻尼式、电动机式、电子式等。时间继电器分为延时吸合（通电延时）和延时释放（断电延时）两大类。

① **电磁阻尼式时间继电器**　该继电器的铁心柱上套有铜（铝）环，称阻尼套，继电器利用阻尼套的电磁阻尼作用产生延时，这种方法仅适用于直流继电器。当吸引线圈断电时，变化的电流产生变化的磁通，变化的磁通在阻尼套中产生感应电流，根据楞次定律，感应电流的磁通阻碍原磁通的减少，使原磁通衰减到某一确定值（衔铁释放对应

的磁通值）所需要的时间增加，从而达到了延时目的。这种现象称电磁阻尼作用。电磁阻尼延时只能获得直流继电器的延时释放，且延时短（几秒钟）、不准确，适用于要求不高的场合。

② 空气阻尼式时间继电器 该继电器的延时装置以空气囊为核心，继电气动作前气囊被压缩，吸引线圈通断后，气囊被释放，空气开始通过小孔进入气室、气囊逐渐膨胀、通过顶杆推动微动开关动作，即触点动作。这种延时方法称空气阻尼法，能做到延时吸合或延时释放，延时范围大（长达几分钟），但误差较大，适用于要求不太高的场合。

③ 油阻尼式时间继电器 这种继电器的衔铁浸在硅油杯中，当电动机等过流时，吸引线圈通电、由于硅油的阻尼作用，衔铁缓慢地被吸合、继电器的常闭触点断开、控制电动机主回路接触器的吸引线圈断电，使电动机电源被切断。这种延时方法称油阻尼法，它具有反时限延时特性，适用于电动机的过载保护。

④ 电动机式时间继电器 该继电器的延时机构由微型同步电动机、减速齿轮组、脱扣机构等组成。吸合线圈通电或断电后，同步电动机通过减速装置使凸轮转动，凸轮转动到某一角度时脱扣器脱扣、继电器触点动作。这种延时方法称电动机法，它能实现延时吸合和延时释放、误差小、延时范围很大（从零点几秒到几十小时），但结构复杂、体积大、成本高、不适合频繁操作，适用于要求延时范围大、误差小的场所。

⑤ 电子式时间继电器 延时装置采用电子电路的时间继电器称电子式时间继电器。它的基本思路是采用阻容回路的充放电实现延时，开始采用分立的晶体管电路，现在发展为采用集成电路，某延时吸合继电器的原理图如图 7-7 所示。

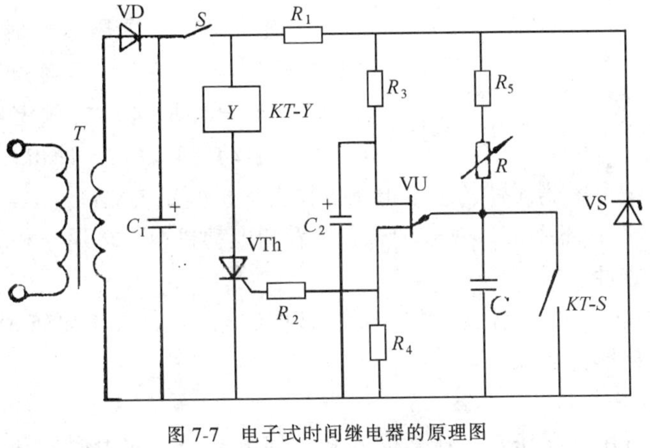

图 7-7 电子式时间继电器的原理图

T 是电源变压器，次级输出，经 VD 半波整流和 C_1 滤波供后续电路使用。R_1 和稳压管 VS 构成稳压电路，VS 输出的稳定电压给阻容充电回路和单结晶体管 VU 供电，给晶闸管 VTh 供电的电压未经稳压。电路的工作过程是：电源开关 S 闭合后，VTh 不导通，继电器吸引线圈 $KT\text{-}Y$ 中没有电流流过，继电器不动作。与此同时，电流经 R_5 和可变电阻 R 向电容 C 充电，当 C 上的电压、即 VU 的输入电压达到一定值时 VU 导通，R_4 上的电压瞬时上升，该脉冲电压经 R_2 去触发 VTh，VTh 导通后线圈 $KT\text{-}Y$ 中流过足够大的电流使继电器衔铁吸合、触头动作。继电器动作后，其常开触头 $KT\text{-}S$ 闭合，C 通过 $KT\text{-}S$ 彻底放电，为下一次工作做好了准备。C_2 的作用是滤除电源中的干扰信号，防止误动作。这就是电子式时间继电器的延时原理，延时时间取决于 R_5、R 和 C 的值，调整 R 便可以调延时时间。

电子式时间继电器能实现延时吸合和延时释放，能实现较大范围的精确延时、多功能、数字显示等。随着集成电路价格的下降，电子式时间继电器正越来越广泛的被采用。

3. 热继电器

热继电器的基本原理是　利用电流的热效应，使双金属片弯曲而推动触头动作。双金属片由两种热膨胀系数不同的金属片轧焊在一起而成。

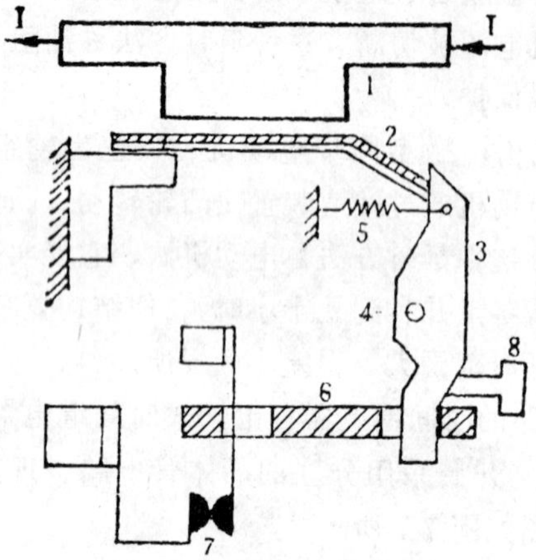

图 7-8　热继电器的原理
1. 发热元件　2. 双金属片　3. 扣板
4. 轴　5. 弹簧　6. 绝缘牵引板
7. 常闭触点　8. 复拉按钮

图 7-8 为热继电器的结构原理图，发热元件 1 串联在电动机的主回路中，常闭触点 7 串联在控制回路中。控制过程如下：主回路电流过大→发热元件 1 过热→双金属片 2 过热，向上弯曲→在弹簧 5 的作用下顶板 3 绕轴 4 反时针旋转→绝缘牵引板 6 向右移动→触点 7 断开→主回路断开，电动机停转。故障排除后按下复位按钮 8，触点 7 重新闭合，双金属片 2 复位，为重新启动做好了准备。

热继电器主要用于连续运行、负荷较稳定的电动机的过载保护和缺相保护。

选用热继电器时要注意以下几点：

① 通常情况下取热继电器的整定电流与电动机的额定电流相等；但对过载能力差的电动机，额定值只能取电动机额定电流的 0.6～0.8 倍；而对启动时间较长、冲击性负载、拖动不允许停车的机械等情况，热元件的整定电流要比电动机额定电流高一些。

② 电网电压严重不平衡，或较少有人照看的电动机，可选用三相结构的热继电器，以增加保护的可靠性。

③ 由于热继电器的热惯性较大，不能瞬时动作，故负荷变化较大、间歇运行的电动机不宜采用这种继电器保护。

4. 继电器的型号

通用继电器可用作电压、欠压、时间和中间继电器，常用型号有 JT3、JT4、JT18 和 JTX（α 型通用）。电流继电器有 JL12（油阻尼延时型）、JL14 和 DL 系列；中间继电器有 J27、DE、DEB、DES、DEK 系列；时间继电器有 JS7（空气阻尼型），JS10、JS11、JS17（均为电动机型），DS 系列（电磁阻尼型），JS14A、JS20、JS14P 和 JSS2，JSS2 采用集成电路，具有高精度、多功能、宽范围、数字显示功能；热继电器有 JR16B、JR20 和 T 系列。另外，用于电子电路中的小型、超小型继电器有 JRC、JEC、JEX、JQ、JQX 系列。

第四节　其他电器和安全使用

前面讲解了几种重要的低压电器，低压电器的种类繁多，本节再介绍几种常用的小型电器，最后谈谈低压电器选用的安全事项。

一、其他电器

1. 主令电器

用来发送控制命令的电器称主令电器。常用的主令电器有：主令控制器、万能转换开关、行程开关、控制按钮、舌簧管、水银开关、接近开关、微动开关等。

① **主令控制器和万能转换开关**　主令控制器又称主令开关，前面介绍的凸轮控制器就是主令控制器。万能转换开关的构造原理和凸轮控制器类似，有多个挡位和许多触头，万能转换开关的型号有 LW5、6、8 等。

② **行程开关**　又称限位开关，它依靠外界直线运行的机械或其他物体的碰撞压力通，断自己的触头，把机械位移转变为电信号，用来限制运行机械（如塔吊）的行程或位置，型号有 LX、JW2、3SE3 系列，其中 LX5 是防爆型。

③ **控制按钮**　它是一种有多对常开和常闭触头，手按下时常开触头闭合、常闭触头打开而手抬起后自动复位，用于短时通、断控制电路的主令开关。它采用积木式拼接装配结构、触点数量可以按需要任意拼接，额定电流一般为 5 安培，为了提高分断能力和电寿命，常采用双断点桥式触点。常用的按钮是由两个或三个按钮组成的双联或三联按钮，用于实现电动机的“启动”和“停止”或“启动”、“停止”和“反转”。型号有 LA 系列，LA25 是新产品。

④ **舌簧管**　舌簧管又叫干簧管。在密封玻璃管内，两端各固定一片弹性好、导磁率高的坡莫合金片，这样就构成了舌簧管。它依靠外界磁体对簧片的磁化实现自身簧片的通、断。玻璃管内充有氮或其他惰性气体，以减少触头的电腐蚀。

⑤ **水银开关**　水银开关是利用水银的导电性和流动性制成的开关。在环形或其他形状的密封玻璃管内装上适量水银和两个电极就构成了水银开关。当水银开关转动到一定角度，水银和两个电极同时接触，此时两个电极接通；当转动到水银只能接触一个电极或和两个电极都不接触的角度时，两个电极断开。所以，水银开关能将转动角度变换为电信号。

⑥ **接近开关**　它是一种非接触检测装置，当外界物体足够靠近时它发生控制信号。接近开关有许多种，如霍尔元件式、光电式、磁敏元件式、超音波式、电感式、电容式等，最常用的是电感式和电容式。当磁性材料接近空心电感时其电感量发生变化，当塑料、液体、人体、纸张、橡胶等非金属材料接近平板电容器时其电容量会发生变化，进而采用电感和电容作为振荡元件的高频电子振荡器的频率发生变化，再通过适当的电路（如选频放大器）将振荡器频率变化信号变换为控制信号。接近开关可以用于限位、计数、探测物体是否存在等。系列产品型号有 LJ2、LJ1A、LXJ、LJ（采用集成电路）。

⑦ **微动开关**　是一种需要很小的力（如 0.5N）和很短的行程（如 1mm）就能瞬时动作的灵敏开关，也可以说是一种微型行程开关。常用的产品型号有 JW 系列、WS5

(防爆型)、LXW5、JLXW1 等。

2. 插头、插座和灯开关

插头和插座有 2 极、3 极和 4 极三种。2 极和 3 极用于单相交流电源，3 极的其中一极供接地（或接零）保护用。4 极用于三相交流电源，其中的一极供接地（或接零）保护用。圆柱形电极的插头、插座已经被淘汰，现在广泛采用扁片形（安全形）电极的插头、插座。

常用插头、插座的额定电压为 500V、380V，额定电流为 6、10、15A。插头和插座一般用来引入电源，不要兼作用电器的开关。有的转接板（接线板）带开关、指示灯、熔断器、漏电保护器，使用起来方便、安全。

原来的灯开关只有简单的通断作用，常见有拉线式、扳把式、翘板式等，现在的开关正向电子化、多功能化发展。例如，触摸开关——能实现“一触（触摸或按动）即亮、再触即灭”，给使用者带来了方便；手动延时关灯开关——灯打开后延时（如 1 分钟）自动关灯，适用于走廊、楼梯、公厕等公共场合，有益于节能和延长光源寿命；声光控制延时开关——白天照度高时关闭、低时（如小于 4lx）打开，外界声音（如人的走步声）大时（如大于 70dB）打开，声音小时不打开。二者结合实现“与”逻辑控制，再加上延时，是较理想的用于上述公共场所的照明开关，已大量使用；调光开关——用于调节电光源的亮度，以适应不同需求和节能需要，普通调光开关只能用于白炽灯，如用于荧光灯需要采用具有调光功能的电子镇流器，遥控开关——采用红外线发送和接收器实现光源的开、关和调光。关于这些开关的原理可参阅第四章晶闸管和传感器部分。

二、安全选用事项

从安全的角度，低压电器的选择、安装和使用要注意以下事项。

1. 选择注意事项

目前市场上很多产品偷工减料、质量低劣，特别是小的电器，假冒伪劣产品是事故隐患所在，一定要选择质量合格、信誉好的产品。国外产品已大批进入我国市场，其名称、技术标准和我国不尽相同，选择时要搞清楚它的具体性能。

选择低压电路要考虑使用环境。普通低压电器适用于下述环境：海拔高度不超过 1 000m（否则要提高绝缘等级），环境温度为 −30℃ ~40℃，相对湿度不大于 80%（20 ±5℃时），没有腐蚀金属和破坏绝缘的气体或导电尘埃，没有爆炸性介质。若比上述环境恶劣，应选择特殊类型。湿热型（TH 型）适用于 0℃ ~40℃，相对湿度为 95%（25℃时）和有凝露、霉菌的环境。干热型（TA 型）适用于 −5℃ ~45℃，相对湿度为 10%（40℃时）和可能有露但没有霉菌的场合。低压电器的防护外壳分为开启型、保护型（有保护外壳）、防水型、密闭型、防尘型和防爆型，应根据实际情况选择。

2. 安装注意事项

一般开关要求垂直安装，电源从上面输入、从下面输出，手柄向上为合闸。断路器应安装在没有强烈振动（振幅不大于 0.5mm）的地方，以防止误动作。装在室外的开关应有防雨装置。开关的金属外壳和支架应妥善接地或接零。照明开关以“向上为开、向下为关”为原则安装。2 孔插座右孔或上孔为火线，左孔或下孔为零线；3 孔插座上孔为接地（或接零）保护线，左孔为零线，右孔为火线；4 孔插座上孔为接地（或接零）保护线，左、下、右孔分别为 A、B、C 三相线。显然，插头的接地（或接零）保护线位置同上，而火线、零线和 A、B、C 三相线的顺序同上述相反。

3. 使用注意事项

操作开关时动作要迅速，对于闸刀开关拉闸时要一拉到底，以利于灭弧。不要使用破损的低压电器，如没有胶盖的开关、没有灭弧罩的接触器等。使用没有胶盖的闸刀开关，各相间没有绝缘物隔开，熔丝熔断时产生的电弧可能引起相间短路，另一方面，电弧引起的金属飞溅没有遮挡，会威胁人的安全。

电器的灭弧性能良好时，电弧从产生到熄灭只需要 0.01～0.02s，电弧喷出灭弧罩的范围很小，还常伴随着清脆有力的灭弧声。灭弧性能不好时，电弧喷出灭弧罩的范围较大，有时伴随着沉闷的啪啪声，这时应及时修理。如长期使用，触头会被烧毛、灭弧罩会被烧焦。

使用三相插头插座时，应保证二者牢靠接触，防止一相接触不好，造成三相用电设备缺相运行而损坏。不准用插拔插头的办法开关用电器。

小　结

1. 基本概念　电弧、过压保护、过载保护、短路保护、欠压保护、失压保护、缺相保护、定时限和反时限、过载电流和短路电流。

2. 电磁机构的原理　直流和交流机构——吸引力不是常数，和磁通势 IN 的平方成正比，和间隙 δ 的平方成反比。交流电磁机构和直流的区别是，励磁电流主要由线圈的感抗决定，δ 越大电流越大；吸引力按正弦规律变化，导致触头振动；采取了消除触头的振动的措施。

3. 灭弧原理　电路灭弧、拉长灭弧、冷却灭弧、气体灭弧、栅片灭弧、双断点灭弧、磁吹灭弧、真空灭弧、SF6 灭弧。

4. 常用低压电器的种类和用途　见表 7-1。

表 7-1　常用低压电器的种类和用途

种　类	用　途
熔断器	在电流的热效应作用下，能延时或瞬时熔断的电器，用于过载和短路保护
瓷插式	要求不高场合的短路保护，以及过载保护
无填料管式	一般场合的过载保护和短路保护
有填料管式	要求较高场合的过载保护和短路保护，有一定的限流作用
快速	硅整流器件的短路保护和过载保护，有限流作用
开关	用于通断电压、电流的电器，并有多种保护作用
刀开关	隔离作用，通断小电流负载
开启式负荷开关	通断负荷电流，短路及过载保护，隔离作用，用于要求不高的场合
封闭式负荷开关	除没有隔离作用外，其他同上
电磁式低压断路器	通断负荷电流和短路电流、过载、短路保护及失压、欠压保护，广泛用于一般场合
电子式低压断路器	通断负荷和短路电流，三段式保护及过压、欠压、接地故障保护，用于要求较高的场合
凸轮控制器	控制起重机的行走、升降、变幅和回转
接触器	用于电气控制系统，实现远距离、自动、频繁地通断交直流电路
继电器	用于电气控制系统，传递、处理电压或电流信号
电流继电器	欠电流或过电流时继电器动作
电压继电器	欠电压或过电压时继电器动作

续表

种　类	用　途
中间继电器	属电压继电器,"放大"、隔离、分路、记忆电压信号
时间继电器	延时吸合或释放。分电磁阻尼式、空气阻尼式、油阻尼式、电动机式和电子式
热继电器	用于连续运行、负荷稳定的电动机的过载保护和缺相保护
主令电器	发送控制命令(信号)的电器。分主令控制器、万能转换开关、行程开关、控制按钮、舌簧管、水银开关、接近开关和微动开关
插头、插座和灯开关	用电器和电源的连接,电源的转接。对灯实行多功能控制

5. 熔体额定电流的选择　电流较平稳的负载：熔体的额定电流等于或稍大于负载电流；有冲击电流的负载，如电动机；铜质熔体等于负载电流的2.5～3倍，铅锡合金熔体等于1.6～2倍。注意熔体额定电流的上下级配合。

6. 低压断路器的脱扣器的电流整定　过载脱扣器（如热脱扣器：整定电流取为1.1倍的负载电流）；短路脱扣器（如电磁式脱扣器）：取为1.35～2.0倍的负载峰值电流（包括电动机的启动电流）。

7. 接触器的选择　考虑以下因素：额定电压和电流、使用类别、操作频率、吸引线圈、极数、辅助触头。

8. 热继电器　用于连续运行、负载较稳定的电动机的过载和缺相保护，一般取脱扣电流等于负载电流。

9. 主令电器以及插头、插座、灯开关。

10. 安全选用事项　选择、安装和使用注意事项。

复习思考题

1. 什么是过压、过载、短路、欠压、失压和缺相保护，什么是反时限特性？
2. 简述直流和交流电磁机构的原理及二者的区别。
3. 什么是电弧、断路器等电器为什么要有灭弧装置？
4. 简述常用熔断器的种类、用途和熔体额定电流的选择。
5. 简述常用开关的种类、用途和断路器脱扣电流的整定。
6. 怎样选择接触器？
7. 什么是时间继电器、什么是延时吸合和延时释放？
8. 简述热继电器的用途和脱扣电流的整定。
9. 简述低压电器的安全选用事项。

第八章　三相异步电动机的控制电路

在第五章我们讲解了三相异步电动机，但没有涉及控制电路。起重机、混凝土搅拌机等建筑机械都是依靠三相异步电动机驱动的，它们的控制电路基本上就是电动机的控制电路。控制电路的首要功能是控制电动机的动作（启动、制动、反转、调速等）；另一种功能是保障安全运行；第三种功能是提高自动化水平、实现智能控制。本章内容包括启动电路、制动电路、正反转电路、调速电路、安全保护电路和整机控制电路。

第一节　三相异步电动机的启动和制动电路

本节分别介绍鼠笼式和绕线式电动机的启动和制动方法，除传统方法外还将介绍电子式电动机软启动器。

一、鼠笼式电动机的启动电路

鼠笼式电动机的启动电路方法分为直接启动和降压启动两种。

1. 直接启动

直接启动的优点是设备简单、操作便利、启动过程短。由于启动电流过大，直流电动机一般不允许直接启动。异步电动机是允许直接启动的，这是因为，启动电流不是太大（约是额定电流的 4～7 倍），启动时间很短（小型电动机小于 1s，大型电动机约为十几秒到几十秒），只要不是很频繁的启动，电动机就不会过热损坏。但是直接启动要求电网的容量足够大（大于电动机容量的 25 倍），若电源容量小，直接启动会影响邻近电气设备的正常运行，必须采用降压启动方法。

直接启动可以采用刀开关、负荷开关、断路器（见第七章）等来实现。采用接触器的自动启动电路见图 8-1（a），它还具有欠压、失压保护作用，操作方便，且能实现远距离控制。

为了绘图和读图的方便，绘图时通常不绘出实体图，而是将各电器用符号表示，与导电无关的机械结构不作表示。电器的各部分分散画在其所属的不同电路中。属于同一电器的线圈和触头均用同一文字符号表示。电器的触头一般按自然位置画出。所谓自然位置是指线圈不通电时，或按钮无外力作用时触头应有的位置。

下面分析图 8-1(a)的工作原理。按下启动按钮 *SS*,接触器线圈 *KM-Y* 通电,主触头闭合,电动机运转。主触头闭合的同时和 *SS* 并联的常开辅助触头 *KM-S* 也闭合,故松开 *SS* 后(指令信号消失)电机仍能保持运行,辅助触头起到了记忆启动指令的作用。

按下停车按钮 *ST*，线圈 *KM-Y* 断电，主触头释放，电机停转，主触头释放的同时辅助触头 *KM-S* 也释放，故松开 *ST* 以后，电机保持停转，辅助触头起到了记忆停车指令的作用。

上述电路利用自身的辅助触头记忆指令的特性称自锁作用，起记忆作用的辅助触头

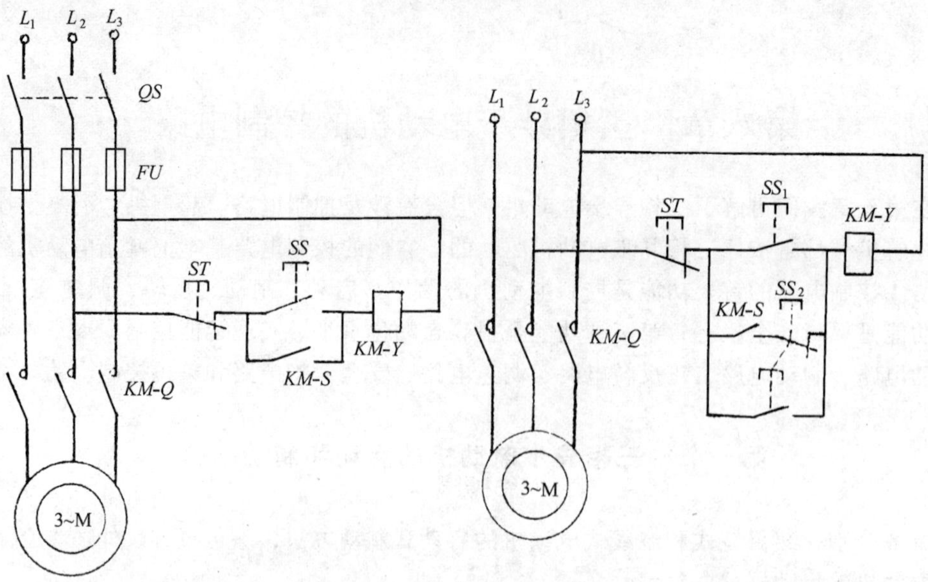

（a）长动电路　　　　（b）长动和点动电路

图 8-1　三相异步电动机的直接启动电路

又叫自锁触头。

当电源实然中断（失压）时，接触器释放，自锁触头断开。当电源恢复时，电动机不能自行恢复运转，需要重新启动，这就是失压保护作用。在这种失压的情况下，如采用闸刀开关，电动机就会自行恢复运转，而可能引起事故。

当电源电压过低（欠压）时，接触器会因线圈的吸力不足而释放，从而可以避免因负载电流过大，使电动机损坏，这就是欠压保护作用。

有些情况（如起重机开始提起工件和使工件准确就位时）需要电动机短时间运行，称点动。点动启动电路要达到按下 *SS* 电动机转动，松开 *ST* 电动机就停转的要求。点动启动电路很简单，只要把图 8-1（a）电路中的 *ST* 短路，自锁触头开路，只用一个 *SS* 就可以了。

实际工作中，有时既需要电机点动又需要电机长时间运行（长动）。图 8-1（b）所示的电路能满足点动和长动两种需要。

显然，当点动按钮 SS_2 未按下时，该电路和图 8-1（a）是一样的。把 SS_2 按下时（上联断开，下联接通）电动运转，但由于自锁触头被 SS_2 的上联断开，失去了自锁作用，故释放 SS_2 后电机停止运转。

由交流接触器和热继电器组成的直接启动电动机的电器称电磁启动器，常用的电磁启动器有 QC10 系列和 MSB 系列，后者是引进产品，热继电器起过载保护作用。还有一种 QZ73 系列综合磁力启动器，它由接触器、热继电器、熔断器、按钮等组成。

2. 降压启动

降压启动减小了启动电流，但启动转矩也减小了，故只适用于对启动转矩要求不高的场合。降压启动有下列几种方法：

① **电阻或电抗法**　启动时在定子电路中串入电阻或电抗器，启动后将其切除。电

阻法消耗电能，电抗法功率因数低，均较少采用。

② **自耦变压器法** 自耦变压器的原理见第六章。自耦变压器降压启动的原理见图 8-2，三相自耦变压器为 Y 形连接，启动时由变压器的次级给电动机供电，启动后将变压器切除。变压器通常有 3 个抽头，电压等级为 40%、60% 和 80%，供选择不同的启动电压使用。该方法为常用方法，但价格高，不宜频繁启动。

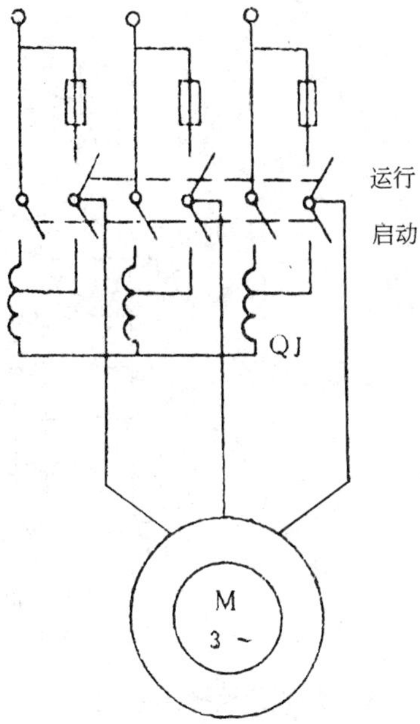

图 8-2 自耦变压器降压启动法的原理

自耦降压启动器又称补偿器，常用的补偿器有 QJ10、QJ10D 和 XJ01 系列。XJ01 系列由自耦变压器、交流接触器、热继电器、时间继电器、按钮等组成，能实现自动操作，有过载延时、失压、欠压等保护作用。

③ **Y—△启动法** 如图 8-3 所示，适用于正常运转时作△形连接的电动机。启动时将 SA 置于启动位置，此时电动机作 Y 形连接，绕组承受的电压较低，自然启动电流较小。电动机转速升高后将 SA 倒向运行位置，使电动机作△形连接。该方法的优点是启动设备的费用小，启动过程中没有电能损失，但启动转矩只有直接启动的$\frac{1}{3}$，是常采用的方法。现在，Y 系列、4kW 以上的三相异步电动机都设计成 Y 连接，以便采用 Y—△法启动。

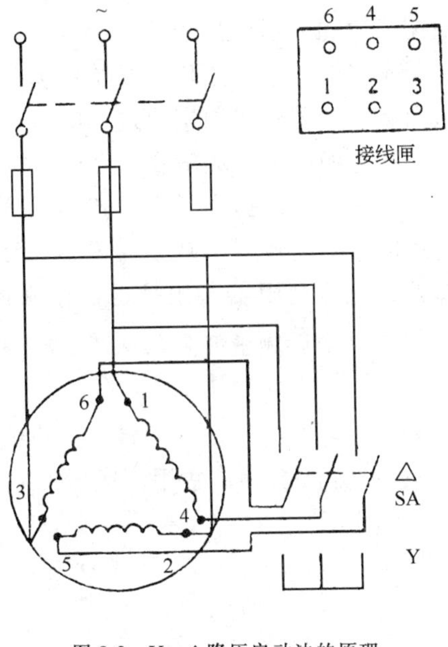

图 8-3 Y—△降压启动法的原理

能够采用 Y—△启动的电动机还有一个优点：当负载不超过额定值的 30%～40%时，将电动机改为 Y 接法，这样励磁电流和铁损都大大降低，节省了电能。

常用的 Y—△启动器有，QX2、QX3 和 QX4 系列，QX2 是手动型，后两种由交流接触器、热继电器、时间继电器等组成，能实现自动操作，并有过载延时、失压、欠压保护作用。

二、绕线式电动机的启动电路

绕线式电动机的启动方法有两种，电阻器法和频敏变阻器法。

1. 电阻器启动法

这种方法采用在电动机的转子回路中串入电阻来限制启动电流和增大启动转矩，如图 8-4 所示。图 (a) 是三相对称式，图 (b) 为三相不对称式，后者没有前者的性能好，但电路简单。为使启动过程较平稳，该电路常采用控制器在启动过程中依次闭合 S 和 S'，逐段切除电阻，启动完成后全部切除。电阻启动电路还能用来调速，但要采用调速变阻器。启动变阻器是按短时间运用设计的，长期通过电流会因过热而损坏。

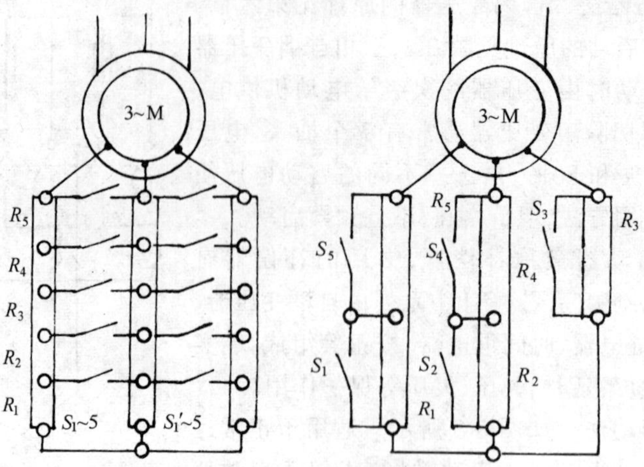

(a) 三相对称式　　　　(b) 三相不对称式

图 8-4　绕线式电动机的电阻器启动法的原理

2. 频敏变阻器启动法

频敏变阻器是一个铁损很大的三相铁心线圈，铁心由几片或十几片较厚的钢板叠装而成。其阻抗（含等效电阻和感抗）均随其线圈中通过的电流的频率而变，故称频敏变阻器，利用频敏变阻器的启动电路见图 8-5。

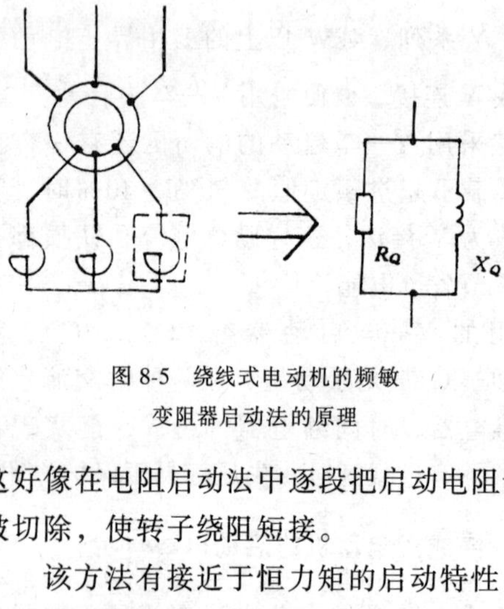

图 8-5　绕线式电动机的频敏变阻器启动法的原理

频敏变阻器和电动机的转子绕组连接。转子电流的频率与转差率成正比，开始启动时转子电流（即频敏变阻器线圈中通过的电流）频率最高，等于电源频率，频敏变阻器的阻抗最大，限制了启动电流，提高了启动转矩。随着电动机转速的升高，转差率减小，转子电流频率逐渐降低，频敏变阻器的阻抗也逐渐降低，这好像在电阻启动法中逐段把启动电阻切除一样。启动完毕后频敏变阻器从转子电路中被切除，使转子绕阻短接。

该方法有接近于恒力矩的启动特性，启动平稳，简单、经济、运行可靠，启动转矩能达到额定转矩的 50%。绕线式电动机应尽量采用这种方法启动，常用的频敏变阻器是 BP 系列产品。

三、电子式启动器

1. 电子式启动器的原理

电子式启动器方框图如图 8-6 所示。电流和电压检测信号送入由 16 位微处理器充当的计算机模糊控制系统，用户通过键盘把要求的启动参数，如启动电压、电流、时间等输入到微处理器，微处理器对上述信息进行分析、判断后发出指令，指令通过驱动电路控制晶闸管整流电路，实现用户的启动要求。启动完成后，开关 S 闭合，整流电路被短路，但控制系统仍继续工作，对电动机的运行进行监控，实行各种保护，并能控制电动机的软停车时间。

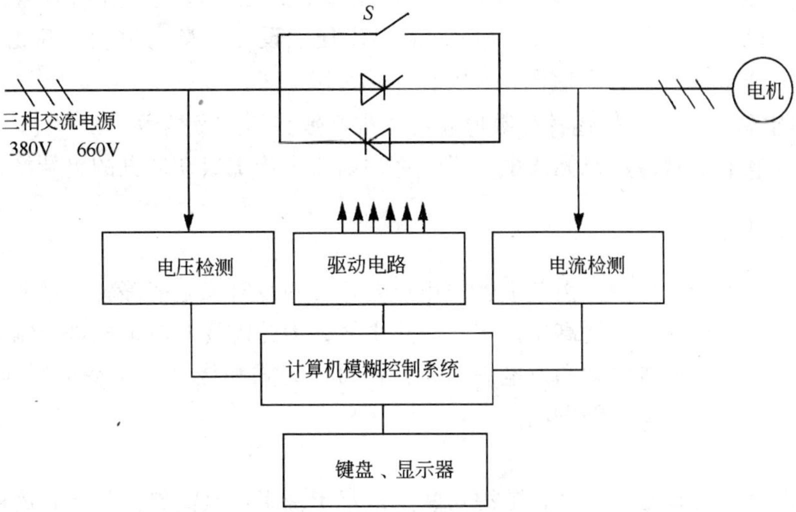

图 8-6 电子式启动器的方框图

2．电子式启动器的性能

① 启动性能好 限流启动模式和电压斜坡启动任选，分别见图 8-7（a）和（b），

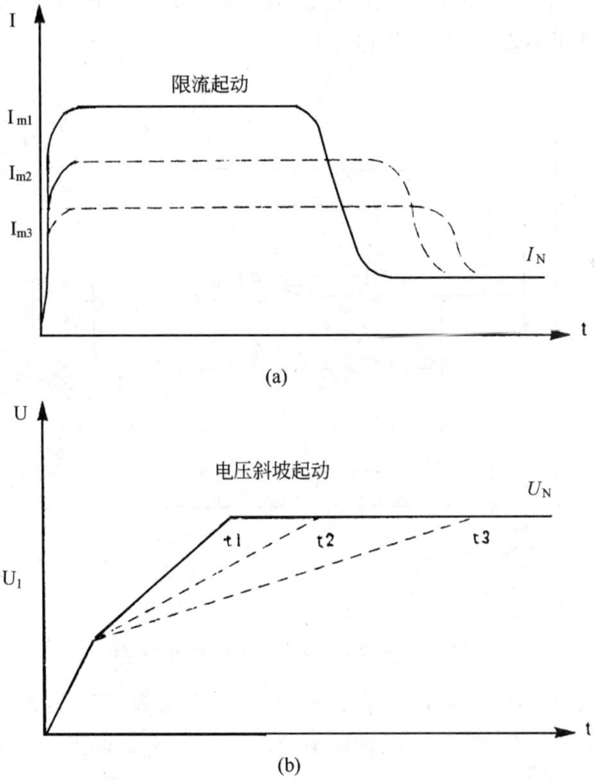

图 8-7 电子式启动器的控制模式

启动初始电压0～380V，上升时间 0～600s 任意设定，启动电流（0.4～8）I_N 任意设定，按上述方法或类似方法实现的启动又称软启动。

② **多种保护和软停车功能** 有缺相、启动过流、运行过载、过热等保护功能和软停车功能。运行过流值在（0.2～3）I_N 范围内任意设定，最大启动电流值在（4～6）I_N 范围内任意设定，软停车时间 1～100s 任意设定。

③ **数字显示** 能对上述各种数值和功能进行数字和文字显示。

电子式软启动器适用鼠笼式电动机，将逐渐成为传统启动装置的更新换代产品。

四、制动电路

交流电动机断电以后，由于惯性作用仍要运转一段时间才能停转。某些生产机械要求电动机能迅速停转，以提高生产率和防止事故，为此需要对电动机进行制动。制动的方法有能耗制动、反接制动和发电制动，它们对鼠笼式和绕线式电动机原则上都适用，下面以鼠笼式为例讲解制动方法。

1. 能耗制动

能耗制动的过程是，电动机电源切断—给定子绕组通直流电流—在直流电流产生的静止磁场的作用下，仍在旋转的转子绕组中产生感应电流，转子成为了载流导体—载流导体在静止磁场的作用下产生旋转力矩，力矩的方向与转子按惯性转动的方向相反，所以起到了制动作用。

图 8-8 是鼠笼式电动机的能耗制动控制电路，*KT* 是延时释放型时间继电器，降压变压器 *T* 和桥式整流器 *U* 构成直流电源电路。

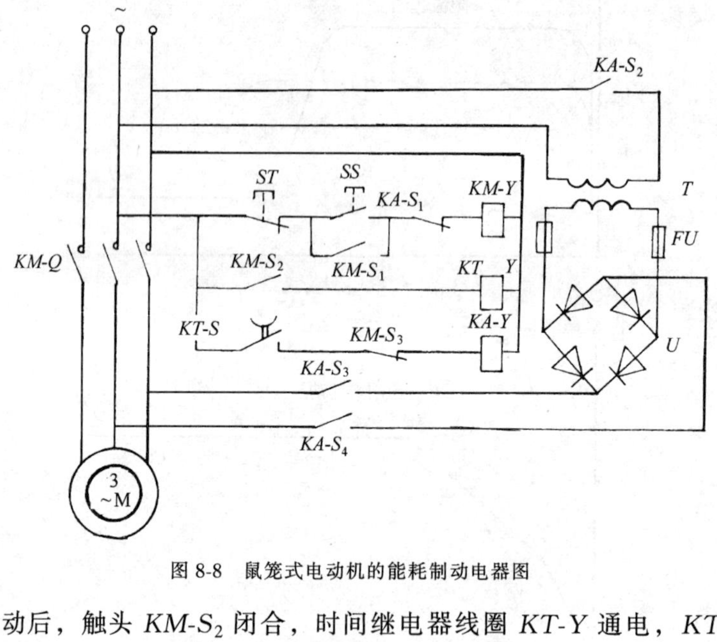

图 8-8 鼠笼式电动机的能耗制动电器图

电动机启动后，触头 $KM\text{-}S_2$ 闭合，时间继电器线圈 *KT-Y* 通电，*KT-S* 闭合，但 $KM\text{-}S_3$ 是断开的，故继电器线圈 *KA-Y* 不通电，$KA\text{-}S_{2\sim4}$断开，直流电源电路不工作，和主电路相隔离。

当按下停车钮 *ST* 时，$KM\text{-}S_2$ 断开，*KT-Y* 断电，但触头 *KT-S* 要延迟一段时间才断开，而此时 $KM\text{-}S_3$ 恢复闭合，故 $KA\text{-}Y$ 通电，触头 $KA\text{-}S_{3\sim4}$闭合，直流电源电路工作，给电机的定子绕组提供了制动电流，电动机开始制动。制动完毕（延迟时间到）时，触头 $KT\text{-}S$ 断开，线圈 $KA\text{-}Y$ 断电，触头 $KA\text{-}S_{2\sim4}$断开，为下一次制动作好了准备。

2. 反接制动

反接制动的原理是，改变电动机电源的相序，使电动机倾向于反转，从而产生了制动力矩。这种方法简单，但制动过程不稳定，常需要在定子绕组（鼠笼式）和转子绕组（绕线式）中串入电阻，以限制电流。

鼠笼式电动机的反接制动控制电路见图 8-9。图中 KV 是速度继电器，其转轴和电动机的转轴联在一起。继电器内有两个单刀双掷开关，这里只使用一个。开关的动作靠继电器旋转时产生的电磁力矩来控制。常闭触头 $KM_1\text{-}S$ 和 $KM_2\text{-}S$ 的作用是保证在电机停转以后才能进行反接，以免造成事故，下一节要详细讲，这里先假定它们短路。

电动机的启动电路为长动式直接启动电路，电机启动后，KV 的接头 2—1 闭合，$KV\text{-}S$ 闭合。停机时，按下双联钮 ST，电机停转，接着线圈 $KM_2\text{-}Y$ 通电，辅助触头 $KM_2\text{-}S$ 闭合自锁，主触头 $KM_2\text{-}Q$ 闭合，电机被反接，电机开始制动。当电机的转速很低时，KV 的触头 2—1 断开，$KV\text{-}S$ 断开，接触器 KM_2 释放，制动完毕。KV 的作用一是控制制动过程自动结束，二是防止电机反向启动。当电机的速度为零时如还不切断电源，电机就会反向启动，这在某些场合是不允许的。为保险起见，一般把 KV 设计成当电机转速为 100 转/分左右时原闭合的触点打开，使反接制动结束。

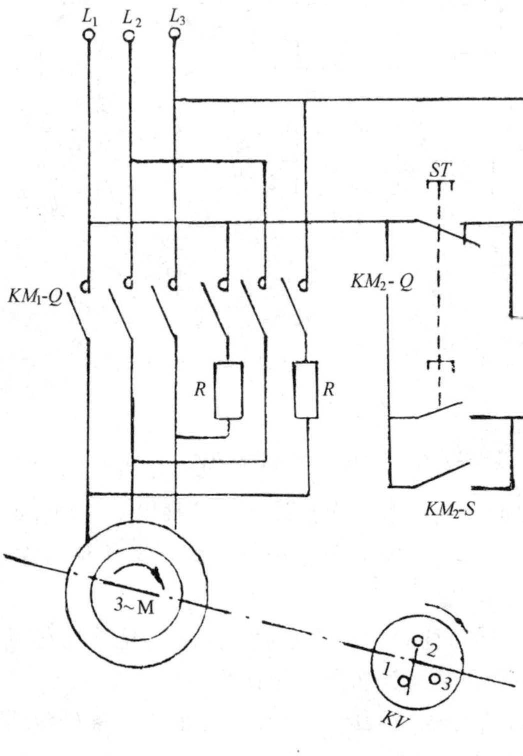

图 8-9 鼠笼式电动机反接制动电路图

3. 发电制动（再生制动）

当电动机的转速高于其定子产生的旋转磁场转速时，起重机吊起的重物下降时就会产生这种情况，此时电动机处于发电机状态，转子成为载流导体，载流导体受旋转磁场的作用产生反旋转方向的制动力矩，对电动机起到了制动作用。

第二节　三相异步电动机的反转、联锁控制和调速

一、正反转电路和联锁控制

生产中有时要求电动板反转，为了使三相交流电动机反转，只要互换任意两根电源线即可。可以采用倒顺开关或采用接触器控制电动机正反转，后者的电路见图 8-10，我们重点分析其联锁功能。

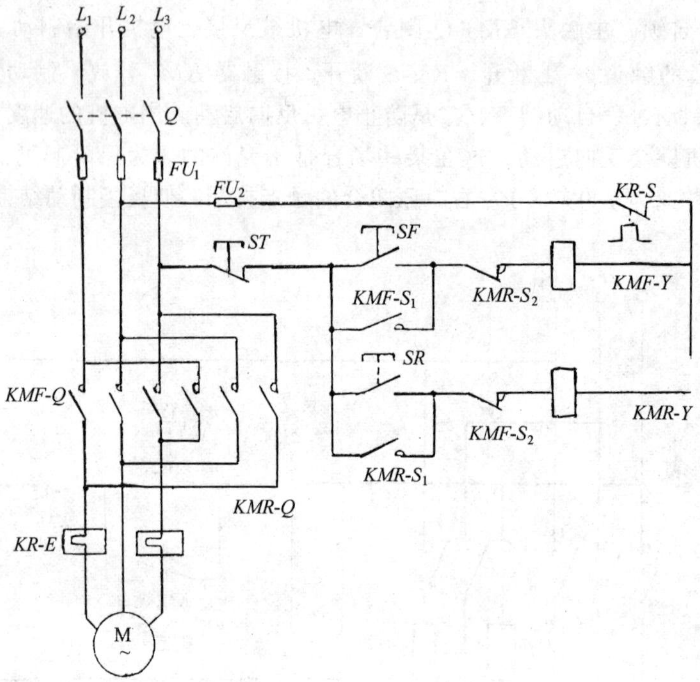

图 8-10　采用接触器触头联锁的正反转控制电路

正反转控制电路必须有联锁功能。当一台（套）设备有两种以上的动作时，为保证生产正常进行和防止事故，需要对各动作之间的关系进行制约，这种制约称联锁控制。**联锁控制方式有两种：**

① 当接触器 A 闭合时不准接触器 B 闭合，反之亦然。这时 A 的常闭辅助触头应串联在 B 的吸引线圈回路中。这种控制可称之为选择性联锁控制。

② 只有接触器 A 闭合以后才准许接触器 B 闭合，这时 A 的常开辅助触头应串联在 B 的吸引线圈回路中。这种控制可称之为顺序性联锁控制。

在图 8-10 中，正转控制接触器 *KMF* 的常闭触头 $KMF\text{-}S_2$ 串联在反转接触器 *KMR*

的线圈回路中，*KMR* 的常闭触头 $KMR\text{-}S_2$ 串联在 *KMF* 的线圈回路中。当电动机正转时 $KMF\text{-}S_2$ 断开，不准电动机反转，即使误按了反转按钮 *SR* 也不会造成事故，反之亦然。*KR-E* 和 *KR-S* 分别是热继电器的发热元件和触头。

上述电路的缺点是：当需要进行正反转变换操作时，必须先按停车按钮，影响工作效率。图 8-11 所示电路采用复合按钮进行联锁，避免了上述缺点，它同时采用了图 8-10 中的接触器触头联锁，使联锁更可靠。

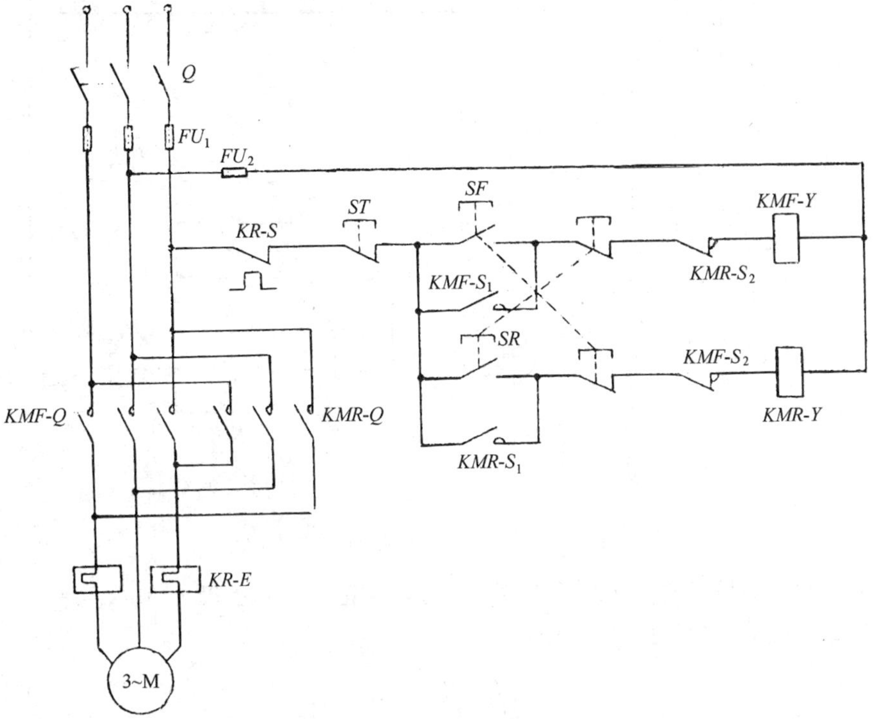

图 8-11　按钮和接触器复合联锁的正反转控制电路

复合按钮有常开触头和常闭触头各一对。设电动机正在运转，需要反转时直接按下反转控制按钮 *SR* 即可。当按下 *SR* 时，其常闭触头先断开使电动机停车，接着其常开触头闭合使电动机反转。从反转到正转的过程于此类似。

能实现上述第②种联锁控制方式的电路见图 8-12，该电路的联锁功能是：电动机 M_1 启动之后才允许电机 M_2 启动，电机 M_1 因故障停机时电动机 M_2 也必须自动停机。如果先启动电机 M_2（按下 SS_2），由于触头 $KM_1\text{-}S$ 是断开的，线圈 $KM_2\text{-}Y$ 不通电，M_2 无法启动。只有 M_1 被启动后，$KM_1\text{-}S$ 闭合自锁，才能启动 M_2。M_1 如因过流等原因停机，$KM_1\text{-}S$ 断开，M_2 必然跟着停机。另外，M_1 和 M_2 共用一套熔断器（图中未画出）也具有联锁作用。熔丝熔断后两台电动机会同时停机。如各用一套熔断器，就可能造成 M_1 因熔丝熔断停机而 M_2 仍在运行的情况。

二、调速电路

直流电动机的调速性能好，现在一般采用晶闸管整流器，改变电动机的电源电压进行调速。以前调速要求高的场合普通采用直流电动机调速，但由于直流电动机和三相异步电动机相比本身有结构复杂、价格高、转速低、单机容量小等缺点，加上20年来三相异步电动机的调速技术、特别是其中的调频调速技术有了快速发展，交流调速正越来越多地取代直流调速。起重机等建筑机械已开始采用调频调速新技术。

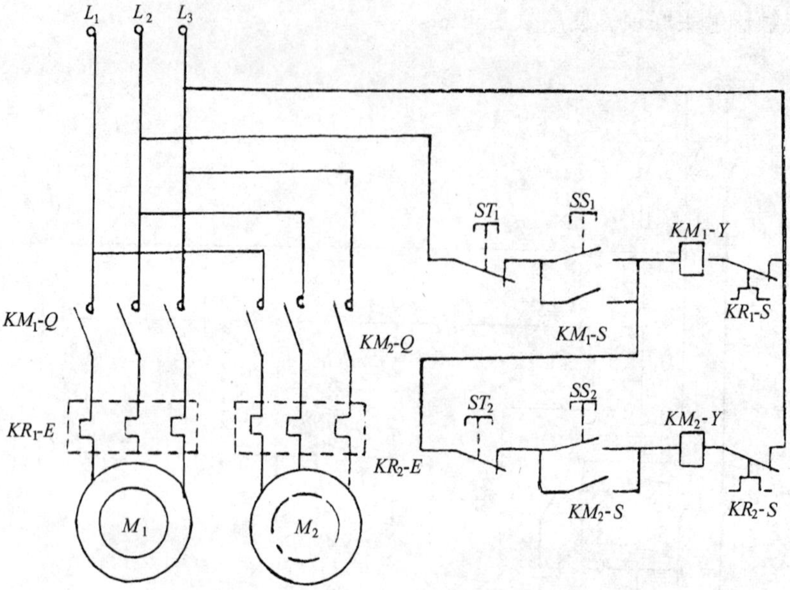

图 8-12　一种顺序性联锁控制的电路

调速电动机的最高转速和最低转速之比称调速范围，用字母 D 表示。

三相异步电动机的转速 n 的表达式为，

$$n=\frac{60f}{p}(1-s) \tag{8-1}$$

从式（8-1）可以看出，理论上异步电动机的转速 n 可通过改变电源频率 f，绕组磁极对数 p 和转差率 s 来调节，实际采用的方法很多，常用的有以下几种：

1. 变极调速

图（2-8）所示的电动机只有S极和N极1对磁极，由永久性磁铁充当。改变三相异步电动机定子绕组的接法能改变其磁极对数，从而改变其转速。这种方法要求定子的每相绕组由相同的两部分组成，这两部分可以串联和并联，串联时的磁极对数是并联的两倍，而转速是并联的一半，这样的电动机便是双速电动机。若给定子装上两套独立的绕组，再利用上述方法，则可以生产出三速或四速电动机。变极调速方法主要适用于笼式电动机，YD系列电动机是变极多速电动机。该方法为有级调级，有时需要变速箱配合，用于调速要求不高的地方。

2. 转子串电阻调速

该方法适用于绕线式电动机，属于改变转差率的方法，主要用于起重设备的调速。我们在第五章第二节已经讲过，给绕线式电动机的转子绕组接入电阻，见图5-2或图8-4，既能用于启动也能用于调速，但调速范围小，$D=2\sim3$。

3. 调压调速

三相异步电动机也可以像直流电动机那样采用调压调速（属改变转差率调速），所不同的是直流电动机采用晶闸管整流器，而异步电动机采用晶闸管交流调压器，见第四章第四节，并常用速度负反馈闭环控制系统，以提高过载能力和机械特性硬度。该方法效率低，适用于通风性质的负载。

4. 交—交调频调速

该方法直接将输入交流电的频率改变，又称直接变频，单相——单相直接变频电路见图 8-12，三相——三相直接变频的原理与单相类似，但电路要复杂。

图 8-13 中 L 是有中心抽头的变压器的次级线圈，它有两组输出电压 u_A 和 u_B。L 分别同 V_1、V_3 和 V_2、V_4 构成正、反两组全波整流电路。当 V_2 和 V_4 被封锁时，正组整流器工作而反组不工作，输出电压 u_0 为正电压；当 V_1 和 V_3 被封锁时，正组不工作而反组工作，u_0 为负电压。显然，若用频率为 f 的开关信号按上述方法去控制正、反两组整流电路的工作，输出电压 u_0 就是频率是 f 的交流信号，这样便实现了直接变频。

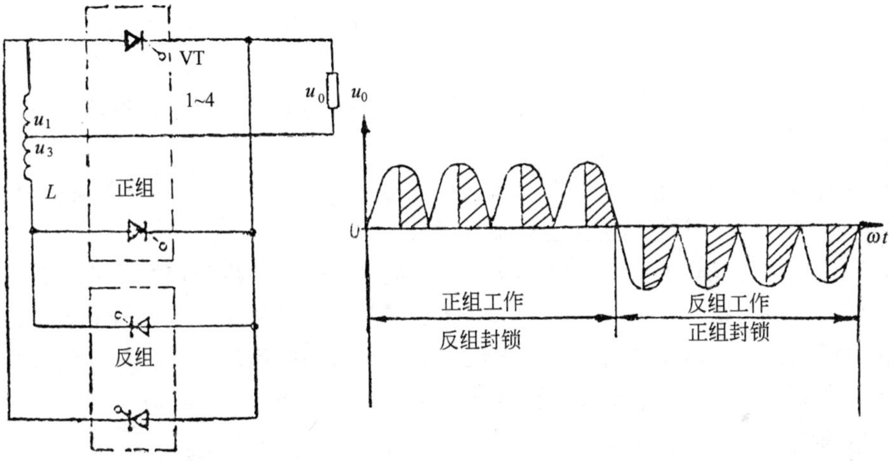

图 8-13　交—交变频电路的原理

直接变频的效率高，但频率低，最高频率只能达到工频的 1/2，适用于低速大容量的场合。

5. 交—直—交调频调速

交—直—交调频又称间接调频，它先用整流器把工频交流变为直流电，再用逆变器把直流电变为频率可调的交流电。

这种方法技术上虽然复杂一些，但调频范围宽、不受电源频率的限制，再加上调速平稳，能无级调速，已经获得了广泛应用。

第三节　三相异步电动机的保护电路

三相异步电动机的保护电路是其控制电路的重要组成部分，它能效果显著地防止电动机的损坏。本节先分别讲解单项保护，然后介绍一种电动机综合保护器。

一、单项保护

单项保护分短路保护、过载保护、缺相保护、失压保护、欠压保护等，每项保护的实现又有不同的手段，要根据需要与可能具体选择保护类型和所用电器。

1. 短路保护

短路保护应满足下述要求：当电动机端子处发生相间短路或在中性点直接接地系统中发生单相接地短路时，保护装置应尽快切断故障电路；对电动机正常工作引起的过电流，如启动过电流保护装置不应误动作。

原则上，每台电动机都应单独装设保护电器，只有在总电流不超过 20A 时才允许多台电动机共用一套保护电器；每相主回路中及控制回路中都应装设保护电器。

能实现短路保护的电器有熔断器、装有瞬时动作脱扣器的断路器和过流继电器。对于 500V 以下的低压电动机一般采用熔丝或断路器进行短路保护。采用熔丝时，如果只有一项电路的熔丝熔断则会造成电动机缺相运行，采用断路器实行无熔丝保护能避免这个缺点，但是费用稍高。对于功能较大的重要电动机可采用过流继电器作用于断路器或接触器，作用于接触器时要注意接触器的最大分断电流应大于短路电流。

短路保护电器的参数原则上选取如下：

① 单台直接启动的笼式电动机，取熔丝的额定电流等于电动机额定电流的 2～3.5 倍。

② 多台直接启动的笼式电动机，取总熔丝额定电流等于最大一台电动机额定电流的 2～3 倍，再加上其余电动机额定电流的总和。

③ 降压启动的笼式电动机，取熔丝的额定电流等于电动机额定电流的 1.5～2 倍。

④ 绕线式电动机，取熔丝的额定电流大于或等于电动机额定电流的 1.25 倍。

⑤ 取断路器和过流继电器的整定电流为电动机启动电流的 1.35 倍（脱扣器的动作时间大于 20ms 时）或（1.7～2）倍（脱扣器的动作时间小于 20ms 时）。

2. 过载保护

过载保护应满足下述要求：当电动机过载运行一定时间后，保护装置应切断故障电路；保护装置应有反时限保护特性。连续或断续工作的电动机、容易过载或堵转的电动机等都应装设过载保护电器，反复短时工作的电动机可不装设。

能实现过载保护的电器有热继电器、带延时脱扣器的断路器和带反时限特性脱扣器的过流继电器。一般采用热继电器或断路器，要求高时采用过流继电器。

热继电器的动作电流整定为电动机的额定电流。在室温为 35℃ 条件下，过载 120% 时热继电器在 20min 内动作，过载 150% 时 3min 内动作，过载 600%～1 000% 则瞬时动作。断路器的动作电流整定为电动机额定电流的 1.1 倍。过流继电器的动作电流整定为电动机的额定电流。

需要注意的是，熔断器可以用作照明线路或其它没有冲击负荷设备的过载保护，但对于有冲击负荷的设备只能用作短路而不能用作过载保护。如笼式电动机的启动电流是额定电流的（4～7）倍，为防止电动机启动时熔丝熔断，熔丝的额定电流要选得很大，达不到过载保护的目的。对于降压启动的笼式机或绕线式电动机熔断器有一定的过载保护作用。

3. 缺相保护

三相电动机在只有两相电的情况下仍能运行，称缺相运行，但很容易烧毁。缺相运行的情况经常发生，据统计，过流烧坏的电动机约有 50% 是缺相运行造成的。缺相保护装置应在发生缺相时立即将电源切断。

电动机的缺相运行分为启动前缺相和启动后缺相。缺相的原因有：接头脱离，插头插座接触不良，熔丝熔断，继电器、接触器的触头失灵，电源变压器缺相，绕组内部断线等。

如在启动前缺相，电动机会因没有启动转矩而不能启动，虽然两相启动电流为正常启动电流的 87%，但仍为额定电流的 5～6 倍，时间稍长就会烧毁通电的两组绕组。

如在启动后缺相，对于 Y 形接法的电动机。通电两绕组的电流为额定电流的 1.9 倍，中性点偏移，相电压升高，因此会烧毁绕组或破坏电机绝缘；对于△形接法的电动机，其中一相的电流是其它两相的 2 倍，为额定电流的 2.2 倍，也会烧毁电机。

常采用的缺相运行保护的措施有下面几种：

① 采用热继电器进行缺相保护 具有两组发热元件的热继电器不但能满足过载保护的需要，也能满足 Y 形接法电动机的缺相保护需要。但对于△形接法的电动机可能不起缺相保护作用。这是因为△形接法的电动机缺相运行时只有一相电流增大，如果电流增大的那一相正好没有接发热元件，则热继电器就不能起到缺相保护的作用。所以，对于△形接法的电机要采用有三组发热元件的热继电器进行缺相运行保护 。

②采用欠电流继电器进行缺相保护 其电路见图 8-14，若一相中的电流大幅度减小或消失时，继电器就会动作，切断控制回路。该方法比较可靠，但价格较高。

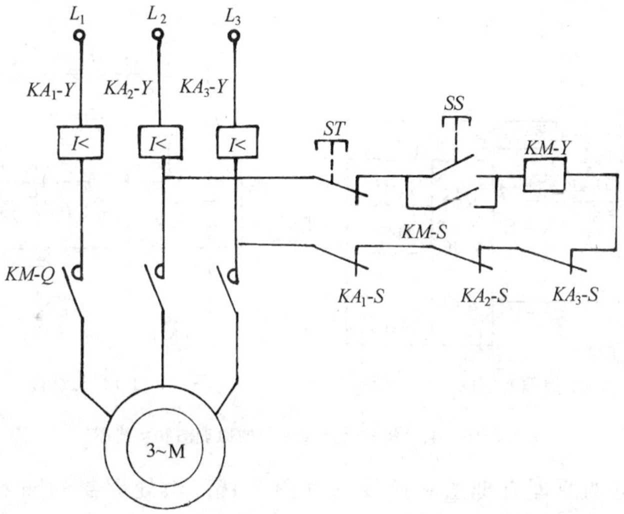

图 8-14 采用欠电流继电器进行缺相保护的电路图

③ 采用零序电压继电器进行缺相保护 参看图 8-15（a）。在中性点接地的三相平衡供电系统中，Y 形接法的电动机中点对地电压（零序电压）在理论上为零。当一相断开时，中性点偏移，零序电压不再为零，而升高到 25～45V，结果零序电压继电器动

作，将电源切断。该方法如用在三相不平衡系统中会有误动作，故农村供电系统，照明、动力共线系统不宜采用。对于△形接法的电机可以制造人为中性点，见图 8-15（b）。

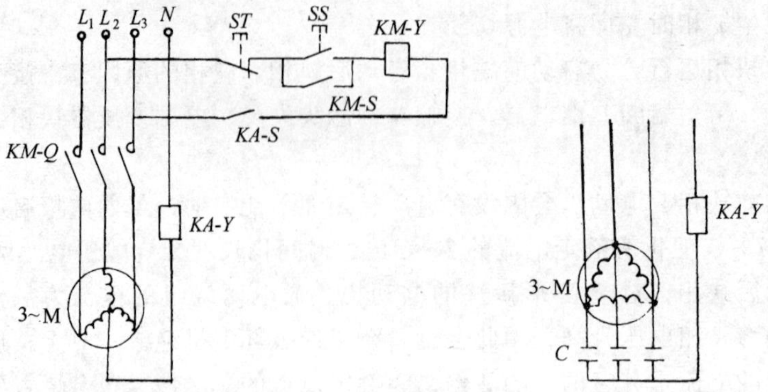

(a) Y 形接法　　(b) Δ 形接法

图 8-15　采用零序电压继电器进行缺相保护的电路图

4．失压和欠压的保护

失压和欠压保护的概念见第七章第一节。接触器、断路器、电流继电器都有失压/欠压保护作用。图 8-1 等所示电路有失压和欠压保护作用。

二、多功能电动机保护器

多功能电动机保护器采用通用微处理器或专用集成控制电路（或称模块），具有全面的保护功能，节约能源，工作可靠，使用方便，随着其价格的下降将逐步普及使用。

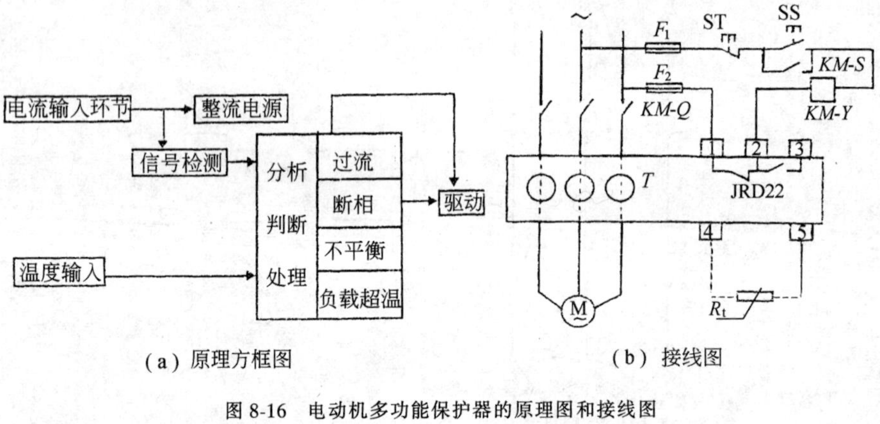

（a）原理方框图　　（b）接线图

图 8-16　电动机多功能保护器的原理图和接线图

多功能保护器的原理方框图和接线图见图 8-16。微处理器的输入信号有电流和温度两种，分别由电流传感器和温度传感器采样。电流传感器 T 的铁心具有速饱和性，其输出电压与负载电流的幅值成正比。温度传感器采用负温度系数的热敏电阻（NTC）Rt，检测电动机外壳或绕组或轴承室的温度。温度传感器也可以采用电动机生产厂家在绕组中预埋的正温度系数的热敏电阻（PTC）。在环境温度过高、电动机通风条件不好等情况下，即使电动机不过载也会造成电动机温升过高而遭损坏，故保护器除检测过流外还检测温度信号。

微处理器将输入的电流、温度检测信号和预置的电动机的保护参数综合分析后作出判断，需要时发出保护信号，由高灵敏度、高分断能力的直流继电器的常闭触头（同端子 1 和 2 相连）作用于接触器 *KM* 的控制回路把电源切断。

综合保护器的保护功能如下：

① 反时限过流保护　$1.05I_N$ 时不动作，$1.2I_N$ 时 3min 动作，$1.5I_N$ 时 1min 动作，$7.2I_N$ 时 30s 动作。

② 启动定时限保护　如超过预置的启动时间（如 30s），5s 动作。

③ 缺相保护　发生缺相后 5s 动作。

④ 过热保护　电动机的温度如超过设定值，2s 动作。

⑤ 不平衡保护　三相电流的不平衡度如超过设定值（如 30%），5s 动作。

$$\text{不平衡度}=\frac{\text{任一相电流}-\text{三相电流平均值}}{\text{三相电流平均值}}$$

第四节　整机控制电路实例

本节举几个整机控制电路实例，供读者练习阅图使用。要想看懂一张较复杂的整机电路图，必须熟练掌握前面几节介绍的基本控制电路（或称单元电路）。阅图的步骤、方法如下：

首先通过阅读说明书或调查了解，搞清楚被控制设备的用途、主要动作等。如混凝土搅拌机，其用途是搅拌混凝土、砂浆，主要动作是搅拌、注水、出料。然后分析主回路、控制回路、信号回路和测量回路的具体组成。在图纸中主回路用粗线画出，其他回路用细线画出。最后分析控制逻辑关系，即各部分是如何配合完成控制动作的。

主回路由下列部分低压电器组成：隔离开关、刀开关、负荷开关、断路器、接触器主触头、电流继电器的线圈、热继电器的热元件、熔断器、启动器的执行器件、综合保护器的执行器件等。控制回路由主令电器（如控制器、转换开关、按钮等）、接触器的辅助触头、电流继电器和热断电器的输出触头、综合保护器的输出触头等。测量回路由互感器、测量仪表等组成，信号回路由指示灯、报警器等组成。分析控制逻辑关系时，先分析工作动作（如正转、反转），共有几种工作动作、指令电器如何发出指令、驱动电器（如继电器）如何驱动执行电器（如接触器、断路器）完成指令的；然后分析保护动作：共有几种保护动作、保护电器如何发出指令、驱动电路是如何驱动执行电器完成指令的；最后分析自锁动作、联锁动作等。很多电路没有驱动电器，指令电器直接驱动执行电器。

常用的由电动机驱动的建筑机械有振捣器、机械扳手、混凝土搅拌机、混凝土泵、皮带运输机、附墙升降机、起重机等。下面简介机械扳手和混凝土搅拌机的控制电路。

一、机械扳手

机械扳手用来紧固或松开螺母（或螺柱）。其原理是：电动机的转动经减速箱传递给主轴，主轴的顶端是套筒，套筒用来套住螺母，其控制电路见图 8-17。电路采用了电流保护继电器 *KA*（过电流型），继电器线圈 *KA-Y* 串联在主回路中，继电器的常闭触点 *KA-S* 和接触器 *KM* 的自锁（常开）触头 $KM\text{-}S_1$ 相串联。

按下紧固按钮 *SF*，电机正转，使被紧固螺母旋紧。当螺母上紧后，电动机堵转，电机电流增大，*KA-S* 分断，电动机停转。电动机停转后，电机电流为零，*KA-S* 闭合，但此时自锁触头 $KM\text{-}S_1$ 已断开，故电动机不会重新启动。

当需要松开螺母时，只要按下松开按钮 *SR*（电动机反转）就可以了。此时电动机工作在点动状态。

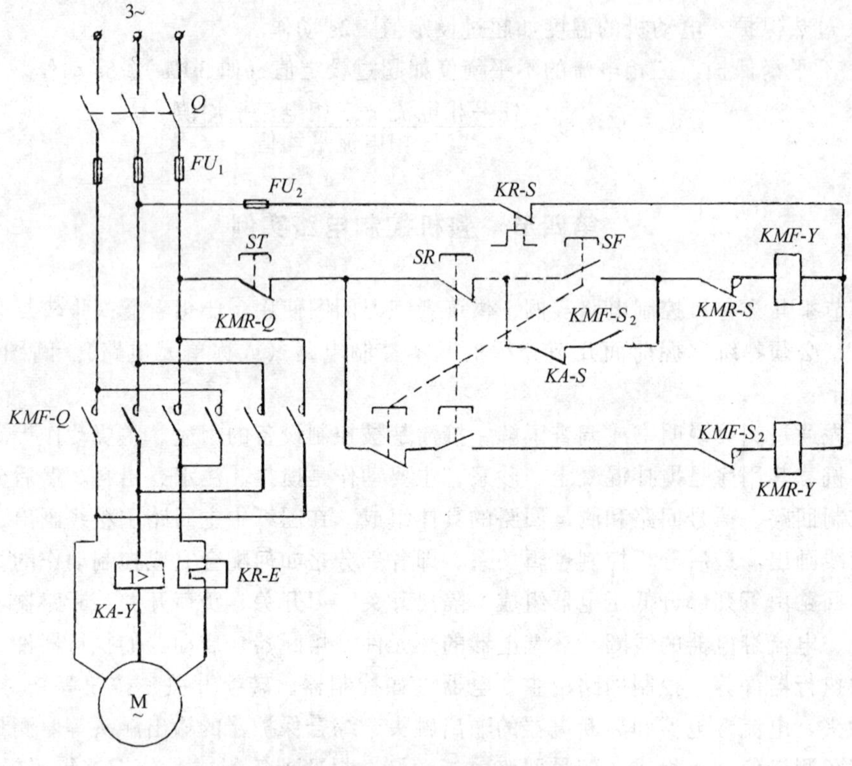

图 8-17　机械扳手的控制电路图

二、混凝土搅拌机

某种混凝土搅拌机的控制电路见图 8-18。主回路中有两台电动机 M_1 和 M_2，M_1 拖动搅拌机的滚筒转动，搅拌时电动机正转，出料时电动机反转。M_2 拖动料斗的升降，上升时电动机正转，下降时电动机反转。

控制电路中有三条控制支路。上面一条控制 M_1 的正反转，该支路是标准的正反转控制电路。中间的一条控制 M_2 的正反转，该支路和上面的支路相比只是多了两个为了保证安全而设置的限制料斗上、下位置的限位开关 SL_1 和 SL_2。最下面一条是以点动方式控制水阀电磁铁线圈 *Y* 的。按下按钮 *SB* 时，*Y* 通电，磁铁吸开水管阀门，使水流进滚筒中，松开 *SB* 时，水管阀门复位，水源被切断。

YB 是 M_2 的制动电磁铁。M_2 运转时 YB 通电，制动轮松开、M_2 能自由转动；反之，对 M_2 进行制动。

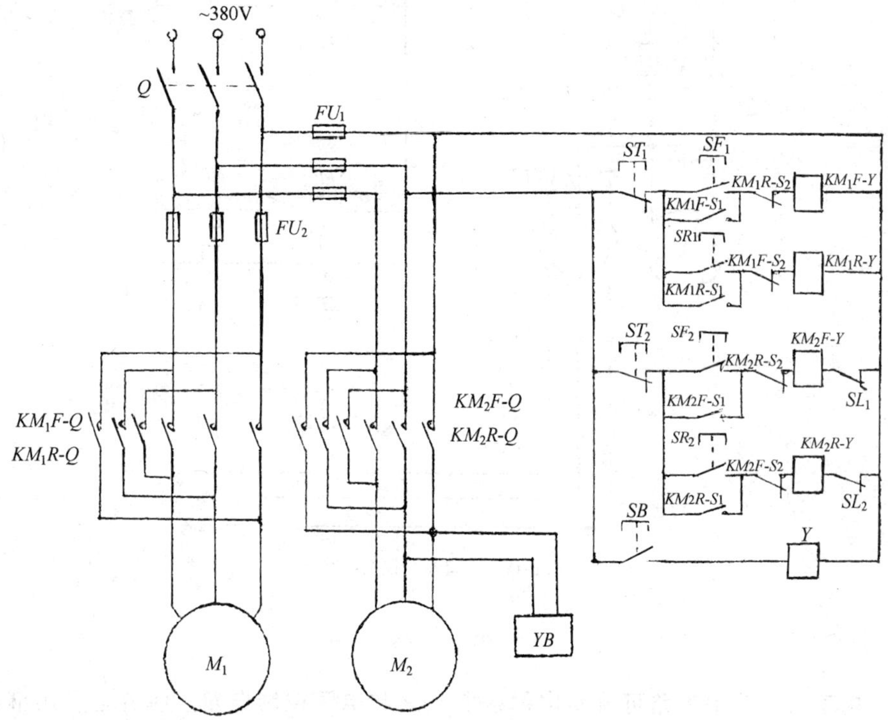

图 8-18　混凝土搅拌机的控制电路图

三、振捣器

振捣器又称振动器，用于排出新鲜混凝土中空气，增加混凝土的密实性和强度。振捣器分平板式和插入式，后者分为软轴式和直联式。软轴式由电动机、软轴和振捣棒组成，高频（约 250Hz）扰动力由滚锥沿滚道滚撞产生。直联式由变频机组、驱动电动机和振捣棒组成，驱动电动机直接装在棒体内。

直联式振捣器的控制电路见图 8-19。M_1 和 G 构成变频机组，充当了 M_2 的电源。M_1 是鼠笼式电动机，G 是绕线式发电机，二者的转子同轴，M_1 带动 G 旋转，G 发出频率为 200Hz 的三相交流电供给驱动振捣棒电动机 M_2，使振捣棒产生频率近 200Hz 的振动。$VD1$～3 构成三相半波整流电路，给 G 提供直流励磁电流。

控制回路的作用除了实现自控以外还有让 M_2 延时启动的作用，即让 M_1 和 G 启动完毕后再让 M_2 启动，以利 M_1 和 G 顺利启动。振捣器的工作过程如下：开关 S 闭合，KM_1—Q 吸合，M_1 和 G 启动。S 闭合的同时 KM_1—S 吸合，但由于 KT 是延时继电器，KT—S 并不马上闭合，而是延时一定时间后闭合，延时时间略大于 M_1 和 G 的启动时间。KT—S 闭合后 KM_2—Q 闭合，M_2 启动。开关 S 打开，3 个电动机同时停机，同时 KM_1—S 和 KT—S 打开，为一下次启动做好了准备。

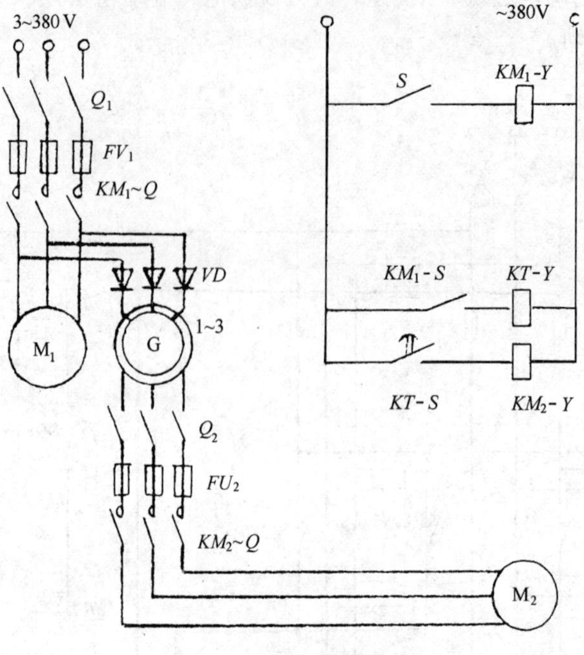

图 8-19 振捣器的控制电路

小 结

1. 电动机的控制电路可分为电器控制电路和电子控制电路。前者是利用继电器、接触器、按钮等组成的有触点控制系统，其优点是线路简单、投资小、抗干扰能力强，缺点是控制精度和可靠性不高，广泛用于比较简单的控制场合。对于比较复杂的控制则要采用电子控制系统。

2. 阅图要点 注意电路图的画法特点；掌握单元电路的原理；搞清楚被控设备的用途、主要动作；区分并分析主回路、控制回路及信号回路、测量回路；分析控制逻辑关系。

3. 启动电路 鼠笼式——直接启动，降压启动（电阻法、电抗法、自耦变压器法、Y—△法）；绕线式——电阻法、频敏变阻器法；电子式启动器——启动性能好、有多种保护作用。

4. 制动电路 能耗制动，反接制动，发电制动。

5. 正反转控制和联锁控制电路（选择性联锁控制和顺序联锁控制）。

6. 调速电路 变极调速、电阻调速、串级调速、调压调速、调频调速。

7. 单项保护电路 短路保护、过载保护、缺相保护、失压和欠压保护。

8. 多功能电动机保护器 采用单片机，具有反时限过流保护、启动定时限保护、缺相保护、过热保护、不平衡保护作用。

9. 整机控制电路实例 机械扳手、混凝土搅拌机、振捣器。

复 习 思 考 题

1. 默画出电路图 8-1（a）、分析电路的原理、并说明为什么具有失压和欠压保护作用。

2. 鼠笼式电动机在什么情况下要采用降压启动、主要有几种方法?

3. 绕线式电动机主要有哪几种启动方法?

4. 电子式启动器有哪些优点?

5. 默画出电路图 8-10，并分析工作原理。

6. 简述联锁控制的两种方式。

7. 电动机的调速方法有哪几种?

8. 电动机的单项保护有哪几种、各如何实现?

9. 简述多动能电动机保护器的原理和功能。

10. 选择一种本单位的建筑机械，阅读说明书、分析工作原理，并参观该机械、将实物和电路图对应起来。

第九章　车 用 电 路

建筑机械有的使用交流电、如起重机，有的使用直流电、如推土机，它们分别称为交流系统建筑机械和直流系统建筑机械。本章介绍直流建筑机械的电路系统，主要内容有：电源电路、启动电路、点火电路、附属电路和整机电路举例。

第一节　电 源 电 路

直流建筑机械采用蓄电池和发电机双路供电方式，电源电路由蓄电池、发电机和调节器三部分组成，下面分别介绍这三部分。

一、蓄电池

1. 用途和分类

在工程机械中，蓄电池用于启动发动机，并在发电机电压过低时给车辆的电路供电。启动时要求蓄电池能输出 200～600A 电流。

蓄电池分为铅蓄电池、碱性蓄电池（如镉镍、铁镍、锌银蓄电池）和新型蓄电池（如燃料电池、锌—空气电池、钠硫电池），工程机械上常用的是启动型铅蓄电池。下面的内容以铅蓄电池为例，但许多内容对其他蓄电池也是适用的。

2. 构造和原理

蓄电池是一种利用化学反应反复充放电的直流电源。它由正负极板组、隔板、电解液、外壳等组成。极板组由厚 1.1～2.2mm 的多片极板并联而成、正负极板组穿插在一起，隔板是隔离电极的绝缘板，电解液由纯净的硫酸(密度 1.849g/cm^3）和蒸馏水按一定比例配制而成，密度为 1.24～1.30g/cm^3（25℃时)，外壳是容纳极板组和电解液的容器，多用硬橡胶和聚丙乙烯制成。实用的蓄电池由 3 个或 6 个相同大小的单体电池组合而成，用户可将它们串并联使用。

蓄电池基本原理是通过极板上的活性物质和电解液的化学反应进行充放电而实现电源功能。充电时电能转变为化学能，放电时相反。活性物质由氧化铅和少量其他物质构成，故称铅蓄电池。

3. 型号和技术指标

蓄电池的型号由三部分组成，分别表示单体电池数，类型特征和容量，如 6—*QGS*—90 表示由 6 个单体电池构成，启动型、薄型极板、塑料外壳，容量 90Ah（安时）。

蓄电池的主要技术指标有两个，一是额定输出电压，二是额定容量。每个单体的额定电压为 2V，输出电压由单体电池个数和连接方式决定。蓄电池的容量是其允许的放电电流值（单位 A）和放电时间（单位 h）的乘积，单位是安时（Ah)。一块容量为 35Ah 的蓄电池，若放电电流为 10A，则允许放电时间是 3.5h。

4. 使用方法

① **充电** 按用途充电分为启用新电池时进行的初次充、启用后的经常性充电和去硫化充电，按原理充电分为定流充电、定压充电和近年来发展起来的快速脉冲充电。充电质量对保证使用、减少故障、延长电池的寿命起决定性的作用，要认真对待。充电方法较复杂，限于篇幅不能详述。

② **故障** A. 极板硫化是指极板上出现硫酸铅白色斑点。原因有：长期充电不足，放电后未及时充电（应 24h 内充电），电解液液面太低、密度过高。针对上述原因采取相应措施防止硫化，用去硫化方法充电可以消除硫化。B. 自行放电是指 28 天自行放电超过容量的 20% 为故障现象，原因有电解液不纯，电池长期不用，电池盖上洒有电解液。排除方法：更换电解液，长期不用的电池容量降低 25% 时应进行充电，保持电池盖的清洁。用密度计测量出电解液的密度能推算出剩余容量。密度每下降 $0.01g/cm^3$，电池的剩余容量下降 7% （25℃ 时）。其他故障还有极板弯曲、活性物质过早脱落、内部短路等，一般都是因为使用维护不当造成的。

③ **安全事项** 蓄电池充电和放电时，产生大量的氢气和氧气，这些气体如不能及时逸出，达到一定浓度时遇到明火就会引起爆炸，故蓄电池的通气孔应保持畅通，严禁周围有明火；蓄电池内部的连接和电极上的接线要牢固，以免松动引起火花；不要随便在电极上打火；安装蓄电池时应先接火线，再连接两个蓄电池，最后装搭铁电极，以防止扳手万一搭铁短路引起火花，拆卸时顺序相反。搭铁是指和公共导线（可以是金属车体）连接，和电子技术中的接地类似，我国规定负极搭铁。

5. 新型铅蓄电池

① **干荷电铅蓄电池** 其极板经过多种特殊工艺（包括干燥工艺）处理，提高了性能，使用方便。在两年保存期内首次使用时不需初充电，只要灌入电解液，15min 后即可使用。

② **免维护（MF）铅蓄电池** 它是 20 世纪 70 年代后期出现的新产品，将逐步取代传统的铅蓄电池。其特点是：使用和贮存中不需要充电，3.5～4 年内不需要加蒸馏水，寿命长，自放电很少，能防止极板短路、启动性能好（内阻小）、防爆性能好、重量轻、体积小、免维护或少维护。

二、发电机

由于蓄电池的容量有限，而车辆的用电量又很大，单靠蓄电池使用时间不能持久，所以都装有发电机，由发动机带动发电。停车时和发动机启动时由蓄电池供电；发电机运转后，如输出电压高于蓄电池的电压，由发电机供电并给蓄电池充电，反之由蓄电池供电。直流发电机已被淘汰，现在都采用交流发电机，并多采用三相同步交流发电机，发电机输出的交流电经过由 6 只二极管组成的全波整流电路整流为直流电供车辆使用，如图 9-1 所示。

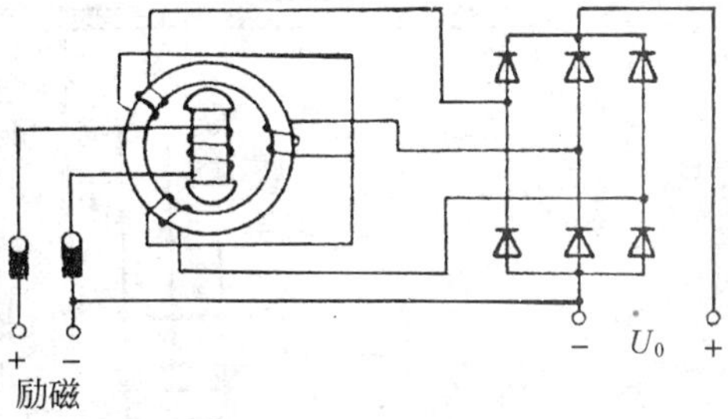

图 9-1 三相同步交流发电机的构造示意图和整流电路图

发电机由转子和定子两大部分组成。转子由转轴、两个爪形磁极、励磁绕组（或称磁场绕组）、滑环和电刷组成，见图 9-2。励磁直流电流经电刷和滑环输入到励磁绕组，使之产生轴向磁通，两个爪形磁极分别被磁化为 N 极和 S 极。定子由铁心和绕组成，铁心由互相绝缘的环形硅钢片叠合而成，铁心内表面上有嵌线槽，槽内嵌入三相对称绕组。当转子被发动机带动旋转时，定子的三相绕组相对切割转子磁极的磁力线而产生三相交流正弦电动势。整流电路板常装在发电机内部。

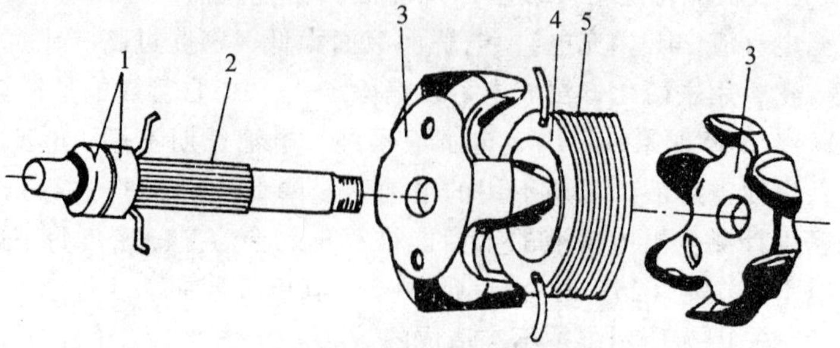

图 9-2　交流发电机转子的构造

1. 滑环　2. 轴　3. 爪极　4. 磁轭　5. 励磁绕组

交流发电机采用他励和自励两种励磁方式：发电机低速运转、输出电压低于蓄电池的电压时励磁电流由蓄电池供给（他励）；高速运转时（高于 1 000rpm）。输出电压高于蓄电池电压时由自身供给（自励）。

三、调节器

发电机的输出电压随转速升高而升高，调节器的作用是防止电压过高的危害，调节器分电磁振动式和电子式两大类，下面分别讲解。

1. 电磁式调节器

电磁式调节器分为单级式（有一对触点）和双级式（有两对触点），还可分为单联式（只有一套电磁机构）和双联式（另有一个辅助继电器供停车后切断励磁绕组或控制充电指示灯用）。双级式调节器的原理见图 9-3。

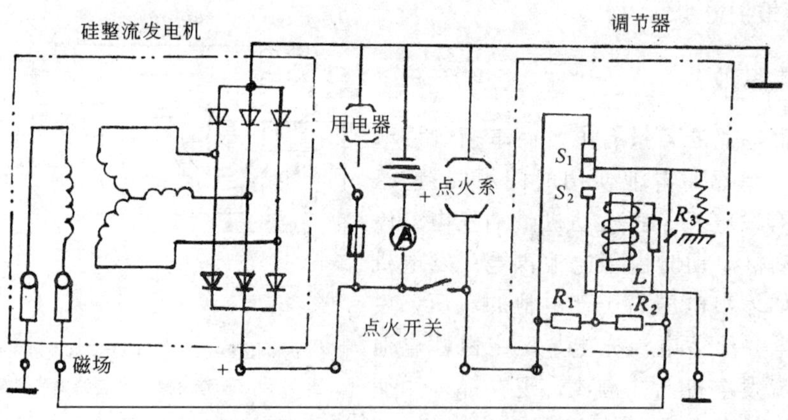

图 9-3　双级式调节器的原理图

图中触点 S_1、S_2 分别为常闭、常开触点。当发电机的端电压低于蓄电池电压时，励磁电流由蓄电池供给。蓄电池电压经点火开关、触点 S_1 直接加在励磁线圈上。此时，流过 L 的电流 I_L 较小，L 的吸力不足以吸开触点 S_1。

当发电机的输出电压高于蓄电池电压但低于工作电压（约 14V）时，励磁电流改由发电机提供（发电机同时给蓄电池充电，用电设备、点火系也由发电机供电），但调节器的工作状态不变，S_1 仍然闭合、S_2 仍然打开，此时的工作状态为第一状态。

当发电机的电压稍高于工作电压时，I_L 的增大使 L 的吸力将触点 S_1 打开（此时触点 S_2 仍未闭合）。这时原来的励磁电流通路被切断，发电机电压 U_G 经过 R_1 和 R_2 降压后加在励磁线圈上，显然励磁电流 I_f 较以前减少了。之后调节器的工作状态如下：

$$I_f\downarrow \rightarrow U_G\downarrow \rightarrow I_L\downarrow \rightarrow S_1\text{ 闭合}\rightarrow U_G\uparrow \rightarrow I_L\uparrow \rightarrow S_1\text{ 打开}$$

触点 S_1 如此不断地振动（闭合、打开），使发电机电压 U_G 维持在工作电压附近，这时的工作状态为第二状态，是调节器的经常性工作状态。

当发电机的转速很高，U_G 超过规定值过多时，调节器采取了力度更大的调控手段。I_L 的增大使 L 的吸力将触点 S_2 吸合，而 S_1 断开。之后，调节器的工作状态如下：

$$S_2\text{ 闭合}\rightarrow I_f = 0\text{(励磁线圈被短路,发电机只能靠剩磁发电)}\rightarrow U_G\downarrow \rightarrow I_L\downarrow \rightarrow S_2\text{ 打开}$$
$$\uparrow\text{———} I_L\uparrow \leftarrow U_G\uparrow \leftarrow I_f\leftarrow$$

触点 S_2 不断振动，使 U_G 维持在工作电压附近，这时的工作状态为第三状态。

图 9-3 所示的调节器有一个缺点：停车后若忘记断开电源开关，蓄电池仍继续给发电机和调节器的励磁线圈供电，这将造成电能浪费、影响工作。为防止这种情况，可采用图 9-4 所示的双联调节器。

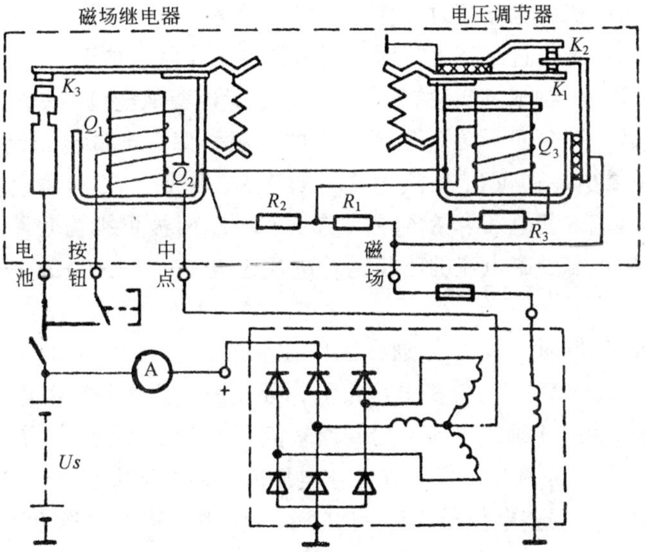

图 9-4　带励磁继电器的双联调节器

Q_1. 起动线圈　Q_2. 保持线圈　Q_3. 调节器磁化线圈　K. 电源开关

A. 起动按钮　K_1、K_2、K_3. 触点　R_1. 调节电阻　R_2. 加速电阻　R_3. 温补电阻

图 9-3 所示的调节器只有一套电磁机构，可称单联调节器，双联调节器增加了励磁继电器，有两套电磁机构故称双联调节器。工作原理如下：接通电源开关 S，按下启动

按钮 SS，电流流过线圈 L_1，触头 S_3 闭合，蓄电池通过 S_3 给发电机励磁线圈和调节器线圈 L_3 供电，同时发动机启动、发电机发电、中性点电位升高，使线圈 L_2 中有电流流过。启动完毕、按钮 SS 释放后，线圈 L_1 断电，但线圈 L_2 产生的吸力足以维持 S_3 的闭合。停车后 L_2 断电、S_3 打开，即使忘记断开电源开关，也不会发生蓄电池继续给励磁线圈供电的情况。

电磁振动式调节器已经使用了近 70 年，其主要缺点是工作时有火花，造成触点烧蚀和电磁波干扰，下述电子式调节器则没有这些缺点。

2. 电子式调节器

电子式调节器的电路多种多样，其中一种如图 9-5 所示。

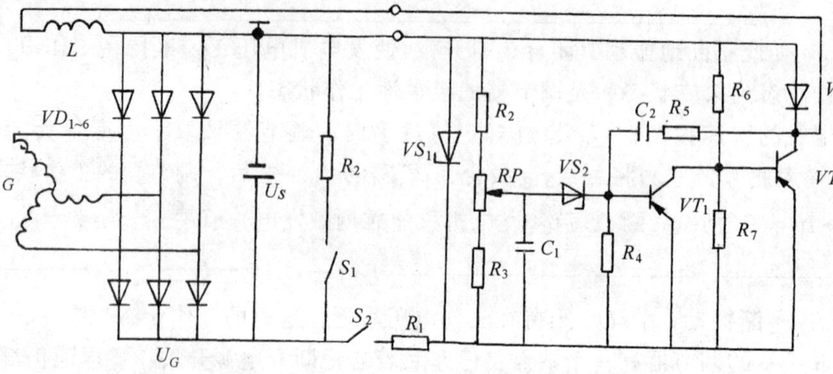

图 9-5　电子式调节器的原理图

电子调节器的工作状态可以分为第一状态——发电的电压未超过工作电压时的状态和第二状态——发电机的电压超过工作电压时的状态。

当发电机的电压未超过工作电压时，调节器的工作状态如下：

稳压管 VS_2 和 R_4 构成 VT_1 的偏置电路，偏置电源从电位器 RP 的活动触点取得。由于偏置电压较低，VS_2 不导通，呈现很大的电阻，偏置电源电压绝大部分降在 VS_2 上，R_4 上的压降很小，故 VT_1 是截止的。R_6、R_7 构成 VT_2 的偏置电路，给 VT_2 提供了足够的基极电流，使它工作在饱和状态，C、E 两极可视为短路。VT_2 的集电极负载就是励磁线圈 L。励磁电流的路径是蓄电池正极 $U_{S+} \rightarrow S_2 \rightarrow R_1 \rightarrow VT_2 \rightarrow$ 励磁线圈 $L \rightarrow U_{S-}$。

当 U_G 超过规定值时，VS_2 导通，工作在稳压状态→R_4 上的压降升高→VT_1 导通，工作在饱和状态→VT_2 的偏置电压很低，处在截止状态→励磁电流被切断→$U_G\downarrow$→VS_2 恢复到截止状态→励磁电流恢复到原来值→$U_G\uparrow$。总之，VT_2 随 U_G 的高低不断地截止和导通，使 U_G 基本上保持在工作电压值，误差不大于 ± 0.3V。

RP 是工作电压值调整电位器。R_1 和 VS_1 的作用是构成稳压电路，给后续电路提供稳定的电压。C_1 的作用是滤波，滤除电源中的干扰脉冲电压，防止调节器误动作。VD_7 是续流二极管，当励磁电流突然中断时，励磁线圈产生的自感电势使 VD_7 导通，将励磁线圈中储存的电磁能释放，自感电势迅速消失。如果没有 VD_7，自感电势和蓄电池电压正向迭加，加在 VT_2 的 E、C 两极间，容易造成 VT_2 击穿。C_2、R_5 构成电压正反馈电路，能加快 VT_1 和 VT_2 的饱和与截止速度，使 U_G 的脉动减少。

电子调节器具有无触点、能控制较大的励磁电流、可靠性好等一系列优点，已从分立元件发展到集成电路，将逐步取代电磁式调节器。

第二节　启动电路和点火电路

一、启动电路

内燃机的启动有的用小型汽油机，有的用电动机，还有的用人力。电动机启动装置由直流电动机、控制装置和传动机构（或称啮合机构）组成，被广泛采用。直流电动机为串励式，启动转矩大，适用于启动发动机，启动装置的机械构造由其他课程讲解。一种电动机启动装置的电原理图见图 9-6，启动过程如下：

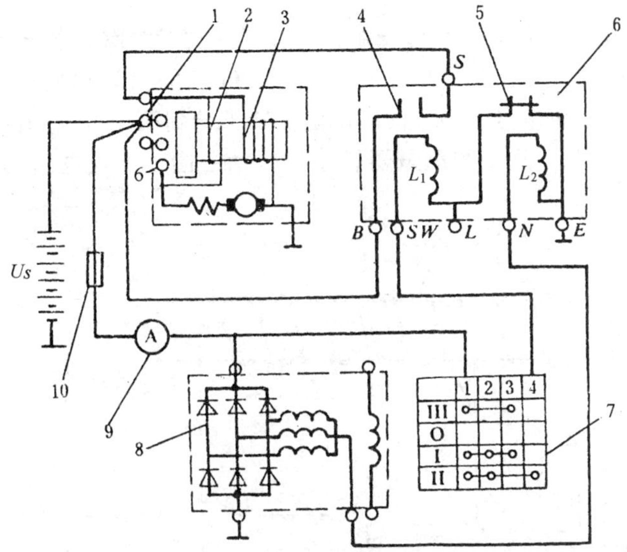

图 9-6　一种电动机启动装置的电原理图

1. 电磁开关主接线柱　2. 吸引线圈　3. 保持线圈

4. 启动继电器触点　5. 保护继电器触点　6. 直流电动机接线柱

7. 点火开关　8. 硅整流发电机　9. 电流表　10. 熔断器

将点火开关 7 置于Ⅱ挡，启动开始，电流路径是：蓄电池 U_{s+}→接线柱 1→熔断器 10→电流表 9→点火开关 7→启动继电器线圈 L_1→保护继电器常闭触点 5（旧符号）→搭铁→U_s—。线圈 L_1 通电，使常开触点 4（旧符号）闭合，这时又增加了两条电流路径，一条是：1→4→吸引线圈 2→直流电动机→搭铁；另一条是：1→4→保持线圈 3→搭铁。线圈 2 和 3 通电的同时，直流电机旋转、传动机构工作、发动机旋转。线圈 2、3 的磁通方向相同，在它们被磁化的铁心吸引下（铁心向左移动），传动装置的飞轮与驱动齿轮啮合，使直流电动机能够带动发动机转动。

与此同时，铁心左边的接触盘将 1 和 6 短路，U_{s+}不经过线圈 2 而直接接在电动机输入端，这样可以增加起动电流。1 和 6 短路的同时吸引线圈 2 被短路，但依靠保持线圈 3，铁心的吸力足以维持传动装置的正常工作。

发动机启动后发电机开始工作，其中性点和输出负极之间的电压加在线圈 L_2 两端，使触点 5 打开→L_1 断电→触点 4 打开→线圈 3 和直流电机断电，启动过程自动结束。

发动机正常工作时触点 5 是打开的，即使误将点火开关转至起动位置，直流电动机也不会工作，否则会造成齿轮撞击而遭损坏。

二、点火电路

汽油发动机要靠电火花有节奏地点燃气缸中的混合气体才能工作，点火电路就是用来产生电火花的。点火电路分为电磁式和电子式两种，下面分别介绍。

1. 电磁式点火电路

电磁式点火器的原理如图 9-7 所示。点火线圈 1 相当于一个升压变压器，左边初级线圈的匝数少，右边次级线圈的匝数多。凸轮 4 和配电器转子在发电机的带动下同步旋转。点火过程如下：

断电凸轮 4 旋轮到平面朝上位置→触点 2 接通→初级线圈通电→凸轮 4 旋转到棱角朝上位置→触点断开→初级线圈断电，产生约 300V 的自感电势→次级线圈产生约 15 000～20 000V 的互感电势，与此同时配电器转子转到两个电极相接触的位置→火花塞间隙处放电产生火花。凸轮和配电器转子每转动一圈，点火电路给各气缸轮流点火一次。

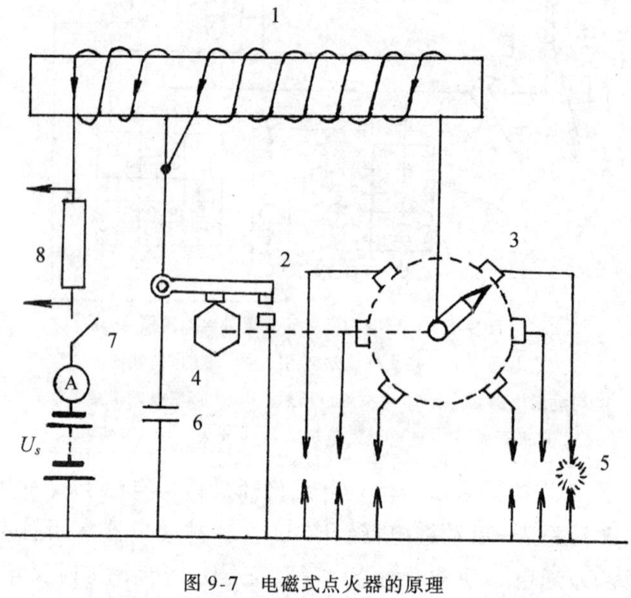

图 9-7　电磁式点火器的原理

1. 点火线圈　2. 断电器触点　3. 配电器　4. 断电凸轮　5. 火花塞　6. 电容器　7. 点火开关　8. 附加电阻　9. 配电器转子

滤波电容器 6 的作用是减少触点 2 间的火花，延长触点的寿命和抑制电磁辐射对无线电接收设备的干扰。附加电阻 8 的作用是限制初级线圈的工作电流，但启动时要把它短路，以产生更强烈的电火花，有利于发动机的启动。

2. 电子式点火电路

电子式点火器分电感式和电容式两种，这里只介绍前者，电原理图见图9-8。

图中三极管工作在开关状态。R_1、R_2构成三极管的偏置电路，下偏置电阻R_2比上偏置电阻R_1大得多，从而能保证三极管一旦通电就工作在饱和状态。先设电容器开路，R_3短路，其作用后面再讲。点火过程如下：

点火开关S_1闭合（S_2常闭）→三极管通电，工作在饱和状态→断电凸轮旋转到棱角朝上位置时触点S_2断开→三极管失去偏压，工作在截止状态→点火线圈L的初级断电，产生约300V的自感电势→L的次级被感应出15 000～20 000V的高压，高压输送到配电器。下面的过程和电磁式点火器是一样的。

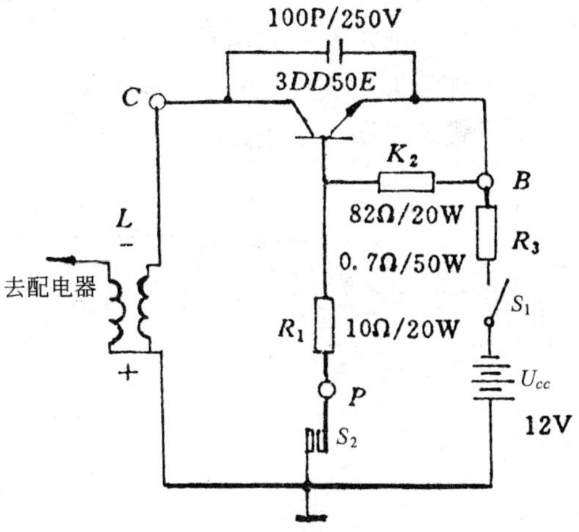

图9-8　电子式点火器

R_3是限流电阻。正常情况下它限制L初级的工作电流。当三极管C、E间击穿或初级线圈短路时它能防止电路短路。

C是吸收电容。L的初级断电时产生的自感电势通过U_{cc}、R_3加在三极管的C、E间，容易使晶体管击穿。有了C之后，C和初级线圈构成一个串联振荡回路（回路中还有R_3、U_{cc}），经过多次振荡，储存在初级线圈中的能量被消耗，自感电势迅速消失。

电磁式点火器的断电器触点分断的电流是点火线圈初级的电流。由于电流较大（可高达3A），电火花对触点的烧蚀厉害，使触头寿命缩短，也影响点火性能。在电子式点火器中，断电器的触点只用来控制三极管的偏置电流（约0.4A，甚至更低），所以基本上不存在上述触点烧蚀问题。电子式点火器还有开关速度高、能满足高速、高压缩比和多缸发动机的需要，启动性能好，节油等优点。电子式点火电路已从分立元件发展到集成电路，后者的性能更好。

第三节　附属电路和整机电路实例

本节介绍附属电器和电路，内容有照明、信号、仪表、空调等，最后举一个整机电路的例子。

一、附属电路

1. 照明灯

工程机械的外部照明电器有前照灯、雾灯、牌照灯，内部有顶灯、仪表灯、工作灯（移动灯）。照明灯由聚光反射镜、配光镜和光源三部分组成。光源采用白炽灯或溴钨灯，灯泡内有近光和远光两个前后排列的灯丝，远光灯丝位于反射镜的焦点，功率较大，近光灯丝相反。

2. 信号灯和电喇叭

信号灯由光源和控制电路组成，其功能有：示宽、转向显示、制动显示和报警。

转向灯需要按一定频率（1～2Hz）闪烁，控制闪烁的闪光器有电热式、电容式和电子式三种，前两种均为电磁式。电热式利用镍铬金属丝受热伸长、冷却缩短的原理和继电器实现闪烁，电容式利用电容的充放电的原理和继电器实现闪烁。

电子式闪光器的原理见图9-9，需要转向时闭合S_1和S_2，电流通过R_1和灯泡构成回路，灯泡亮；R_1上的压降使VT工作在饱和状态，继电器线圈$KA\text{-}Y$中流过足够的电流使其常闭触头$KA\text{-}S$断开，转向灯灭；VT导通的同时C被充电，C上的电压对VT起反向偏置作用，经过一定时间VT截止，$KA\text{-}S$闭合，转向灯又亮。如此周而复始，使转向灯闪烁。

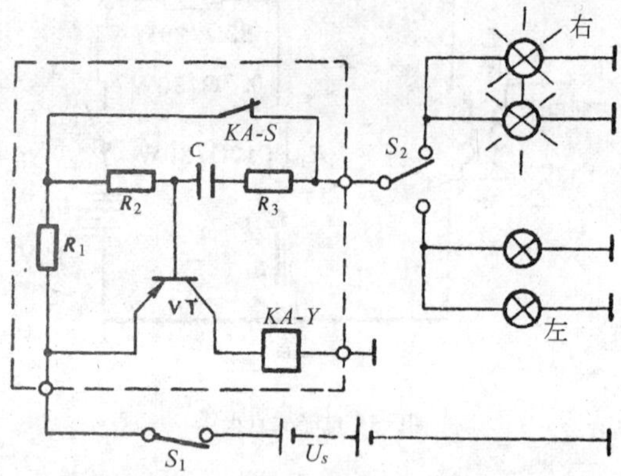

图 9-9　电子式闪光器的原理图

喇叭有筒形、螺旋形和盆形；有单喇叭和双喇叭（双音调）。利用电磁机构使流过吸引线圈的直流电流以一定频率通断、从而使膜片以一定频率振动而发声。双喇叭耗电大（15～20A），为防止烧坏按钮，采用继电器控制喇叭。

3. 仪表

有关电工测量仪表的基础知识见第十一章，那里讲过的内容这里不再重复。

① **电流表**　指示蓄电池充放电流的大小，常用的是电磁系电流表。

② **机油压力表和水温表**　指针依靠双金属片的弯曲被拉动偏转，双金属片被绕在它上面的电阻丝加热而弯曲，机油的压力或水温通过包括双金属片在内的机械装置控制表头电路接通和断开的时间比，从而控制通过电阻丝的平均电流，最终实现机油压力或水温显示。

以上是电热式水温表的原理，还有一种电磁式水温表，它利用热敏电阻传感器（见第十一章第三节）改变通过电磁系表头的电流，实现水温显示。

③ **燃油表**　指示油箱内油量的多少，由表头和传感器两部分组成，有电磁式和电热式两种。电磁式通过装在油箱内浮子的浮动改变可变电阻的阻值、即改变流过电磁系表头的电流而指示油量的多少，浮子和可变电阻构成液位传感器。电热式燃油表的原理和上述机油压力表类似，所不同的是，燃油表利用液位传感器控制流过电阻丝的电流。

④**车速里程表**　由车速表和积算机构两部分组成。车辆的转轴带动一磁铁旋转，旋转磁铁的磁场使罩在它上面的铅罩内产生涡流，载流导体铅罩在磁铁磁场的作用下旋转，进而带动指针旋转，指示出车速。在车速表的基础上，增加由涡轮涡杆和数字轮组成的积算机构便构成了里程表。

⑤ **发动机转速表**　转速表分机械式和电子式、汽油机用和柴油机用。电子式转速表的原理是：利用点火脉冲信号或交流发电机的电压信号、或测速传感器获取频率与转速成正比脉冲电压信号，电压信号的能量小且幅值不稳定，无法直接驱动电流表，需要进行处理。处理方法有多种，一种可行的方案是：经整形放大，得到幅值稳定的脉冲电

流信号，脉冲电流的平均值与转速成正比，将脉冲电流信号输入给电流表，电流表即能指示出转速。

4. 空调系统

空调包括制冷和制热，制冷系统的原理图如图 9-10 所示，由压缩机、冷凝器、蒸发器三大部分组成，压缩机由发动机驱动，家用空调一般由电动机驱动。

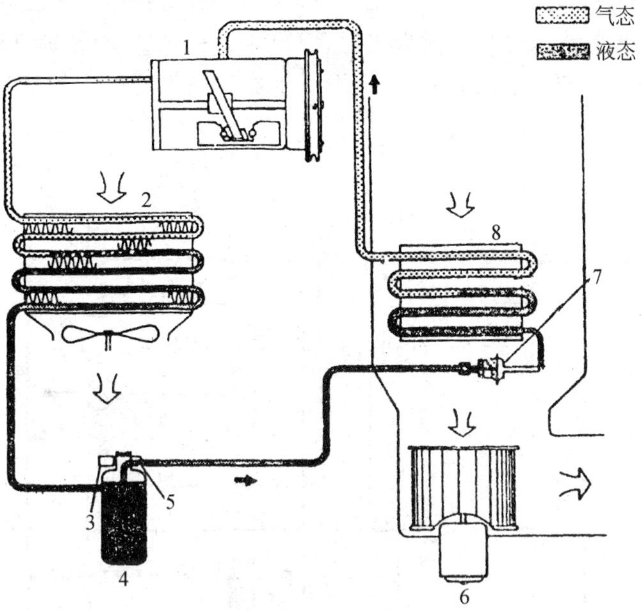

图 9-10 制冷系统的原理

1. 压缩机 2. 冷凝器 3. 高压阀 4. 贮液干燥罐

5. 低压开关 6. 鼓风机 7. 膨胀阀 8. 蒸发器

制冷需采用制冷剂，常用的制冷剂是 R-12（氟里昂 12）或 R134a，后者是环卫型制冷剂。因 R-12 破坏臭氧层，它正在被 R134a 或同类产品取代。

压缩机 1 将来自蒸发器的制冷剂气体压缩为高温（70～80℃）高压（1.3～1.5MPa）的气体，气体经铜管送入冷凝器 2（家用分体空调器的室外机），在风扇的帮助下将热量散发到外界空气中，当温度下降到 50℃ 左右时冷凝为液态，液态制冷剂进入贮液干燥罐除去水份和杂质后，经膨胀阀进入蒸发器（家用空调的室内机）。由于膨胀阀的节流作用，液态制冷剂以低温（约 -5℃）、低压（约 0.15MPa）的雾状喷入蒸发器，使邻近蒸发器表面的空气变冷，风扇把冷气吹入车厢内或房间内。吸热后的零状制冷剂变为低温（约 -5℃）、低压（约 0.15MPa）气体，送入压缩机进行再次压缩，开始新一轮的制冷。

制热可以用发动机的冷却水作为热源，或另外设置电热源、燃油热源，工程车辆一般采用前者。

二、整机电路实例

一种采用柴油发动机的挖掘机的电路图见图 9-11。

电源电路由蓄电池、硅整流发电机、双联调节器及电流表组成，具体电路见图9-

4。电源系统提供 12V 和 24V 两种电压，单线制供电，负极搭铁。

启动电路由启动按钮 SS_1、启动继电器线圈 KA_1-Y 和常开触头 KA_1-S，启动直流电动机 M 及钥匙开关 S_1 组成。柴油机自行压缩点火，不需要点火电路。

仪表电路由水温传感器 B_1、水温表 P_1，机油油温传感器 B_2、油温表 P_2 和燃油位置传感器 B_3、燃油油量表 P_3 组成。

照明电路由开关 S_2、S_3、S_4，灯 $E_1 \sim E_5$，及手提灯插座 XS 组成。

其他：B_4 是电喇叭，SS_2 是喇叭按钮，KA_2-Y 和 KA_2-S 分别是喇叭继电器线圈和常开触头。FU 是熔断器。H_2 和 S_5 是用于压缩空气欠压保护的信号灯和附属开关。H_1 是通电信号灯。

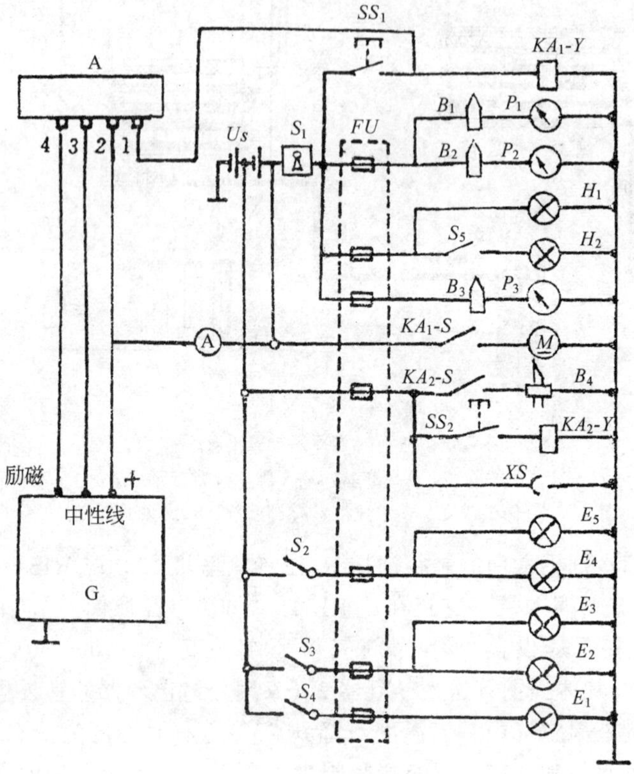

图 9-11　一种挖掘机的电路图

以上控制电路是基本的工程机械控制电路。随着机械电子学和机电一体化技术的快速发展，工程机械控制电路已从局部的电控发展为整机系统的计算机控制，计算机控制的基本原理见图 4-54。

小　　结

1. 电源电路　由蓄电池、硅整流发电机和调节器构成。铅蓄电池的用途、分类、构造、原理、型号、技术指标、使用方法和新型铅蓄电池。硅整流发电机—三相同步交流发电机、三相全波整流电路。调节器：电磁式（双级式和双联式）和电子式。

2. 启动电路 直流电动机、控制装置和传动机构。

3. 点火电路 电磁式点火电路和电子式点火电路。

4. 附属电路 照明灯、信号灯和喇叭、仪表和空调系统。

5. 整机电路举例 一种挖掘机的电路图。

复 习 思 考 题

1. 简述铅蓄电池的作用、构造和原理。
2. 蓄电池容量的单位是什么，其含义是什么?
3. 使用铅蓄电池应注意哪些安全事项?
4. 简述硅整流发电机的原理。
5. 简述调节器的功能和分类，并根据图 9-3 简要说明调节器的工作过程。
6. 根据图 9-6，简述发动机的启动过程。
7. 根据图 9-7，简述发动机的点火过程。
8. 选择一种本单位的工程车辆，阅读其说明书、分析工作原理，并参观该车辆、把实物和电路图对照起来。

第十章 供电和照明

供电的任务是接收从发电厂输送来的电能，并把电能分配给用电器。供电涉及到变压器、高压电器、低压电器、供电线路等，其中变压器和低压电器已分别在第六章、第七章介绍过，本章只阐述高压电器、供电线路和供电安全。本章讲解电气照明。

第一节 电力系统和供电质量

一、电力系统的构成

电力系统由发电、输电和配电三部分组成，如图 10-1 所示。发电部分由发电机及相关设备组成，输电部分由发电厂变压所、区域变电所和高压输电线路组成，配电部分由用户变压器和输电线路（主要是低压线路）组成，本章讲的供电是指配电部分。

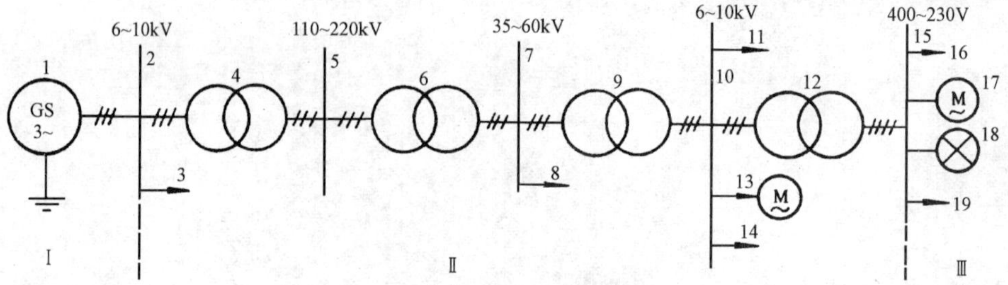

图 10-1 电力系统示意图

Ⅰ. 发电机 Ⅱ. 电力系统 Ⅲ. 负载

1. 三相同步发电机 2、5、7、10、15. 母线 3. 电厂附近变电所 4. 升压变压器 6. 一次降压变压器 8. 大、中型工厂变电所 9. 二次降压变压器 11. 中、小型工厂变电所 12. 配电变压器 13. 高压电动机 14. 高压用电设备 16. 小型工厂配电所 17. 电动机 18. 照明 19. 其他负载

为了减少损耗，需要采用高压输电方式。而发电机由于受绝缘处理水平的限制，发出的电压不可能太高（目前通常为 6.3kV、10.5kV，50，000kW的发电机多采用 15.75kV)，故需要用升压变压器升高，或采用交直流变换器变成高压直流电，然后进行远距离输送。输电电压等级有 6、10、35、110、220、330、500kV。我国目前基本上采用交流输电，直流输电也有采用。

电能被输送到用电地区后，经区域变电所一次降压（如降到 11kV）后配给用户变电所，用户变电所二次降压（如降到 6kV、380/220V）后配给用电设备。

上面讲的电力系统只是一个小系统，目前的电力系统多是由几个小系统联合而成的大系统（称联网)。这样做的好处是能使电力系统经济、可靠地运行，如各电厂可以互相调剂余缺，充分发挥设备的作用，还可以防止因个别发电机检修或发生故障而造成大面积停电等。

二、电力系统的工作接地

将电力系统的中性点直接或经过消弧线圈与大地连接起来称工作接地。工作接地的作用是保证电网的正常运行。它能使接地继电保护装置准确动作，能消除单相电弧接地过电压，能防止零序电压（零点电压）偏离、保持三相电压基本平衡，工作接地还有其他作用。

目前我国电网接地的情况是，380V 以上的系统或采用中点直接接地方式，或采用经过消弧线圈（铁心电感）接地的方式。380V 及其以下的低压系统，由于中点接地有保持三相电压平衡、可以方便地取出相电压供照明和单相用电设备使用等优点，所以一般采用中点直接接地方式。

三、供电质量

供电质量同用电器的正常工作和用户的利益密切相关，反映供电质量的技术指标主要有以下几项：

1. 电压的波动范围

由 10kV 以下高压供电的用户和低压电力用户为 ±7%，低压照明用户为 +5% ~ −10%。电压的波动对用电器的危害很大，以交流电动机为例，电压下降 10% 时转矩下降 19%、电流增加 5% ~10%，温升提高 5% ~15%、绝缘老化加速一倍以上，从而严重影响电动机的寿命。可选择带分接开关的变压器或有载调压变压器调整供电电压。

2. 频率的波动范围

规定工频的偏差为 ±（0.2~0.5）Hz。频率的波动影响交流电机的转速和电路的阻抗，波动不能过大。

3. 过电压

这里所说的过电压（或称浪涌电压）是指由于线路切换和大型设备启停造成的瞬时高电压，过电压严重影响设备，特别是电子设备的工作。选用足够容量的变压器、直径足够粗的导线和灭弧性能好的负荷开关和断路器，给大型设备专线供电等有助于降低过电压。

4. 高次谐波

供电波形本应为标准的正弦波，但实际上却包含高次谐波。高次谐波造成变压器、电动机等线圈的铁心损耗增大、电动机的转子振颤，电容器发热，电气控制装置误动，电子仪器和测量仪表的工作受干扰等严重危害。这种现象又称电网污染，主要由非线性用电设备造成，如计算机、晶闸管整流设备、开关电源、电弧设备（电弧炉、电弧焊机等）、气体放电光源等。发电机和变压器也产生谐波。采用能限制谐波含量的变压器（如 *Dyn*11 接法的变压器），设置谐波滤波器等能减少高次谐波。

反映供电质量的技术指标还有安全性、可靠性、经济性等。

第二节 变电站

用户变电站由高压电器、变压器和低压电器共三部分组成，其中包括测量仪表（见

第十一章）。

一、高压电器

高压电器用在配电变压器的高压侧，主要有高压隔离开关、熔断器、负荷开关、断路器、操作机构和避雷器。避雷器见第十二章第五节。

1. 高压隔离开关

高压隔离开关是一种有明显断口，只能用来切断电压的刀开关。它没有灭弧装置，故不能用来切断电流，仅限于用来通断有电压而无负载的线路，或通断较小的电流，如电压互感器及有限容量的空载变压器，使检修工作安全、方便。有的隔离开关带接地刀闸，开关分离后，接地刀闸将回路可能存在的残余电荷或杂散电流导入大地，以保障人身安全。常用产品的型号是 GN 和 GW 系列。

2. 高压熔断器

它用于小功率输配电线路和配电变压器的短路、过载保护，分为户内式、户外式；固定式、自动跌落式；有限流作用式、无限流作用式。

限流式熔断器能在短路电流未达到最大值之前将电弧熄灭，从而限制了短路电流。其熔体的结构是，把熔丝缠在有棱的瓷芯上（或绕成螺旋形），然后装在管内，管内充以石英砂，管的两端盖上铜帽，铜帽的顶端有指示器。熔体熔断时产生的电弧在石英砂的去游离和冷却作用下很快熄灭（同时指示器弹出），无游离气体排出，故它被广泛用于室内。

跌落式熔断器是利用熔丝本身的机械拉力，将熔体管上的活动关节（动触头）锁紧，以保持合闸状态。熔丝熔断时在熔体管内产生电弧，管内壁在电弧的作用下产生大量高压气体，将电弧喷出、拉长而熄灭。熔丝熔断后，拉力消失，熔体管自动跌落。

有的跌落式熔断器有自动重合闸功能，它有两只熔管，一只常用，一只备用。当常用管熔断跌落后，备用管在重合机构的作用下自动合上。跌落式熔断器熔断时会喷出大量的游离气体，同时能发生爆炸声响，故只能用于户外。跌落式熔断器的熔管能直接用高压绝缘钩棒（俗称令克棒）分合，故它可以兼作隔离开关使用。

常用户内式产品有 RN、RW 及 RNZ 系列，户外式有 RW11-10、PRWG2-35 及 YR 系列。

3. 高压负荷开关

负荷开关用于通断负载电流，但由于灭弧能力不强，不能用于断开短路电流。负荷开关按灭弧方式的不同分为固定产气式、压气式和油浸式。负荷开关由导电系统、灭弧装置、绝缘子、底架、操作机构组成，有的和熔断器合为一体。同时采用负荷开关和熔断器可以代替断路器。常用产品有 FN、P 和 FW 系列。

4. 高压断路器

断路器除了具有负荷开关的功能外，还能自动切断短路电流，有的还能自动重合闸，起到了控制和保护两个方面的作用，它分为油式、空气式、真空式、六氟化硫式、磁吹式和固体产气式。过去，油断路器（油开关）的使用最为广泛，现在越来越多地使用真空式和六氟化硫（SF_6）式。

① 油断路器 油断路器有多油、少油之分。多油开关的触头全部浸没在绝缘油里，

油的作用是灭弧和保持触头与外壳之间的绝缘。一般用电单位多使用少油开关（油量为多油开关的1/10），油只起灭弧作用。它主要依靠油在电弧作用下气化，在灭弧室的配合下，高压油气将电弧吹灭。常用产品有SN10-10和35系列。

②真空断路器 与油断路器相比真空断路器灭弧能力强、寿命长、体积小、重量轻、维护方便、不会引起火灾和爆炸，特别适用于需要频繁操作的场所，但结构复杂、价格高。

真空断路的灭弧室被抽真空至气体压强不大于1.33×10^{-3}Pa，真空的绝缘强度比空气大得多，电子碰撞气体分子的机会很少，故形成的电弧弱得多，容易被熄灭。产生电弧时，由于开关触头形状的特殊设计，电弧在电流磁场的作用下快速分散向灭弧室金属内壁运动，电弧由于被分散、拉长和部分凝结在金属壁上而很快熄灭。

常用的产品有ZN3、4、5、6、12系列和ZN-35/600型。

③ SF_6 断路器 该断路器是近年来发展起来的新产品，具有真空断路器的优点，其灭弧室被充入SF_6气体，故灭弧性能好，SF_6是一种比空气重5倍、无色、无臭、无毒、不燃的惰性气体，它有很强的负电性，能吸附电子形成隋性离子，故绝缘性能好，它的导热性能也很好。所以在SF_6气体中形成的电弧较弱，容易灭弧。SF_6断路器采用旋转纵吹弧的方法灭弧。

5．操作机构

操作机构又称操动机构，是操作断路器、负荷开关等的分、合时所使用的驱动机构，它与被操作高压电器组合在一起。操作机构按操作动力分为手动式、电磁式、电动机式、弹簧式、液压式、气动式和重锤式，其中电磁式、电动机式等需要交流电源或直流电源。常用产品有CS、CD、CT系列。

二、变电站的线路图

先介绍高压电器、低压电器和测量仪表的选配原则，然后举一个实际线路的例子。高压电器根据变压器容量的大小和安装环境选定。如容量大于1 000kVA，要同时采用隔离开关和断路器，隔离开关应安装在断路器之前。如容量小于1 000kVA，要采用负荷开关和熔断器，其中630kVA以下的户外变压器可只采用跌落式熔断器（兼作隔离开关），30kVA以下的室内变压器可采用隔离开关和户内式高压熔断器。总配电箱应装设总隔离开关、总熔断器（或只装总自动开关），分路隔离开关、分路熔断器（或只装分路自动开关），漏电保护器，总电压表、电流表、电度表等。

某变电站的线路图（又称系统图）见图10-2。其中：10kV的高压由架空线或电缆引入，经隔离开关1（带接地刀闸）和油断路器4接入变压器6的高压侧。高压侧还安装了电压互感器（带熔断器）2、避雷器3、电流互感器5、电压表和电流表。变压器为Y/Y_0接法，中性点接地。变压器的低压侧输出经过断路器7分为两条支路，每条支路由1个隔离开关8和3个断路器9组成。低压侧还安装了电流互感器、电压表、电流表和电度表。

三、变电站的种类

变压站可分为室内变电站（变电室）、柱上变电站（利用柱上变压器台作为简单的露天变电站)、和箱式变电站。室内变电站适用于容量大、永久性用电场合，柱上变电站适用于容量小，临时性用电场合。箱式变电站是20世纪80年代中期我国借鉴国外先进技术生产的新型变压站，它具有体积小、占用面积少、安装方便，适用于室内外、安全美观等优势。十多年来，由于我国用电负荷密度剧增、导致了集中供电向分散供电发展的需要，由于节约用地、城市美观的需要，箱式变电站得到了迅速发展。

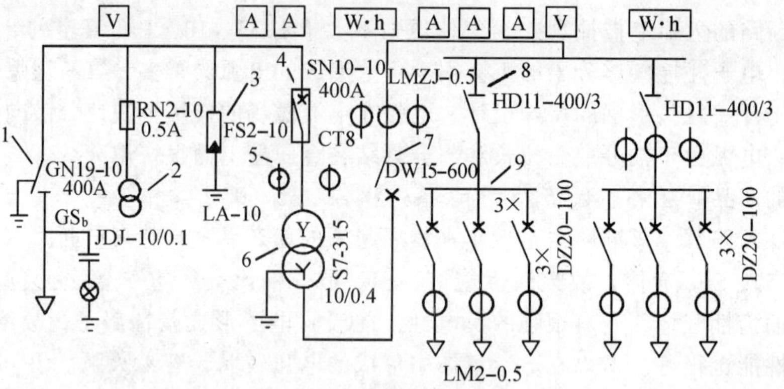

图 10-2　某变电站的线路图

开始的箱式变电站是将高压设备、变压器和低压设备组合在一个内设高压室、变压器室和低压室的铁箱内，国外后来发展为把高压负荷开关和熔断器接入变压器油箱内。近年来我国科技人员突破了一般箱式变压站结构布局的界限，将变压器、高低压电器等集成一体，浸入充满绝缘油的箱体内，研制成了密集箱式变电站。

密集箱式变电站的性能如下：额定电压10kV/0.4kV，容量100、630、2 000kVA，内装三相五柱节能变压器、负荷开关、插入式熔断器、无载分接开关、低压开关，测量仪表有电压表，电流表，有功功率表、无功功率表、油压表、油温表，体积约4.5m^3(容量约300kVA)，约是一般箱式变电站的1/7。

大型施工现场可采用变电室，中小型施工现场多采用柱上变电站，有条件的单位宜采用箱式变电站。

第三节　低压供电线路

低压供电线路包括配电方式、输电线路、负荷计算和供电安全四个部分。

一、配电方式

低压配电方式主要分放射式和树干式，如图10-3所示，Z、F和K分别代表总配电箱、分配电箱和开关箱。从总配电箱Z中引出了3条支路，构成了放射式。支路2中的F_3、F_4、F_5构成树干式，F_5和K_1、K_2、K_3又构成了放射式。放射式适用于有集中负荷的地方，供电的可靠性较大，但导线和低压电器也用得较多。树干式适用于负荷比较均匀分布的场所，其优点是导线和低压电器用得少，但供电可靠性较差。建筑工地大都以树干式为主，兼用两种形式配电。

总配电箱应设在靠近电源的地方，其电器和仪表的配备上节已经讲过。分配电箱应装设在用电设备集中的地方，应装设总隔离开关、总熔断器或只装总自动开关和分路隔离开关、分路熔断器或只装分路自动开关。开关箱供控制单台用电设备或照明线路使用，内装自动开关或手动负荷开关，还应装漏电保护器。

动力分配电箱和照明分配电箱宜分别设置，如图 10-3 中的 F_1 和 F_2。如合置在同一配电箱内，动力和照明线路应分路设置，如图 10-3 中的 K_2 和 K_3。

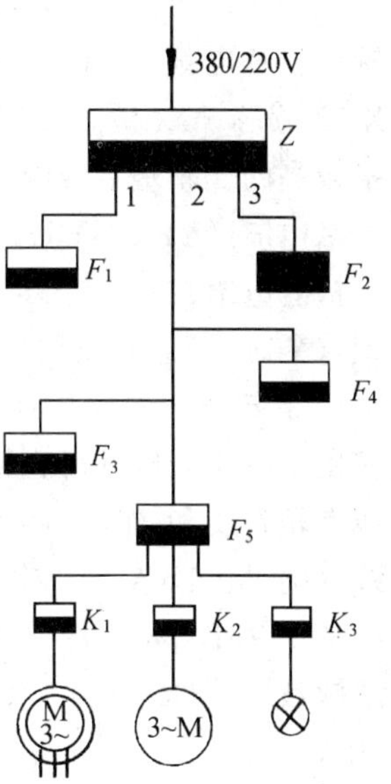

图 10-3　低压配电线路图

Z. 总配电箱　$F_1 \sim F_5$. 分配电箱　$K_1 \sim K_3$. 开关箱

二、输电线路

低压输电线路有架空线路和电缆线路两种。电缆线路（多数埋设在地下）运行可靠不影响环境美观，但投资大，检修困难。架空线路施工容易、取材方便、投资少，但运行可靠性差，受风雨、冰雪、雷电等自然条件的影响大。

1. 架空线路

架空线路由导线、电杆、横担、绝缘子等组成。常用的导线有铝线、钢芯铝绞线、铜绞线等。铝绞线质量轻，但机械强度较小（拉断应力约 157～167MPa），对化学腐蚀的抵抗力较差，比铜线的导电率小（约是铜的 60%）。钢芯铝绞线是加了钢线的铝绞线，机械强度提高了。铜绞线的导电率、机械强度和抗化学腐蚀的能力都优于铝绞线。为节约宝贵的铜材、降低成本，架空线路一般采用铝绞线。在有化学腐蚀气体的环境中才使用防腐铝绞线或铜绞线。

导线还可分为裸线和绝缘线。裸线外面没有绝缘护层，绝缘线的外面有橡胶或塑料护层。配电线路常采用后者。

常用的电杆有木杆和钢筋混凝土杆，木杆的绝缘性能好，重量轻，容易架设，但易腐蚀。钢筋混凝土杆虽较笨重，但使用年限长、机械强度大。为节约紧缺的木材，提倡多采用钢筋混凝土杆。其长度有 6、7、8、9、10、12、15m 等多种。

2. 电缆线路

电缆由缆芯、绝缘层和保护层组成。缆芯由多股铜或铝线绞合而成，用多股线的目的是使电缆容易弯曲。电缆的截面有圆形和扇形，绝缘层分油浸纸绝缘、橡胶绝缘、塑料绝缘等。作用是使缆芯之间、缆芯与保护层之间互相绝缘。保护层分内、外保护层。内保护层有铅包、铝包、聚氯乙烯包等，用以保护绝缘层。外保护层有麻被护层、钢铠护层等，用以保护电缆在运输、敷设过程中免受机械损伤。有的电缆在内、外保护层之间还有防腐层。

电缆可以暗设也可以明设，暗设可以沿电缆隧道或电缆沟敷设，也可以直接埋在地下。

3. 电线种类的选择

① **裸线**　用于室外架空线，一般选择铜绞线（TJ）或铝绞线（LJ），要求高强度时选择钢芯铝绞线（LGJ），负荷很小并距离很远时选择镀锌钢绞线（GJ）。

② **电缆线**　装有绝缘层和护套的导线称电缆线。通常比较粗，由多股彼此绝缘的

导线构成，架空、地埋或水中敷设，用于电力输送或通讯。输电线路可选择塑料绝缘、塑料护套电缆（铜芯—VV，铝芯—VLV），橡皮绝缘、塑料护套电缆（铜芯—XV、XF，铝芯—XLV、XLF），油浸纸绝缘电缆（铜芯—ZQ，铝芯 ZLQ），或性能更好但价格较高的交联塑料绝缘和护套电缆（铜芯—YJV，铝芯—YJLV）。电焊机选择专用橡皮绝缘电缆（YH、YHL、YHK）。移动式电气设备的电源线选择通用铜芯橡皮绝缘、橡皮护套电缆，250V 及以下设备选择轻型电缆（YQ、YQW），500V 及以下设备选择中型（YZ、YZW）或重型（YC、YCW）电缆。

③ **电线** 狭义电线的含义是，线径较细，大多是单股线、只有绝缘层没有护套，多用于室内配电（可直接敷设在墙体中）、室外小电流输电、日用电器的电源线等。电线有塑料线和橡皮线两大类。塑料线有绝缘线（铜芯—BV，铝芯—BLV），绝缘和护套线（铜芯—BVV、FVN，铝芯—BLVV），铜芯绝缘软线（BVR、RV、RVB、RVS、RVV、RFB、RFS）。橡皮线有，绝缘线（铜芯—BX、BXF，铝芯—BLX、BLXF），铜芯软线（BXR、RX、RXS）。此外还有农用地埋线（铝芯、塑料绝缘、塑料护套—NLV、NLVV、NLYV）。

4. 电线线径的选择

线径选得过大会造成浪费，过小则造成电线过热、加速老化、压降过大，还可能造成火灾和断线事故。线径选择要同时满足三个条件，计算电流、电压损失和机械强度。

① **计算电流** 根据计算电流查阅电工手册中的导线允许载流量表，确定导线的直径。低压导线的载流量是以其线芯最高允许温度不超过 65℃ 为准则确定的，导线的发热与电阻率、线径大小、有无绝缘层和护套、敷设方式、环境温度等因素有关。例如，环境温度为 40℃ 时，明敷 2.5mm^2、500V、塑料绝缘铜线（BV）的允许载流量约是 25A，铝线（BLV）是 19A；6mm^2 的铜线是 43A，铝线是 33A。

② **电压损失** 线径小则造成输电线的压降大、电源电压偏低，这对电动机等用电设备是非常有害的。远距离输电特别要考虑电压损失。按电压损失选择导线截面积 S 的简化公式为，

$$S=\frac{PL}{\Delta UC} \tag{10-1}$$

式中：S——导线的截面积（mm^2）；

P——输送的有功功率（kW）；

L——输电距离（m）；

ΔU——允许的电压损失（V,%），根据实际需要确定、或查手册；

C——常数，对于三相四线制（380/220V），铜线取 83，铝线取 50；对单相制（220V），铜线取 14，铝线取 8.3。

③ **机械强度** 输送电流较小时特别需要考虑机械强度，它与使用环境、敷设方式、支持间距等因素有关，根据实际需要确定或查手册。绝缘导线户外架空敷设时，铜线不要小于 4mm^2，铝线不要小于 10mm^2。

三、负荷的计算

负荷计算就是估算出总的实际用电量（含供电损耗电量），以作为选定变压器容量、

输电线直径的依据。总的实际用电功率不能通过简单地把各用电器的额定功率相加的方法获得。

1. 工作方式和暂载率

用电设备的工作方式是指允许的持续运行时间，分为 3 种：

① **连续工作方式** 设备在规定的环境下能连续运行，而温升不超过额定值。

② **断续工作方式** 设备短时周期性的断续工作，周期一般不超过 10 分钟，如起重机。这种工作时方式可用暂载率定量描述，设工作时间为 t_g，停歇时间为 t_T，则暂载率 J_C 为，

$$J_C=\frac{t_g}{t_g+t_T}\times 100\% \tag{10-2}$$

t_g+t_T 称工作周期，暂载率在设备铭牌上有标注。电动机的标准暂载率分 15%、25%、40%和 60%四种，电焊机的暂载率分 50%、65%、75%和 100%四种。

③ **短时工作方式** 设备运行时间短，而停歇时间长，足以使设备的温度冷却到环境温度，有 10、30、60 和 90min 四种。

2. 负荷计算

这里简要讲解需要系数（K_x）法，部分用电设备的 K_x 值和 $\cos\varphi$ 值见表 10-1，需要系数法主要涉及两个因素。一是需要系数：当有多台用电设备时，考虑到多台设备一般不会同时并满载运行，实际的总消耗功率由总额定功率乘以一个小于 1 的系数、即需要系数 K_x 获得。K_x 的值属经验数据，可根据实际情况对书上提供的值进行修正，当设备较少时 K_x 的值要提高。考虑需要系数的目的在于防止把变压器的容量和导线的直径选得过大，造成浪费。二是暂载率换算：设备的额定功率和暂载率是相对应的，给出额定功率的同时要给 出暂载率。较高暂载率（如 60%）的电动机如用于较低暂载率（如 15%）的场合，可以提高额定功率使用，以充分利用设备；反之要降低额定功率使用，以免烧坏设备。考虑到这一点，如同类设备的暂载率不一样或不合规定，计算负荷时要进行暂载率换算。通过上述计算后获得的功率称计算功率，用 P_C 表示。

表 10-1 部分设备的 K_x 值和 $\cos\varphi$ 值

序号	用 电 设 备 名 称	需要系数 K_x	$\cos\varphi$
1	大批生产及流水作业的热加工车间	0.3～0.4	0.65
2	大批生产及流水作业的冷加工车间	0.2～0.25	0.50
3	小批生产及单独生产的冷加工车间	0.16～0.2	0.50
4	生产用的通风机、水泵	0.75～0.85	0.80
5	卫生保健用的通风机	0.65～0.7	0.80
6	运输机、传送机	0.52～0.6	0.75
7	混凝土及砂浆搅拌机	0.65～0.7	0.65
8	碎石机、筛、泥泵、砾石洗涤机	0.7	0.7
9	起重机、掘土机、升降机	0.25	0.7
10	电焊变压器	0.45	0.45
11	球磨机	0.7	0.7
12	工业企业建筑室内照明	0.8	1
13	仓库	0.35	1
14	室外照明	1	1

需要系数法的步骤和具体计算公式如下：

① 对于连续工作制的设备，

$$P_C = K_x P_N \tag{10-3}$$

② 对于断续工作制的设备（如起重机），要求统一换算为 $J_C = 25\%$ 的额定功率，设设备的额定暂载率为 J_C，则，

$$P_C = 2K_x\ \sqrt{J_C} P_N \tag{10-4}$$

③ 对于电焊机，要求统一换算为 $J_C = 100\%$ 的额定功率，

$$P_C = K_x\ \sqrt{J_C} S_N \cos\varphi \tag{10-5}$$

式中 J_C、S_N 和 $\cos\varphi$ 分别为额定暂载率、额定视在功率和额定功率因数。

④ 对于短时工作制的设备，要求统一换算为 $J_C = 25\%$ 的额定功率，设设备的额定暂载率为 J_C，则，

$$P_C = K_x \sqrt{\frac{J_C}{25\%}} P_N \tag{10-6}$$

⑤ 对于白炽灯，碘钨灯、使用电子镇流器的荧光灯，

$$P_C = K_x P_N \tag{10-7}$$

对于使用电感镇流器的荧光灯，考虑镇流器的损耗，

$$P_C = 1.2K_x P_N \tag{10-8}$$

对于使用电感镇流器的高压汞灯、钠灯，金属卤化物灯等，考虑镇流器的损耗，

$$P_C = 1.1K_x P_N \tag{10-9}$$

⑥ 对于单相设备，设单相设备平衡地接在三相电路上，

$$P_C = 3P_\phi \tag{10-10}$$

式中 P_ϕ 是一相电路上全部单相设备的计算功率之和。

⑦ 以上是有功功率的计算，计算无功功率 Q_C 的公式为，

$$Q_C = P_C \mathrm{tg}\varphi \tag{10-11}$$

⑧ 总计算视在功率为，

$$S_C = \sqrt{\sum {P_C}^2 + \sum {Q_C}^2} \tag{10-12}$$

⑨ 总计算线电流为，

$$I_C = \frac{S_C}{\sqrt{3}\,U_N} \tag{10-13}$$

例：某施工工地有以下用电设备，计算供电线路的线电流。

① 混凝土搅拌机 2 台，每台 $P_N = 10\mathrm{kW}$；

② 砂浆搅拌机 1 台，$P_N = 4.5\mathrm{kW}$；

③ 电焊机 1 台，$S_N = 2.2\mathrm{kVA}$，$J_C = 65\%$，采用三相电源；

④ 起重机 1 台，$P_N = 30\mathrm{kW}$，$J_C = 40\%$；

⑤ 照明器：白炽灯、荧光灯、碘钨灯、高压钠灯共 8kW，均衡地接在三相电路上。

解：查表 10-1 得有关设备的 K_x 值和 $\cos\varphi$ 值。

① 混凝土搅拌机，按连续工作制计算：

$$P_C = 2K_xP_N = 2\times 0.7\times 10$$
$$= 14\ (\text{kW})$$
$$Q_C = P_C\text{tg}\varphi = 14\times 1.17$$
$$= 16.38\ (\text{kVA})$$

② 砂浆搅拌机，按连续工作制计算：

$$P_C = K_xP_N = 0.65\times 4.5$$
$$= 2.93\ (\text{kW})$$
$$Q_C = P_C\text{tg}\varphi = 2.93\times 1.17$$
$$= 3.42\ (\text{kVA})$$

③ 电焊机，换算为100%暂载率的额定功率，

$$P_C = K_x\sqrt{J_C}S_N\cos\varphi = 0.45\times\sqrt{0.65}\times 22\times 0.45$$
$$= 3.59\ (\text{kVA})$$
$$Q_C = P_C\text{tg}\varphi = 3.59\times 1.99$$
$$= 7.15\ (\text{kVA})$$

④ 起重机，换算为25%暂载率的额定功率：

$$P_C = 2K_x\sqrt{J_C}P_N = 2\times 0.25\sqrt{0.40}\times 30$$
$$= 9.49\ (\text{kW})$$
$$Q_C = P_C\text{tg}\varphi = 9.50\times 1.02$$
$$= 9.68\ (\text{kVA})$$

⑤ 照明器，综合考虑各种照明器，系数取为1.1，按电阻性负载计算，

$$P_C = 1.1K_xP_N = 1.1\times 1\times 8$$
$$= 8.8\ (\text{kW})$$

⑥ 总计算视在功率为

$$S_C = \sqrt{(\sum P_C)^2 + (\sum Q_C)^2}$$
$$= \sqrt{(14+2.93+3.59+9.49+8.8)^2 + (16.38+3.42+7.15+9.68)^2}$$
$$= 53.33\ (\text{kVA})$$

⑦ 总计算线电流为：

$$I_C = \frac{S_C}{\sqrt{3}U_N} = \frac{53.33\times 10^3}{\sqrt{3}\times 380}$$
$$= 81.03\ (\text{A})$$

四、供电安全

供电安全分高压电安全和低压电安全两部分，这里一并叙述，已在第六章变压器和第七章低压电器讲过的内容不再重复，安全接地或接零见第十二章。

1. 高压电安全

① 变电所位置的选择 选择变电所位置时要综合考虑以下因素：靠近高压线，接近用电负荷中心，便于大型设备（如变压器、配电屏）的运输，附近没有易燃、易爆物

质，避开地势低洼、有腐蚀性气体、容易沉积可燃物和导电尘埃的场所等。

② 三点共同接地 将变压器的中性点、变压器外壳和避雷器的接地引下线共同接在一个接地装置上，称三点共同接地或等电位接地。三点电位相同能有效地防止雷电流在接地装置上产生的电压降、即反击电压对电网和变压器的损害。

③ 安全操作制度 要实行工作票制度。要有安全监护人。要悬挂警告牌：如“不许合闸，有人工作”、“高压危险”等。要使用安全工具，高压安全工具有：绝缘棒、验电器、绝缘夹、绝缘手套、绝缘橡皮靴、绝缘台、绝缘垫等，安全工具使用前要认真检查，完好无损方可使用。使用安全工具时还要注意：无特殊防护装置的绝缘棒，不允许在下雨或下雪时进行室外操作，潮湿天气的室外操作不允许用无特殊防护的绝缘夹，等等。操作时，人体与带电体的距离要大于最小安全距离，如对于10kV的带电体，最小安全距离为0.7m。必须实行“倒闸操作”停电时应先切断负荷开关或油断路器，然后才允许切断隔离开关；送电时，先合上隔离开关，然后才允许合上负荷开关或油断路器。

2. 低压电安全

① 配电箱和开关箱 应装设在干燥、通风、常温、无气体侵害、无振动的场所。分配电箱和开关箱的距离不得超过30m，开关箱与其控制的固定式用电、设备不宜超过3m。固定式配电箱和开关箱的下底与地面的垂直距离应大于1.3m（移动式宜大于0.6m），小于1.5m。配电箱和开关箱的金属箱体、金属电器安装板和箱内电器不应带电的金属底座、外壳等必须作保护接零。必须实行“一机一闸”制，严禁用同一个开关电器直接控制两台（含两台）以上的用电设备（含插座）。要正确选用开关电器。手动开关电器只许用于直接控制照明电路和容量不大于5.5kW的动力电路。容量大于5.5kW的动力电路采用自动开关电器或降压启动装置来控制。低压配电的操作顺序如下。送电顺序：总配电箱—分配电箱—开关箱；停电顺序相反。紧急故障情况除外。检查、维修人员必须是专业电工，检查、维修时要使用安全工具，悬挂警告牌，严禁带电作业。

② 配电线路 架空线必须采用绝缘线，架设在专用的电杆上，严禁架设在树木、脚手架上。导线的截面面积除了满足载流量的需要外，还要满足机械强度的需要。要架设专用的保护零线（*PE* 线，详见第十二章）。架空线路的导线相序排列是：面向负荷从左侧起为 L_1、N、L_2、L_3、PE。架空线路的挡距不得大于35m，线间距离不得小于0.3m。架空线路与邻近线路或设施的距离应符合有关规范。架空线路的机械强度要能经受得住恶劣自然环境（狂风、暴雨等）的考验。

电缆干线应采用埋地或架空敷设，严禁沿地面明设。电缆在室外直接埋地敷设的深度应不小于0.6m。橡皮电缆架空敷设时，应沿墙或电杆设置，并用绝缘子固定，严禁使用金属裸线作绑线，最大弧垂距地不得小于2.5m。进入在建高层建筑的电缆必须埋地引入，固定点每层不得少于一处，水平敷设时的最大弧垂距地不得小于1.8m。

第四节 电 气 照 明

电气照明已经有120年的历史，它在人类的生产和生活中充当着重要的角色。电气照明涉及的内容很多，本节重点叙述电光源的原理、选择和安全使用。

一、基本概念

① **电照明器** 电照明器即电灯，由电光源和灯具两部组成。电光源是把电能转变为光能的电器，如灯泡、灯管。灯具是能透光、分配和改变光线分布的设备，包括用于固定、保护光源和与电源连接的附件，如灯罩、格栅、固定装置、灯头、镇流器等。灯具除具有控光作用、保护光源的作用，还有美化环境的作用。

② **光通量和照度** 单位时间内光源发出的光的能量称为光源的光通量（F），单位是流明（lm）。额定电压为220V、额定功率为25W、100W白炽灯的光通量分别是220lm、1 250lm。

照度（E）是表示物体被照射程度的物理量，单位是勒克斯（lx）。如果1lm的光通量均匀照射在表面积为1m^2的物体上，则这个物体的照度为1lx。40W白炽灯下1m远处的照度约是30lx，阴天室外的照度约是（8～12）$\times 10^3$lx。二者相差几百倍，但人眼感觉的亮度差别要小得多，因为人眼的视力调节范围很大。照度是照明质量最重要的技术指标，对各种场合下照度的要求设计规范中有明确规定。

③ **发光效率** 单位电功率产生的光通量称发光效率，单位是1m/W。发光效率是电光源最重要的技术指标，高的发光效率对节约能源、保护环境、实现绿色照明具有重要意义。

④ **显色性** 被光源照射的物体显现其颜色的真实程度称光源的显色性。一般以日光或接近日光的人工光源作为标准光源，标准光源的显色性最佳，规定其显色系数R_a=100。光源的R_a的值越小其显色性越差。不同的生产场所对显色性有不同的要求。

⑤ **调光** 改变电光源的光通量称调光，调光能使照度准确地符合实际需要，也有助于提高照明的艺术性和节约能源。白炽灯容易调光，气体放电灯很困难，使用电子镇流器的日光灯能进行调光，国内尚在研制阶段。

⑥ **眩光** 由于照度的分布不适宜，如过强、忽明忽暗、有的地方太强有的地方太弱等，造成人的感觉不舒服甚至视力降低称眩光，照明设计应尽量减轻眩光现象。

⑦ **频闪效应** 在以一定频率变化的光的照射下，观察到的物体运动景象和其实际景象不同，这种现象称频闪效应。例如，由于荧光灯光以工频变化，荧光灯下乒乓球的运动轨迹是一条断续的线。白炽灯光虽然也以工频变化，但由于热惯性，光通量变化很小，可以认为没有频闪效应。

⑧ **气体放电** 通常情况下气体是不导电的。但在某些条件下，例如给放电管的两极加上高压，管内的气体就会发生电离而导电，这种现象称气体放电。气体放电的过程如下：灯丝（钨丝）的表面通常涂有容易发射电子的物质，在高压（通过电场）的作用下，灯丝发射出来的电子撞击气体原子，使原子放出电子，这些电子又去撞击新的原子，如此继续下去，形成“雪崩”现象，使整个管内的气体发生电离而导电。气体放电的类型有4种：

① 辉光放电 给放电管两极加上几百伏电压（此时因电压较低，不发生放电现象），再适当抽出管内气体，使管内的气压降低到几千帕斯卡（Pa）以下，此时就会发生放电，管内出现彩色光柱，故称辉光放电。放电管内的气体稀薄时，电子碰撞原子时

所经过的路程加大，电子在电场力的作用下获得的动能也就加大，从而容易从原子中撞击电子，使气体电离而导电。管内气体的种类不同，压强不同，放电光柱的颜色、形状也不同。霓红灯就是根据辉光放电的原理制成的。

② 弧光放电　让两个和电源相连的电极接触，这样接触处由于接触电阻大温度会升得很高，使原子中电子的能量增加，容易逸出。然后再把电极稍稍分离，两极间就会出现明亮的气体放电现象，这就是弧光放电。大气压下的弧光放电温度能达到 2 000k 以上。电炉炼钢、电焊和某些电光源的基本原理就是弧光放电。

③ 火花放电　让两电极相距只有几厘米远，当电源电压足够高时，在两极间就会出现一束束明亮的、曲折的而又分叉的细丝，并伴有爆炸声，这就是火花放电。闪电就是火花放电。

④ 电晕放电　在大气中，若导体的电压很高，则靠近导体的很薄一层空气里就会发生放电，周围光线较暗时能看到微弱的光，这种放电称电晕放电。尖端放电就是电晕放电。

⑨ 寿命　光源不能再点燃发光的寿命称全寿命。光源的光通量衰减至额定值的 80%（室内）或 75%（室外）时所需要的时间称光源的有效寿命。每批抽样产品的有效寿命的平均值称平均寿命。寿命与电源电压有很大关系。对于白炽灯，在 105% 的额定电压下工作寿命只有额定值的 55%，在 110% 下工作寿命只有 30%；而在 95% 下寿命增加 90%。对于气体放电灯，电压过高和过低时都会造成寿命缩短。

⑩ 启动时间和再启动时间　从电源接通到光源稳定发光所需要的时间称启动时间。热辐射光源能瞬时启动，而气体放电光源需要预热灯丝，启动时间较长。气体放电光源稳定工作后断开电源，从再次接通电源到光源重新稳定发光所需要的时间称再启动时间。

二、照明器的分类

1. 按工作原理分类

照明器按工作原理的分类见图 10-4。人类开始使用的电光源是白炽灯，后来从白炽灯（热辐射光源）发展到气体放电灯，二者的原理不同，是一次革命性的变化，其后两种光源都仍在不断发展，新产品不断出现。按照放电管内气体压力的高低，气体放电灯分为高压灯和低压灯。

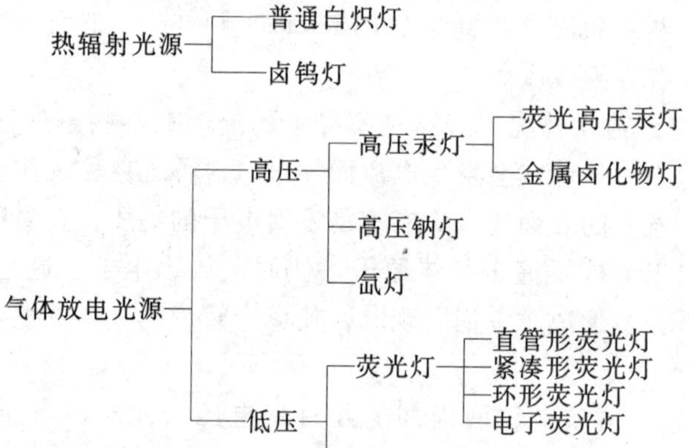

图 10-4　电光源的分类

2. 按用途分类

照明器按用途分类可分为普通用途灯和特殊用途灯。后者广泛用于工业生产包括施工现场，有以下几种：

① **防振灯**　灯内装有波纹管和压簧防振装置。

② **防水、防尘灯**　该灯采用透明玻璃光罩和橡胶密封圈把光源和外界隔绝起来。

③ **障碍灯**　外壳用铝合金制成，灯罩的内层为红色玻璃，外层为防护透明玻璃，具有防水性能。

④ **防爆灯**　一种是密闭式，采用高强度的透光罩和外壳将光源与外界隔离，适用于非正常情况下有可能形成爆炸危险的场所，如偶然有气体逸出，逸出的气体与空气混合可能产生爆炸的场所。另一种是隔爆式，采用高强度材料制成。透光罩和灯管连接处有隔爆面和间隙。即使灯内发生爆炸，爆炸物经过隔爆面和间隔传出时已经冷却到安全温度以下，不会引起外界爆炸，适用于正常情况下有爆炸危险的场合，如平常就有粉尘积聚的场所。

⑤ **投光灯**　该灯的外形为鼓形，鼓形体内装有抛物面形反射器，光源位于焦点上，光束呈圆锥形。多能防水或防溅，并能自由调节投射角度。

三、电光源的原理

常用的电光源有白炽灯、荧光灯、高压钠灯、金属卤化物灯等，其性能比较见表10-2，表中已有的内容在下面的叙述中不再重复。

1. 白炽灯

白炽灯的灯丝用钨制成，是热辐射光源。电流通过灯丝时产生大量的热，使灯丝达到白炽状态（2 400～3 000K）而发光。较高功率的灯泡（60W 以上）抽真空后都充上氩、氮等惰性气体，这是为了抑制钨丝的蒸发，提高灯泡的寿命。只有 40W 以下的灯泡，由于灯丝太细，充气后对灯丝的冷却作用很大，影响发光效率，才保留真空形式。白炽灯的灯头有螺口式和插口式两种。

2. 卤钨灯

卤钨灯是另一种热辐射光源，灯丝也由钨制成，和白炽灯不同的是，卤钨灯管内除了充入隋性气体外还充入了卤元素（碘、溴等），充入碘、溴的卤钨灯分别称碘钨灯、溴钨灯。从高温灯丝上蒸发出来的钨在温度较低的管壁附近与卤素化合成卤化钨。卤化钨向高温的管心处扩散，在高温下又分解成卤素和钨，从而在钨丝周围形成一层钨蒸气，一部分钨又回到钨丝上。这样就有效地抑制了钨的蒸发，提高了灯的寿命。

3. 普通荧光灯

荧光灯又称日光灯，灯管两端装有螺旋状钨丝电极，电极表面涂有氧化钡，以便容易发射电子。

荧光灯管抽真空后充入汞和惰性气体氩。气体放电使灯管内的汞蒸发，并发出紫外线，紫外线照射到管壁的荧光粉上，荧光粉发出可见光。荧光灯属于低压冷光源。

荧光灯的电路图见图 10-5，图中的镇流器即铁心电感。启动过程如下：电源电压经镇流器加在启动器的两极，使两极间产生辉光放电。辉光放电产生的热量使双金属片(由膨胀系数不同的两片金属片迭合而成)受热向外弯曲而和另一极接通，辉光放电停

表 10-2 常用光源的性能比较表

名　称	发光原理	功率范围(W)	发光效率(lm/W)	防振性	显色指数(Ra)	平均寿命(H)	表面温度(℃)	功率因数($\cos\varphi$)	启动/再启动时间(分)	启动器件	性能特点
白炽灯	白炽发光充惰性气体或保持真空	10～1000	9～15	差	90～100	1000	高达 600(500W,灯泡垂直向上)	1	瞬时	无	闪烁很小,能瞬时点燃,频繁开关对寿命的影响小,调光性能好,显色性能好,结构简单,价格低,使用方便。光效太低,防振性差,寿命短
卤钨灯	白炽发光充惰性气体和卤元素	500～2000	16～22	差	95～100	1500	约 600	1	瞬时	无	和白炽灯不同的是光色有改善(红光减少),发光效率有所提高,寿命提高,价格较高
荧光灯	气体放电充汞和氩气	6～125	40～90	中	普通 55～75 三基色 85～98	直管 5000～8000 紧凑 3000～5000	约 40	0.4～0.6 电子荧光灯接近 1	1～3 秒/瞬时	镇流器 启动器	发光效率高,寿命长,白色光,冷光源。但功率因数低,初投资大,闪烁大,发光效率和启动特性受环境温度、电源电压的影响大,频繁开关对寿命的影响大。但电子荧光灯的功率因数很高,没有频闪和噪声,启动好,节能好
金属卤化物灯	弧光放电充汞和氩气,另外又充入了金属卤化物	50～1000	70～90	好	60～95	5000～6000 镝灯 500	100～1000	0.4～0.61	4～8/10～15	镇流器 触发器	显色性好,发光效率高,启动、再启动时间长
高压钠灯	弧光放电,充入汞,惰性气体和钠	100～1000	普通 106～130 显改 37～100	较好	普通 23～25 显改 60～85	16000～24000	约 650	0.44～0.67	4～8/10～15	镇流器	发光效率高,寿命长,但显色性差(显色改进型有提高),透雾性好,受环境温度影响小,适用于室外
低压钠灯	弧光放电,充惰性气体和钠	18～180	100～175	较好	很低	2000～5000	约 270	0.6	8～10/瞬时	漏磁变压器	
氙　灯	弧光放电充氙气	1500～100000	20～37	好	90～94	500～1000	600～800	0.4～0.9	1～2s/瞬时	镇流器 触发器	功率最大,光色接近日光,能瞬时点燃,属热光源,有紫外线辐射,光效低

止。之后双金属片因冷却而复位，两极重新断开。从辉光放电开始到两极重新断开期间，灯丝被通电加热，为发射电子做好了准备。两极重新断开的瞬间，镇流器的自感电势和电源电势的极性相同，二者迭加形成的高压使灯管产生弧光放电而导通。灯管正常工作后，灯管两端的压降较低，是电源和镇流器压降的矢量差。和启动器两极并联的小电容 C_2 起滤波作用，有助于防止放电火花烧毁启动器电极，和日光灯对无线电接收设备的干扰。补偿电容 C_1 的作用是提高日光灯的功率因数。

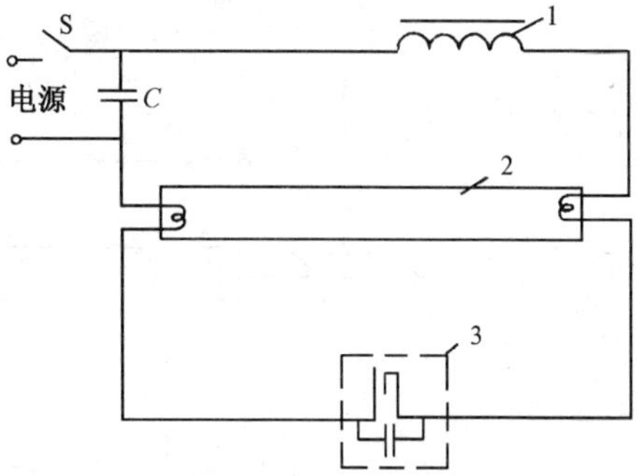

图 10-5　荧光灯的电路图
1. 镇流器　2. 灯管　3. 起动器
C. 功率因数补偿电容

荧光灯的闪烁大，不能用于观察运动速度较快物体的场合。频繁开关对灯的寿命影响很大，设每 3 小时开关一次时，灯管的寿命为 1 000小时，则每半小时开关一次时寿命只有 500 小时。

4. 电子荧光灯

电子荧光灯是采用电子镇流器的荧光灯。电子镇流器的原理是：基本思路是把工频交流电变为高频电供给灯管，具体的实现方法有很多种。方案之一是将工频交流电整流并滤波，然后将获得的直流电经逆变器或振荡器转变为 20～100kHz 的高频交流电供给灯管。电子镇流器还应包括启动电路、功率因数校正电路，如果考虑到调光，电路就更复杂了。和普通荧光灯相比较，由于灯管供电频率的提高带来一系列好处：

① **节约了能源**　光效提高近10%，电子镇流器自身的耗能约是电感镇流器的 30%～50%，综合节能 20%～25%。

② **提高了照明质量**　没有频闪效应和噪声，能实现调光。

③ **其他**　功率因数提高到0.93～0.99，灯管寿命延长 40%～50%，在 －25℃ 环境下和电源电压降到 150V 的情况下仍能启动，体积少、重量轻。

紧凑型荧光灯分 H、U、D 型等，多使用电子镇流器，高效节能，小巧玲珑，单端引出，使用方便。

5. 高压钠灯

高压钠灯的构造和电路图见图 10-6。放电管 4 内充有钠、汞和氙气，用半透明的氧化铝陶瓷或全透明刚玉制成，装在外泡壳 5 内。电源接通后，电流通过镇流器，热继电器的加热元件 4 和触头 3 构成通路，热继电器的原理见第七章，触头 3 受热断开的瞬间，高达 3kV 的镇流器的自感电势使放电管放电发光，约 5min 后达到稳定发光，放电管内钠蒸气的压力达到约 27kPa。

6. 金属卤化物灯和荧光高压汞灯

金属卤化物灯是在荧光高压汞灯的基础上发展起来的，荧光高压汞灯过去曾大量使用，现在正被淘汰，这里不作详细介绍。二者的外泡和内管里都充入了汞和氩气，金卤灯还充入了金属卤化物（主要是碘化物），放电管工作时的压力高达几百 kPa。金属卤灯的发光原理是：金属卤化物在蒸气放电的电弧柱内分解成金属和卤素，金属原子受热激发而发光，该灯发出的光以这种光为主，故称金卤灯。荧光高压汞灯的外泡内表面涂了荧光质，而金卤灯不涂荧光质。

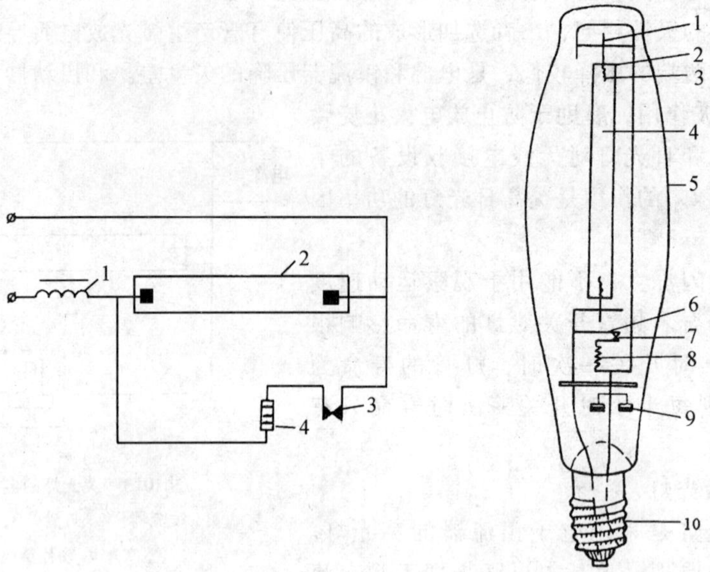

(a) (b)

图 10-6 高压钠灯的构造图和电路图

1. 镇流器 2. 放电管 3. 热继电器触头 4. 电热元件

1. 铌排气管 2. 铌帽 3. 钨丝电极 4. 放电管 5. 外泡壳 6. 双金属片 7. 触头 8. 电热元件 9. 钡钛消气剂 10. 灯帽

金卤灯的光效高、显色性好，性能较荧光高压汞灯有很大改善，常用的金卤灯有钠-铊-铟灯，管形镝灯等。50W、75W 和 100W 的小功率金卤灯已投入市场，拓宽了金卤灯的使用领域。

7. 氙灯

氙灯灯管内充有氙气，氙气依靠氙气弧光放电发光，其光色接近日光，工作时管内压力很高，氙灯由触发器产生的 20～30kV 的高频高压启动。

氙灯分长弧和短弧两种，前者功率甚高，有小太阳之称，适用于建筑工地、港口等大面积照明场合，后者适用于对光色要求高的场合，如照相制版，电影放映等。

四、电光源和特殊照明器的选择

电光源的选择要兼顾实用、节能和价格，表 10-3 是常用光源的价格比较表。从表中可以看出，并非白炽灯最价廉，随着科技的发展，节能灯的价格会大幅下降，而白炽灯不会有大的变化。表中的价格包括了镇流器和触发器的费用。

1. 室内电光源的选择

对于室内场所白炽灯和荧光灯占统治地位。白炽灯的光效太低，应尽量少选择白炽灯，多选择荧光灯，特别是高效节能荧光灯。

白炽灯适用于以下场所：经常开关灯、使用时间较短、照度要求不高、需要调光、需要瞬时可靠启动等场所。

直管荧光灯分 T12（管径 38mm）、T8（管径 26mm）和 T5 型（管径 16mm），后者比前者的节能效果好。要选用国家推荐使用的 T8 型去取代 T12 型，或选用紧凑型和 T5 型，还可以选择小功率金卤灯。

对于高大室内空间，提倡用金卤灯、高压钠灯（含显色改进型）取代荧光高压汞灯、卤钨灯和白炽灯。

表 10-3　常用光源的价格比较表

光源种类	常用功率范围(W)	每 1000lm 光通量每 1000h 寿命的价格(元)	以白炽灯为基准的价格比较
金属卤化物灯	150～400	4.80～2.30	160
高压钠灯	150～400	0.67～0.31	23
显色改进型高压钠灯	150～400	1.25～0.59	43
荧光高压汞灯	175～400	2.70～1.30	93
自镇流荧光高压汞灯	160～450	7.80～2.80	251
T12 荧光灯	40	2.50	116
T8 荧光灯	36	1.40	65
紧凑型荧光灯	9～18	12.5～8.30	484
白炽灯	60～100	2.70～1.60	100

注：1. 表中价格包括灯泡及镇流器、触发器等附件的价格，但不包含灯具。

2. 由于不同销售方式光源价格差异较大，仅作为比较之参考。

3. 表中价格较高值按小功率灯泡、较低值按大功率灯泡算出。

4. 表中价格比较一栏均按最高及最低价的平均值计算。

2. 室外电光源的选择

用于道路、工地、广场、建筑外景等室外的光源，可选用高压钠灯（不应再选择荧光高压汞灯）、金卤灯，也可以选用氙灯和卤钨灯。

3. 镇流器的选择

我国不但能生产荧光灯的电子镇流器还能生产高压钠灯和金卤灯的电子镇流器。电子镇流器存在的问题是，不能调光、价格高（较国外产品仍有较大优势）、有的产品质量不过关。随着产品质量的提高、价格的下降，提倡越来越多地选择电子镇流器。采用铁心电感镇流器应选择节能型新产品。

五、照明安全

1. 照明线路的安全

照明线路宜单独配电，必要时设置事故照明线和应急照明器。熔丝的额定电流应不大于 1.5 倍的负荷电流。每条单相照明支线的电流不宜超过 15A（对于较大的工地可以放宽到 30A），照明器和插座不宜超过 20 个。这一方面是为了提高供电的可靠性，防止一处短路造成的停电面积过大。另一方面是出于安全上的考虑，防止在只有个别照明器工作的情况下，熔丝的额定电流相对来说过大，保险作用很差。照明器、开关的安装应牢固可靠。灯头距地面的高度一般不应低于 2m，拉线开关不低于 1.8m，手开关不应低于 1.3m。明装插座不应低于 1.3m，暗装插座不低于 15cm（住宅内不得低于 1.3m）。

严禁将插座和搬把开关靠近装设，严禁在床上装设开关。单相开关应装在火线上。对于螺口灯头，火线应接在和中心触头相连的一端，零线接在与螺纹口相连的一端。

还应根据不同的环境选用不同的照明电源电压。一般场所选用 220V 电源供电。隧道、人防工程，有高温、导电灰尘或灯具离地面高度低于 2.4m 等场所的照明，电源电压应不大于 36V；潮湿和易触及带电体场所的照明，电源电压应不大于 24V；特别潮湿的场所、导电良好的地面、锅炉或金属容器内的照明电源电压应不大于 12V。行灯的电源电压应不超过 36V。照明变压器必须是双绕组型，严禁使用自耦变压器。

2. 电光源的安全

严禁热光源靠近易燃易爆物，以免引起火灾和爆炸，这方面的教训已经太多了。使用卤钨灯时要尽可能保持水平（倾斜不超过 4°），否则充入的卤元素会沉在低端，上述卤钨循环过程被破坏，灯管很快发黑，灯丝很快烧断。氙灯有较强的紫外线辐射，使用时要装滤光罩，或安装在 20m 以上的高处，人眼不要直视灯管。灯管应保持清洁，防止在紫外线的作用下灯管上的油污起物理、化学变化，造成灯管损坏。

3. 特殊照明器的采用

要严格根据实际需要采用特殊照明器。正常湿度时选用开启式照明器；比较潮湿时选用密封型、防水、防尘照明器，或配有防水灯头的开启式照明器；有大量灰尘但无爆炸和火灾危险的场所，选用防尘照明器；有爆炸和火灾危险的场所，选用防爆型照明器；振动较大的场所，选用防振型照明器；有酸碱强腐蚀性的场所，选用耐酸碱型照明器。

小　　结

1. 电力系统的工作接地和接地方式　工作接地的作用是保证电网的正常运行，380V 及以下系统一般采用中性点直接接地方式。

2. 供电质量　技术指标有，电压的波动范围、频率的波动范围、过电压、高次谐波等。

3. 高压电器　隔离开关、熔断器、负荷开关、断路器。

4. 变电站　线路图（系统图），电器的配置，柱上变电站，箱式变电站。

5. 配电方式　放射式和树干式。

6. 输电线路　架空线路，电缆线路，导线种类的选择——裸导线、电缆和电线，导线线径的选择要同时符合计算电流、电压损失和机械强度三个条件。

7. 负荷的计算　工作方式和暂载率，简化的需要系数法。

8. 供电安全　高压电安全——变电所位置的选择，三点共同接地，安全操作制度。低压电安全——配电箱和开关箱的安全，配电线路的安全。

9. 电气照明的基本概念　电照明器、光通量和照度、发光效率、显色性、调光、眩光、频闪、气体放电、寿命、启动时间和再启动时间。

10. 照明器按用途分类　普通灯，特殊灯——防振灯、防水防尘灯、障碍灯、防爆灯、投光灯。

11. 电光源的原理　白炽灯、卤钨灯、普通荧光灯、电子荧光灯、高压钠灯、金卤灯、氙灯。

12. 电光源的选择　兼顾实用、节能和价格（见表 10-1）。室内电光源的选择——白炽灯、荧光灯、金卤灯、高压钠灯。室外电光源的选择——高压钠灯、金卤灯以及氙灯和卤钨灯。

13. 照明安全 线路的安全，电光源的安全，特殊照明器的采用。

复 习 思 考 题

1. 电力系统为什么要工作接地、380V及以下系统怎样工作接地？

2. 供电电压允许波动的范围是什么？电压过低对电动机有什么危害？

3. 简述高压电器的种类和功能。

4. 简述变压站的组成和种类。

5. 简述低压配电线路的方式和组成。

6. 某工地有起重机1台，$P_N = 22$kW，$J_C = 40\%$；混凝土搅拌机1台，$P_N = 11$kW，连续工作；电焊机3台，每台的$S_N = 6$kVA，$J_C = 65\%$，采用三相电电源；照明器共10kW，均衡地接在三相电源上，系数取为1.1，电阻性负载。求供电线路的线电流。

7. 导线分哪几种、线径的选择要符合哪些条件？

8. 简述供电安全事项。

9. 什么是照度、发光效率、眩光和频闪？

10. 特殊用途灯有哪几种？

11. 简述常用电光源的种类、原理和适用场合。

12. 简述照明安全事项。

第十一章　常用电工仪表

为了保证生产、科研等活动的正常进行，人们必须掌握各种设备的运行情况。测量仪表是人类感官的延伸，采用电工仪表测量各种电量（如电压、电流、电阻、电能和相位）是掌握设备工作情况的重要手段。本章叙述常用电工仪表的原理、选用原则和安全使用。

第一节　电工仪表的基本原理

测量各种电磁量的仪表称电工仪表。利用各种传感器，将非电量转换为电量，电工仪表还可以测量位移、速度、加速度、压力、温度等非电量。

按照表示测量结果的方式，电工仪表可分为三类：指示仪表、比较仪表和数字仪表。指示仪表用指针的偏转指示测量结果；比较仪表的指针（或光点）只能指示测量电路的平衡状态，而不能指示出测量结果，测量结果要另行计算；数字仪表以数字方式直接显示测量结果。越来越多的指示仪表和比较仪表正广泛采用电子技术，提高和完善自身的性能，这些仪表已不是传统意义上的指示仪表和比较仪表。

顺便提一下，仪表是仪器的一种，仪表的功能较仪器单一，二者没有严格的界限，本书将电工仪器和仪表统称为电工仪表。

本节先阐述仪表的技术指标，然后再分别讲解三种仪表的基本原理。

一、技术指标

1. 量程（A_m）

仪表所能测量的最大值称为量程（或测量上限、满度值）。

2. 准确度（r_m）

准确度是由误差来反映的。我们先介绍绝对误差和相对误差，再介绍准确度。

① **绝对误差（Δ）**　仪表测量出的数值 A_x 与实际值 A_0 的差值称绝对误差 Δ。即，

$$\Delta = A_x - A_0 \tag{11-1}$$

② **相对误差（r）**　绝对误差 Δ 与实际值 A_0 比值的百分数称相对误差 r。

$$r = \Delta / A_0 \times 100\% \tag{11-2}$$

由于 A_0 的值很难确定，可以用 A_x 代替 A_0 近似计算 r。

③ **准确度（r_m）**　仪表的绝对误差在不同的刻度点略有不同。最大绝对误差 Δ_m 与量程 A_m 之比的百分数称准确度，又称最大引用误差。即，

$$r_m = \Delta / A_m \times 100\% \tag{11-3}$$

④ **准确度等级**　共分为七级：0.1、0.2、0.5、1.0、1.5、2.5、5.0，各级对应的最大引用误差为 $\pm 0.1\%$、$\pm 0.2\% \cdots \pm 5.0\%$。显然，等级值越小（大）、准确度越高（低）、误差越小（大）。通常 0.1、0.2 级仪表用作标准表，0.5 至 1.5 级仪表用于实验

室，工程用表的准确度等级为 1.5 至 5.0 级。

准确度俗称精度，但在误差理论中，精度包括精确度、准确度和精密度，工程测量只注意准确度。

3. 灵敏度（S）

对于传统仪表，灵敏度是指单位被测量引起的指针偏转角，偏转角越大（小）灵敏度越高（低）。一般地说，在保证一定准确度的前提下仪表所能测量的最小值称灵敏度，用单位刻度值表示，如 1mA/div。

4. 可靠性

在一定工作环境条件下和规定的时间内，产品能保持规定功能的特性称可靠性。通俗地说，仪表的可靠性好是指故障少，有了故障也容易修理。

5. 绝缘电阻、耐压能力、过载能力

绝缘电阻是指仪表及其附件中的所有线路与其外壳间的电阻。耐压能力是指这一绝缘电阻所能承受的电压值。过载能力是指仪表短时间内所能承受的超过量程的电压、电流值。为了保证使用安全，要求仪表具有足够的绝缘电阻、耐压能力和过载能力。

二、指示仪表的原理

指示式（指针式）仪表分为磁电系（式）、电磁系、电动系、感应系、整流系等类仪表，其原理方框图如图 11-1 所示，仪表主要由测量电路和测量机构组成。

测量电路的作用是，放大（或衰减）、电磁量转换、多量程设置、整流等。当被测量过小或过大时，测量电路要将其放大或衰减。由于测量机构一般要求输入量为电流量（即测量机构一般只能测量电流量），故测量电路要把非电流被测量转换为电流量，转换以后的量称过渡量。为了提高测量准确度，测量电路常进行多量程设置，如把交流电压测量分为 0～10～50～250～500V 共 4 个量程（或说 4 挡）。为了使直流测量机构能测量交流量，需要通过整流把交流量变换为直流量。被测量不同、测量电路各异，具体的测量电路在下面几节介绍实际仪表中讲解。

测量机构的作用是将过渡量转换为指针的角位移 α，指针在刻度盘上直接指示出被测电磁量的值。测量机构的内容较多，下面将其独立出来介绍。

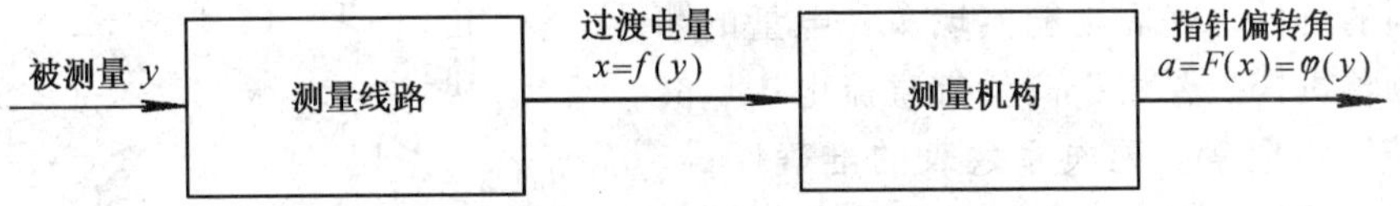

图 11-1　指示仪表的原理方框图

三、指示仪表测量机构的原理

1. 磁电系仪表的测量机构

磁电系（又称动圈式）仪表的测量机构分为外磁式、内磁式和内外磁结合式，三者的原理原则上相同。外磁式测量机构原理见图11-2。其固定部分主要由电磁钢、磁极和处在磁极中间的圆柱形铁芯组成。其活动部分主要由矩形线圈、指针、游丝和校正器组成。矩形线圈是用细漆包线绕在铝框架上做成的，其两端和游丝相联，支承在轴承上。

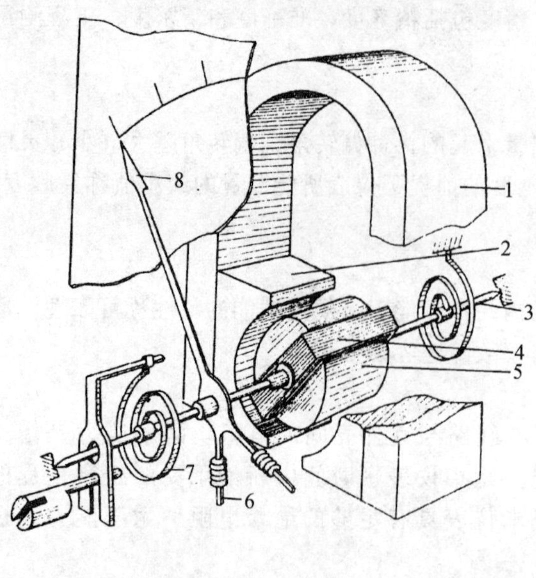

图 11-2 磁电系仪表的外磁式测量机构

1. 永久磁铁 2. 极掌 3. 半轴 4. 可动线圈

5. 圆柱形铁心 6. 平衡锤 7. 游丝

8. 指针 9. 机械调零

该测量机构的原理是：被测直流电流流过矩形线圈，线圈两边的导体分别受到电磁力矩的作用（参阅直流电动机的原理部分），使得线圈带动指针一起旋转，指针指示出被测量的数值。指针的偏转角 α 和被测直流电流 I 成正比关系，

$$\alpha = CI \tag{11-4}$$

C 是测量机构的灵敏度系数，是由测量机构本身决定的，它是一个常量。由于 α 正比于 I，故它的刻度是均匀的。

游丝的作用是产生适当的反作用力矩。如果没有反作用力矩，则只要被测量不为零，指针就会产生最大的偏转角，无法进行测量。打个比方，游丝的作用相当于普通杆秤秤砣的作用。

为了使指针不在平衡位置长时间来回摆动，而能很快静止下来，以便迅速读数，要求测量机构有阻尼功能。该测量机构的阻尼是由上述铝框产生的。铝框在磁场中旋转时内部产生了感生电流，铝框变成了一个载流导体，在磁场中受到了电磁力矩的作用，产生了一个同铝框原来运动方向相反的制动转矩，使铝框很快静止下来，这就是阻尼作用。

当被测电流为零时如果指针不指在零位，可以调整校正器使指针指在零位（称为机械调零），以便准确测量。

磁电系测量机构只能测量直流小电流，但配合不同的测量电路后则能实现多种电量的测量。该测量机构主要用于测量交直流电压、交直流电流、电阻等。磁电系仪表的准确度高、灵敏度高、消耗功率小；但过载能力差、结构复杂、价格也较高。

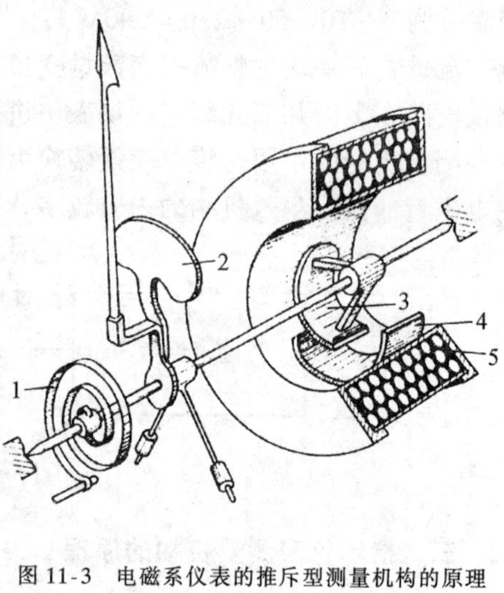

图 11-3 电磁系仪表的推斥型测量机构的原理

1. 游丝 2. 阻尼器 3. 可动铁片

4. 固动铁片 5. 线圈

2. 电磁系仪表的测量机构

电磁系（动铁式）仪表的测量机构分吸引型、推斥型和吸引-推斥型，三者的原理大致相同，推斥型测量机构的原理如图 11-3 所示。其固定部分有圆形线圈、固定铁片和屏蔽罩（图中未画出）。其可动部分有装在转轴上

的铁片、指针和弹簧游丝。

该测量机构的原理是，被测直流电流流过线圈时产生的磁场使定片和动片同时被磁化，见图 11-4 (a)，由于同性磁极互相排斥，使得动片带动指针转动，指针指示出被测量的大小。当电流的方向改变时，定片和动片的磁化极性同时改变，见图 11-4 (b)，转动力矩的方向不变。故该测量机构也能测量交流电量。指针偏转的角度 α 和被测电流 I 的平方成正比，

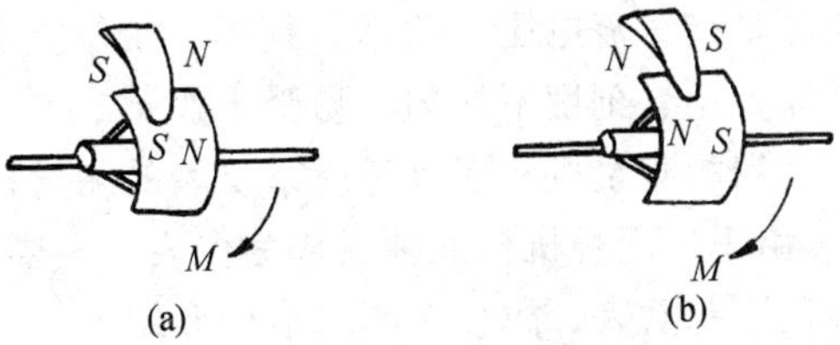

图 11-4 电磁系仪表推斥型测量机构的定片与动片的磁化

$$\alpha = kN^2 I^2 \tag{11-5}$$

式中：k——系数；N——线圈的匝数。

由于 α 和 I^2 成正比，故它的刻度是不均匀的。当被测电流是交流电流时，I 代表有效值。

电磁式测量机构主要用于测量交直流电流和电压，和测量电路相配合还能测量其他电量。电磁式测量仪表结构简单，价格低，过载能力强。但是灵敏度较低，消耗功率大，易受干扰，刻度不均匀。

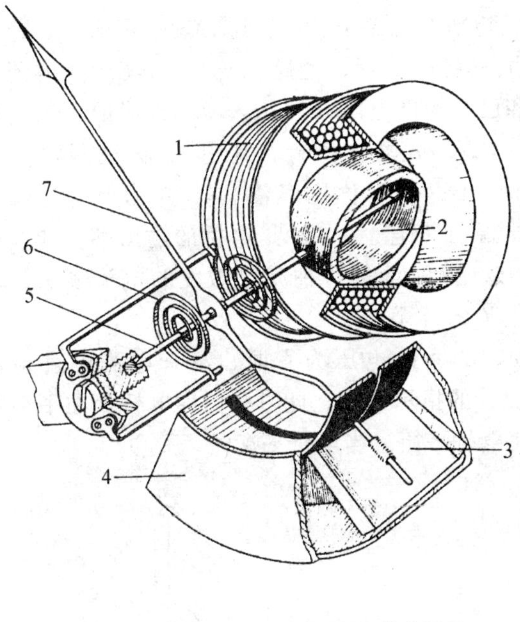

图 11-5 电动系仪表无铁式测量机构的原理

1. 固定线圈 2. 可动线圈 3. 阻尼板 4. 空气阻尼箱 5. 半轴 6. 游丝 7. 指针

3. 电动系仪表的测量机构

电动系仪表的测量机构分无铁式和铁磁式，二者的原理基本一样，无铁式测量机构的原理见图 11-5，该测量机构有定圈、动圈两个线圈，动圈和转轴联在一起，转轴上联着游丝和指针。测量时，给定圈、动圈分别通过电流（直流或交流）I_1、I_2，I_1 在定圈中建立起磁场，载流动圈在磁场中受到电磁力矩的作用，带动指针偏转一个角度 α，指针指出被测数值。测量交流时，由于两个线圈中的电流方向是同时改变的，故电磁转矩的方向维持不变。

当 I_1、I_2 为直流时，

$$\alpha = k_\alpha \cdot I_1 I_2 \tag{11-6}$$

式中的 k_α 是一个与 α 有关的系数，α 与 I_1、I_2 的乘积有关。

当被测电流为交流时（设 i_1、i_2 之间的相位差为 φ），

$$\alpha = k_\alpha I_1 I_2 \cos\varphi \tag{11-7}$$

由上式可以看出，α 不仅与有效值 $I_1 I_2$ 有关，而且和 $\cos\varphi$ 有关。

电动系测量机构能测量交直流电流，和测量电路相配合则不仅能测量交直流电流，还能测量交直流电压、功率、频率、相位差等。电动系仪表的精度高，但消耗功率大、过载能力小、刻度不均匀、易受干扰。

常用的测量机构还有感应系仪表的测量机构和比率计测量机构（属于磁电系测量机构），由于这两种机构能独立成为仪表，不需要测量线路，前者一般用于电度表，后者一般用于兆欧表，故放在第二节中介绍。

还有一类仪表称整流系仪表，它由磁电系测量机构和整流电路构成，使本来只能测量直流量的磁电系测量机构也能测量交流量，本书不独立介绍整流系仪表。

四、比较仪表的原理

比较式仪表需要基准器（如标准电阻、电容、电感、电池）才能进行测量，类似于天平，而指示仪表是不需要基准器的，这是二者的最大区别。比较仪表的准确度比指示仪表高得多，用于精密测量，主要有电桥和电位差计两类。

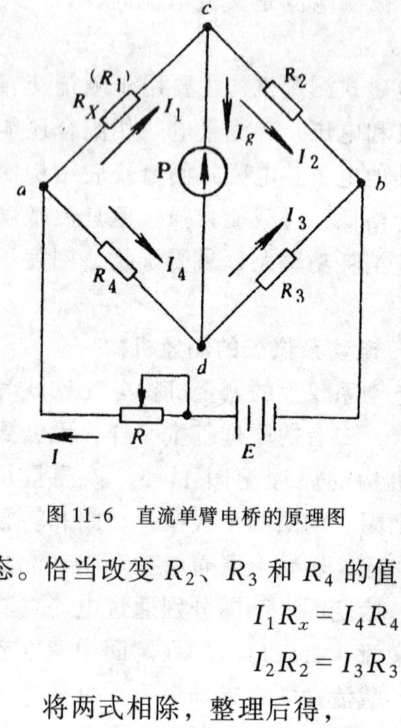

图 11-6　直流单臂电桥的原理图

1. 直流单臂电桥的原理

直流电桥分单臂电桥（惠斯登电桥）和双臂电桥，这里只讲解前者，电路图见图 11-6。由被测电阻 R_x 和已知标准电阻 R_2、R_3、R_4 组成的 4 条支路 ac、cb、ad、ab 均称桥臂，其中 ac 称被测臂，ad 称比较臂，cb 和 db 称比率臂。a、b 为电桥的输入端，和电源 E 相连。c、d 是电桥的输出端，和检流计 P 连接。检流计是一种高灵敏度的电流表头，用来检测电流的有无。

当 c、d 间的电压为零时，没有电流流过检流计，检流计的指示为零，此时我们称电桥处在平衡状态。恰当改变 R_2、R_3 和 R_4 的值，总能使电桥平衡。当电桥平衡时，

$$I_1R_x = I_4R_4$$

$$I_2R_2 = I_3R_3$$

将两式相除，整理后得，

$$R_x = \frac{R_2}{R_3}R_4 \tag{11-8}$$

利用上式，当电桥平衡时，根据已知 R_2、R_3 和 R_4 的值便能计算出被测 R_x 的值。直流电桥是采用将被测电阻和已知标准电阻进行比较的方法测量电阻的，其准确度可高达 0.01 级。

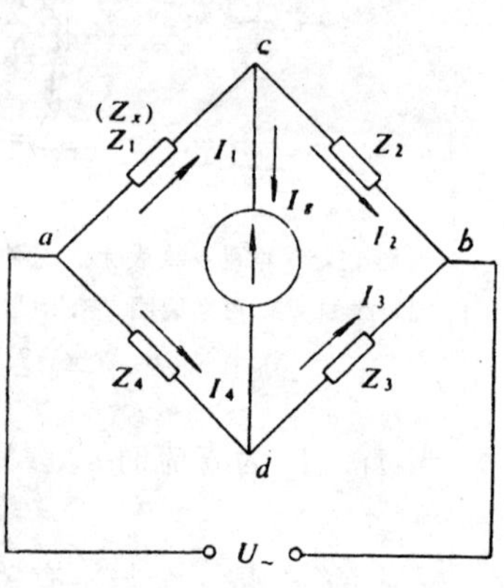

图 11-7　交流阻抗电桥的原理图

2. 交流阻抗电桥的原理

交流电桥分阻抗比率臂电桥和变压器比率臂电桥，这里只介绍前者，电路图如 11-7 所示。

交流电桥的电路形式和原理同上述直流电桥是一样的。二者的区别是：交流电桥主

要用于测量电感、电容和阻抗，采用正弦交流电源，电源频率常为1 000Hz。比较臂和比率臂接标准电阻和标准电容，虽然也可以接标准电感，但由于准确度低等原因，通常不采用。检流计采用高灵敏度的交流电流表或电压表。

交流电桥平衡的条件是，

$$Z_x Z_3 = Z_2 Z_4 \tag{11-9}$$

$$\varphi_x + \varphi_3 = \varphi_2 + \varphi_4 \tag{11-10}$$

从上式两式可以看出，当电桥平衡时，被测电感或电容的阻抗 Z_x 能用式（11-9）求出，进而很容易计算出被测电感或电容的值。

交流电桥的平衡需要阻抗和相位两个条件，调整平衡比较困难，但实用的电桥总是能调整到平衡状态的。

3. 直流电位差计的原理

直流电位差计的原理是补偿法，是另一种比较测量法。电位差计用于测量电势、电压、电流、电阻、电功率等，以测量电势为例，其原理见图11-8。

电位差计的电路分为Ⅰ、Ⅱ、Ⅲ三个回路，分别称为标准回路、测量回路和工作电流回路。测量的第一步是校准工作电流。把开关 S 合向回路Ⅰ，调整可变电阻 R 的值→回路Ⅲ的电流（工作电流）I 改变→R_s 上的压降 IR_s 改变→检流计的指示改变。当检流计的指示为零时，标准电势 E_s 等于 R_s 上的压降（二者的方向相反，互相补偿），即，

$$E_s = IR_s \tag{11-11}$$

此时工作电流校准完毕，为正式测量作好了准备。

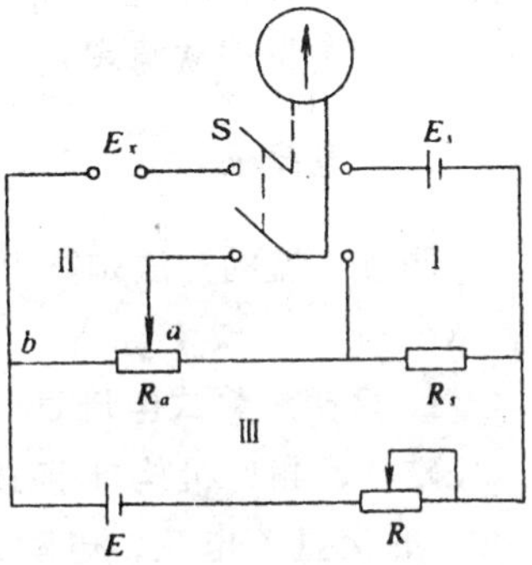

图11-8　直流电位差计的原理图

测量的第二步是正式测量，图中 E_x 是被测电势。把开关 S 合向回路Ⅱ，调整电位器 R_a→R_a 左端点 b 和动触头 a 之间的阻值 R_u 改变→R_u 上的压降 IR_u 改变→回路Ⅱ的电流（测量电流）改变→检流计的指示改变。当检流计的指示为零时，被测电势 E_x 等于 R_u 上的压降 IR_u（二者的方向相反，互相补偿），即

$$E_x = IR_u \tag{11-12}$$

将式（11-11）代入式（11-12）得，

$$E_x = \frac{E_s}{R_s} R_u \tag{11-13}$$

式中 E_s 和 R_s 为已知固定值，这样就可以根据不同的 R_u 的值求出对应的 E_x 的值。

在第一章我们讲过，由于电势内阻和电压表内阻的影响，用普通电压表测量电势的误差很大，实际上测得的是电压而不是电势，而上述方法的测量结果却很准确。这是因为，公式（11-11）和（11-12）都是在回路电流为零，即不从电势取用电流的情况下得出的，从而保证了测量的高度准确度。直流电位差计的准确度能高达0.001级。

五、数字仪表的原理

数字式仪表的方框图见图11-9。测量线路的作用在上述指示仪表的原理部分已经讲过。所不同的是，测量线路要把各种被测模拟量转换为直流电压，因为 A/D 转换器

只能将直流电压转换为数字量。A/D 转换器和数字显示器的作用相当于直流电压表，这部分内容在第四章已讲过。

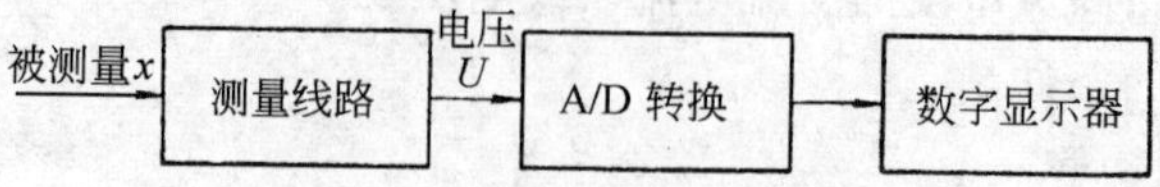

图 11-9 数字仪表的方框原理图

第二节 电流表、电压表、欧姆表和电能表

上一节讲解了指示式仪表的基本原理，在这个基础上以下几节介绍常用的电工仪表。实用仪表多数由测量机构和测量线路组成，但有些测量机构有时能独立成为仪表。不构成独立仪表的测量机构可称表头。

本节内能包括电流表（包括带分流器、电流互感器的电流表，多量程电流表，钳形电流表），电压表（包括带附加电阻、电压互感器的电压表，多量程电压表），普通欧姆表（包括多量程欧姆表）、兆欧表、接地电阻测量仪和电能表。

一、电流表

测量电流的方法是把电流表串接在被测线路中，电流表的内阻越小对被测电路的影响越小。

1. 直接测量式电流表

磁电系测量机构能直接测量几十毫安以下的直流电流，电磁系能直接测量高达 200A 的交直流电流，电动系能直接测量 0.5A 以下的交直流电流，由这些测量机构单独构成的电流表叫直接测量式电流表。

2. 采用分流器的电流表

为了扩大量程，人们采用了分流器。分流器实际上就是一个阻值很小的电阻，其用法见图 11-10，图中 $I_{sh} \gg I$。分流器有内置式和外接式两种。

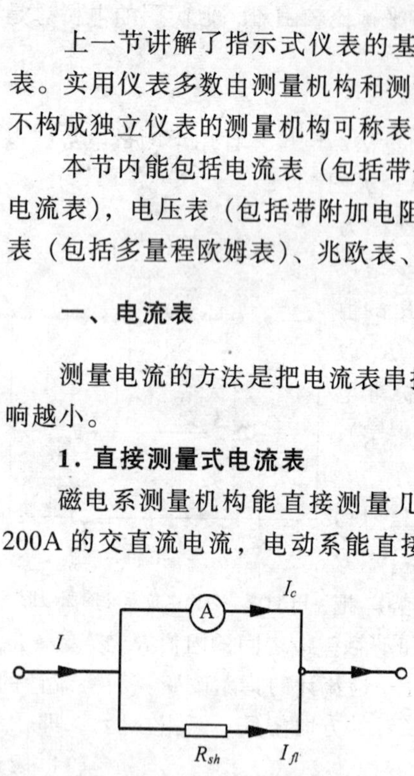

图 11-10 采用分流器的电流表

I. 被测电流 I_c. 表头电流

R_{sh}. 分流器 I_{sh}. 分流电流

分流器一般只和磁电系测量机构配合使用，用于测量直流大电流。电磁系和电动系测量机构不采用分流器扩大电流量程，而采用改变固定线圈匝数的办法扩大量程。例如，把固定线圈做成两段，采用将两段线圈串并联的办法改变线圈的匝数。下面对带分流器的磁电系电流表作简单分析。

设电流表表头的内阻为 R_c，则，

$$I_c R_c = \frac{R_c R_{sh}}{R_c + R_{sh}} I$$

整理得，

$$I = (1 + R_c/R_{sh}) I_c \qquad (11\text{-}14)$$

从上式可以看出，把表头的指示值 I_c 乘以系数（$1 + R_c/R_{sh}$）即得被测电流 I。按上式制作表头的刻度，即可直接读出被测电流的值。

设分流器将表头的量程扩大几倍，则，

$$I = nI_c = n\frac{R_{sh}}{R_c + R_{sh}}I_c$$

整理得 R_{sh} 的计算公式为，

$$R_{sh} = \frac{R_c}{n-1} \tag{11-15}$$

为了使用方便，实用的分流器不是标明电阻值，而是标明额定电流和额定电压值，二者均为分挡系列值（优先数）。前者的范围为 2—10 000A，后者的范围为 30—300mV，常用的是 45 和 75mV。分流器的额定电压等于和分流器配合使用的表头的量程和内阻的乘积，即表头的额定电压。例如，某表头的量程是 750mA，内阻是 0.1Ω，则它配用的分流器的额定电压必须是 75mV。供扩大量程使用的专用表头上都注明了额定电流和额定电压，如 100A、75mV，只要选用 100A、75mV 的分流器即可。

3．采用电流互感器（TA）的电流表

上面谈到的分流器虽能扩大量程，但有两个缺点。一是本身消耗功率大，二是不能把测量仪表和被测线路隔离开来，不安全。为了克服这些缺点，人们在交流电流测量中采用电流互感器来扩大量程，如图 11-11 所示，但互感器不能用于直流电路，故不能取代分流器。

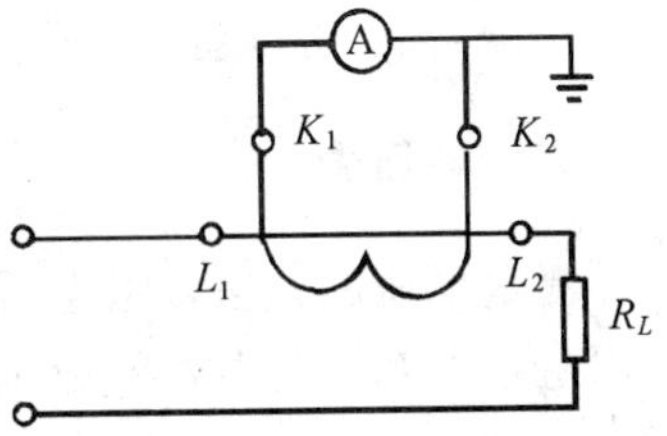

图 11-11　带电流互感器的电流表

电流互感器实际上是一个小型变压器，它利用变压器的变流功能把大电流变换为小电流来测量，从而扩大了量程。电流互感器初级线圈的匝数比次级少得多，可能是几匝甚至是一匝。它的次级额定电流按规定设计为 5A，这样，不同规格的电流互感器可以全部采用 5A 的表头（表头的刻度按被测电流刻制），给生产和使用都带来了方便。

4．多量程电流表

仪表的指示值（或数字显示值）越接近满量程准确度越高，反之越低，详见第四节。为提高准确度，人们设计出了多量程电流表，它通过改变分流电阻实现多量程测量，其原理图如图 11-12所示。

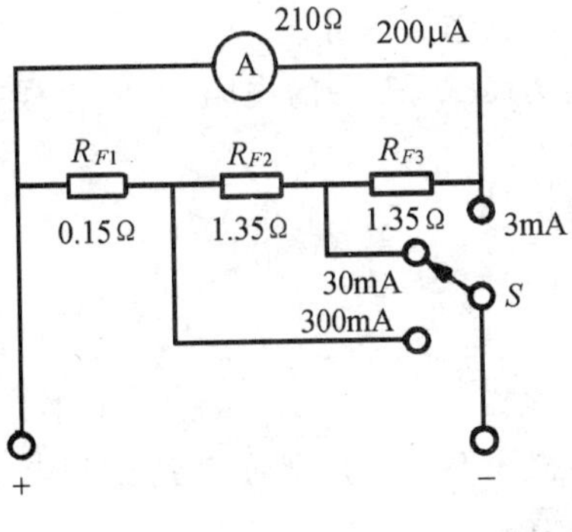

图 11-12　多量程电流表的原理

5．钳形电流表

钳形表的最大特点是不断开被测线路就能测量，给测量带来了方便。但是测量准确度低（一般是 2.5 级），主要用在不便拆开线路、对准确度要求又不高的场合。

钳形表分为互感器式和电磁式。前者的外形图和原理图见图 11-13，它的原理和前面讲的带电流互感器的电流表类似。差别是：钳形表中的电流互感器没有初级线圈，互感器的铁芯可以张开把被测载流导线钳入其中，载流导线相当于互感器的初级线圈。3 只电阻为分流电阻，4 只二极管构成全波整流电路，表头的测量机构为磁电式。该表有 3 个量程，只能测量交流。

电磁式钳形电流表的原理见图 11-14，工作原理和上述电磁式测量机构类似，动铁片带动指针偏转，指针在刻度盘上指示出被测量。该表可以交直流两用。

钳形表使用方便，不仅有钳形电流表，引进的钳形电压表、钳形接地电阻测量仪也已上市。

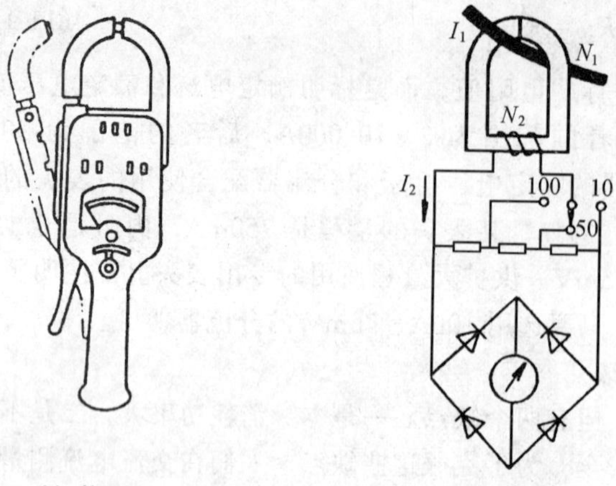

(a) 外形图　　(b) 原理图

图 11-13　互感器式钳形电流表的外形和原理图

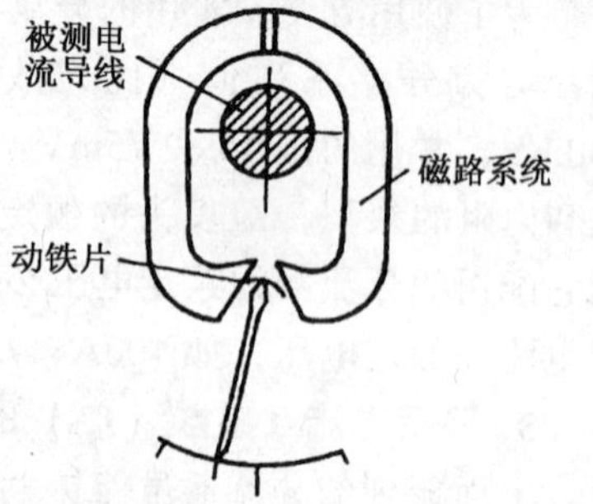

图 11-14　电磁式钳形电流表的原理图

二、电压表

测量电压的方法是指电压表的两端和两个被测点并联起来。和电流表相反，电压表的内阻越大对被测电路的影响越小。

1. 带倍压器的电压表

电流表也可以直接用来测量电压，只要把电压刻度按表头电流和表头内阻的乘积来刻制即可。显然这样做量程很小（等于表头的额定电压 U_N），工程上用处不大。为扩大量程，人们采用了倍压器，如图 11-15 所示。倍压器实质上就是一个阻值较大的电阻，有内置式和外接式两种。该方法对直流和交流测量，对磁电系、电磁系和电动系测量机构原则上都是适用的。下面仅对广泛使用的采用倍压器的磁电系直流电压表作简单分析。

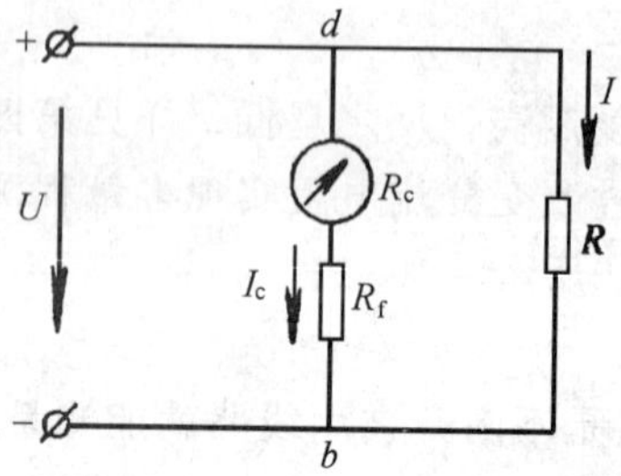

图 11-15　带倍压器的电压表的原理图

设表头两端的电压为 U_c，表头的内阻为 R_c，根据分压公式得，

$$\frac{U}{U_c}=\frac{R_c+R_f}{R_c}$$

整理得，

$$U=(1+R_f/R_c)U_c \tag{11-16}$$

从上式可以看出，把表头指示电压 U_c 乘以系数 $(1+R_f/R_c)$ 即可得到被测电压 U 的值。按上式刻制表头的刻度，即可直接读出 U 的值。

设把电压表头的额定电压扩展 m 倍，则，

$$U=mU_c$$

代入式（11-16）得

$$mU_c=(1+R_f/R_c)U_c$$

$$R_f=(m-1)R_c \tag{11-17}$$

这就是分压电阻 R_f 的计算公式。

采用多个分压电阻便可以制成多量程电压表，参见图 11-28，不另画图。

为了使用方便，成品倍压器并不标注电阻值，而是标注额定电压值，电压值是从 0.05～60mA 的分挡系列值。一个电流量程为 0.2mA 的电压表头要选用额定电流为 0.2mA 的倍压器,反过来也一样。

2. 带电压互感器（TV）的电压表

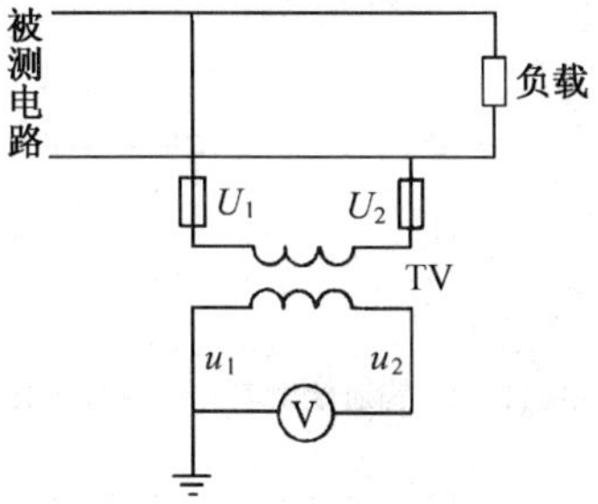

图 11-16 带电压互感器的电压表

当测量 600V 以上的高压时，为保障测量安全，通常采用带电压互感器的电压表，见图 11-16。

电压互感器实际上是一个小型的降压变压器，它把高压变换为低压来测量。由于电压表头的内阻很高，故电压互感器近似工作在空载状态。

电压互感器的次级输出电压按规定统一设计为 100V，而通过改变匝数比确定电压表的量程。这样，不同规格的互感器可以采用同一量程的表头，当然表头的刻度要按初级电压（被测电压）来刻制，给生产和使用都带来了方便。

3. 试电笔

试电笔由内充氖气的氖管和一个大电阻（几 MΩ）相串联、再加上两端的两个电极构成。氖管两极间的电压达到一定数值后，管内发生辉光放电，电压越高辉光越强。

试电笔主要用来测试强电。使用时，笔尖接被测体，人体接触笔的另一端。如管内有辉光，说明被测体带电。测量电流回路的构成请参阅第十三章第三节人体触电方式部分。与人体触电不同的是，由于 R 的值很大，流过人体的测量电流甚微，因此不会伤害人体。

试电笔也可以用于测试直流电。这时氖管内只有一个极发亮（测交流电时两个极都亮），发亮的一极对应电源的负极，另一极对应电源的正极。

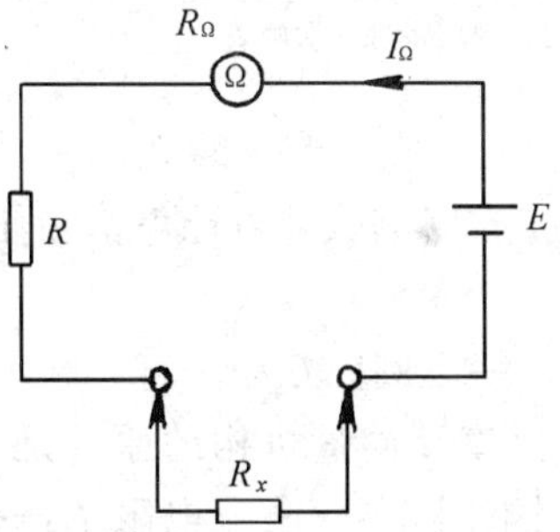

图 11-17 普通欧姆表的原理图

二、普通欧姆表

1. 欧姆表的基本原理

欧姆表是用来测量电阻值的。电阻值不能直接被测量，需要变换成电流信号来测量，测量普通电阻的常用方法见图 11-17，表头为磁电系测量机构。

R_x 通过测量电路变换成电流信号 I_c，R_x 变化 I_c 也变化，I_c 是 R_x 的函数，即 I_c 可以代表 R_x 的大小。测出 I_c 的值，把 I_c 的值代入 R_x 和 I_c 的关系式便可得出 R_x 的值。R_x 和 I_c 的关系式为，

∵
$$I_c=\frac{E}{R_c+R+R_x}$$

∴
$$R_x=E/I_c-R_c-R \tag{11-18}$$

欧姆表的表头是一个电流表头，但它的刻度是按上式刻制的欧姆值，从表头上可以直接读出 R_x 的值。

欧姆表的特点是，必须有电源 E 才能进行测量，刻度是反向的（即 R_x 越大，I_c 越小，指针摆动的幅度越小），刻度不均匀（R_x 和 I_c 不是正比关系）。再一个特点是需要零欧姆调整器。

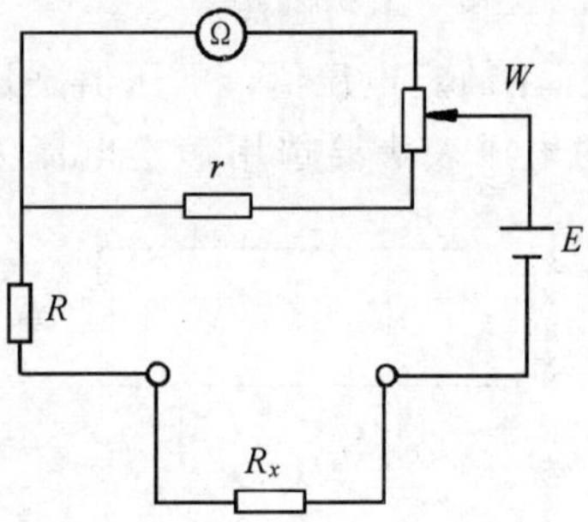

图 11-18　普通欧姆表的调零电路图

由于 E 不可能保持恒定（如干电池的电压随时间而变化），所以当 $R_x=0$ 时指针也就不能恒定指零，从而带来测量误差。为了解决这个问题，欧姆表都设有零欧姆调整器，见图 11-18。从图中可以看出，通过调整电位器 W 可以微调 I_1 的大小，从而达到调零的目的。

2. 多量程欧姆表

多量程欧姆表的原理见图 11-19。从图中可以看出，量程的扩大是采用提高电路灵敏度（减小对 I_c 的分流）实现的。如果量程还要扩大（如扩大到 $R\times10\text{k}$、$R\times100\text{k}$），一般采用提高电源电压的方法来实现。

四、兆欧表

兆欧表（俗称摇表），用于测量绝缘电阻。由于绝缘材料的绝缘电阻要在高于绝缘材料正常承受电压的条件下来测量，普通欧姆表不能胜任，所以要用电源电压500V～5 000V的兆欧表进行绝缘电阻的测量，兆欧表的刻度单位是兆欧（MΩ），故得此名。常用兆欧表的准确度等级是 1.0 或 1.5。

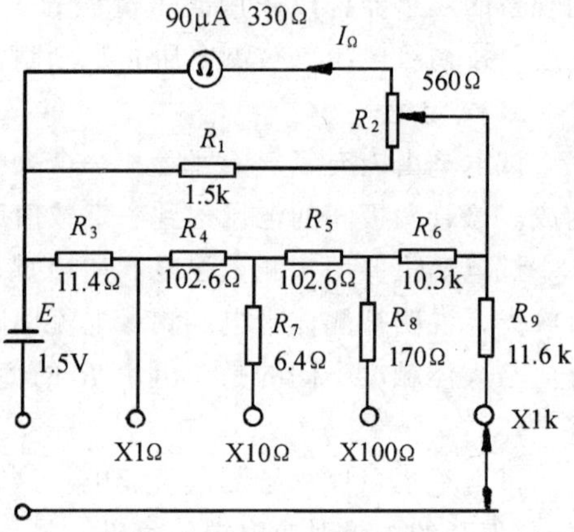

图 11-19　多量程欧姆表

1. 兆欧表的原理

兆欧表采用特殊的磁电系测量机构—磁电系比率计测量机构，其结构图见图 11-20。铁心 5 是带缺口的铁心（还有一种是椭圆形铁心）。线圈 1 和 2 均是活动线圈。相交的两线圈连同指针三者固定在一起，装在同一转轴上。测量机构没有产生反作用力矩的游丝，故兆欧表在不工作时其表针可能停留在任意位置上。

兆欧表的电路图见图 11-21。图中 G 是手摇直流发电机，一个圆同互相垂直、和水平线夹角 45°的两条细实线叠加的符号代表两个线圈相除。比率计测量机构的原理是：发电机的电流有两条电路。I_1 的回路是，发电机正极→被测电阻 R_x→限流电阻 R_1→动圈 1→发电机负极。I_1 流过动圈 1 时产生转动力矩 T_1，I_1 随 R_x 的增加而减小。I_2 的回路是，电源正极→限流电阻 R_2→动圈 2→电流负极。设电源电压恒定，则 I_2 不变。I_2 流过动圈 2 时产生反作用力矩 T_2。

开始时 $T_1>T_2$，力矩差使指针转动。由于铁心有缺口，造成铁心与磁极间的气隙不等，进而造成磁场不均匀。当两线圈在不均匀磁场中旋转时，随着 α 的增大，T_1 和

T_2 均增大，但增大的速率后者大于前者，当 α 增大到某一角度时 $T_1=T_2$，指针停在平衡位置，指示出 R_x 的值。数学分析指出，

$$I_1/I_2=F(\alpha) \tag{11-19}$$

上式表明，指针偏转角 α 是两线圈电流 I_1 和 I_2 比值的函数，这也是比率表名称的由来。

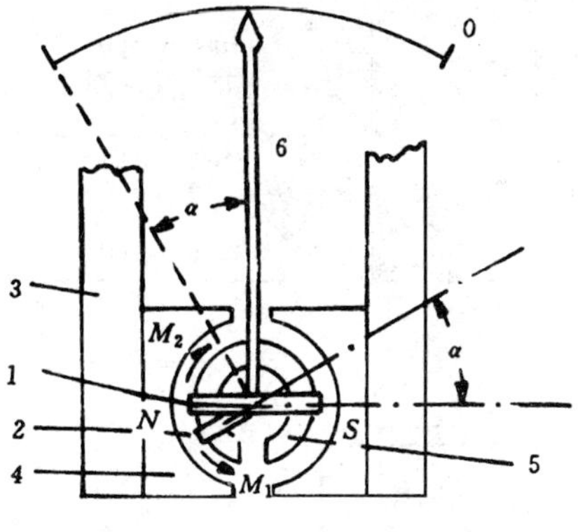

图 11-20　比率计测量机构的原理图
1、2. 动圈　3. 永久磁铁　4. 极掌
5. 铁心　6. 指针

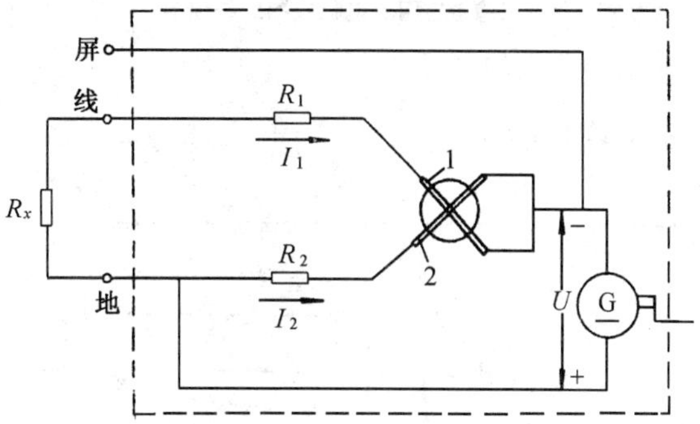

图 11-21　兆欧表的电路图

兆欧表的电源还可以采用电池，例如图 11-22。15V 的电池电压经串联型直流稳压电路稳定在 10V，这样是为了后续电路的工作不受电池新旧的影响。由 VT_1 和 VT_2 及外围元件构成的振荡器将直流电变换为 10kHz 的交流电。交流电经变压器 T 升压，再经二极管整流和电容器滤波，变换为高压直流电供测量电路使用。VD_1 用来防止外接电源极性接错而损坏电路。

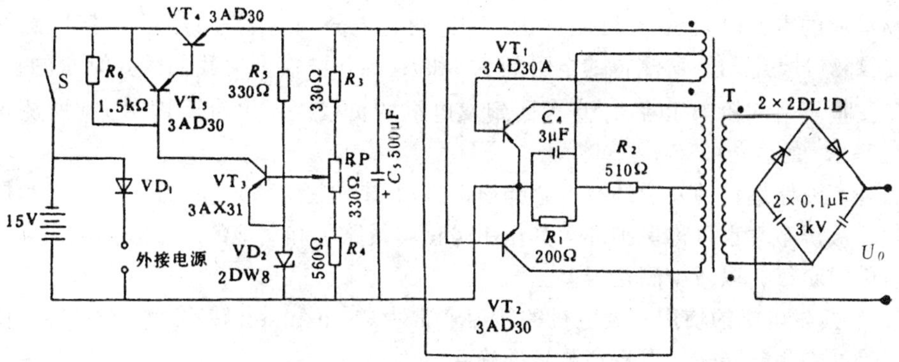

图 11-22　兆欧表的电池电源的电路图

2. 兆欧表的使用

① 额定电压的选择　兆欧表的额定电压要高于被测电气设备或线路的工作电压，见表 11-1，但也不能太高，否则容易损坏材料的绝缘。

② 接线柱的使用　兆欧表的接线柱有3个，线路（L）、地线（E）和屏蔽（G）。一般测量时将两个被测点分别同 L 端与 E 端相连即可。对地测量时，必须 E 端接地、

L 端和被测点相连。当被测绝缘材料表面被污染（含潮湿）时，要使用接线柱 G，以电缆为例，接线图见图 11-23。

表 11-1　兆欧表额定电压的选择

被 测 对 象	被测设备的额定电压 (V)	兆欧表的额定电压 (V)
线圈绝缘电阻	500 以下 500 以上	500 1000
电力变压器线圈绝缘电阻、电机线圈绝缘电阻	500 以上	1000～2500
发电机线圈绝缘电阻	500 以下	1000
电气设备绝缘电阻	500 以下 500 以上	500～1000 2500
瓷瓶		2500～5000

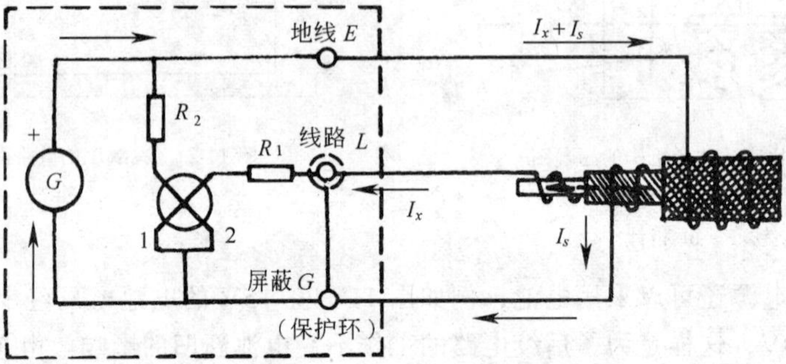

图 11-23　兆欧表接线柱 G 的使用接线图

在图 11-23 中，E 接缆壳，L 接缆心，G 接心、壳间的内层绝缘物。缆壳、缆心间的电阻可以等效为两个，一个是绝缘物本身的体积电阻 R_x，另一个是由绝缘物表面污染物构成的表面电阻 R_s。设流过 R_x、R_s 的电流分别为 I_x、I_s，当不接屏蔽端钮时 I_x 和 I_s 都流过动圈 1，所测得的电阻是 R_x 和 R_s 的并联值，而我们需要测量的只是 R_x 的值。接上屏蔽端钮 G 以后 I_s 直接回到发电机的负极，不再流入动圈 1，所测得电阻值就仅是 R_x 的值。

另外，线路端钮的外边还有一个铜质圆环（图中虚线环），叫保护环，它和屏蔽端钮相接，故屏蔽端也可称保护环。其作用是让“线路”和“地线”端钮间的漏电流直接回到发电机负极，以减少测量误差。

③ **手摇发电机的使用**　发电机的转速通常为120 n/min（转/分），±20%。使用时应尽量维持在规定转速，以提高测量准确度。

④ **测量安全**　见第四节。

五、接地电阻测量仪

接地电阻的测量对保证用电安全和防止雷击具有重要意义，其方法有电压表—电流表法、电桥法、万用表法和采用专用测量仪的方法（又称补偿法），这里只讲解最后一种方法。

接地电阻测量仪又称接地摇表，其原理和采用补偿法的直流电位差计相似，电路图见图 11-24。测量仪有 3 个接线柱，E、P、C。E 和被测接地装置连接，P 和 C 分别同电位和电流辅助探针（接地装置）相连。由于两点间接地电阻随距离增加，但超过 20m 时可以认为不再增加。所以为准确测量接地电阻，要求接地装置和两个辅助探针三者要在同一条直线上，接地装置和电位辅助探针相距 20m，电流探针和电位探针相距 20m。

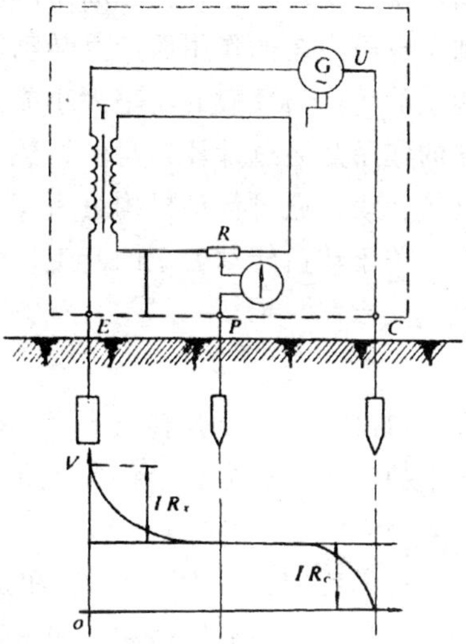

图 11-24　接地电阻测量仪的原理图和地电位分布曲线

测量仪的工作原理如下：手摇交流发电机 G 的电流回路是：发电机——电流互感器 T 的一次线圈——接地装置——被测接地电阻 R_x——辅助接地电阻 R_c——辅助探针——发电机。电流互感的次级回路的电流为 kI，k 是变流比，kI 经电位器 R 构成回路。设 R 左端点和活动触点之间的电阻是 R_u。调节检流计 P，使其指示为零，此时，I 流过 R_x 产生的压降 IR_x 和 kI 流过 R_u 产生的压降 kIR_u 相互完全补偿，即，

$$IR_x = kIR_u$$

整理得，

$$R_x = kR_u \tag{11-20}$$

可见，被测接地电阻 R_x 等于电流互感器的变流比 k 和电位器 R 左边电阻 R_u 的乘积，而与辅助接地电阻 R_c 无关。

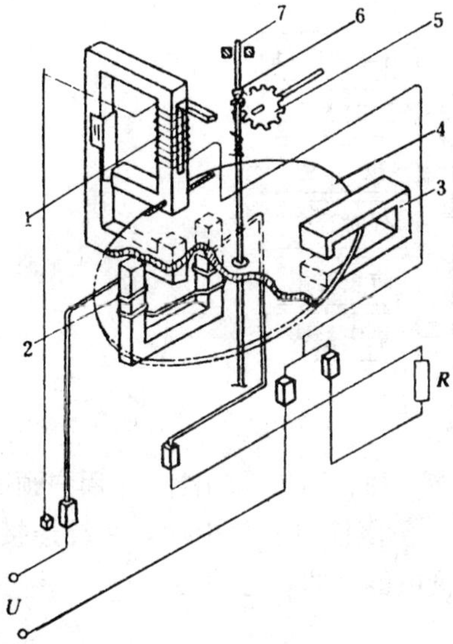

图 11-25　交流单相电度表测量机构的原理

1. 电压铁心线圈　2. 电流铁心线圈　3. 制动磁铁　4. 铝盘　5. 蜗轮　6. 蜗杆　7. 转轴

六、电能表

电能表俗称电度表，传统的电能表属于感应系仪表，现在仍被广泛使用着。数字式电能表已开始采用。

1. 感应式电度表的原理

交流单相电度表的原理见图 11-25。电度表主要由以下几个部分组成：

① **电流铁心线圈**　电流线圈的匝数少，导线粗，线圈串联在电源中。

② **电压铁心线圈**　电压线圈的匝数多，导线细，线圈并联在电源两端。电流线圈和电压线圈一起构成驱动部件。

③ **转动部件**　由铝圆盘、转轴、轴承组成。铝盘可以自由转动。

④ **制动磁铁**

⑤ **积算器**　图中只画出了蜗轮。

电度表的原理是：交流电流流过电压和电流线

圈产生交变磁场，处在磁场中的转盘被感应出涡流，转盘成了载流导体，它在磁场中受到了电磁力矩的作用而产生转动。制动部分的作用是在转盘转动时产生反作用力矩，使转盘的转速与负载的功率大小成正比，从而使电度表能正确计量负载消耗的电能。积算器的作用是通过计算转盘的转数来计算电能。转盘转动时，转轴上的蜗杆带动积算器的蜗轮转动，通过传动机构最后使字轮转动，直接显示出被消耗电能的度数。

关于转盘转动力矩的产生，这里用数字公式简单说明。通过数学分析我们得到，

$$T_p = K\Phi_U\Phi_I\sin\varphi \tag{11-21}$$

$$= CUI\cos\varphi = CP \tag{11-22}$$

式（11-21）中 T_p 是转盘的平均转矩，Φ_U、Φ_I 分别是通过电压线圈、电流线圈的电流产生的磁通，φ 是 Φ_U 和 Φ_I 间的相位差。该式告诉我们，在转盘上只要有两个不同相位的交变磁通作用在转盘上的不同位置，就产生转矩。式中 C 是比例常数。式（11-22）告诉我们，平均转矩 T_p 和负载的功率 P 成正比。

三相电度表的原理和单相电度表一样，只是结构复杂一些，有三套驱动部件和一个或三个转盘。

86 系列电能表是目前国家推广使用的新产品，应优先采用。其型号中均有 86 字样，如 DS862—4（三相三线有功电能表）。

2. 数字电度表的原理

数字电度表的原理见图 11-26。从图中可以看出，首先对被测电路进行电压和电流取样；然后将取样信号相乘并积分，得到代表电能的电压信号；再将电压信号进行 A/D 变换，最后送入微处理器处理。

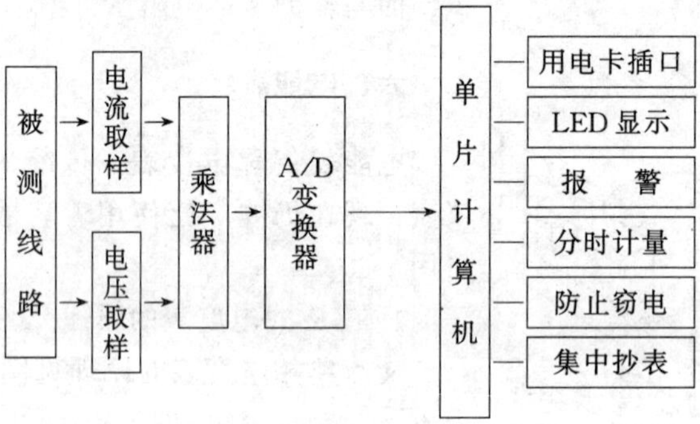

图 11-26　数字电度表的方框原理图

微处理器不但能实现数字显示，而且具有智能功能。如，预售电功能——用户预购用电卡，将卡插入电表方可用电；集中抄表功能——将预留接口和集中抄表系统连接，即可实现集中抄表；分时计量功能——按不同时段计量电能；防窃电功能。

数字式电能表将逐步取代感应式电度表。

第三节　万用表、示波器、其他仪表及传感器

上一节介绍了最常用的电压表、电流表、欧姆表和电能表，这一节再介绍几种常用仪表：万用表、示波器和其他仪表，并附带介绍几种传感器。

一、万用表

万用电表是一种多用途、多量程、携带方便的仪表。一般万用表能测量直流电压和电流、交流电压、直流电阻、音频电平，有的还能测量交流电流、高电压（配用高压测试杆）、电感、电容、晶体管 β 值等。有的和钳形表组合成一体，有的做成表笔式。

万用表的面板上装有转换开关、表头（或显示器）、电阻挡调零旋钮、表笔插孔、晶体管插孔等。黑表笔接“－”号或“＊”号插孔；红表笔一般测量时接“＋”号插孔，特殊测量时接其他插孔。

万用表可分为指示万用表、电子指示式万用表（晶体管万用表）和数字式万用表。

1. 指示万用表

指示式万用表主要由测量电路，功能、量程转换开关和测量机构（表头）组成，其方框原理图见图 11-27。功能选择开关用于选择被测量的种类（如 R）。根据被测量大小选择量程（如×1k）。电量变换电路把被测信号变换为直流电压送入测量机构（表头）。测量机构为磁电系，本身只能测量直流电压。功能选择、量程选择和电量变换三部分合称测量电路。

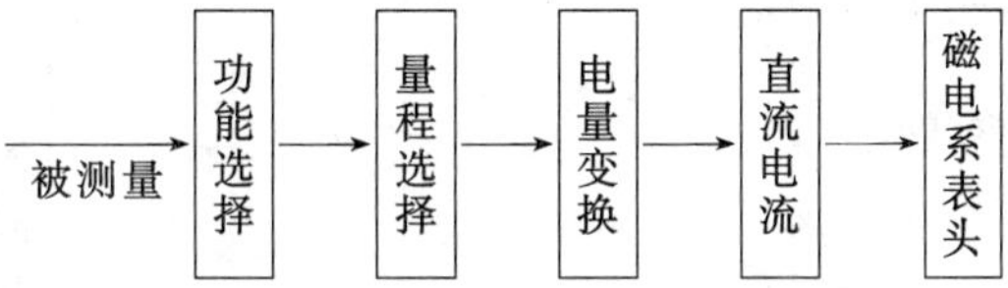

图 11-27　指示万用表的方框原理图

某万用表的电路图见图 11-28。该电路的基本原理已在上述多量程电压表、电流表和欧姆表部分讲解过。该表和钳形电流表合为一体，能测量交流电流，该表还能测量三极管的 β 值。

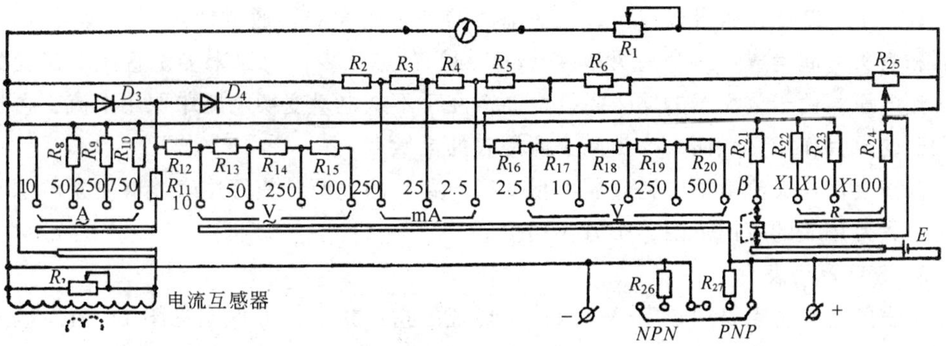

图 11-28　指示万用表的电路图

万用表的功能和量程转换由一个多层的多刀多位（或多掷）的转换开关（或称波段开关）担当。所谓刀，是指连接触点间电通路的活动金属片；转换开关的刀作旋转运动，刀转动到的不同触点的位置称位。根据需要将若干个多刀多位的子开关叠合在一起，共用一个转轴和旋钮控制它们联动，这样的开关称多层开关。图 11-29 是一个两层 3×6（3 刀 6 位）的转换开关的电路图。子开关 S_{1-2}是一个 1×6 的开关，实际使用三个

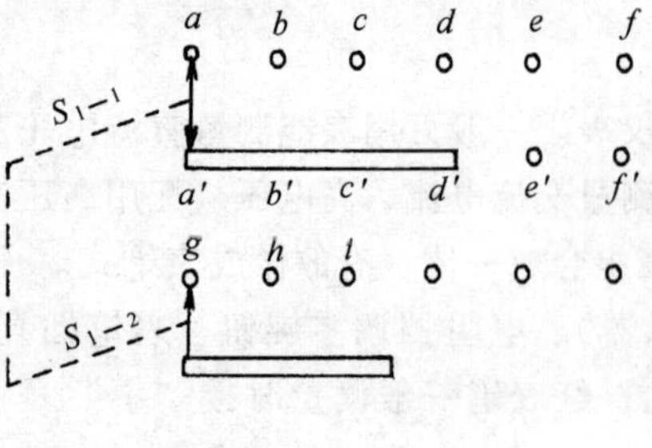

图 11-29　转换开关的电路图

触点 g、h、i，其余三个触点悬空，刀用箭头表示。子开关 S_{1-1}是一个 2×6 的开关，双刀用两个箭头表示。旋转开关的旋钮，图中双刀由左向右平动，依次将上下对应触点接通。a'、b'、c'和 d'4 个触点在使用中一直相通，用一个细长方形表示。用虚线把 S_{1-1}和 S_{1-2}连接起来表示它们联动，例如，S_{1-1}接通 a、a'时，S_{1-2}接通 a、a'下方对应的 g，S_{1-1}接通 b、b'时 S_{1-2}接通 h，余类推。需要注意的是：有的电路图将表示联动的虚线省略不画，此时要根据开关的编号是否有第二部分编号（如 S_{1-2}中的 2）来判断开关是否子开关，子开关是联动的。有的图甚至省去双刀的双箭头符号，但由于开关的触点在图中是按水平或垂直方向有序排列的，双刀的位置也容易判定。

2. 电子指示式万用表

该表在指示万用表的基础上，采用电子技术，大大提高了性能，其方框图见图 11-30。

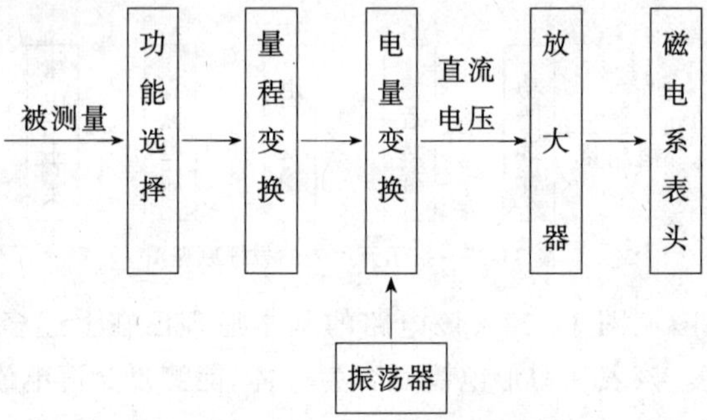

图 11-30　电子指示式万用表的方框图

和图 11-27 相比较可以看出，表头前面增加了放大器（通常使用运算放大器），放大器和表头一起构成了一个高灵敏度（mV 级）的电压表，由原来测量直流电流变为测量直流电压。由于放大器的输入阻抗极高，几乎不从电量变换电路中取用电流，再加上放大器的放大作用，从而大大提高了万用表的灵敏度。

振荡器用作交流电桥电路（属电量变换电路）的电源，使万用表能够测量电感和电容，扩大万用表的应用范围，很有实用价值。

3. 数字万用表

该表的主要特点是用数字显示取代了传统的指针指示，方框图见图 11-31。电量变换电路将被测量变换为直流电压信号，送入 A/D 转换器，A/D 转换器将模拟信号转换为数字信号，送入数字显示器显示，A/D 转换器由大规模集成电路担当。

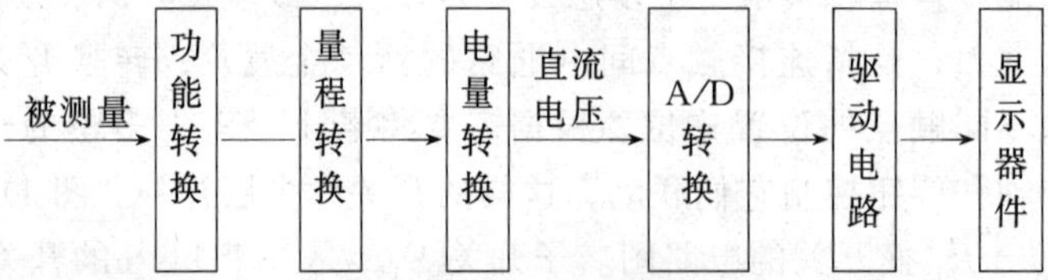

图 11-31　数字万用表的方框图

常用数字表的显示位数是 $3\frac{1}{2}$ 或 $4\frac{1}{2}$ 位。所谓半位是指最高位不能显示到 9，能显示到 9 称满位。常用的满度显示数有 1 999、2 999、3 999 和 4 999。

二、示波器

前面讲过的仪表只能测量电量的数量，而示波器是显示电信号波形的仪器，（还能测量信号的周期，比较两信号的相位），它使电信号由不可见度为可见，是重要的生产和科研仪器。示波器可分为普通示波器；记忆示波器——能存储被测信号；宽带示波器——60MHz 以上的示波器；取样示波器——采用取样技术，把被测高频信号模拟成低频信号进行测量；多踪示波器——能同时显示多个信号的波形；特殊示波器——如晶体管特性曲线测试仪，电视示波器等。这里只介绍普通示波器。

1. 示波管的构造

示波管是示波器的核心，其构造图见图 11-32。和显象管相比，基本原理类似，但构造较简单，都属于阴极射线管（CRT）。CRT是一个真空玻璃管，前面（图中右面）是荧光屏，内有灯丝、阴极、聚焦阳极，X 偏转板、Y 偏转板和加速阳极，全部安装在示波管的轴线上。

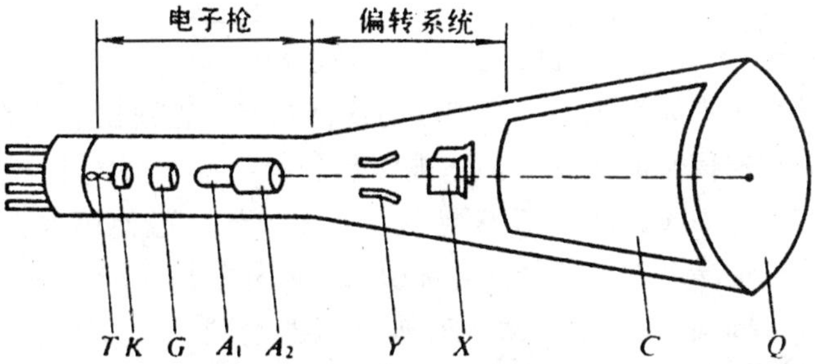

图 11-32 示波管的构造示意图

T. 灯丝 K. 阴极 G. 控制栅极 A_1. 第一阳极 A_2. 第二阳极

Y. Y 偏转板 X. X 偏转板 C. 炭膜导电层 Q. 荧光屏

阴极是一个端面涂有氧化物的镍杯，灯丝装在阴极内。在灯丝通电后的加热作用下，再加上氧化物本身容易逸出电子，阴极向外发射电子。聚焦阳极和加速阳极均为圆筒状，前者利用电场的作用使本来较分散的电子流聚焦（形成很细的电子束）并加速，后者利用电场使电子束进一步加速。荧光屏上涂有荧光物质，在电子束的轰击点荧光物质发光，光能持续一定时间，称余辉现象。栅极是一个镍筒，顶部开有小孔，阴极发射的电子流穿过小孔，栅极利用电场控制穿过小孔的电子量，从而能控制电子束轰击荧光屏的亮度。

2. 波形显示的原理

偏转板是对称于电子束中心线放置的两块极板。由锯齿波振荡器产生的锯齿波电压加压 X 偏转板（水平偏转板）上，偏转板间的电场力使本来在荧光屏中心静止不动的电子束光点作水平扫描运动，荧光屏上显示出一条水平亮线。锯齿波的频率即水平扫描的频率。被测量的电压信号加在 Y 偏转板（垂直偏转板）上，设扫描电压为零，此时偏转板间的电场力使电子束光点按照被测信号的规律（如正弦规律、脉冲信号规律）作上下垂直运动，荧光屏上显示出一条垂直亮线。当扫描信号和被测信号同时作用时，即，当电子束同时受到 X 和 Y 偏转板的电场力作用时，屏幕上便显示出被测信号随时间变化的波形。被测信号的频率越高，要求扫描信号的频率越高。

3. 示波器的原理

示波器的方框图见图 11-33。示波器的电路主要分为示波管、X 通道（含扫描电路）、Y 通道、同步电路和电源五部分。

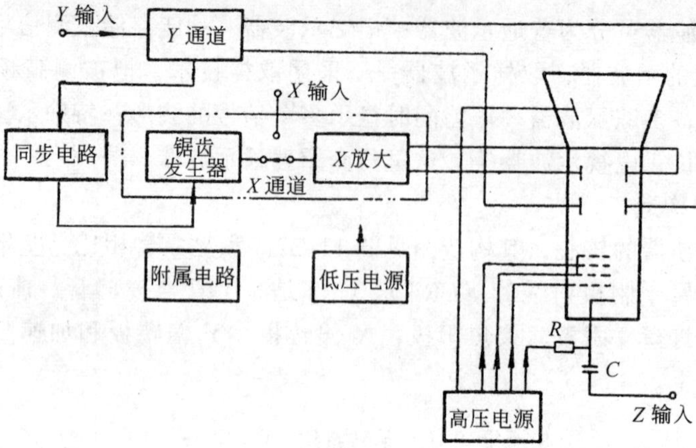

图 11-33　示波器的方框图

扫描电路是一个锯齿波发生器。锯齿波的线性要好，否则扫描的速度不均匀，使被显示的波形失真。扫描信号的频率要能随被测信号频率的不同而改变。扫描信号 X 通道放大器放大到 200～300V，加在 X 偏转板上。示波器一般使用自身的锯齿波扫描信号，称内扫描；特殊情况下扫描信号由外部引入，称外扫描。

被测信号经 Y 通道输入，信号太大时被衰减器衰减，信号太小时由放大器放大，衰减和放大倍数可调，然后加在 Y 偏转板上。

同步电路的作用是使扫描信号和被测信号同步，以保证波形显示的稳定性。同步电路将来自 Y 放大器的被测信号整形为触发信号（尖脉冲信号），触发信号的前沿时刻和被测信号的起点时刻一致。触发信号被送入扫描电路，控制扫描信号的时间起点，即，扫描电路在脉冲信号触发下才开始工作（称触发扫描或他激振荡），所产生的扫描信号的起点和触发脉冲的前沿时刻一致。总之，被测信号、触发信号和扫描信号三者是同步的，这样便保证了波形显示的稳定性。示波器一般采用自身的同步信号（触发脉冲信号），称内同步。特殊情况下同步信号从外部引入，称外同步，或采用 50Hz 工频交流信号。

示波器的电源电路采用普通稳压电路或开关电源，输出多路十几伏、几十伏、几百伏和几千伏的直流电压供示波器的电路和示波管使用。示波管的灯丝常采用 6.3V 的交流电压。

当需要比较两个信号的频率和相位时，两信号分别从 X 和 Y 通道输入（此时要把内扫描信号断开），屏幕上显示出各种有规律的波形（称李沙育图形），根据图形的特点便能判断出两信号的频率比和相位差。

增辉信号由 Z 端输入，其作用是使扫描正程增辉而逆程消隐。

三、其它仪表

前面我们讲解了最常用的仪表。在实际工作中还会遇到功率、频率、相位和无功电量的测量，下面简要介绍其原理。

1. 功率表

单相功率表的符号和接线图见图 11-34。功率表大多由电动系测量机构构成。电动系功率表有两个线圈，电压线圈（动圈）2 和电流线圈（定圈）1。两线圈是相乘的关系，用一个圆叠加在一条水平粗实线（代表电流线圈）和一条垂直细实线（代表电压线圈）上表示。线圈的接法和电度表类似，电流线圈串联接入电路，电压线圈通过分压电阻 R_1 并联到负载上，R_2 是电压线圈的电阻。星号表示“电源端”，接线时要使两线圈的“电源端”接在电源的同一极性端，即，要让电流从“电源端”流入两线圈，以保证功率表正常工作。电动系功率表交直流两用。

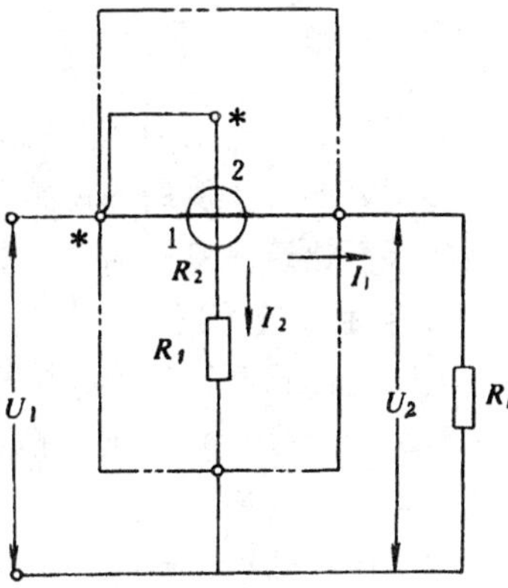

图 11-34　单相功率表的符号和接线图

三相功率表的原理和单相功率表一样，但结构复杂。用于三相三线制的功率表由两个可动部分共一个转轴的单相功率表组成；用于三相四线相的三相功率表由三个可动部分共一个转轴的单相功率表组成。

2. 频率表

频率是交流电的重要参数和质量指标，数字频率计是测量频率的通用仪器。如果仅限于测量 50Hz 工频，常采用经济实用的指示式频率表，而不采用频率计，虽然其准确度不高但也可满足要求。常用的频率表有电动系频率表和变换式频率表。

电动系频率表由电动系比率计测量机构和测量电路构成，测量机构和上述兆欧表采用的磁电系比率计测量机构类似（把磁铁更换为固定线圈），测量电路由 R、L、C 元件组成。电动系频率表是根据电抗（感抗和容抗）随频率变化的原理测量频率变化的。

变换式频率表由变换电路和磁电系测量机构组成，变换电路把交流电进行整流等处理，所得到的电流平均值随频率而改变，这就是变换式频率表的基本原理。

三相交流电各相的频率是一致的，故频率表没有单相和三相之分。

3. 相位表和功率因数表

相位表和功率因数表的原理一样，只是分别用 φ 和 $\cos\varphi$ 作为刻度。数字式相位表通过测量两个波形通过零点的时间差来测量相位，是测量相位的通用仪器。如果仅限于测量功率因数，常采用经济实用的指示式功率因数表。指示式功率因数表主要有电动式和变换式。

电动式功率因数表由电动系比率计测量机构和测量电路组成。从第一节式（11-7）可以看出，电动系测量机构的指针的偏转角 α 和 $\cos\varphi$ 相关，这就是电动式功率因数表的基本原理。

变换式功率因数表的测量电路采用交流阻抗电桥电路，检流计的指示值与电压和电流的相位差相关。

功率因数表是中心指零式，感性负载向右偏转、容性负载向左偏转。和功率表一样，接线时要遵守“电源端”原则。三相功率因数的原理和单相表类似，仅适用于三相三线制的对称负载。

4. 无功电量表

无功电量表包括无功功率表、无功电度表。有功功率和无功功率的计算公式类似，只是系数不同；有功电能和无功电能的计算公式也是一样。把有功电量表稍作改动即成为无功电量表；也可以通过改变接线，用有功电量表测量无功电量。

四、传感器

能把非电量转换为电量的装置统称传感器。有了传感器才能把非电量变为电量来测量。在特定场合下使用的传感器也可称变送器、换能器等。建设机械、建筑防火系统、智能建筑、建筑质量检测、建筑科研等场合都需要大量传感器。

1. 电阻式传感器

电阻式传感器是利用金属导体或半导体的电阻值在受到力、温度、光、磁场、位移等作用时发生改变的原理制成的，常见的电阻式传感器有应变片、热电阻、热敏电阻、磁敏电阻电位器等。

应变片粘贴在弹性元件上（如钢筋上），当弹性元件受力时应变片发生应变（形状和尺寸改变），导致自身阻值改变。在建筑领域，应变片主要用于材料、构件和建筑物的性能试验。顾名思义，热电阻（用金属材料制成）、热敏电阻（用半导体材料制成）、光敏电阻和磁敏电阻的阻值在热、光和磁场的作用下发生改变，它们除直接用来测量温度、光信号和磁场外，还能用来组成其它传感器。如用磁敏电阻能组成转速传感器、位移传感器、调制器、探伤传感器等。电位器的动触头受到机械位移作用时其阻值变化，可以用来测量压力、位移、加速度等。

2. 电感式传感器

电感式传感器利用改变铁心在线圈中的位置、改变磁路的间隙或截面等手段，从而使自感或互感发生变化的原理制成，常用于测量位移、振动、加速度、压力、流量等。电感式传感器分为自感式和互感式两种，后者又称差动变压器。

3. 电容式传感器

电容式传感器利用改变电容器极板的面积、极板间的距离和电介质的介电常数的方法，使电容发生变化的原理制成，主要用于测量压力、位移、物位、材料的温度、厚度等。还能用来探测火灾烟雾。

4. 压电式和压磁式传感器

某些电介质（如石英晶体、压电陶瓷等），在一定方向上受压变形时，其两个表面上产生符号相反的电荷，外力撤除后又恢复不带电状态，这种现象称压电现象。压电现象是可逆的，即，当在一定方向上受到电场作用时电介质产生变形。压电式传感器主要用于测量压力、加速度，和电子元器件一起组成频率非常稳定的石英晶体振荡器，在下述超声波仪器中充当声波发送和接收器。利用逆压电效应可以制成扬声器。

当磁铁材料受压时其磁导率发生变化，进而引起铁心线圈的电感变化，这种现象称压磁效应。压磁式传感器常用于大负荷测力，如用于建筑机械中使用的力矩限制器、重量限制器等。

5. 电磁感应式传感器

感应式传感器利用电磁感应现象，即，线圈在磁场中运动产生感应电动势的原理制成，主要用于建筑振动试验和地震波测量，能测量振动的速度，增加积分器和微分器后便能测量位移和加速度。感应式传感器还能用于测量扭矩。扭矩传感器由两个感应式传感器组成，当发生扭矩时，两个传感器输出的电动势存在相位差，测出相位差便能知道扭矩。

6. 磁敏元件传感器

磁敏元件包括磁敏电阻、霍尔元件、磁敏管等，磁敏电阻前面已介绍过。

霍尔元件由矩形半导体薄片和从对边引出的两对电极组成，一对电极称控制电极，另一对称霍尔电极。当给控制电极加上电压、电流流过半导体片时，在外磁场的作用下，霍尔电极上出现电动势（霍尔电动势），电动势同电流和磁感应强度成正比，这种现象称霍尔效应。霍尔元件传感器能用来测量振动、压力、位移、加速度、转速等，还能测量电流、磁感应强度。

磁敏管分磁敏二极管和磁敏三极管，其电路符号见附录，其型号名称中有字母 M，如 2 ACM、3 DCM。磁敏二极管的正向电流和磁敏三极管的集电极电流随外磁场的磁感应强度改变。磁敏管特别适宜作无触点开关，具体用途很广。

7. 光电式传感器

光电传感器是把光量的变化转换成电量的装置，一般由光源、光学元件和光电元件三部分组成。通电后发光（含红外光、紫外光）的器件统称为光源。光学元件是指各种反射镜和透镜，用来组成光路。光电元件有光敏电阻、光电池、光敏管、电荷耦合摄像器件（CCD）、光电位置敏感器件（PSD）等。光电传感器主要用于测量转速、位移、压力，探测火焰和烟雾。

以光电传感器为心脏的红外成像仪能用于建筑外墙剥离层的检测，饰面砖粘贴质量大面积扫描检测，门窗和玻璃幕墙的保温性、防渗漏性检测，混凝土的火灾受损和冻融破坏检测等。

8. 热电式传感器

热电式传感器是将温度的变化，如火灾造成的温度变化，转换为电量变化的装置，常见的热电式传感器有热电阻、热敏电阻、PN 结型温度传感器、热电偶等，前两种已作过介绍。

晶体管的特性受温度的影响较大，本来是件坏事；然而这种特性却可以用来测量温度。PN 结温度传感器利用二极管的正向压降和三极管的 U_{be} 随温度的升高而线性下降的原理制成。有的把后续的测量电路做成集成电路，使用非常方便。

热电偶的原理是：把两个用不同金属材料制成的线状导体焊接起来，当焊点处（热端）受热时两个端点（合称冷端）间出现电动势（热电动势），测量出电动势的大小便知道热端温度的高低。

9. 放射线传感器

原子序数相同但原子质量不同、在周期表上占有同一位置的元素称同位素。自发放出 X、α、β、γ 等粒子（射线）的同位素称放射性同位素。放射现象是普通存在的，岩石和土壤都有放射性，足够小的放射量对人体是无害的。

放射线传感器由放射源和接收器构成。放射性同位素充当放射源，接收器接收射线并把它转换为电量。被测体一般放在放射源和接收器之间，被测体参数的变化，如厚度的变化，火灾烟雾浓度的变化，使接收器收到的射线发生变化，从而达到测量的目的。放射线传感器常用于测量材料的厚度、密度、温湿度、损伤等。同位素感烟探测器（又称离子感烟探测器）广泛用于防火系统中。

在建设领域中，X 射线或 γ 射线透视仪能用于检测混凝土中钢筋的位置、直径和锈蚀状况，检测混凝土的缺陷，如裂缝、空洞等。

10. 超声波传感器

检测用超声波的频率为 100 kHz～1 MHz。超声波传感器内发送和接收两部分组成。前面讲过压电效应，超声波传感器利用压电材料的逆压电效应（电致伸缩效应）发射超声波，利用正压电效应接收超声波。超声波的传播速度、衰减程度随材料不同而异，超声波具有反射、折射、波型转换特性。利用这些特性能实现对材料的无损检测，还能测量液位、流量。超声波检测仪在建筑质量检测和建筑科研中有着广泛的应用，如检测混凝土的强度、厚度和缺陷（裂缝、空鼓、剥离等），检测建筑材料的种类，检测混凝土钻孔灌注桩的质量。

微波的波长为 1m～1mm，对应的频率是 300MHz～300GHz。微波传感器也由发送和接收两部分组成，但发送和接收的原理与超声波不同。用微波传感器原理制成的雷达仪能用于混凝土中钢筋位置、直径和深度的检测，混凝土缺陷的检测，现浇混凝土的质量检测，地下管道的检测，公路路面质量的检测等。

11. 电涡流式传感器

涡流现象是一种特殊的电磁感应现象，详见第二章。当通有交流电 i_1 的线圈靠近金属导体时，导体内产生涡流，涡流的磁场反过来又使线圈产生感应电流 i_2，线圈中的总电流是 i_1 和 i_2 之和。设法让被测非电量的变化引起线圈和导体之间的距离、导体的电导率和磁导率的变化，也就是引起线圈电流的变化，这样便能实现非电量的测量。涡流式传感器常用于测量位移、振幅、厚度，探测钢筋的位置、直径，但只能探测表层的钢筋，探测深层钢筋要用 X 射线或 γ 射线成像仪。

其他传感器还有生物传感器、气敏传感器、激光传感器等。气敏传感器能用气敏元件检测出特殊气体，如可燃气体。激光传感器用于测量距离，水平度、垂直度，准确而方便，在建筑测量中已有应用。

第四节　电工仪表的选用原则和安全使用

一、选用原则

电工仪表总的选用原则是兼顾实用性和经济性。首先要能满足实际工作需要，其次不是越高档越好，要考虑经济性。可具体考虑以下因素：

被测量是否正弦量、是否测量有效值？实际工作中一般是测量正弦量的有效值，常用仪表也都是按正弦量的有效值刻度的。可以采用电动系和电磁系仪表测量非正弦量的有效值，若采用整流系仪表（如万用表）则有误差。测量非有效值，如最大值，对于正弦量可以用有效值换算最大值，对于非正弦量可以采用具有峰值保持功能的仪表或示波器。对仪表准确度要求：见第一节。被测信号频率：一般电工仪表的频率上限为几千Hz，测量更高频率的信号要用高频仪表。仪表的绝缘强度：仪表的绝缘强度试验电压要高于被测电压，以保证人身和仪表的安全。仪表的量限：为提高准确度，应避免使用标尺的前1/4段，尽量使用后1/3段，标尺中间位置的测量误差可能比前1/4段大2倍。有的仪表在标尺上用黑点标注“有效点”，不要使用有效点前面的区段。仪表的灵敏度：综合考虑被测量的最小值和对准确度的要求选择仪表的灵敏度。仪表的内阻：从不影响被测电路的工作状态、提高测量准确度的角度考虑，电压表的内阻越大越好、电流表的内阻越小越好。要综合考虑信号源内阻的大小和对准确度的要求中适当选择仪表的内阻。电压表的内阻对被测电路的影响用电压灵敏度表示，单位是Ω/V，如：20kΩ/V表示测量1V电压时流过表头的电流（从被测电路取用的电流）为1V/20kΩ＝0.05mA。普通万用表的电压灵敏度为2～20kΩ/V。仪表的工作条件，是指仪表工作环境的温度、湿度、振动、电磁场、灰尘等状况，共分为5类：A、A_1、B、B_1和C，后面类别的仪表比前面的更能适应恶劣环境，如A类适应0～40℃的环境，C类适应－40～60℃的环境。仪表外壳的防护类型分为7种：普通、防尘、防溅、防水、水密、气密和防爆。

二、安全使用

1. 电流表的安全使用

要防止误用电流表去测量电压，防止过载，否则会造成流过表头的电流过大（电流表的内阻一般都很小）而烧坏表头。

电流互感器的铁心和次级要接地或接零，以防止绝缘材料损坏，初级高压窜入次级造成事故。

和普通变压器显著不同的是，电流互感器的次级绝对不许开路。当次级突然开路，次级磁通为零时，铁心中的磁通大大增加（可增加几十倍）。从而一方面使铁心损耗大大增加，温度急剧升高；另一方面次级线圈被感应出高压（可达正常数值的几百倍），结果会损坏电流互感器和危及人身安全。不准在次级回路装熔断器，以免熔断器损坏时造成次级开路。拆除次级的仪表时，必须先将次级短路（有的电流互感器带短路开关）。

钳形电流表在使用过程中不许变换量程，否则会造成钳形表中电流互感器次级的瞬间开路。

对于多量程表要正确选择量程，测量直流电时要先搞清楚极性，防止因量程过小或极性搞错损坏仪表。不清楚极性时，可把表笔快接快离被测电路，同时观察指针的摆动方向，以判别其正负极性。

2. 电压表的安全使用

和电流表一样要防止过载，正确选择量程，测直流电压时注意极性。

测量高压时要戴绝缘手套，只准单手执笔，并且人体和外界的绝缘要好，同时还要有监护人员。电压互感器的次级线圈的铁心和外壳要可靠接地或接零，防止绝缘损坏时，高压窜入次级造成事故。

电压互感器的次级不许短路，否则会烧坏互感器。为防止短路事故，初级和次级都要接熔断器。

3. 欧姆表的安全使用

防止误用欧姆表去测电压，否则若表的内阻较小，电阻的端电压又较大，就有可能烧坏仪表。

测量设备的绝缘电阻时，必须切断设备电源，并要把设备接地放电（有些设备有较大的电容，如电容器、变压器、电机及电缆线路等），以保证人身、测试设备的安全和测得正确的结果。被测物的感应电压超过 12V 时，禁止测量。架空线路和与其相联接的电气设备在雷雨发生时禁止测量。

为防止人体触电，兆欧表正在运行（发电机正在转动）时不许人体触及被测物。测试完毕应先把被测物对地放电，然后人体才准许接触被测物。对于有较大电容的被测物应先对地放电，然后停止摇动发电机，这是为了防止电容放电损坏兆欧表。

测量接地电阻时，不准带电测量，要切断有关设备和线路的电源，断开被测接地极的连线。不准在雷雨天测量。在易燃易爆场所测量时要采用安全火花型接地电阻测量仪。

4. 万用表的安全使用

使用前先要正确选择功能和量程，这一点很容易忽视。防止用电阻档和电流档去测量电压，防止用小量程测量大信号，防止过载，测电阻时不准带电测量，测直流时注意极性。测量大电容（如：电解电容）时先要把它短路放电，以防放电电流损坏表头。测量较高电压（如 220V 以上）和较大电流（如 1A 以上）时不要中途换档，以免产生电弧损坏触点。测量电感的电压时要先脱开表笔，再断开电源，防止自感电势损坏表头。

万用表不用时，转换开关要放在电压最高档，一旦他人盲目使用也不会损坏仪表。长期不用时要把电池取出来，防止电解液流出损坏仪表。

小　结

1. 电工仪表的分类和技术指标　可分为指示仪表、比较仪表和数字仪表，主要技术指标有：量程、准确度及等级、灵敏度、可靠性等。

2. 指示仪表的原理　由测量电路和测量机构组成，测量机构有：磁电系、电磁系、电动系、感应系、比率计等。

3. 比较仪表的原理　把被测量和基准器（如标准电阻、电容、电感、电池等）进行比较。

4. 数字仪表的原理　测量线路将各种被测模拟量转换为直流电压，再由 A/D 转换器转换为数字信号，然后由数字显示器显示。

5. 常用电工仪表的种类和用途　见表 11-2。

表 11-2　常用电工仪表的种类和用途

种　类	用　途
电流表	测量电流值，串联在被测回路中，内阻越小对被测电路影响越小
采用分流器的电流表	扩大直流量程，配合磁电系测量机构使用
改变线圈匝数的电流表	扩大交直流量程，用于电磁系和电动系测量机构
采用电流互感器的电流表	扩大交流量程，能和被测线路隔离

续表

种　类	用　途
多量程电流表 钳形电流表	多量程测量,有利于提高准确度 不断开被测线路,使用方便,但准确度低
电压表 采用倍压器的电压表 采用电压互感器的电压表 多量程电压表 试电笔	测量电压值,和被测点并联,内阻越大,对被测电路影响越小 扩大交直流量程 用于600V以上电压测量,和被测线路隔离,以保障测量安全 多量程测量,有利于提高准确度 定性判断电压的有无
欧姆表 多量程欧姆表 兆欧表 接地电阻仪 电能表 感应式电能表 数字电能表	测量电阻值,需要电源,将电阻值变换为电压信号测量 多量程测量,有利于提高准确度 测量绝缘电阻,采用磁电系比率计测量机构,内有手摇直流发电机 测量接地装置的接地电阻值,采用补偿法,内有手摇交流发电机 测量电能 采用机械式积算机构,仍广泛使用 采用微处理器,数字显示,智能功能,将逐步取代传统产品
万用表 (指示式、电子指示式、数字式)	多用途、多量程、携带方便。能测量电压、电流、电阻及电感、电容、音频电平、三极管的 β 值等
示波器	显示电信号的波形,测量周期、相位差等
功率表	测量有功功率,分单相和三相表
频率表	电工领域采用指示仪表,测量工频(50Hz)
相位表和功率因数表	电工领域采用指示仪表,测量 φ 和 $\cos\varphi$
无功电量表	测量无功功率,无功电能
直流单臂电桥 交流阻抗电桥 直流电位差计	比较仪表,测量电阻,采用直流电源,准确度高达0.01级 比较仪表,测量电感,电容和阻抗,采用正弦交流(1kHz)电源 比较仪表、测量电势、电压、电流、电阻、电功率等,准确度高达0.001级

6. 传感器　把非量转换为电量。常用传感器有：电阻式、电感式、电容式、压电式、压磁式、电磁感应式、磁敏元件式、光电式、热电式、放射线式、超声波式、电涡流式。

7. 电工仪表的选用原则和安全使用

复习思考题

1. 什么是量程、准确度和灵敏度？
2. 简述指示仪表中的磁电系仪表、比较仪表和数字仪表的基本原理。
3. 简述电流、电压和电阻测量的基本原理。电压表和电流表的内阻怎样影响准确度？
4. 简述兆欧表、接地电阻测量仪和感应式电度表的基本原理和用途。
5. 示波器和万用表有哪些功能？
6. 什么是传感器、有哪些种类（说出5种以上)？
7. 怎样选择仪表的量程、为什么？
8. 简述电压表、电流表、万用表和欧姆表（含兆欧表和接地电阻仪）的安全使用事项。
9. 实际使用万用表测量电压、电流、电阻等。
10. 实际使用兆欧表和接地电阻仪测量绝缘电阻和接地电阻。

第十二章　安 全 用 电

前面几章分别附带介绍了电机、变压器、电焊机、供电、照明、仪表等安全问题，还有几个非常重要的安全问题前面没有涉及或只是提到，如接地和接零，雷击，人体触电和漏电保护器，电气火灾和电气爆炸，安全用电规律等，这些问题安排在本章讲解。

第一节　接地与接零

一、几个基本概念

① **零点和零线**　关于中（性）点和中（性）线见第三章三相交流电部分。接地的中性点称零点，从零点引出的导线称零线。实用中可不去区分中性点和零点、中性线和零线，本章一般称零点和零线。

② **保护接地与保护接零**　将电气设备不带电的金属部分用导线通过接地体和大地紧密连接起来，称保护接地；和供电系统的零线连接起来称保护接零。

IT 系统　供电变压器的零点不接地和采用保护接地二者构成的系统。

TT 系统　零点接地和采用保护接地构成的系统。

TN 系统　零点接地和采用保护接零构成的系统。

③ **接地装置**　它由接地体和接地导线（连接用电设备和接地体的导线）组成。接地体有单根接地体（单根棒、管、带等形状的金属物体）、互相连接的多根接地体和网状接地体。建筑工地上多用单根接地体。

④ **接地电流**　由于电气设备漏电、雷击等原因产生的经接地装置流入大地的电流称接地电流，或接地短路电流。接地电流以半球面形状向大地扩散，故又称流散电流，见图 12-1。

⑤ **接地电阻**　在短路电流以半球面形状向大地扩散的过程中，电流路径的面积越来越大，电流遇到的阻力越来越小，在距离接地体20m以外的地方可以认为电流的阻力为零。接地电阻包括接地装置本身的电阻、接地体和大地的接触电阻、距离接地点 20m 以内的大地电阻。前者很小，以后面两者为主。常用设备的接地电阻允许值见表 12-1。

⑥ **对地电压**　一般设距离接地点20m以外地方的电位为零。其他地方某点如漏电设备的漏电点，和零电位点之间的电压称那一点的对地电压 U_d。利用图 12-1 的对地电压曲面能求出任意点的对地电压。

⑦ **跨步电压**　当人行走在对地电压曲面所覆盖的地面上时，两脚之间（0.8m）的电压差称跨步电压 U_b。显然，设跨步距离不变，则越靠近接地点 U_b 越大。在图 12-1 中，$U_b = U_n - U_m$。

⑧ **接触电压**　在接地电流的路径上，人同时接触的两点之间的电位差称接触电压。

在图 12-1 中，人站在 F 点，手接触了漏电设备 M 的 E 点，则接触电压 $U_j = U_E - U_F$。设 E 点到接地点 O 之间导体的电阻忽略不计，则 $U_j = U_O - U_F$。

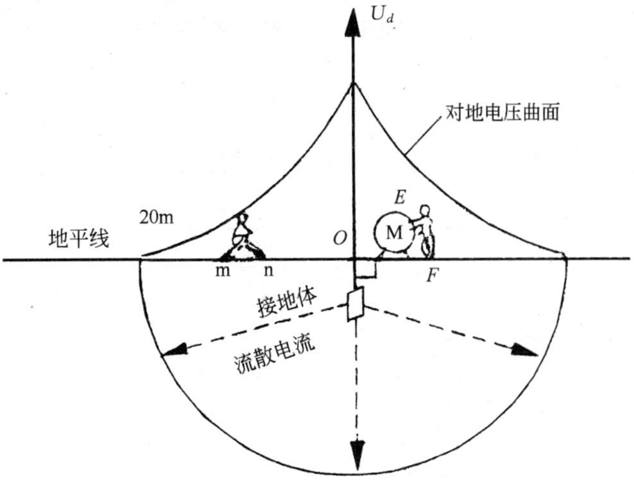

图 12-1　接地电流、对地电压、跨步电压和接触电压示意图

表 12-1　常用设备的接地电阻允许值（欧）

接地类别	允许值	备注
大接地短路电流系统接地	$R \leqslant 0.5$	短路电流＞500A
小接地短路电流系统接地	$R \leqslant 10$	短路电流＜500A
大变压器或发电机工作接地	$R \leqslant 4$	容量＞100kVA
小变压器或发电机工作接地	$R \leqslant 10$	容量≤100kVA
零线重复接地	$R \leqslant 10$	容量≤100kVA 不少于三处时可取 $R < 30$
电气设备保护接地	$R \leqslant 4$	不带电的金属部分
电气设备保护接地	$R \leqslant 10$	引入线装有 25 安以下的熔断器
低压线路杆塔接地	$R \leqslant 30$	
进户线绝缘子接地	$R \leqslant 30$	指低压
阀型避雷器(FZ)接地	$R \leqslant 4$	变配电所母线上
阀型避雷器(FS)接地	$R \leqslant 10$	线路出线段
管型避雷器接地	$R \leqslant 10$	
独立避雷针接地	$R \leqslant 10$	个别可取≤30
工业电子设备保护接地	$R \leqslant 10$	包括 X 光机
烟囱防雷接地	$R \leqslant 30$	包括水塔、料仓等

二、保护作用和原理

电气设备（包括装置）因绝缘劣化、甚至完全损坏或其他原因，会造成设备外壳带电，最高能达到相电压。这种故障如不能及时排除，一是会造成人体触电事故，二是会造成泄漏电流。漏电流产生的热量、电火花会造成火灾、爆炸等灾害。采用了保护接零或接地以后，一般能及时使保护装置动作而切断电源、减轻或避免上述危害。这就是保护接零或接地的功能。

下面分别介绍 TN、TT 和 IT 系统的保护原理。

1. TN 系统的保护原理

TN 系统的保护原理见图 12-2。假如机壳带电，由于机壳接了零线，巨大的短路电流会使保护装置立刻动作而切断电源。这时即使有人接触了机壳，由于人体本身就有较大的电阻，加上人体和地之间有接触电阻，短路电流基本上不会经人体、大地和接地体回到零点。

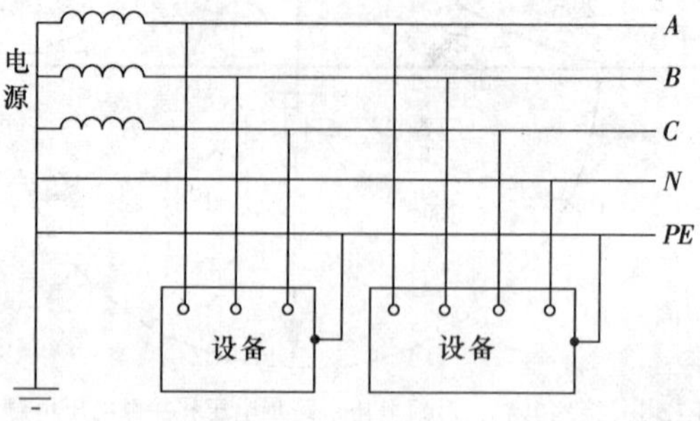

图 12-2　TN 系统的保护原理

2. TT 系统的保护原理

TT 系统的保护原理见图 12-3。当机壳漏电时，接地电流经电动机的接地装置、大地和供电变压器的接地装置回到零点。一般情况下接地电流能使保护装置动作而切断电源。但这种保护系统的可靠性不如 TN 系统高。

下面分析 TT 系统的可靠性。设变压器和电动机的接地电阻分别为 R_1 和 R_2，则接地电流 I_E 为，

$$I_E = \frac{U}{R_1 + R_2} = \frac{220\text{V}}{(4+4)\Omega} = 27.5\text{A} \tag{12-1}$$

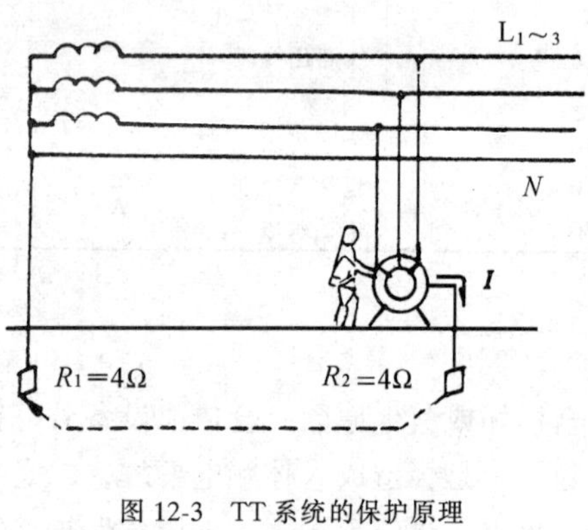

图 12-3　TT 系统的保护原理

大家知道，流过普通熔体的实际电流等于或大于其额定电流的 2.5 倍时，才能保证熔体很快熔断。流过低压断路器的实际电流等于或大于其整定电流的 1.25 倍时才能使断路器很快跳闸。所以 27.5A 的故障电流只能保证额定电流为 11A 的熔体和整定电流为 22A 的断路器很快动作。若电气设备的功率大，所用的熔丝和自动开关的整定电流大于上述数值，则保护装置不能及时动作，此时机壳和零点均有 110V 的电压。显然，TT 系统的保护性能不如 TN 系统好，但接地比接零应用方便。

3. IT 系统的保护原理

IT 系统的保护原理见图 12-4。先设 A 点断开，即没有接地保护。当用电器 M 的外壳和火线相碰时，接地电流 I_E 经人体、大地和阻抗 Z 构成回路。Z 可以看作线路对

地电容（分布电容）的容抗和对地绝缘电阻的并联值，以容抗为主。当电网对地绝缘良好时，Z 非常大，I_E 很小，不足以对人体构成伤害；但当电网对地绝缘遭到破坏时，Z 降低、I_E 增大，就可能危及人的生命。有了接地保护后，I_E 流过接地装置和人体两条支路，由于人体电阻 R_2、再加上人体同大地和用电器外壳的接触电阻比接地装置的电阻 R_1 大得多，故 I_E 不会危及人的安全。

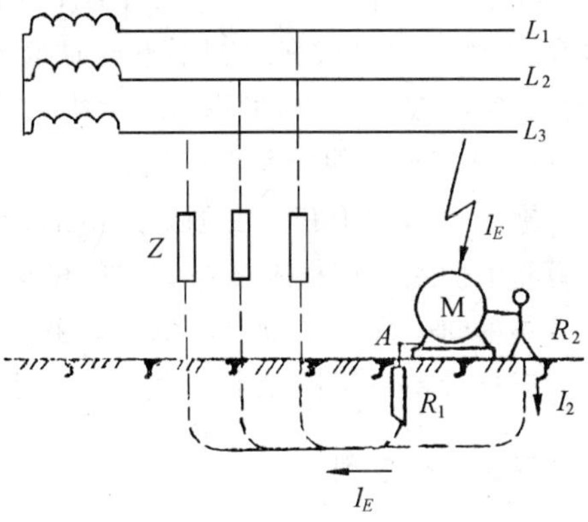

图 12-4　IT 系统的保护原理

三、选用原则

1. 一般选用原则

一般的选用原则是：对于零点接地供电系统应采用保护接零（即 TN 系统），或采用保护接地（即 TT 系统），但不宜同时采用上述两种系统。对零点不接地系统应采用保护接地（即 IT 系统），不得采用保护接零。

不宜同时采用 TN 和 TT 两种系统，这是因为：前面讲到，当 TT 系统的接地电流较小、保护装置不能及时断开时，零线上的电压能高达 110V，导致所有保护接零设备的外壳都带有 110V 电压，这是非常危险的。中性点不接地系统只能采用保护接地、不得采用保护接零，这是因为：当电网对地绝缘遭到破坏、甚至有相线接地时，所有保护接零设备的外壳存在对地电压，最高接近相电压，很容易造成人员触电伤害。

2. TN 系统的具体选用原则

TN 系统有三种具体形式，见图 12-5：①TN-C 系统，该系统的工作零线（N 线）和保护零线（PE 线）共用一根线（PEN 线），又称三相四线制系统；②TN-S 系统，该系统的 N 线和 PE 线是分别设立的，又称三相五线制系统；③TN-C-S 系统，N 线和

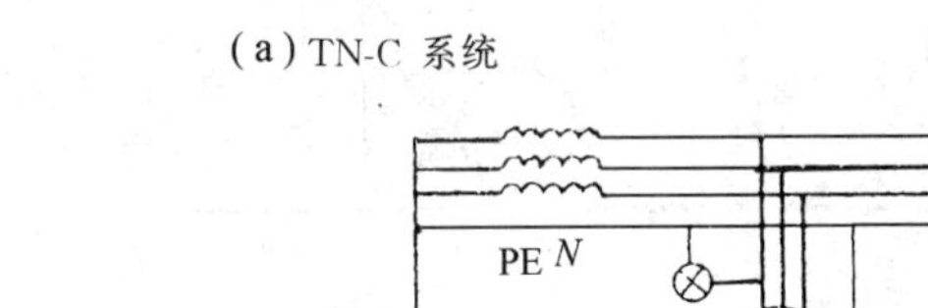

(a) TN-C 系统

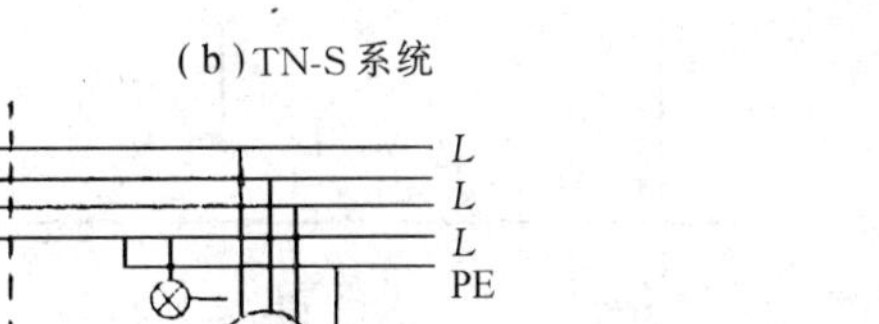

(b) TN-S 系统

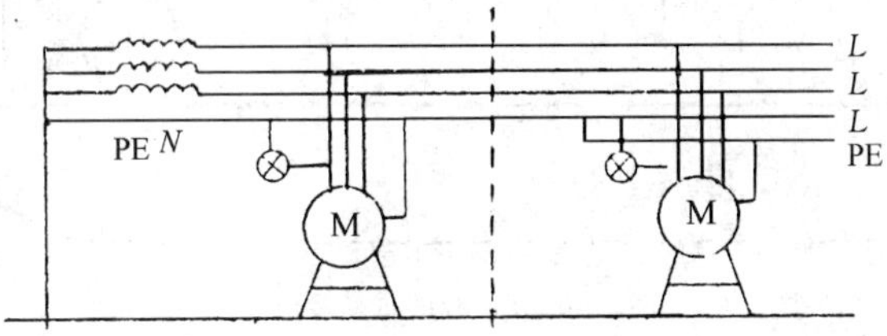

(c) TN-C-S 系统

图 12-5　TN 系统的三种具体形式

PE 线前一部分共用、后面部分分别设置的系统。

在上述三种系统中，TN-S 系统设有专用的保护零线，保护作用不受工作零线故障的影响，不受工作零线在三相不平衡时带电的影响，其保护性能最好，但施工较复杂。现在已有五芯电缆生产，给采用 TN-S 系统带来方便。有条件的单位应尽量采用 TN-S 系统。

3. 施工现场保护系统的选择

施工现场属于有高度触电危险的场合。部颁标准（JGJ46—88）规定：在施工现场专用的中性线直接接地的电力线路中必须采用 TN-S 接零保护系统。当施工现场与外电线路共用同一供电系统时，电气设备应根据当地的要求作保护接零、或作保护接地，不得一部分设备作保护接零，另一部分设备作保护接地。

四、实际应用

在保护接零或接地的实际应用中，应注意以下事项：

1. 对 *PE* 和 *PEN* 线的要求

PE 和 *PEN* 线不准装开关和熔断器，否则容易造成断线，使保护接零失去作用。*PE* 线的截面积应不小于工作零线。设备的保护接零线（机壳与 *PE* 线之间的连线）应为不小于 $2.5mm^2$ 的绝缘多股铜线，应和 *PE* 或 *PEN* 的干线而不是支线连接。*PE* 线的统一标志为绿/黄双色线，在任何情况下不准使用绿/黄双色线做负荷线。

2. *PE* 线的重复接地

PE 线应在引出点、配电线路中间和末端处重复接地，见图 12-6。重复接地的作用是降低漏电设备的对地电压，减轻 *PE* 线断线的危害，改善防雷性能等，但 *PEN* 线和 *N* 线不能重复接地，否则带零序电流互感器的漏电保护器会产生误动（见第三节）。

设 *PE* 线因故在 *E* 点断开，并设 *E* 点以后有的设备（如 M_3）漏电，若 *B* 点设有重复接地，则 *E* 点以后的所有设备外壳都带电。*B* 点重复接地之后，漏电电流经接地电阻 R_3 和 R_1 回到零点，相当于接地保护，从而大大减轻了危害。

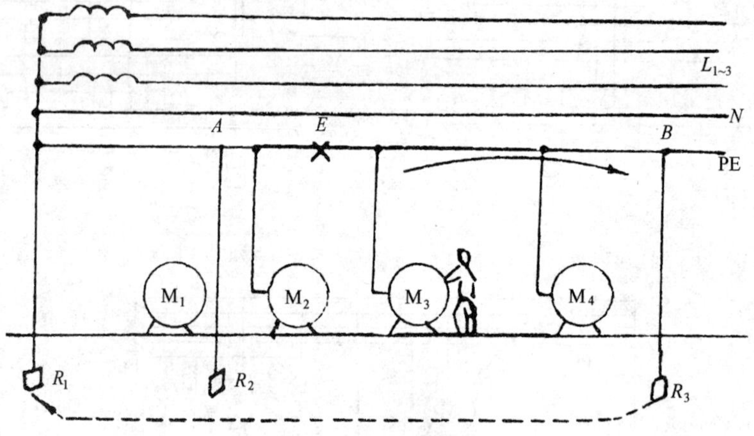

图 12-6 *PE* 线的重复接地

3. 应做保护接零或接地的设备

① 电机、变压器、电器、照明器具和手持电动工具的金属外壳；

② 电气设备传动装置的金属部件；

③ 配电屏和控制屏的金属框架；

④ 室内外配电装置的金属框架及靠近带电部分的金属围栏和金属门；

⑤ 电力线管的金属保护管、敷设的钢索、起重机轨道、滑升模板金属操作平台等；

⑥ 安装在电力线路杆（塔）上的开关、电容器等电气装置的金属外壳及支架。

除上述外，凡是人体有可能触电的部位都应考虑接零或接地，当然，并不是接零或接地保护点越多越好。例如，在木质、沥青等不良导电地坪的干燥房间内，380V 及以下的电气设备就可以不做保护接零或接地，以减少不必要的工作。

4. 对接地装置的要求

接地装置不符合要求，如接地电阻过大，接零或接地的保护作用便大打折扣。要根据接地要求选择恰当的接地装置类型，要选择合适的接地点，要认真施工、不能马虎。埋设完毕后要测量一下接地电阻是否符合要求。

第二节 人体触电

电为人类带来了幸福，但是“电老虎”也威胁人的生命。世界上先进的工业国家平均每用电 20 亿千瓦小时有 1 人被电死，比较落后的国家则有 20 人触电身亡。我国近几年来每年发生几千起触电伤亡事故，每年触电死亡人数约千人。所以，预防人体触电是用电管理的一件大事。

一、人体的触电方式和危害

人体能够导电，当人体触电时就会有电流流过人体，对人体造成伤害。人体电阻包括体内电阻和皮肤电阻。皮肤电阻受皮肤厚薄、干燥还是潮湿、有无损伤、是否带电导性粉尘等因素的影响很大。整个人体电阻的下限值为 1.5～2kΩ，上限值可高达 400kΩ，一般是 10～100kΩ。

1. 人体的触电方式

人体触电的方式有单相触电、双相触电、跨步电压触电和电弧触电。单相触电是指人体只接触到一根相线造成的触电，见图 12-7。对于中性点接地的供电系统，电流经人体、大地和中性点接地电阻构成回路。对于中性点不接地的系统，电流经人体同大地

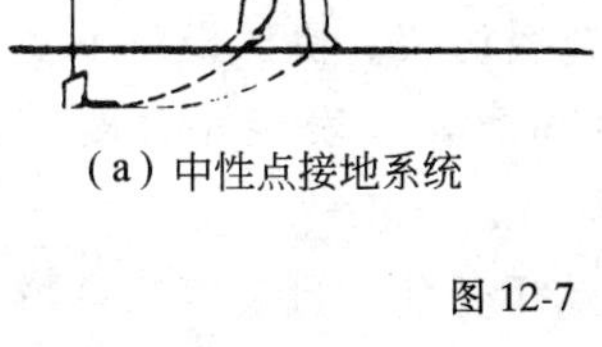

（a）中性点接地系统

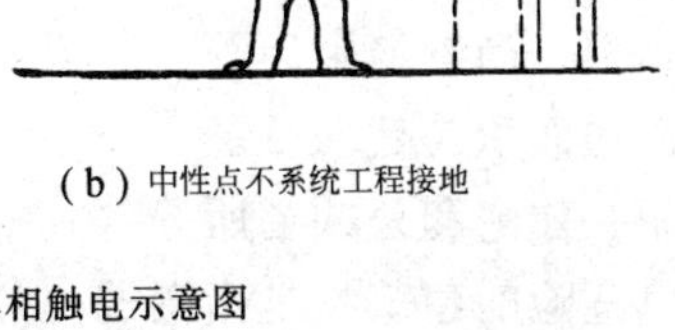

（b）中性点不系统工程接地

图 12-7 人体单相触电示意图

和输电线间的分布电容构成回路。

两相触电是指人体同时接触两根相线或一相一零造成的触电，见图 12-8。电流仅仅通过人体构成回路。跨步电压触电见第一节。电弧是一种伴随着火焰的电子、离子流，故人接触了电弧也可以认为是触了电。

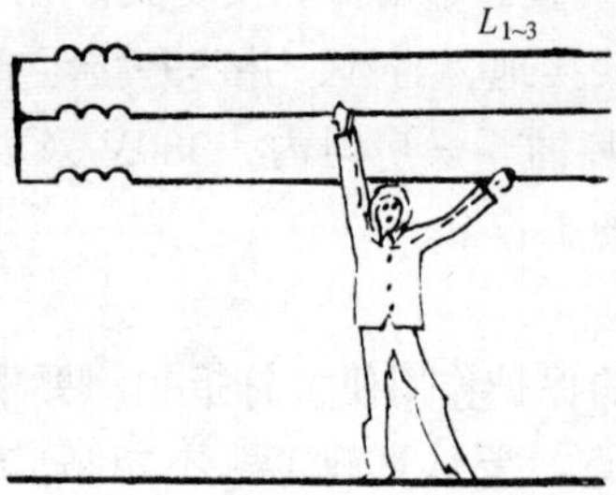

图 12-8　人体双相触电示意图

2. 人体触电的危害

触电时能使人体自主摆脱的最大电流叫摆脱电流（或安全电流）。一般情况下，男人的摆脱电流为 14mA，女人为 9mA，儿童为 4～5mA。目前我国的安全电流定为 10mA（美国 5mA，东欧国家 6mA）。国际上公认，人体触电的时间和电流的乘积若超过 30mAs，就会发生伤亡事故。

电流对人体的危害就电流流过人体的路径而言，从手到脚是最危险的（对心脏的威胁大），其次是从手到手，从脚到脚。

电流流过人体（称电击）时会引起针刺感、压迫感、痉挛和疼痛。电流流经心脏会引起心室颤动（每分钟数百次以上的振动），进而心力衰竭、停止跳动，绝大多数触电死亡事故的具体原因是心脏颤动；流过中枢神经系统会使其严重失调而造成呼吸窒息；流过头部会使人昏迷；流过脊髓会使人截瘫；流过皮肤会留下烙印，有时还会造成皮肤金属化。电弧对人的危害主要以烧伤的形式表现出来，使皮肤局部发红、起泡、烧焦或组织破坏。

二、预防人体触电

预防人体触电要技术、管理和教育并重 。一分耕耘一分收获，只要工作到位就能把人体触电事故降到最低限度。

1. 技术措施

技术措施包括接零或接地保护、安装漏电保护器、使用安全电压等。接零或接地保护见第一节，漏电保护器见第三节，下面讲讲安全电压。

在某些场合使用安全电压是预防人体触电的积极有效的办法。所谓安全电压是指对人体不致造成生命危害的电压，但这不是绝对的，因为触电伤亡的因素很多。

安全电压是根据人体电阻和人体的安全电流（摆脱电流）决定的，由于人体电阻不是一个很确定的量以及其他原因，各国规定的安全电压值差别较大。如美国为 40V，法国交流为 24V、直流为 50V，波兰、瑞士为 50V。我国规定，在没有高度触电危险的建筑物中为 65V，有高度触电危险的建筑物中为 36V，在有特别触电危险的建筑物中为 12V。

无高度触电危险的建筑物是指干燥温暖、无导电粉尘的建筑物。室内地板是由非导电性材料（如木板、沥青、瓷砖等）制成。室内金属构架、机械设备不多，金属占有系数（金属品所占的面积与建筑面积之比）小于 20%。如仪表装配大楼、实验室、纺织车间、陶瓷车间、住宅和公共场所等。

有高度触电危险的建筑物是指潮湿炎热、高温和有导电粉尘的建筑物，一般金属占有系数大于20%。地坪用导电性材料（如泥土、砖块、湿木板、水泥和金属块）做成。如金工车间、锻工车间、拉丝车间、电炉车间、室内外变电所、水泵房、压缩站等。潮湿的建筑工地有高度触电危险。

有特别触电危险的建筑物是指特别潮湿、有腐蚀性气体、煤尘或游离性气体的建筑物。如铸工车间、锅炉房、酸洗和电镀车间、化工车间等。地下施工工地（包括隧道）有特别触电危险。

安全电压有时是用降压变压器把高压降低后获得的。这时应采用双圈变压器，不能用自耦变压器。变压器的初级、次级均要装熔断器，变压器的外壳和隔离层要接地，如没有隔离层、次级的一端应接地，以免线圈的绝缘损坏时初级的高压窜入次级。

2. 管理措施

这里仅仅分析触电事故的规律，供安全用电管理人员参考。

① 触电人群的规律 文化水平低的人多：由于文化水平低，导致安全知识少、安全意识差，具体行动表现为随意触摸导线、设备、乱拉线、乱接用电设备、盲目带电作业、超负荷用电等。中青年人多：与电打交道的多是中青年人，其中一些人“心中不明胆子大”，有了一点零星的电工常识就盲目动手，自然容易触电。直接用电操作者多：如电气设备操作者、电工等。

② 触电场所的规律 农村多于城市：农村是城市的6倍，主要原因是农村的用电条件差，群众的文化水平低导致缺乏安全用电知识，技术人员少水平低，管理不严。建设工程施工现场触电事故较多：主要原因是移动式设备多，电动工具多，潮湿、高温，人员文化水平普遍不高，管理难度大。

③ 触电天气的规律 有明显的季节性：6～9月份最多。在此期间，由于天气潮湿，电气设备的绝缘性差，人体多汗，人体电阻大大降低，天气炎热，操作人员的防护差，农村临时用电处增加等原因，导致触电事故较多。恶劣天气事故多，如打雷、狂风、暴雨天气。

④ 触电自身的规律 低压触电多于高压触电：低压触电占触电事故总数的90%以上。主要因为低压电网比高压电网的覆盖面广，用电设备多，关联的人多；人们对高压比低压电的警惕性较高，设防较严密；低压触电电流超过摆脱电流之后，触电人不能摆脱，而高压触电多属于电弧触电，当触电者还没有触及导体时电弧已经形成，只要电弧不是很强烈，人能够自主摆脱。单相触电高于三相触电：单相触电事故占70%以上。

⑤ 触电部位的规律 事故多发生在电气连接部位：如分支线，接户线、地爬线、接线端子、压接头、焊接头、电缆头、灯头、插头、插座、控制器、接触器、熔断器等。

⑥ 触电设备的规律 移动式电气设备和手持电动工具触电事故多：主要原因是使用环境恶劣、经常拆线接线、绝缘易磨损等。“带病工作”的设备和线路事故多。假冒伪劣产品和工程事故多。

⑦ 触电原因多样性规律 90%以上的事故有两个以上的原因。

⑧ 触电心理规律 违反安全用电的规定并不一定会发生事故，不少抱有这种侥幸心理，明知故犯，出了事故懊悔不已。

⑨ 触电事故与规章制度关系的规律 绝大多数事故都是因为违反了有关规范、标

准、规程、制度造成的。

⑩ 触电事故与安全管理关系的规律 用电安全管理差发生触电事故是必然的，不发生只是偶然的。

3. 教育措施

这里只提出几条用电注意事项，供向有关大众宣传教育时参考。

① 积极不断地学习安全用电知识。

② 严格遵守用电规章制度，不要有侥幸心理。

③ 使用移动和手持电动工具时要按规定使用安全用具（如绝缘手套），认真检查用具是否完好，做好保护接零或接地和安装漏电保护器。

④ 在施工工地上，不要随意触摸导线、乱动设备，要和供电线路保持规定的距离，运输物品时注意不要触及电线甚至辗坏、刮断电线，不要在电杆及其拉线旁挖坑取土、防止倒杆断电，遇到雷雨天应进入有避雷装置的室内躲雨、不要在树下、墙角处躲雨。

⑤ 发现电气设备起火或因漏电引起的其他物体着火，要立即拉开电源开关，并及时救火、报警。

⑥ 发现电线断开落地时不要靠近，对6～10kV的高压线路应离开落地点8～10m远，并及时报告。

⑦ 发现有人触电时，首先设法切断电源或让人体脱离电线，然后及时抢救和报告。不要赤手直接去拉人体，防止连带触电。

⑧ 使用照明装置时，不要用湿手去摸灯口、开关、插座等，更换灯泡时要先关闭开关，然后站在干燥的绝缘物上进行，严禁将插座与搬把开关靠近装设，严禁在床上装设开关，严禁灯泡靠近易燃物，严禁用灯泡烘烤物品等。

⑨ 使用家用电器时要按要求接地（或接零）。移动电器时要断开电源。要注意不断检查电器的电源线是否完好。

⑩ 不要乱拉电线，乱接用电设备超负荷用电，更不准用“一线一地”方式接灯照明，不要在电力线路附近放风筝，不要在电线上晒衣服，不要把金属丝缠绕在电线上。

三、触电急救

人体触电急救工作要做到镇静、迅速、方法得当（触电的情况不同，急救的措施不完全相同），切不可惊慌，“惊慌”就会“失措”。时间就是生命。据统计，触电1min后开始急救90%有良好效果，6min后10%有良好效果，12min后救活的可能性就很小了。具体的急救方法如下。

① 使人体脱离电源，方法有拉闸、拔插销、切断电线（要用有绝缘手柄的工具，一次只能切断一根线，以免短路电弧伤人），把电线拉离人体（电线外皮破损时，要借用绝缘工具），把人体拉离电线（不能直接接触人体，可以拉触电人身上干燥的衣服或借用绝缘工具）。

② 触电者脱离电源后，如神志还清醒，应先让其安静休息，不要走动，然后请医生或送医院诊治。如触电者已经昏迷，应先让其仰卧，解开衣扣、衣领、腰带、然后判断一下是否还有呼吸：观察胸部、腹部是否有起伏，把手放在鼻孔处是否感到有气流。再判断是否有心跳：用手摸颈部或腹股沟处的大动脉，或把耳朵放在左胸区。如呼吸停

止，应立即进行人工呼吸。如心跳也停止了，应同时进行胸外心脏挤压，有两人在场时，一人负责人工呼吸，一人负责心脏挤压。只有一人在场时，应交替进行之。每个循环吹气 2～3 次，挤压 10～15 次。进行上述抢救工作的同时，应设法请医生或送医院。人工呼吸和心脏挤压一时收不到效果要坚持不懈，不要半途而废，在送医院的途中也不要停止。待触电者身上出现尸斑或身体变冷时，方可放弃抢救。经过人工呼吸、胸外心脏挤压救活的触电者为数已经不少，事实证明这些方法确实有效。

人工呼吸方法见图 12-9。人工呼吸前要清理病人口腔、鼻腔里的痰涕和异物，摘掉活动的假牙，使呼吸道通畅。让触电者仰卧、头向后仰，抢救者一手托起下巴（或托在颈后），另一只手捏住鼻翼，深吸一口气，紧对触电者的口吹气，约 2s，吹气不必过于用力（尤其是对儿童，过度用力容易吹破肺泡）以胸部微微鼓起为限。吹完气后，嘴马上离开，同时松开鼻翼，让病人的胸部回缩呼气，约 3s，反复进行，每分钟吹气 15 次左右。如发现触电者胃部充气膨胀可一面进行人工呼吸，一面用手轻轻压在其上腹部。对牙关紧闭者可以对其鼻孔吹气，触电者开始自立呼吸后，还应仔细观察呼吸是否再次停止。进行人工呼吸时，如果触电者本来就有或者经过抢救有了微弱呼吸，要注意和触电人自主呼吸的规律保持一致。

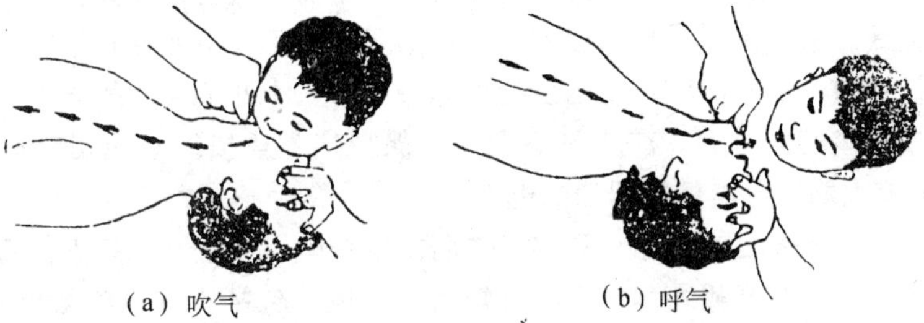

（a）吹气　（b）呼气

图 12-9　人工呼吸法

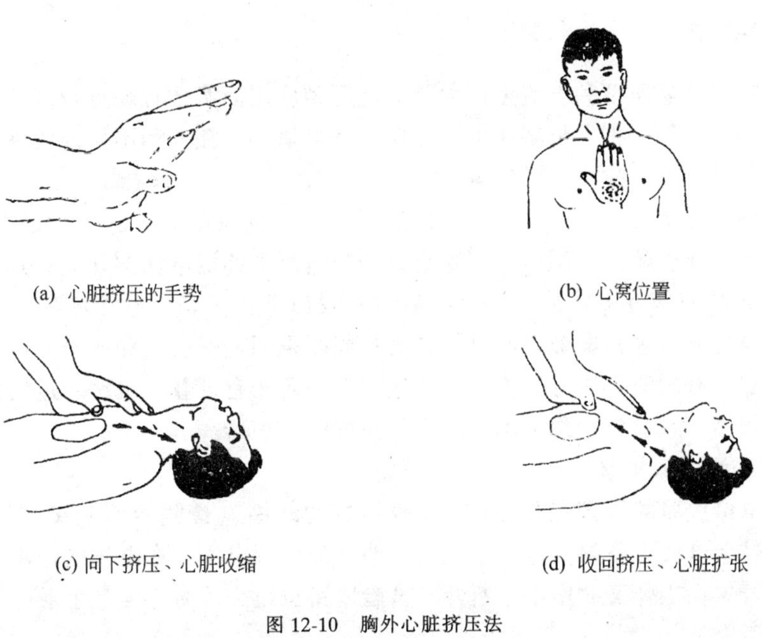

(a) 心脏挤压的手势　(b) 心窝位置

(c) 向下挤压、心脏收缩　(d) 收回挤压、心脏扩张

图 12-10　胸外心脏挤压法

心脏挤压的方法见图 12-10。使触电者平躺下，头向后仰。救护人跪在触电者一侧或跨在其腰部两侧，两手交叉相迭（图 a），用掌根（对于婴儿只要用姆指）对准心窝处（两乳中间，图 b）向下按压（图 c），注意不是慢慢用力，要有一定的冲击力，但也不要用力过猛，此时心脏收缩（对于成人，压陷胸骨 3～4cm，儿童酌减）。然后突然放松（但不要离开胸壁），让胸部自动恢复原状，此时心脏扩张（图 d），如此反复做，每分钟约 60 次。

第三节　漏电保护器

漏电保护器是德国人 1928 年发明的，能大大减轻人体触电和设备漏电事故的危害，发达国家普遍安装，我国也已大量采用。

一、漏电保护器的功能

接零和接地能有效地防止人体触电和设备漏电，但有局限性。首先是系统本身的可靠性不是很高，如 TT 系统，IT 系统；其次，由于施工质量差、年久失修、施工现场乱而不好管理等原因，接地和接零线容易出现接触不良，甚至断线，使保护作用不能充分发挥甚至失效。采用漏电保护器能弥补这些不足，但不能取代保护接零或接地。

漏电保护器的功能有两项：①当发生人体触电时，十几 mA 的触电电流就能使漏电保护器直接或间接切断电源。②当设备漏电、保护接零或接地不能切断电源时，十几 mA 的漏电电流也能使漏电保护器切断电源。

必须指出，当相线之间，相线和零线之间发生短路、漏电（包括人体双相触电）时保护器并不动作，只有当相线和地之间有短路、漏电（包括人身单相触电）时才动作。再者，漏电保护器本身也会出故障。所以装了保护器也不能掉以轻心。

二、漏电保护器的分类和原理

漏电保护器分电压型和电流型两大类。电压型应用面窄，且缺点较多，故只作简单介绍。电流型有多种，其中带零序电流互感器、能适用于接地和不接地两种系统者，性能较好，被普遍采用，故作重点讲解。

另外，漏电保护器还可以分为漏电保护开关和漏电保护继电器，电磁式和电子式，单用途和多用途保护器。凡用脱扣装置直接切断电源者称漏电保护开关；凡是采用继电器和与之配合的外部开关才能切断电源者或只发出警报不切断电源者称漏电保护继电器。只采用电磁机构者称电磁式漏电保护器；同时采用电磁机构和电子元器件者称电子式漏电保护器。有的只有漏电保护单一用途，有的还兼有过载、短路、过压保护作用和自动重合闸作用，它们分别称单用途和多用途漏电保护器。

1. 电压型漏电保护器

电压漏电保护器的原理见图 12-11。脱扣器的线圈（检测线圈）接在零点和地之间，当有人体触电或设备漏电时，中性点与地之间出现电压，在电压的作用下锁扣机构脱扣，使主开关在主弹簧的作用下断开。试验回路按钮按下时人为产生触电电流，以检查保护器是否完好。

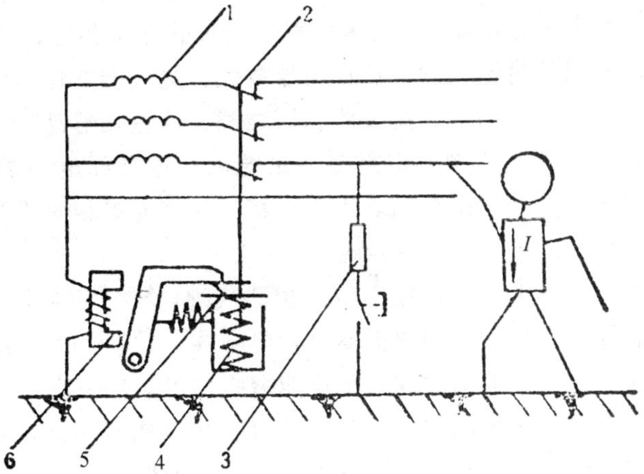

图 12-11　电压型漏电保护器的原理

1. 电源变压器　2. 主开关　3. 试验回路　4. 主弹簧

5. 锁扣机构　6. 高灵敏度继电器

电压型漏电保护器结构简单，但有难以克服的缺点，应用较少。上述接法只适用于不接地系统，但如果把检测线圈接设备外壳和地之间，则适用于接地和不接地两种系统。

2. 电流型漏电保护器

电流型漏电保护器的原理见图 12-12，保护器由零序电流互感器、电子放大器、晶闸管和脱扣器等部分组成。

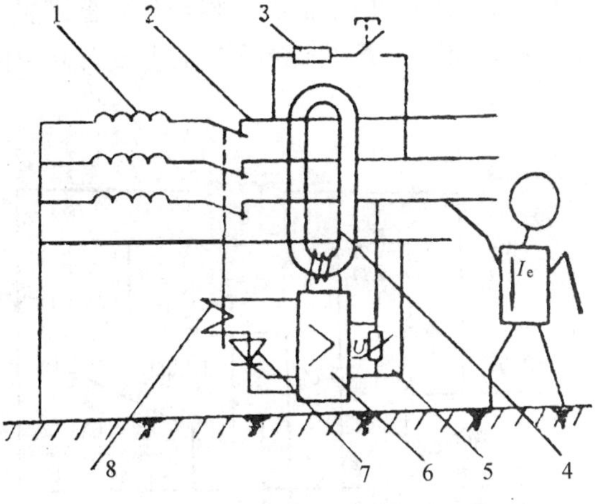

图 12-12　电流型漏电保护器的原理

1. 电源变压器　2. 主开关　3. 试验回路　4. 零序电流互感器　5. 压敏电阻

6. 放大器　7. 晶闸管　8. 脱扣器

零序电流互感器是关键器件，制造要求很高。它的构造和原理跟一般电流互感器基本相同。只不过它的初级线圈是用绞合在一起的 4 根线绕制成的，4 根线要全部穿过互感的铁芯，一端接电源的主开关，另一端接负载。正常情况下，不管三相负载平衡与否，4 根线的电流矢量和为零，结果合成磁通为零，互感器没有输出信号。当发生人体触电或设备漏电时，触电电流或漏电电流经地和接地装置回到零，而没有经过零线回到零点。这样，4 根线的电流矢量和不为零，结果合成磁通不为零，互感器有输出信号。

互感器的微弱输出信号输入到电子放大器放大，放大器的输出信号用作晶闸管的触发信号，使晶闸管导通，导通电流流过脱扣器线圈，使脱扣器动作，将电源切断。

上述电路是针对三相四线制、零点接地系统的，这种漏电保护也适用于不接地系统，适用于三线三相制和单相两线制。用于三相三线制或单相两线制时互感器的初级线圈为三根线和两根线。

互感器的输出信号也可以直接输入到脱扣器或继电器，不使用放大器。前面谈到，这时称电磁式保护器，而采用电子放大器时称电子式保护器。电磁式的特点是：构造简单，抗干扰能力强，抗雷电等引起的过电压能力强，可靠性较高；但对零序电流互感器和脱扣器的加工要求高，使得成本高，没有分级保护所需要的延时特性，灵敏度较低。电子式的特点大体上和电磁式相反。鉴于电子式的价格低（100A 以上者便宜得多），性能也较好，电子式漏电保护器更适宜推广。

电子式保护器的电子电路原理见图 12-13。零序电流互感器的输出 U_1 为 50Hz 交流信号，经 VD_1 整流输入到放大器的 8 和 1 两端。放大器是专用集成电路，除具有差分放大作用外还有其他作用。输入信号和放大器内部基准电压进行比较，小于基准电压的信号不起作用，这是防干扰的需要。当输入信号大于基准电压时，放大器将净输入信号放大，然后整形为晶闸管 VT 所需要的触发脉冲信号，从 5 端输出。在脉中信号的触发下晶闸管导通，导通电流流过脱扣器线圈 L，使脱扣器动作。C_1、C_2 主要起平滑滤作用，C_5 主要起滤除干扰信号的作用。C_3 和 C_4 是放大器自身需要的外接电容。R_1 和 R_2 起分流和分压作用，可用于调节灵敏度。放大器的直流稳压电源的原理如下：～220V电压经 R_3 降压、VD_2 整流和 C_6 滤波，再经放大器内置的稳压电路稳压，供放大器自身使用。MYH 是压敏电阻，其阻值随两端的电压升高而降低，用来吸收雷电等原因产生的过电压。

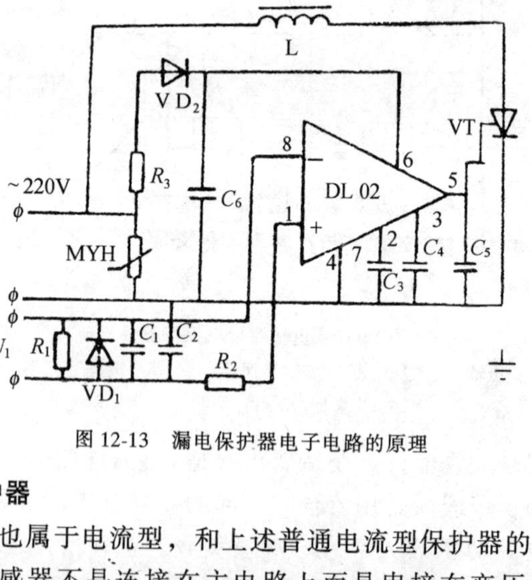

图 12-13　漏电保护器电子电路的原理

3. 接地式漏电保护器

接地式漏电保护器也属于电流型，和上述普通电流型保护器的原理基本相同。二者的区别是：零序电流互感器不是连接在主电路上而是串接在变压器零点的接地线中，互感器的初级只是一根中性线，如图 12-14 所示。

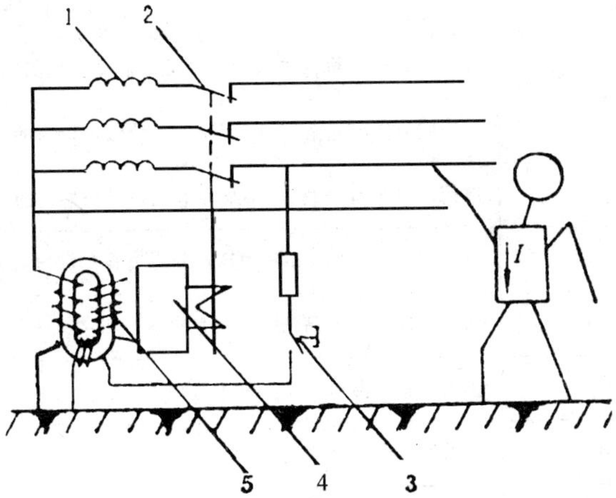

图 12-14　接地式漏电保护器的原理

1. 电源变压器　2. 主开关　3. 试验按钮　4. 电磁式漏电脱扣器　5. 零序电流互感器

这种保护器是我国近年来研制成功的新型保护器，适用于零点接地系统，是按用一台保护器对系统进行总保护的要求设计的，经济实用，特别适用于农村电网、中小施工工地等场合。

三、技术指标和实际应用

1. 技术指标

① **额定电压**　规定的漏电保护器的工作电压，即被保护电网的电压，如 220V、380V。

② **额定电流**　规定的正常通断电流，可高达几百 A。

③ **脱扣器额定电流**　脱扣器的通断电流，其数值为一范围，以便根据具体情况调整，最大值等于上述额定电流。

④ **额定漏电动作电流**　能使保护器动作的最小漏电电流，包括设备的漏电电流和人体能电电流。数值为 10mA 到 200mA 不等，可以根据具体情况调整，数值越小越灵敏。

⑤ **动作时间**　从发生漏电到保护器动作之间的时间，从几十 ms 到 200ms 不等，时间越短越好，但用于分级保护时要根据具体情况调整。

2. 实际应用

① **漏电保护器的应用范围**　用于有触电、漏电危险的下述场合的保护：变压器低压侧总保护，分支电路（包括家用回路）的总保护，单台设备的保护等。

对于施工现场，部颁标准（JGJ 46—88）规定：总配电箱和开关箱应装设漏电保护器，二者应具有分级保护功能。施工现场所有用电设备，除作保护接零外，必须在设备负荷线的首端处设置漏电保护器。

② **漏电保护器的选择**　见表 12-2。

③ **漏电保护器的接线方法**　见表 12-3。

表 12-2 漏电保护器的选择

保 护 对 象	选 用 类 型
单台电动机	选用兼具电动机保护特性的高灵敏度高速型漏电开关
单台用电设备	选用同时具有过载、短路及漏电三种保护特性的高灵敏度高速型漏电开关
分支电路	选用同时具有过载、短路及漏电三种保护特性的中灵敏度高速型漏电开关
家用线路	选用额定电压为 220V 的高灵敏度高速型漏电开关
分支电路与照明电路混合系统	选用四极高速型高(或中)灵敏度漏电开关
主干线总保护	选用大容量漏电开关或漏电继电器
变压器低压侧总保护	选用中性点接地式漏电开关
有主开关的变压器低压侧总保护	选用中性点接地式漏电继电器

表 12-3 漏电保护器的接线方法

极数 / 相数		二 极	三 极	四 极
单相 220V		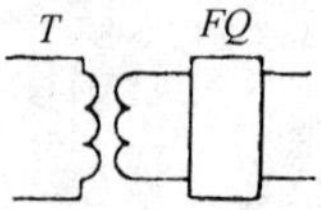		
三相 380 /220V 接零保护	TN-S 系统	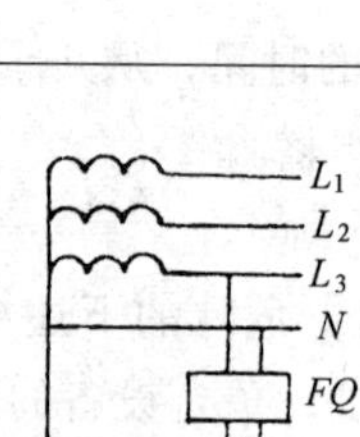	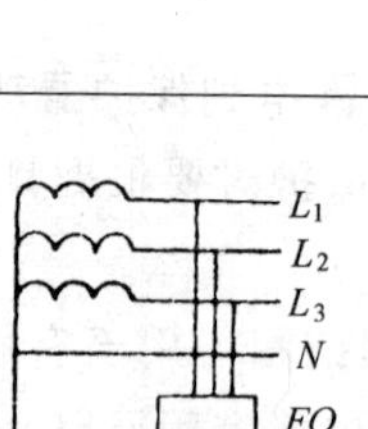	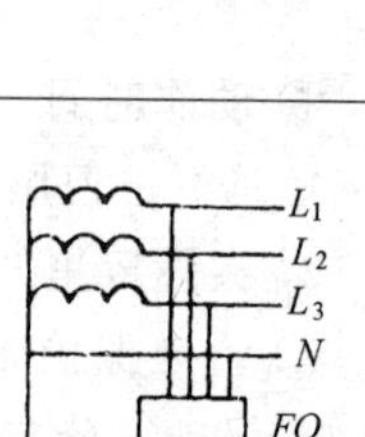
三相 380 /220V 接地保护	TT 系统	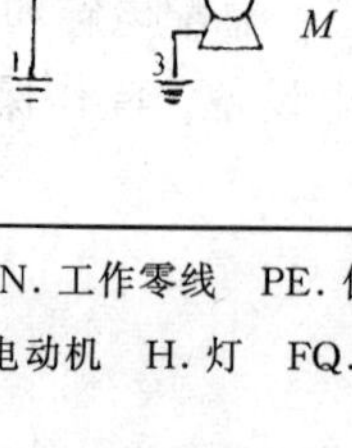	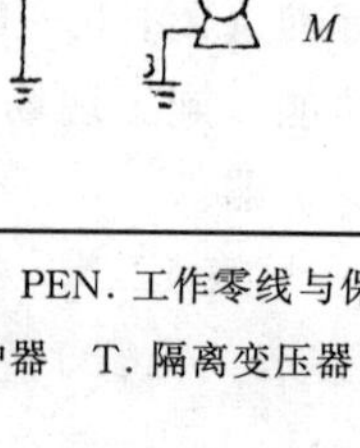	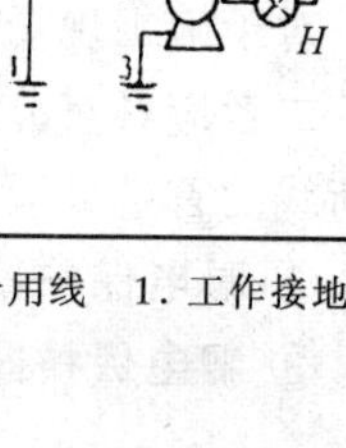

注：L_1、L_2、L_3. 相线 N. 工作零线 PE. 保护零线 PEN. 工作零线与保护零线合用线 1. 工作接地 2. 重复接地 3. 保护接地 M. 电动机 H. 灯 FQ. 漏电保护器 T. 隔离变压器

④ **漏电器动作电流的整定**　动作电流不是越小越好，动作电流要大约等于被保护对象的正常漏电流的两倍为宜，否则就可能频繁误动，影响生产和生活。而正常漏电流的值又很难计算确定，故动作电流常需要现场整定。切忌不能整定过大，防止降低甚至失去保护作用。用于单台设备保护的动作电流在 10～30mA 之间，用于系统总保护的动作电流能高达 200 多 mA。

⑤ **工作零线和保护零线的布置**　工作零线必须穿过零序电流互感器铁心，不得重复接地，保护零线不得穿过互感器铁心，以防止误动。

⑥ **漏电保护器的检查和试验**　定期（如每月）检查和试验漏电保护器。试验时用按钮不能按下时间太长，次数太多，以免损坏漏电保护器。

第四节　电气火灾和电气爆炸

火灾是人类的大敌，电是造成火灾的重要原因。据日本东京消防厅的统计，1987—1996 年 10 年间，电气火灾（不包括雷电引起的火灾）占总火灾次数的 11%～15%，电气火灾的损失一般占总损失的 21%。据我国公安部门统计，近十年来电气火灾约占总火灾的 28%，居各火灾之首。死亡上百人的恶性电气火灾事件近几年来时有发生。随着用电量的增加，电气设备的普及，电气火灾有上升的趋势。

从上述比例可以看出，我国电气火灾的比例明显高于发达国家。这一方面说明，我国电气火灾的预防水平与发达国家还有差距；另一方面说明，我国电气火灾的预防工作还大有潜力可挖。

一、基本概念

① **可燃物质**　能与空中的氧或其他氧化剂起剧烈化学反应的物质，如木材、纸张、钠、镁、汽油、酒精、乙炔、氢、煤粉尘、铝粉尘、面粉尘等。

② **助燃物质**　能帮助燃烧的物质，如氧、氯酸钾、高锰酸钾、氯等。

③ **着火源**　能引起可燃物质燃烧的热能源，如明火、电火花、灼热的物体等。

④ **燃烧**　在着火源的作用下，可燃物质与空气中的氧发生剧烈化学反应，产生大量热，并伴随着强烈发光的现象称燃烧。气体最易燃烧，且速度最快，其次是液体、固体。火焰的温度一般为 1 000～2 000℃。

⑤ **爆炸**　物体体积急剧膨胀，使周围气压发生强烈变化并产生巨大的声响，这种现象称为爆炸。纯粹由于体积膨胀、压力增加造成的爆炸叫物理爆炸，如蒸汽锅炉爆炸等。由于化学反应造成的爆炸称化学爆炸，如粉尘与空气形成的混合物遇明火引起的爆炸等。前者能间接引起火灾，后者能直接引起火灾。

⑥ **静电**　物体由于摩擦或其他带电体的感应等原因会带有静止电荷。当物体达到静电平衡时，静电荷全部分布在表面，表面曲率越大的地方电荷的密度越大。物体上的静电荷如没有补充（或静电感应源消失）会逐渐消失。有两种消失方式，一是与空气中的带电粒子（电子或离子）以放电的形式（电晕放电、火花放电）中和，二是通过本身泄漏，像电容器通过电阻放电那样。静电能引起火灾，也能电击人体，一般不会致人死命（雷电除外），但可能引起次生事故（如坠落、摔倒等）。静电屏蔽是防止静电危害的

重要手段，如图 12-15 所示，屏蔽罩由导电材料做成。静电屏蔽的原理是：由于屏蔽罩接了地，使静电荷泄漏到大地中，从而防止了静电的危害。

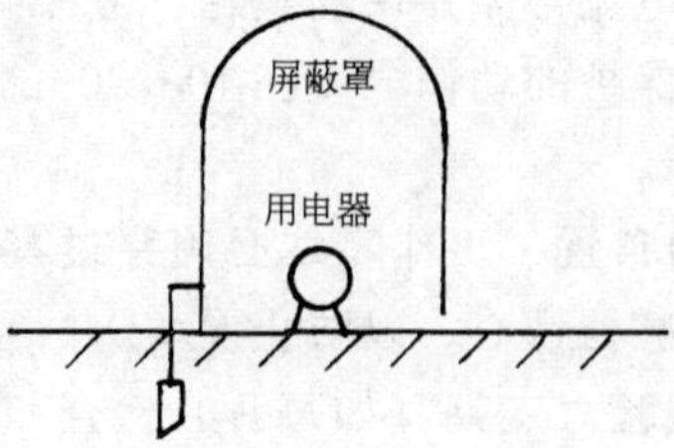

图 12-15　静电屏蔽的原理

二、电气火灾的原因

1. 直接原因

电流产生的热量和放电火花构成了电气火灾的着火源，是电气火灾的直接原因。短路、过载、绝缘损坏（漏电）、接触不良、雷电和静电都能造成过热和/或电火花。

2. 间接原因

间接原因可以归结为管理不善。如检查维修不认真、不及时；不够了解或不遵守电气操作规程；对易燃物的管理不善甚至混乱；普通职工乱接线、乱接用电气；购买和使用假冒伪劣电气产品。

3. 容易发生电气火灾的设备

电热设备：电焊机、电灯、电炉、烤箱等；配线及配线器件：高低压配线、插头、插座、开关、熔断器、接线端子等；假冒伪劣电气设备和材料；家用电器；电动机械；皮带传动机械。电动机通过橡胶皮带拖动机器时，皮带和轮子之间有相对滑动（重摩擦），使皮带带负电而轮子带正电。负电荷经皮带传送到电动机壳上，使壳上的静电荷越积越多，电位越来越高（设电机对大地绝缘），最后导致机壳和电机线圈之间放电而造成火灾。这种情况只要把机壳接地就可以防止。

三、电气爆炸

电气爆炸和电气火灾是种类不同但关系密切的电气灾害,爆炸能引起火灾,火灾也能引起爆炸。二者的直接原因和间接原因基本相同。另外,不按规定使用防爆型电气设备是造成电气爆炸的重要原因。电机、变压器、低压电器、电灯、信号报警装置等都有防爆型产品。

容易引起火灾和爆炸的场合有，充满易燃易爆气体和粉尘的车间、地下矿井等，如煤矿、油库、木工车间、喷漆车间、有高流速介质的管道、纺织车间、化工车间等。容易引起火灾和爆炸的设备有，多油断路器、油浸电力变压器、油浸电力电容器、充油套管、油箱、皮带机等。

实践证明，当爆炸性气体或粉尘的浓度达到一定数值时，普通电话机中的微小电火花就可能引起爆炸。我国已经发生了在油库内使用移动电话（手机）导致油库爆炸的恶性事件。可见，防止电气爆炸要慎之又慎

四、电气火灾和爆炸的预防

除了做好上述防止设备和线路漏电的工作之外，还要注意以下事项：

① 按照有关规定选用防爆型设备。

② 按照有关规定采取防静电接地。防静电接地和常规的保护接地或接零是两回事。防静电单独接地的电阻一般为100Ω。

③ 设备和供电线路的安装要符合有关的特殊规定。

④ 加强通风、降低温度、增加湿度能降低电气火灾和爆炸的危险。

五、火灾和爆炸报警系统

有条件的单位可建立火灾和爆炸报警系统，以降低灾害发生的概率、减轻灾害造成的损失。

1. 数字火灾报警系统

数字火灾报警系统的方框图见图12-16，系统由探测器、输入接口、输出接口、中继器、计算机、消防设备等部分组成。

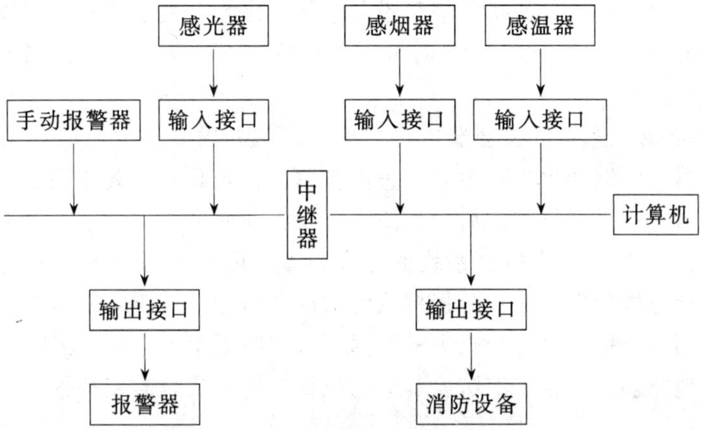

图12-16 数字火灾报警系统的方框图

① **探测器** 探测器就是我们前面讲解的传感器，在防火等行业称探测器。

防火探测器可分为感烟、感光和感温型，感温型又分为差温型和定温型。差温型是探测温度变化的速率，速率足够大时输出信号；定温型是探测温度的高低，温度达到一定值时输出信号。下面简要介绍我国防火行业目前常用的几种探测器，在第十一章第三节已讲过的内容这里不再重复。

光电感烟型探测器 根据接收光的强度受烟雾的遮挡发生变化、进而输出电信号发生变化的原理探测火灾烟雾。有的探测器具有手动编码（利用拨码开关）或遥控编码（利用红外线遥控器）功能。编码的目的是给探测器编上地址码，以便监控人员知道探测器报警的具体位置（如哪一个房间）。智能型探测器内置微处理器，能对采集到的信号采用模糊技术进行分析、去伪存真、降低误报率，输出为数字信号。防护式探测器适用于施工现场等环境恶劣的场所。有的探测器还采用Bourns元件，使探测器发生短路故障后与总线隔离，不会影响其它探测器的工作。

电子感温型探测器　利用热敏电子元器件探测物体或环境的温度，根据温度进行火灾报警，有差温和定温两种，也可以具有上述编码功能、智能分析功能、隔离功能等。

电缆感温型探测器　它由两根互相绝缘的弹性钢丝组成。当自身感受的温度达到一定值时，钢丝间的绝缘击穿，两根钢丝接通，输出开关量。它可以采用环绕方式或正弦波方式安装，进行多点探测。

红外线感烟型探测器　它由发送器和接收器组成，安装在保护空间的两端，属于“线式”探测器，保护面积是点式探测器的10～20倍，特别适用于大面积、长距离的场所。

离子型感烟探测器　见第十一章第三节放射线传感器部分。

② **输入接口**　输入接口电路的作用是，将探测器、手动报警器等输出的开关量或模拟量转换为数字量，通过总线输入到计算机，并有给探测器、手动报警器等编址的作用。但上述内置微处理器的光电探测器不需要接口电路，其本身的输出信号已是数字量。

③ **输出接口**　输出接口电路的作用是将计算机输出的数字控制信号转换为消防设备的驱动信号，使消防设备按照预定要求启动，并能把消防设备的运转信号反馈给计算机；还有给消防设备编址的作用。消防设备包括：水泵、喷淋装置、气体灭火装置、通风机、电梯迫降装置、防火门、排烟机、声光报警器、消防广播系统、消防电话系统等。

④ **总线中继器**　总线过长会造成传输信号衰减和失真过大而出现误码，这时需要加装总线中继器。中继器除具有放大、整形作用外，还具有隔离作用。当中继器后面的线路发生短路时，中继器将其前后的线路隔开来，前面的线路仍能正常工作。

⑤ **计算机**　计算机充当报警系统的总控制器，可以采用通用计算机，也可以采用专用单板机。计算机的作用是：分析接收到的探测信号；需要时发出指令、启动消防设备；存储接收到的数据，供分析火灾的原因、过程时采用，起到了黑匣子的作用；显示火灾报警区的地图和探测器、消防设备等的位置，这对平时监控特别是火灾扑救指挥非常有利。

模拟火灾报警系统的原理和数字系统一样，但结构较简单，成本较低。用户应根据需要和可能选择合适的系统，也可以只采用单个探测器对重点部位进行监控。

2. 防爆报警系统

防爆报警系统的原理图见图12-17，它由防爆型探测器、防爆型手动报警器（按钮)、防爆型接口、控制器等组成，分为安全区和防爆区两部分。

先讲解两个概念：本质安全电路和本质安全设备，再讲解图12-17。正常工作状态下或规定的故障状态下产生的电火花和热量不能点燃规定的爆炸性混合物的电路称本质安全电路，简称本安电路。全部电路为本安电路的设备称本质安全设备，简称本安设备。防爆区内的电路必须为本安电路，设备必须为本安设备。

对图12-17简单说明如下：安装在防爆区的探测器、报警器均为防爆型或本安型。可燃气体探测器采用气敏电子器件，能探测出空气中煤气、天然气和液化石油气的浓度。防爆接口的功能是：给其后面的探测器或报警器编址（多个探测器或报警器共用一个地址)；接口内置安全栅，安全栅能把本安电路的电流限制在安全范围之内。控制器的作用是：分析接收到的探测器和手动报警器的信号，需要时发出报警信号；能识别所接收信号的地址，显示探测器和手动报警器的位置。

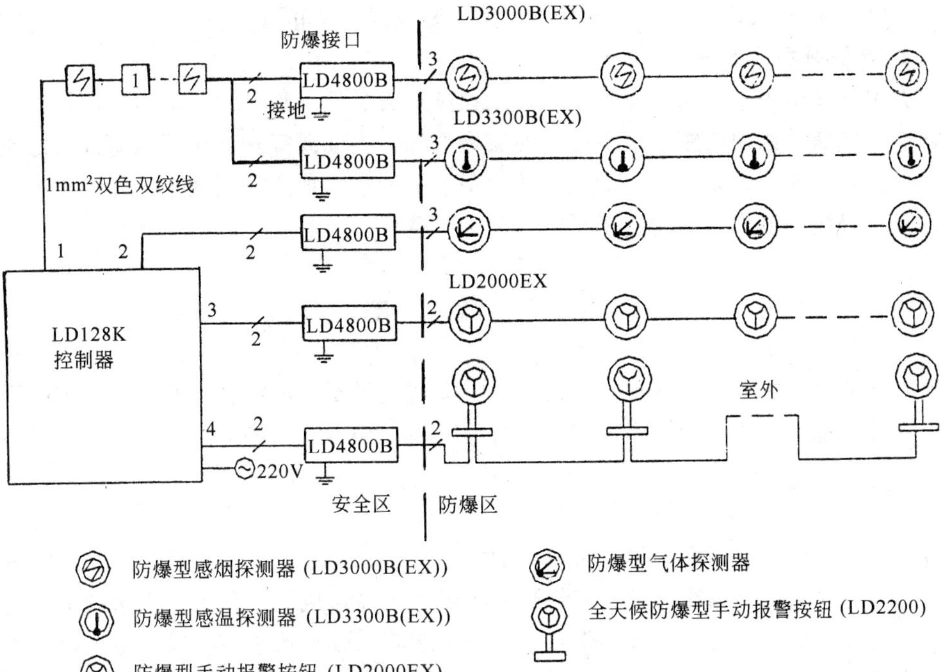

图 12-17　防爆报警系统的原理图

六、电气火灾的扑救

1. 万一发生了火灾，应尽量断电灭火，断电时应注意下面几点

① 起火后由于受潮或烟熏，开关的绝缘电阻下降，拉闸时最好用绝缘工具。

② 高压侧应断开油断路器，一定不能先断开隔离开关。

③ 断电的范围要适当，要保留救火需要的电源。

④ 剪断电线时，一次只能断一根，并且不同相电线应在不同的部位剪断，以免造成短路。剪断架空线时，剪断位置应选择在电源方向的支持物附近，防止断落的导线掉下来造成接地短路和触电事故。

2. 不得不带电灭火时，下面的事项应予以注意

① 按火情选用灭火机的种类。二氧化碳、四氯化碳、二氟一氯、一溴甲烷（“1211”）、二氟二溴甲烷或干粉灭火机的灭火剂都是不导电的，可用于带电灭火。泡沫灭火机的灭火剂（水溶液）有一定导电性，且对电气设备的绝缘有影响，故不宜使用。

② 防止电通过水流伤害人体。用水灭火时，电能通过水枪的水柱、地上的水流、潮湿的物体使人触电。可以让灭火人员穿戴绝缘手套、绝缘靴或均压服，把水枪喷嘴接地或使用喷雾水枪等。

③ 人体与带电体之间要保持一定距离。水枪喷嘴至带电体（110kV 以下）的距离

不小于 3m。灭火机的喷嘴和带电体的距离，10kV 不小于 0.4m，35kV 不小于 0.6m。

④ 对架空线路等架空设备进行灭火时，人体和带电体间连线与地平面的夹角不应超过 45°，以免导线断落危及灭火人员的安全。

⑤ 如有带电导线落到地面，要划出一定的警戒区，防止有人触及或跨步电压伤人。

3. 易燃易爆物的处理

在火灾现场中，下列设备和物品易造成火灾扩大甚至爆炸：油浸电力变压器、多油断路器、氧气瓶、乙炔气瓶、油漆桶、油漆稀料桶、煤气罐等。甚至喷洒驱蚊药之类的瓶罐也会发生爆炸。宜采取下述措施：将设备中的油放入事故储油池，优先灭火，重点灭火，搬离火场。油火不能用水喷灭，以防火灾蔓延。

第五节　雷　　电

雷电是常见的季节性自然现象，雷击给人类造成了不少危害。随着高层建筑的增多和用电设备、特别是电子设备的增多，雷击的危害有加重的趋势，更加需要认真对待。

一、雷电的成因

地面的水分受热变为水蒸气；水蒸气随热空气上升，在高空与冷空气相遇，凝聚成小水滴飘浮在空中；小水滴逐渐积聚便形成了云。云在形成的过程中，小水滴被强气流吹袭，分裂成带负电的较小水滴和带正电的较大水滴。较小的水滴被风吹走，形成了带负电的雷云；留下来的较大水滴形成了带正电的雷云。

由于云团对地面的静电感应，使地面（包括地面上的物体）产生大量的静电荷。当带异性电荷的云团之间或云团和大地之间的电场强度足够大时，其间的空气被击穿而产生放电。放电时一方面产生强烈的闪光；另一方面，闪电通道中的空气因高温迅速膨胀而产生强烈的爆炸声，闪光和爆炸声分别称闪电和打雷。这种现象称雷电现象。云团之间的雷电现象称空中雷，云团和地面之间的雷电现象称落地雷或直击雷，落地雷的危害比空中雷大得多。

雷云的电位约为几十乃至几千 kV，最高约 10 万 kV。雷电流的幅值为几十千安至数百千安（最大可达 3 000kA)。雷的放电时间约几十至几百微秒，最长约 500ms。一次放电所消耗的电能平均约为 3 000kWh。放电的温度达 20 000℃以上。

雷电的多少与地形、地貌、大气气流和地球纬度有关。一般山区比平原多，低纬度比高纬度地区多。我国雷电活动的分布情况是：广东的雷州半岛和海南省一带平均每年的雷电日有 130 天之多，除此之外的江南地区 40～80 天，长江以北地区多在 20～40 天之间，西北地区 20 天以下，新疆地区只有 10 天左右。

二、雷电的危害

雷电造成危害的自身因素有 3 种：静电感应、火花放电和电磁波感应。雷电危害的表现形式有 4 种：直接雷击、过电压侵入、雷电感应和地电位反击。

1. 直接雷击危害

由火花放电的击穿效应、热效应、冲击波效应等造成的危害，和由此引起的二次危害统称直接雷击危害。二次危害有人畜伤亡、建筑物破坏、设备损坏、火灾、爆炸等。

2. 过电压侵入危害

发生雷电时，供电线路、通信线路和金属管道上会产生高达几十万伏的瞬时高压，这种瞬时高压称雷电过电压。产生过电压的原因有：直接遭受雷击、与被直接雷击的物体有联系和静电感应等。雷云对供电线路、通信电缆、金属管道产生极强的静电感应，使它们带有巨量的感应电荷，在雷电发生的瞬间，感应电荷失去约束，以电压波的形式沿导线、管道向两端扩散，造成过电压侵入用户。雷电过电压侵入又称雷电波侵入，其危害在低压系统中占雷击灾害总数的70%以上。过电压的危害有：过电压沿供电线路、通信线路和金属管道侵入用户，会造成人员触电，用电设备的绝缘损坏、电子元器件被击穿损坏、用电设备过热烧坏、过电压引起的漏电火花能引起火灾爆炸等。

3. 雷电感应危害

雷电产生的极强电磁波能直接在电子设备、电气设备和金属构件中感应出高电压；雷云的静电感应除能造成上述过电压外，也能直接在电子电气设备、金属构件中感应出高电压。这种现象称雷电感应或感应雷。雷电感应轻则严重干扰设备的工作，重则造成人员触电、数据丢失、系统瘫痪、设备损坏，由高压电引起的放电火花还能造成火灾爆炸。

4. 地电位反击危害

雷电流经接地装置或其他物体流入大地时，会造成流入点的地电位瞬时升高，这种现象称地电位反击。反击电压能通过接地线和邻近接地装置对人员、设备造成危害，能造成跨步电压危害等。

三、避雷装置

1. 避雷针(带、网、线)

避雷针是装设在建筑物或构筑物顶部多为针形的导体，用于防止直接雷击灾害，各种形状的避雷针见图12-18。在施工现场避雷针不能简单用一根钢筋凑和，宜采用正规产品，自行制作时一定要保证质量。避雷针装置由避雷针、避雷线、连接器、支架及附件组成，与接地体和接地线一起组成防雷接地系统。根据被保护对象的不同避雷针分为：烟囱避雷针、平屋避雷针、斜屋避雷针、山墙避雷针、侧墙避雷针、罐顶避雷针、罐壁避雷针等。

避雷带是沿建筑物易受雷击的突出部位（如屋脊、屋檐、屋角等处）装设的带形导体，避雷网是在建筑物易遭雷击的地方装设的网状导体，避雷线是装设在架空输电线上方的导线，它们都需要经接地线、接地体和大地紧密可靠地连接起来，其用途也是用于防止遭直接雷击。

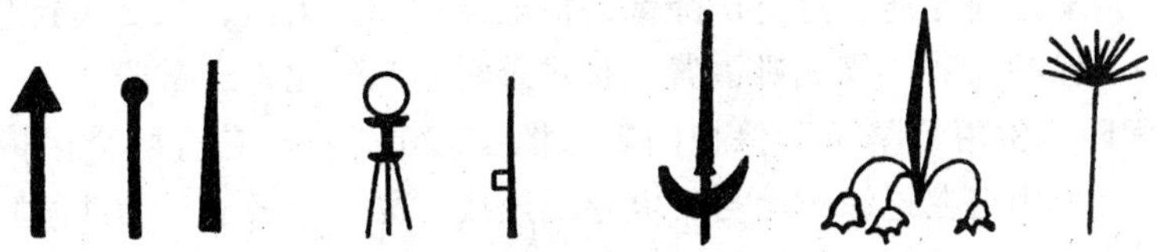

图12-18 各种形状的避雷针

避雷针和避雷带（网、线）二者的原理类似，下面分析避雷针的原理。

当一个物体感应带电时，物体表面曲率越大的地方(越尖的地方)，感应电荷的密度越大，电位越高。假如，雷云使一栋楼房感应带电，位于楼房最高处的避雷针是整个楼房最尖的地方，它的电位比楼房其它地方要高得多，再加上它离雷云的距离最近，所以放电只能在雷云和避雷针之间进行，从而保证了楼房的安全。

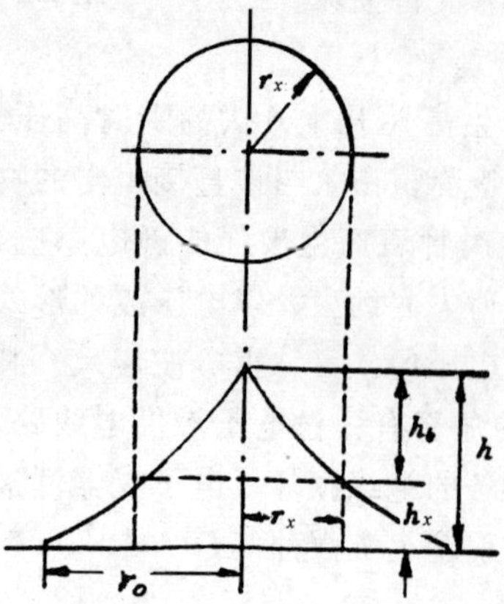

图 12-19　单支避雷针的保护范围图

单支避雷针的保护范围见图 12-19。

保护半径 r_x 的经验计算公式如下。

$$r_x=(h-h_x)P=h_bP \qquad (h_x \geqslant h/2\text{ 时}) \tag{12-2}$$

$$r_x=(1.5h-2h_x)P \qquad (h_x<h/2\text{ 时}) \tag{12-3}$$

式中，

$$P=1,(h\leqslant 30\text{m 时})$$

$$P=\frac{5.5}{\sqrt{h}},(h>30\text{m 时})$$

计算地面上的保护半径 r_o 的公式更简单，

$$r_o=1.5h \tag{12-4}$$

式中：

h——避雷针的高度（从针的顶端到地面）；

h_x——被保护物的高度；

h_b——避雷针的有效高度（从针的顶端到被保护物的上面）；

r_x——保护半径。

近几年来出现了一些新型避雷针，如：限流型避雷针、衰减型避雷针、消雷型避雷器。限流型避雷针的限流器和避雷针相串连，限流器的阻抗在闪击发生后骤然升高，使原本几十千安到上百千安的雷电流下降为数千安流入大地，从而大大减轻了地电位反击电压和电磁波感应的危害。这种避雷针较传统避雷针能使雷击更准确地击在避雷针上。衰减型避雷针串接 3～5 级雷电流衰减器，电能被转换为热能而衰弱，结果，大大减小了入地雷电流、降低了反击电压、削弱了电磁波感应。消雷型避雷针其中一种由许多金属针组成，它能在雷电发生前把正负电荷中和，从而起到了削弱甚至消灭雷电的作用。

2. 避雷器

避雷器能减轻或避免雷电过电压侵入危害，用于保护线路和设备。它有两个接线端，一端接大地，另一端接在输电线路上，没有雷电时两端之间是断开的，有雷电引起的过电压时，两端之间导通，过电压降低，雷电流被导入大地，从而起到避雷作用。避雷器分为四种：保护间隙、管式避雷器、阀式避雷器和氧化锌避雷器。

① **保护间隙**　常用的羊角形保护间隙如图 12-20 所示。它有两个保持一定距离的金属电极，一个极固定在绝缘子上与带电导线连接，另一个极通过辅助间隙接大地。显然，正常情况下，保护间隙的两极是绝缘的。当产生雷电过电压时间隙被击穿，雷电电流泄入大地。额定电压为 3～10kV 的保护间隙的间隙距离很小（8～25mm），为防止昆

虫、鸟类、树枝等将间隙短路，常设一个辅助间隙（间隙距离 5～10mm）。保护间隙是最简单的避雷器，维护方便，价格便宜，应用广泛，但灭弧能力较差，放电后，电极有可能被烧毁，在电动力的作用下间隙距离也可能发生变动。

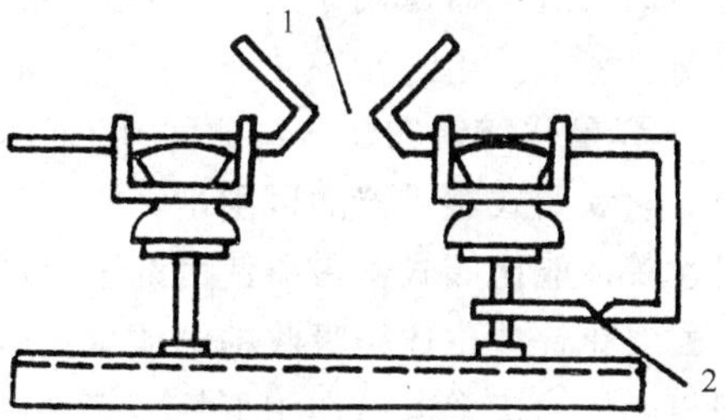

图 12-20 保护间隙的原理

1. 主间隙 2. 辅助间隙

保护间隙宜用在电压不高并且不太重要的线路上，用于农村的线路上。

② **管式避雷器** 管式避雷器的结构和接线方法见图 12-21，它由内外间隙、灭弧管和瓷套（未画出）组成，其原理和保护间隙的原理一样，区别在于管式避雷器有灭弧管和瓷外套。灭弧管由纤维、塑料或橡胶等产气材料制成，在电弧的高温作用下产生大量气体，高压气体从管内喷出而吹灭电弧。随着产气次数的增加，灭弧管内径增大，当增加 20％时灭弧管不能再使用。瓷套的作用是密封、绝缘等。

管式避雷器适用于 3～10kV 线路，特别适用于电网容量小、雷电活动多而强的农村、山区和施工工地。

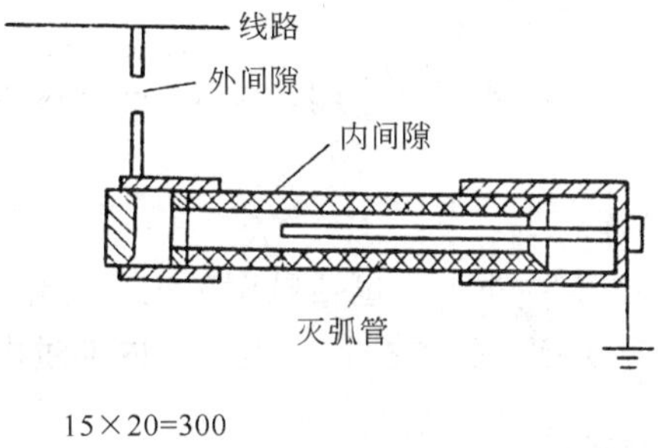

(a) 结构图

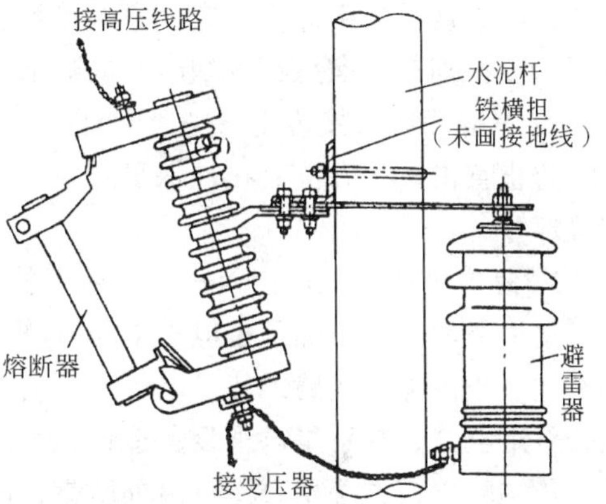

(b) 接线图

图 12-21 管式避雷器的原理和接线

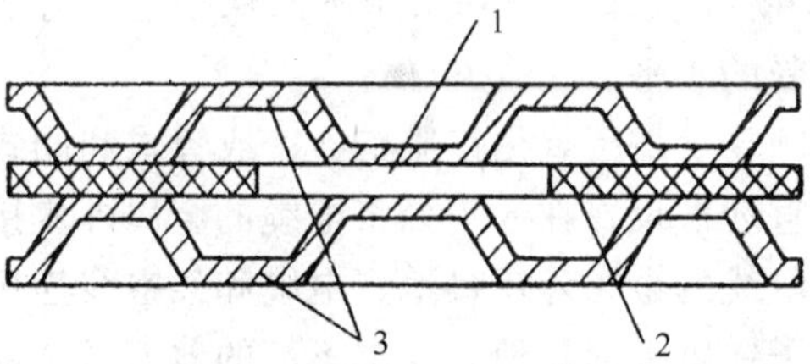

图 12-22 阀式避雷器火花间隙的结构图

1. 空气间隙 2. 云母垫片 3. 黄铜电极

③ **阀式避雷器** 阀式避雷器由火花间隙、非线性电阻和瓷套组成，火花间隙和非线性电阻相串联。单个火花间隙的结构如图 12-22 所示，实用火花间隙是用多个间隙串连而成，这样保护性能好。非线性电阻由碳化硅制成，其阻值不是一个常数。没有雷电流时阻值很大，当雷电流增大时阻值减小，像阀门打开那样让电流流过，故称阀式避雷器；当雷电流消失后又恢复常态。串连的各间隙上并联着均压电阻，使各间隙承受的雷电压相等，这样能提高避雷器承受雷电压的能力。

阀式避雷器适用于 3～550kV 线路，种类较多，应用广泛，特别适用于高压变配电所。

④ 氧化锌避雷器　氧化锌（ZnO）避雷器实质上是一个非线性电阻，又称压敏电阻。它和阀式避雷器的区别是，它不需要火花间隙，用氧化锌和氧化铋烧结而成，其非线性等性能比阀式避雷器使用的碳化硅好得多，是国家推荐使用的产品。

氧化锌单位体积吸收的电能量比碳化硅大 4 倍。氧化锌避雷器的非线性特性已接近理想阀体，正常电压作用下相当于开路，雷电压作用下相当于通路，不会被烧坏，雷电压过后立即恢复到高阻状态。

氧化锌避雷器分高压和低压两种，高压型适用各种室外防雷场合，低压型适用于室内防雷，详见下述怎样预防过电压侵入部分。

四、避雷措施

1. 怎样预防人体遭受雷击

雷雨时要进入有防雷装置的室内，不要在空旷的地方行走或逗留，不要站在大树下或高墙旁避雨，要远离水边、山丘、电杆、铁塔、架空电线、烟囱和避雷装置的接地体等物体（要离开 10m 以外），不要站在窗前或凉台上，要关闭门窗，防止球形雷侵入，收音机和电视机的室外天线应该直接接地。在农村这时不要使用电话，最好不要停在有高烟囱（特别是烟囱正在冒烟时）的灶前。对遭受雷击的人应马上进行抢救。

2. 怎样预防直接雷击——避雷针

防止直击雷的方法是在被保护对象的上方装设避雷针（带、网、线），见上述避雷装置部分。

3. 怎样预防过电压侵入——分级保护和避雷器

这里说的过电压除了雷电过电压（称外部过电压）外，还包括电网的内部过电压，内部过电压由电力线路的切换、大型设备的启停等引起，又称操作过电压。内部过电压也会对用电器，特别是电子设备造成很大危害。

传统的避雷方法主要注重室外防雷，随着保护越来越多的电子设备的需要，室内防雷（包括防内部过压）正被重视起来。分级保护是兼顾室内和室外防雷的好方法。

图 12-23 是一种分级保护的方案，它分为 A、B、C、D 共 4 级保护，4 级保护的过电压值可分别定为 6kV、4kV、2.5kV 和 1.5kV。4 级保护分别采用不同保护电压等级的保护装置，逐级将过电压降低到设备可以承受的水平。

A 级保护的措施是：在供电变压器的高压侧装设高压氧化锌避雷器，或管式和阀式避雷器，或保护间隙。供电线路全部采用电缆直埋敷设，在入户处将电缆的金属外皮接地。或采用架空线转电缆直埋入户，入户处将电缆的金属外皮接地；电缆和架空线连接处装设避雷器，避雷器、电缆金属外皮和绝缘子铁脚一起接地。要求不高的地方可全部采用架空线路，在入户处将绝缘子铁脚接地。

B、C、D 级保护可采用不同保护电压等级的低压氧化锌避雷器或由其他非线性元件构成的低压避雷器，如充气式避雷器，专用稳压二极管等。

以 TN-C-S 系统为例，室内避雷器的接线方法见图 12-24。D 级避雷器可安装在设备的电源插座中，图中未画出。

目前，浪涌电压、浪涌电压保护器、瞬态电压保护器的词被广泛使用，特别在国外产品资料中，但其含义不够统一，故选择保护电器时不能只看名称，要了解其具体用途和技术参数。

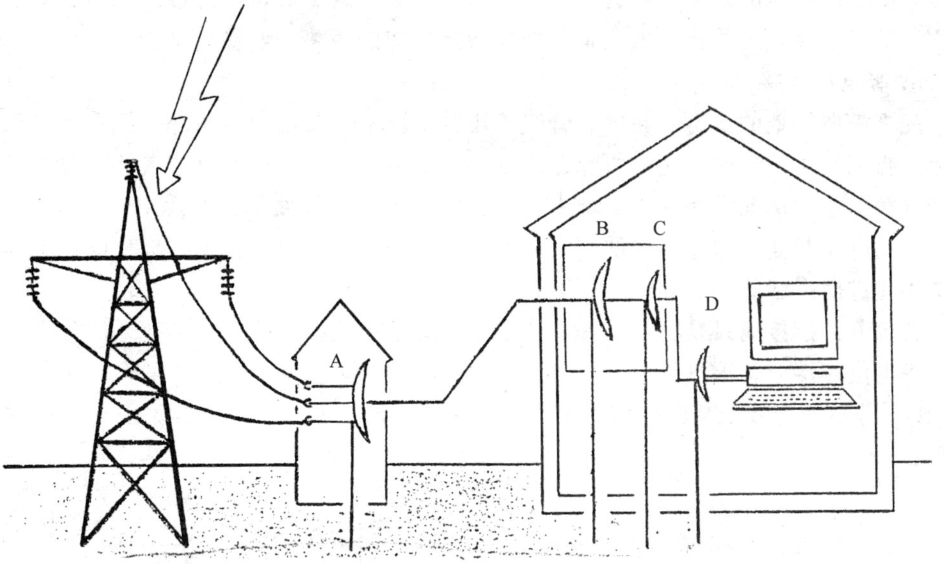

图 12-23　一种过电压分级保护的方案

A 级保护：变电站处的保护

B 级保护：建筑物主配电盘处的保护

C 级保护：建筑物内分配电盘处的保护

D 级保护：末端的负载保护

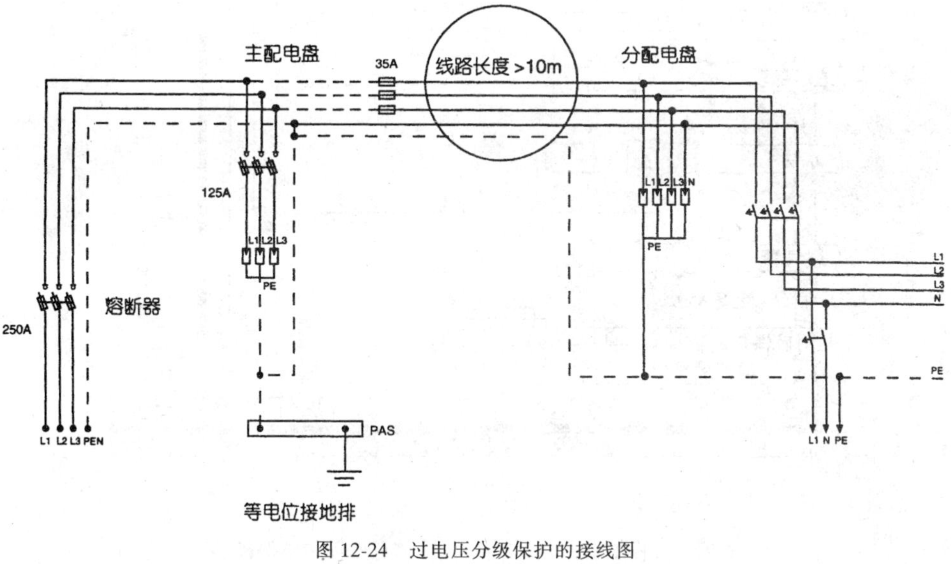

图 12-24　过电压分级保护的接线图

4. 怎样预防雷电感应——屏蔽和接地

预防雷电感应的方法是屏蔽和接地，具体措施有：设立屏蔽工作室，把建筑中的钢筋网金属构架等接地，把设备的金属外壳接地，选用新型避雷针。另外，平行安装的间距小于100mm的长金属物，如管道、构架、电缆护套等，应每隔20～30m用金属线连接。

5. 怎样预防反击电压

预防反击电压的方法有：选用新型避雷针，尽量减少避雷针的接地电阻，单独设立避雷针的接地装置、并且接地装置与相邻导体之间的距离一般要大于5m，至少为3m。

6. 等电位连接

先把需要接地的设备、装置、管线等正常情况下不带电的金属部分统一连接到端子板上，再把端子板接地，这样便保证了各部分的电位相等，称等电位连接，也可以写为联结（表示正常情况下不带电的连接）。等电位连接的好处是：在等电位连接系统内，各部分的电位相同，这样便降低了人体的接触电压，也可以防止因各部分电位不等产生漏电火花进而引起的火灾等。

各部分分别接地只是粗略的等电位连接，上述连接方法的等电位效果比分别接地更好。等电位连接分总等电位连接（MEB）、局部等电位连接（LEB）和辅助等电位连接（SEB）。等电位连接是从国外借鉴来的安全措施，已写入了我国的有关规范，正在逐步执行。

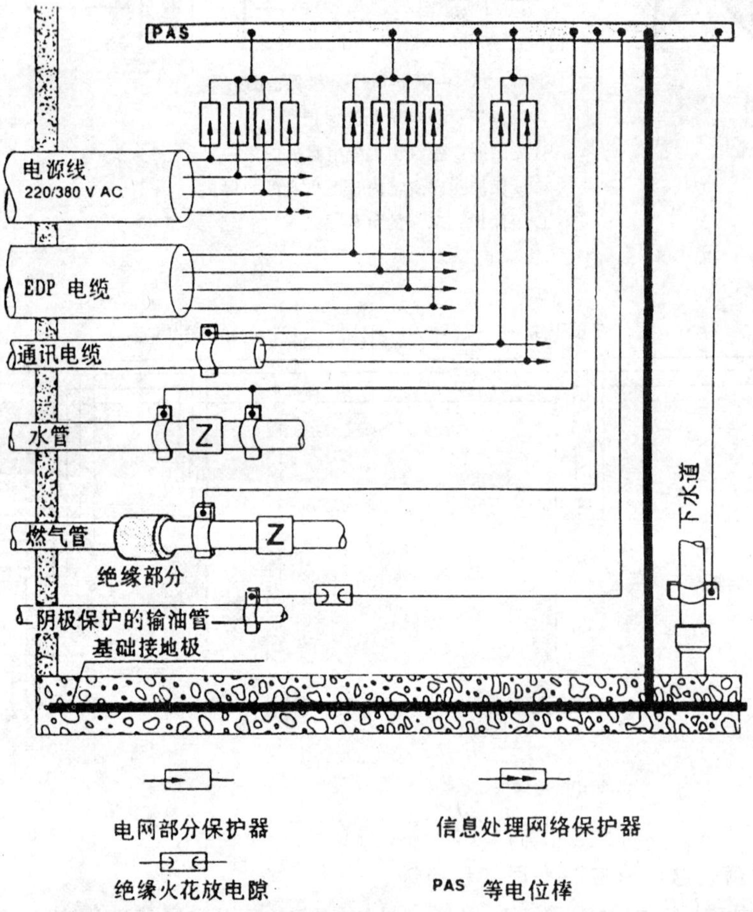

图12-25　防雷等电位连接

常用的防雷等电位连接和卫生间等电位连接分别见图 12-25 和图 12-26。图 12-26 中的端子板已和接地的建筑物钢筋网连接，就不用再单独接地了。人在沐浴时身体电阻大大降低，10～20V 电压就能使人发生心室纤维性颤动而致死，故浴室必须进行局部等电位连接。等电位连接的连接线和接线端子板要求用铜线和铜板。

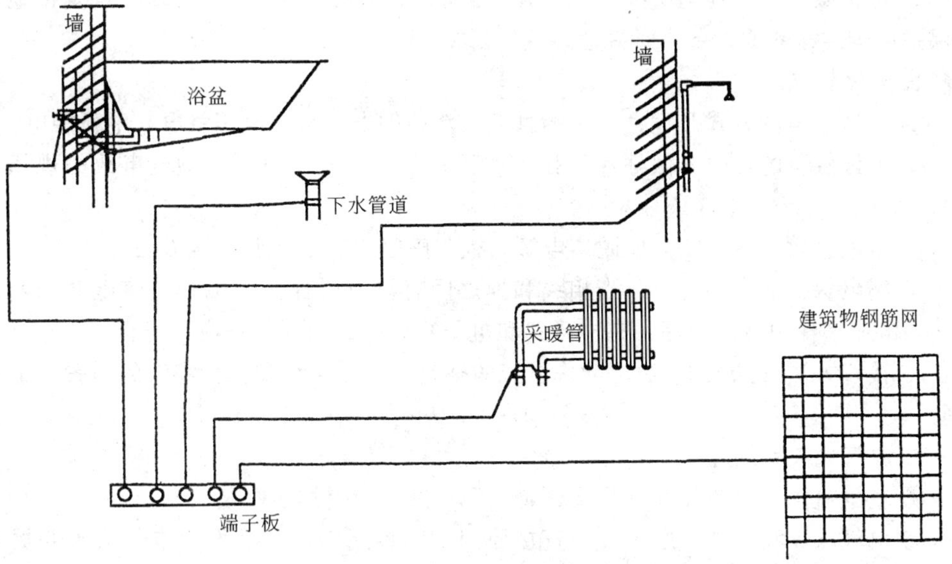

图 12-26　卫生间的等电位连接

7. 建筑物的分类保护

根据雷击概率、用途和重要性的不同，防雷建筑物（含构筑物）被分为三类。要根据建筑物的防雷分类采取相应的预防措施，以便获取较高的效益投资比。

8. 施工现场的防雷

施工现场属于重点设防的防雷场所，除了要采取上述相关措施外，还要注意机械设备等的防雷问题。较高的机械设备，如塔式起重机、井字架、龙门架、大钢模板等应考虑单独或联合安装避雷针等，具体是否安装根据表 12-3（第三节中）确定。正在施工的建筑物、办公和生活用房、脚手架、水塔、烟囱等也应考虑单独或联合安装避雷针等，具体是否安装可参照表 12-4 确定。

表 12-4　施工现场内机械设备需安装防雷装置的规定

地区年平均雷暴日(天)	机械设备高度(m)
≤15	≥50
>15<40	≥32
≥40<90	≥20
≥90 及雷害特别严重的地区	≥12

小　　结

1. 接地和接零

① 基本概念　零点和零线，保护接零和接地，IT、TT、TN 系统，接地电阻、电

流和装置，对地电压、接触电压和跨步电压，常用设备的接地电阻允许值（见表 12-1）。

② TN、TT、IT 保护系统的原理和选择　TN 系统有三种形式：TN-C、TN-S、TN-C-S，施工现场须采用 TN-S 系统。

③ 保护接零或接地的实际应用　对 *PE* 和 *PEN* 线的要求，*PE* 线的重复接地，应做保护接零或接地的设备，对接地装置的要求。

2. 人体触电

① 人体触电的方式和危害　单相触电、双相触电、跨步电压触电、电弧触电。

② 人体触电的预防　做好保护接零或接地，使用安全电压，触电事故的规律（10 条），安全用电事项（10 条）。

③ 触电急救　尽快使人体脱离电源，人工呼吸方法，心脏挤压方法。

④ 漏电保护器　功能——当相线和地之间有漏电时保护器动作，将电源切断；原理——电流型保护器的原理，有电磁式和电子式两种；应用——应用场合、选择（见表 12-1)、接线方法（见表 12-2)、动作电流的整定、工作零线和保护零线的布置、检查和试验。

3. 电气火灾和爆炸

① 基本概念　可燃和助燃物质、着火源、燃烧、爆炸、静电。

② 电气火灾和爆炸　原因——直接原因和间接原因，容易发生电气火灾和爆炸的设备和场合。

③ 电气火灾和爆炸的预防　防止线路和设备漏电，选用防爆型设备，做好防静电接地，设备和线路的安装要符合防火防爆的规定，加强通风、降低温度、增加湿度，设立报警系统。防火报警系统的组成——探测器、接口电路、中继器、分析设备、报警和消防设备。防爆系统的组成——防爆型探测器和接口、分析设备（控制器)、防爆型报警设备，分安全区和防爆区两部分。

④ 电气火灾的扑救　断电注意事项，带电灭火注意事项，易燃易爆物的处理。

4. 雷电

① 雷电的成因和危害　成因——静电感应和火花放电；危害——直接雷击危害，过电压侵入危害，雷电感应危害，地电位反击危害。

② 避雷装置　避雷针（带、网、线）——安装在建筑物顶部，防止直击雷；保护间隙——用于要求不高的场合，防雷击过电压；管式和阀式避雷器用于一般场合，防雷击过电压；氧化锌避雷器性能好，国家推荐使用产品，有高压和低压两种、分别用于室外和室内，防雷击过电压。

③ 避雷措施　人体雷击的预防；直击雷的预防——避雷针；过电压侵入的预防——分级保护和避雷器；雷电感应的预防——屏蔽和接地；反击电压的预防；等电位连接；施工现场的防雷。

复习思考题

1. 什么是保护接零或接地、接地电阻、接触电压及跨步电压？

2. TN 系统的保护原理是什么，细分为几种系统？

3. 施工现场应采用哪种保护系统，为什么？

4. 哪些设备应做保护接零或接地？

5. 人体触电有几种方式？

6. 我国的安全电压值是怎样规定的、能用自耦变压器降压获得安全电压吗？

7. 结合本单位的情况简述触电事故的规律和安全用电注意事项（分别说出 5 条以上）。

8. 简述人工呼吸和心脏挤压的方法。

9. 漏电保护器有什么功能和缺陷？

10. 电流型保护器的原理是什么、哪些部位应安装漏电保护器、怎样整定动作电流？

11. 结合本单位的情况简述电气火灾和爆炸的原因、哪些设备和场合容易发生火灾和爆炸。

12. 结合本单位情况简述怎么预防电气火灾和爆炸。

13. 电气火灾和爆炸报警系统分别由哪几部分组成？

14. 雷电有哪些危害？

15. 避雷装置有哪几种？

16. 简述怎样防止人体雷击、直接雷击、过电压侵入、雷电感应。

17. 什么是等电位连接、怎样连接？

18. 施工现场怎样防雷？

附录　常用电气图形符号

一、基本电气图形符号

—	直流 注:电压可标注在符号右边,系统类型可标注在左边		接壳
～	交流 频率或频率范围以及电压的数值应标注在符号的右边,系统类型应标注在符号的左边		等电位
		∩	模拟信号
≂	交直流	#	数字信号
+ −	正极、负极		故障
	接地一般符号 注:如表示接地的状况或作用不够明显,可补充说明		闪络、击穿
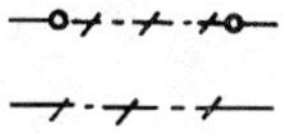	接地装置 (1) 有接地极 (2) 无接地极	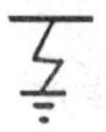	导线对地绝缘击穿
	保护接地	•	导线的连接
		○	端子

续表

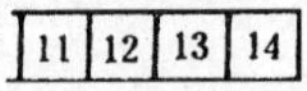	端子板		插座
	导线的连接		插头
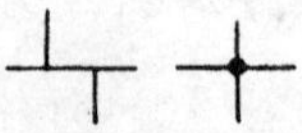	导线的多线连接		插头和插座
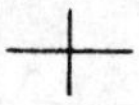	导线不连接(跨越)	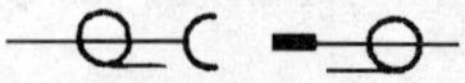	同轴插头和插座
			连接片
			断开的连接片

二、电子元器件图形符号

	电阻器一般符号	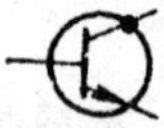	NPN 三极管(集电极接壳)
	可变电阻器	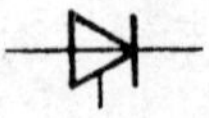	三极晶体闸流管
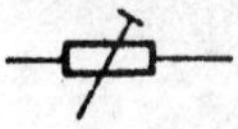	微调电阻器	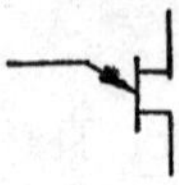	单结管
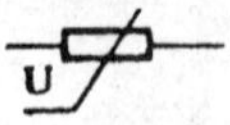	压敏电阻器	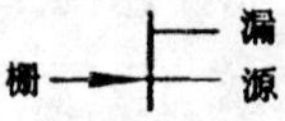	N 型沟道结型场效应管
	滑动触点电位器		P 型沟道结型场效应管
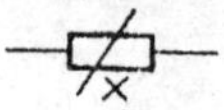	磁敏电阻器(线性型)	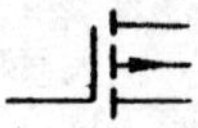	增强型绝缘栅场效应管 P 沟道
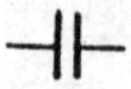	电容器一般符号	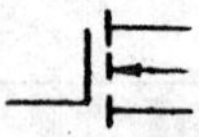	增强型绝缘栅场效应管 N 沟道
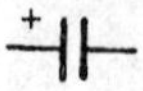	极性电容器	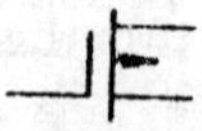	耗尽型绝缘栅场效应管 P 沟道
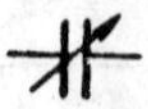	可变电容器	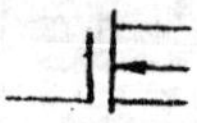	耗尽型绝缘栅场效应管 N 沟道
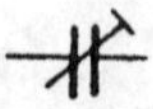	微调电容器		压电晶体
	电感器、线圈、绕组	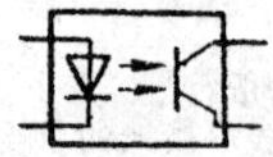	光耦合器、光隔离器
	带磁芯的电感器	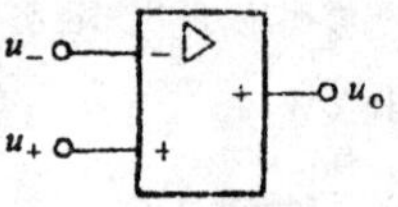	运算放大器
	磁芯有间隙的电感器	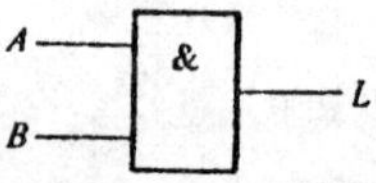	与门电路
	半导体二极管		
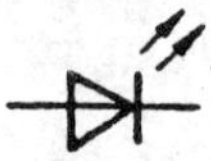	发光二极管		
	单向击穿二极管		
	PNP 三极管		

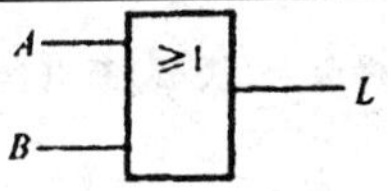	或门电路	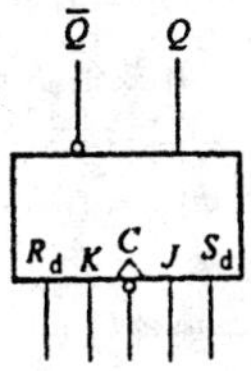	JK 触发器
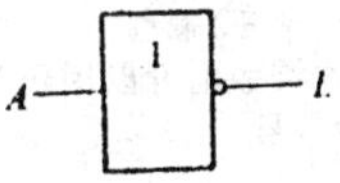	非门电路	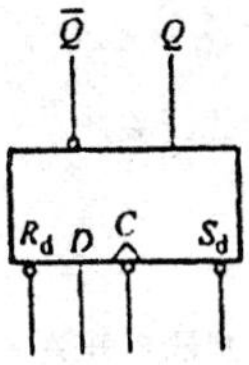	D 触发器
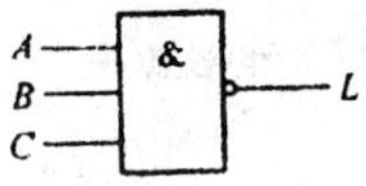	与非门	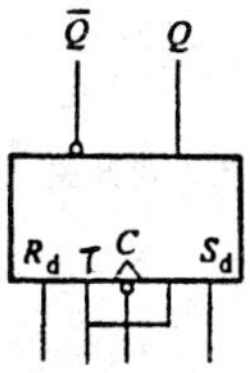	T 触发器
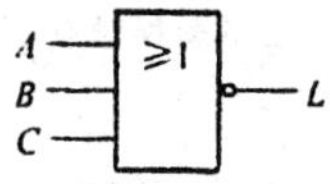	或非门		传声器一般符号
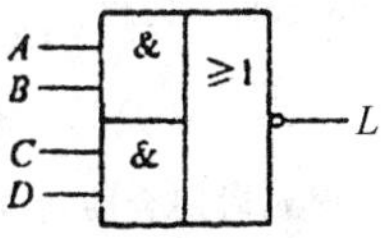	与或非门		扬声器一般符号
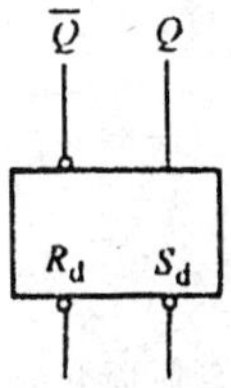	基本 RS 触发器		天线一般符号
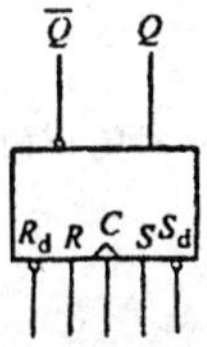	同步 RS 触发器	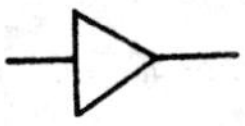	放大器一般符号 中继器一般符号 (示出输入和输出) 注:三角形指向传输方向

三、电器的图形符号

	接触器(在非动作位置触点断开)		断路器
	具有自动释放的接触器		隔离开关
	接触器(在非动作位置触点闭合)		负荷开关(负荷隔离开关)

续表

	具有自动释放的负荷开关	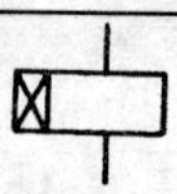	缓慢吸合(缓吸)断电器的线圈
	熔断器一般符号		动合(常开)触点 注:本符号也可以用作开关一般符号
	熔断器式开关		动断(常闭)触点
	熔断器式隔离开关	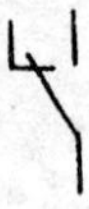	先断后合的转换触点
	熔断器式负荷开关	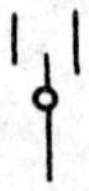	中间断开的双向触点
	跌开式熔断器	形式 2 	吸合时延时闭合的动合触点
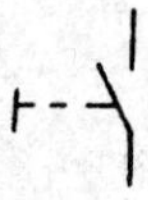	手动开关的一般符号	形式 2 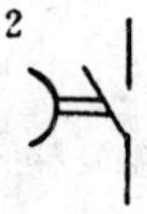	释放时延时断开的动合触点
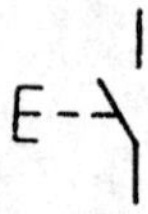	按钮开关(不闭锁)	形式 1 	吸合时延时断开的动断触点
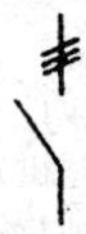	多极开关一般符号 单线表示	形式 2 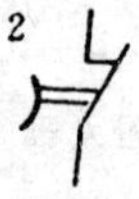	释放时延时闭合的动断触点
	多极开关一般符号多线表示	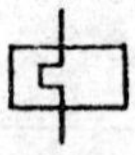	热继电器的驱动器件
	位置开关,动合触点 限制开关,动合触点		加热元件
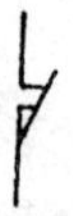	位置开关,动合触点 限制开关,动合触点		热继电器触点
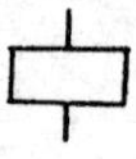	操作器件一般符号		火花间隙
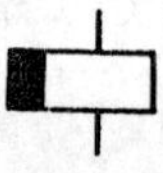	缓慢释放(缓放)断电器的线圈		避雷器
		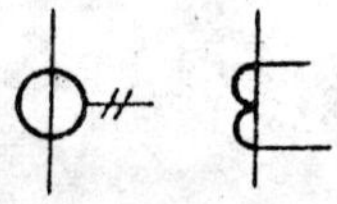	电流互感器一般符号

	阀门的一般符号		电动阀
	电磁阀		钥匙开关

四、电气设备和电动机启动器的图形符号

	电机一般符号	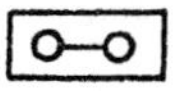	直流电焊机
	发电机		电动机起动器一般符号 注:特殊类型的起动器可以在一般符号内加上限定符号
	交流电动机		自耦变压器式起动器
	绕线式电动机		显一三角起动器
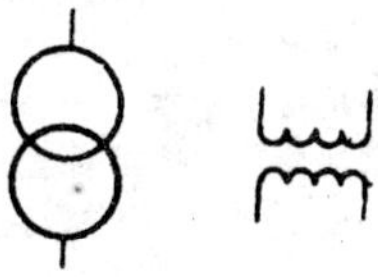	双绕组变压器一般符号		电抗器,扼流圈
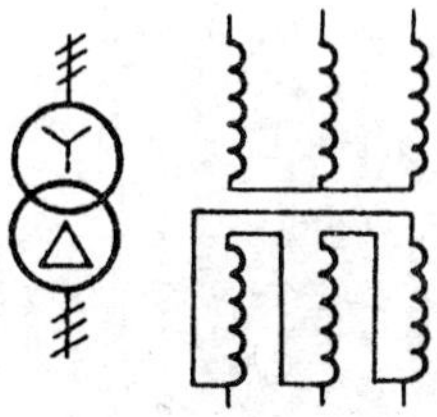	三相变压器星形—三角连接	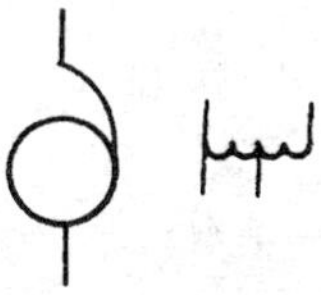	自耦变压器
	交流电焊机		电磁制动器

五、供电图形符号

	变电所		动力或动力——照明配电箱 注:需要时符号内可标示电流种类符号
	杆上变电所		信号板、信号箱(屏)
	屏、台、箱、柜一般符号		照明配电箱(屏) 注:需要时允许涂红

续表

	事故照明配电箱(屏)	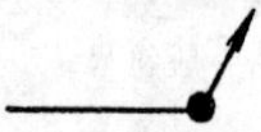	向上配线
	导线、导线组、电线、电缆、电路、传输通路(如微波技术)、线路、母线(总线)一般符号 注:当用单线表示一组导线时,若需示出导线数可加小短斜线或画一条短斜线加数字表示		向下配线
			垂直通过配线
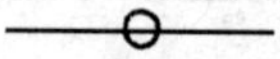	架空线路		电缆铺砖保护
	地下线路		单相插座
	柔软导线		
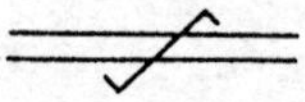	绞合导线(示出二股)		暗装
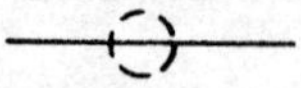	屏蔽导线		密闭(防水)
	电杆的一般符号(单杆、中间杆) 注:可加注文字符号表示: A——杆材或所属部门 B——杆长　C——杆号		防爆
			带保护接点插座 带接地插孔的单相插座
	带撑杆的电杆		暗装
	带撑拉杆的电杆		密闭(防水)
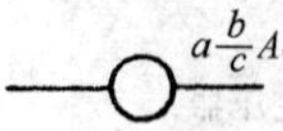	带照明灯的电杆 (1) 一般画法 *a*——编号 *b*——杆型 *c*——杆高 *d*——容量 *A*——连接相序		防爆
	(2) 需要示出灯具的投照方向时		带接地插孔的三相插座
	接线一般符号(示出单方拉线)		带接地插孔的三相插座暗装
	有高桩拉线的电杆		密闭(防水)
	中性线		防爆
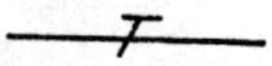	保护线	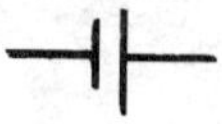	原电池或蓄电池
	保护和中性共用线		
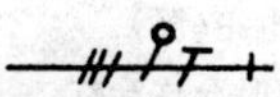	具有保护线和中性线的三相配线	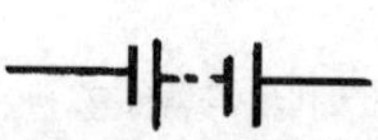	电池组

六、灯和灯开关的图形符号

	灯一般符号 信号灯一般符号 注:①如果要求指示颜色,则在靠近符号处标出下列字母: RD 红、BU 蓝、YE 黄、WH 白、GN 绿 ②如要指出灯的类型,则在靠近符号处标出下列字母: Ne 氖、Xe 氙、Na 钠、Hg 汞、I 碘、IN 白炽、EL 电发光、ARC 弧光、FL 荧光、IR 红外线、UV 紫外线、LED 发光二极管		荧光灯一般符号
			防爆荧光灯
			在专用电路上的事故照明灯
			安全灯
	投光灯一般符号		隔爆灯
	聚光灯	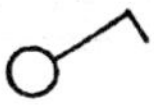	单极开关
	泛光灯		暗装
	深照型灯	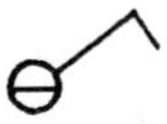	密闭(防水)
	广照型灯(配照型灯)		防爆
	防水防尘灯	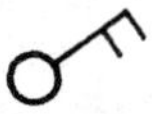	双极开关

七、仪表信号和传感器的图形符号

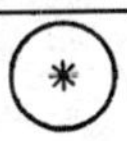	指示仪表		功率因数表
	记录仪表	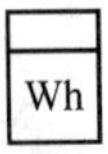	电度表(瓦特小时计)
	积算仪表 符号中 * 号应用下列标志之一代替: ① 被测量单位的文字符号 ②被测量文字符号 ③化学分子式 ④图形符号		钟(二次钟、副钟)一般符号
			指示器(计)
	电压表	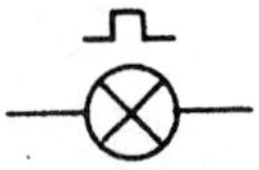	闪光型信号灯
	电流表		电铃

续表

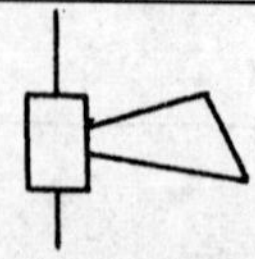	电喇叭		感烟探测器
	电警笛、报警器		感温探测器
	手动报警装置		气体探测器
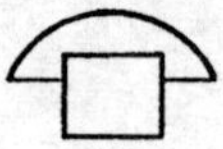	电话机一般符号		感温感烟探测器带末端电阻
	换能器	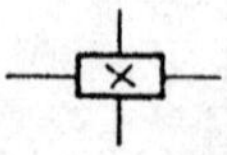	霍尔发生器(长边接电压输出)

主要参考书目

1. 沈裕钟主编.《电工学》. 高等教育出版社，1982 年第三版.

2. 王鸿明编.《电工技术与电子技术》. 清华大学出版社，1990 年 10 月第一版.

3. 刘继平主编.《工业电子学》. 机械工业出版社，1999 年 10 月第一版.

4. 郑宜庭，黄石生合编.《弧焊电源》. 机械工业出版社，1999 年 10 月第三版.

5. 张冠生，丁明道编.《常用低压电器及其应用》. 机械工业出版社，1992 年 11 月第二版.

6. 梁杰，王慧君编.《工程机械电器与电子控制装置》. 人民交通出版社，1999 年 5 月第一版.

7. 白公编.《电工安全技术 365 问》. 机械工业出版社，1999 年第一版.

8. 尹绍武等编. 《实用电工技术回答 3000 题》. 内蒙古人民出版社，1992 年第一版.

9. 陈崇源，陈乔夫主编.《最新实用电工手册》. 成都科技大学出版社，1995 年 5 月第一版.

10. 编写组编.《新旧电气图形符号对照读本》. 兵器工业出版社，1991 年 6 月第一版.

11. 陈立周编.《电气测量》. 机械工业出版社，2000 年 5 月第二版.

12. 祁政敏，赵浩等编.《建筑应用电工》，中国环境科学出版社，1989 年 9 月第一版。

13. 沈阳建筑工程学院主编.《施工现场临时用电安全技术规范》(JGJ 46—88). 中国建筑工业出版社，1989 年 4 月第一版.

14. 中华人民共和国电力工业部主编（中华人民共和国建设部批准).《建设工程施工现场供用电安全规范》(GB 50194—93). 中国计划出版社，1994 年 8 月第一版.

15. 中华人民共和国机械工业部主编（中华人民共和国建设部批准).《通用用电设备配电设计规范》(GB 50055—93). 中国计划出版社，1993 年 3 月第一版.

16. 中国建筑东北设计研究院主编（中华人民共和国建设部批准).《民用建筑电气设计规范》(JGJ/T 16—92). 中国计划出版社，1993 年 10 月第一版.